科学技术简史

主　编　陈吉明

副主编　王银玲　肖晓萍　刘满禄

西南交通大学出版社

·成　都·

图书在版编目（CIP）数据

科学技术简史 / 陈吉明主编. 一成都：西南交通
大学出版社，2013.1
ISBN 978-7-5643-2097-3

Ⅰ. ①科… Ⅱ. ①陈… Ⅲ. ①自然科学史－高等学校
－教材 Ⅳ. ①N091

中国版本图书馆 CIP 数据核字（2012）第 297706 号

科学技术简史

主编　陈吉明

责 任 编 辑	孟苏成
封 面 设 计	墨创文化
出 版 发 行	西南交通大学出版社
	（成都二环路北一段 111 号）
发行部电话	028-87600564　87600533
邮 政 编 码	610031
网　　　址	http://press.swjtu.edu.cn
印　　　刷	成都中铁二局永经堂印务有限责任公司
成 品 尺 寸	185 mm × 230 mm
印　　　张	19.75
字　　　数	427 千字
版　　　次	2013 年 1 月第 1 版
印　　　次	2013 年 1 月第 1 次
书　　　号	ISBN 978-7-5643-2097-3
定　　　价	36.00 元

前　言

　　《科学技术简史》是为提高文科大学生的科学技术素养而编写的。本书力求向读者展示科学技术发展历程的概貌，同时，努力聚焦一些重大的科学发现或技术发明的过程，从而让读者较深入地理解科学发现或技术发明的精髓所在，是一本适合大学生素质拓展教学需要，并具有一定普适性的教材。

　　本书由西南科技大学工程训练中心组织编写，全书由陈吉明老师担任主编，并提出编写的指导思想和要求，撰写编写提纲，负责全书的审稿、统稿。刘满禄、王银玲、肖晓萍担任副主编，并分别负责第二篇、第三篇和第四篇的的审稿、统稿工作。参与编写的老师和分工为：陈吉明编写第一、二、三章；刘满禄编写第四章；王银玲编写第七、八和第十章；肖晓萍编写第十三、十四和十六章；闫世梁编写第九、十五和十九章；熊开封编写第五、六章；崔鹏编写第十一、十七章和十八章；王强编写第二十、二十一和二十二章；崔鹏与王强合作编写第十二章。

　　在编写过程中，作者查阅了大量的纸质和电子资料，在此，谨向这些文献的作者致以诚挚的谢意。限于篇幅，还有不少参考资料未在参考文献中一一列出，在此深表歉意。本书的编写出版得到了西南交通大学出版社、西南科技大学教务处和西南科技大学工程训练中心有关领导和老师的大力支持和帮助，谨在此致以诚挚的谢意！

　　由于编者水平有限，书中难免有不当和错误之处，恳请专家和读者不吝赐教。

编　者

2012 年 12 月

目　　录

第三篇 近代科学的诞生

第四篇　现代科学技术的进展

第一篇

科学技术的起源

——古代的科学技术

KEXUE
JISHU DE
QIYUAN

KEXUE JISHU DE QIYUAN

　　科学技术发展的历史，就是人类认识和改造自然的历史，科学技术随着人类的产生而产生，随着人类的发展而发展。考古学的发现和古文明的遗迹已表明，远古人类依靠原始技术使自己从其他动物中分化出来，并依靠发展技术给自然界打上了越来越多的人的烙印，增强了人类在自然界的自主性，从而创造了一种特殊的文明；几乎同时，人类最初的科学知识也给这一文明增添了理性的成分，而这种理性又为文明的发展指出了一种方向。

　　学术界公认，当今世界主导文明发源于亚欧大陆和北非，古埃及、美索不达米亚、古印度、古中国、古希腊和古罗马等古代文明对后世产生了重要影响。大约公元前 4000 年以来，这些地域的主要古代文明在相对漫长的发展中交汇合流，相互影响，构成了近现代文明的主要基础；这些地域的古代科学技术，是当代科学技术的直接源头。本篇简要记述了人类早期世界各主要地区（古埃及、美索不达米亚、古印度、古中国、古希腊和古罗马）科学技术产生、发展的历史背景和主要成就，以时间为线索，就各个地区农业、手工业、冶金和建筑等技术活动，以及天文历法、医学、数学、物理学等科学知识产生的成就作分门别类的介绍，并力求揭示科学技术发展与社会发展诸因素的相互关系。

第一章　科学与技术知识的起源

第一节　从猿到人——人类的起源与进化

现代科学证明:地球的产生已有 45 亿年的历史,而人类的出现只是二三百万年前的事情,是由古猿进化而来的,考古学家在埃及开罗西南 60 英里的法尤姆地区已发现了迄今为止世界上最古老的猿类化石——埃及猿。

大约在 3 000 万年以前,从埃及猿开始分化出两支,一支是猿科,进化成现代的猿类;另一支是人科。在由埃及猿向人类进化的过程中大致经历了:西瓦古猿,距今 1 400 万年至 800 万年;南方古猿,距今 400 万年至 100 万年;直立人,距今 300 万年至 30 万年,又分为早期直立人(如中国云南的元谋人),晚期直立人(如北京周口店的北京人,印度尼西亚的莫佐克托人);智人,距今 30 万至 1 万年,又分为早期智人(如德国的尼安德特人),晚期智人(如法国的克罗马农人);现代人,距今 1 万年。

西瓦古猿的化石最早发现于巴基斯坦和印度交界的西瓦立克山区,以后又在希腊、土耳其、匈牙利、巴基斯坦和中国云南禄丰县石灰坝发现。研究表明,西瓦古猿已从树上下到了地面生活,但只是在森林的周边区域,大概已开始学会直立行走。

南方古猿是在 20 世纪初 20 年代由在南非的汤恩发现的,此后,在东非和南非出土了大量的化石和遗物。南方古猿虽说称猿,但与人十分相似,但还不是人科。1959 年,著名考古学家路易斯·利基夫妇在坦桑尼亚奥杜韦峡谷发现了一个头骨,史称"东非人",年代大约为距今 175 万年,被认为是最早出现的人。考古发现表明,南方古猿手足已经分工,已经学会了使用天然石块和木棒等自然工具。

南方古猿之后出现的是直立人,直立人可分为早期直立人和晚期直立人。早期直立人也称能人,是石器工具的制造者,而且能够建造最简陋的住所。能够制造工具标志着从猿到人的伟大转变,也是人区别于猿或其他动物的显著标志,真正的人科就出现了。1965 年在我国云南元谋县发现的元谋人就属于早期直立人,年代约在 170 万年前。在含元谋人牙齿化石的地层中,发现了很多炭屑,表明元谋人已经知道用火,这大概是人类使用火的最早证据。

有关晚期直立人的化石和出土材料极为丰富。在我国境内发现的北京人、蓝田人和 1980 年在安徽和县发现的龙潭洞人便属于晚期直立人。1984 年,理查德·利基在肯尼亚西北部特卡纳湖西岸的纳里奥科托姆发现了一具几乎完整的直立人骨架,年代大约是 160 万年前,可能是目前已知的最早最完整的直立人化石。晚期直立人会制造各种各样很精致的石器,肯定会使用火。在北京人的故居周口店山洞中，有厚达 6 m 的灰烬，表明北京人有持续的用火历史。

　　以北京人为代表的晚期直立人虽然已经学会了用火和保存火种，但他们还不会自己造火，只有到了智人才会人工取火。早期智人的典型是尼安德特人，故又通称智人为尼安德特人，他们是 1856 年在德国杜塞尔多夫城附近的尼安德特河谷中发现的，距今约 30 万年到 5 万年。晚期智人的典型代表是克罗马农人，其化石最早是 1868 年在法国多尔多涅区克罗马农村发现的，距今约 5 万年。晚期智人已经遍布全球，今天全世界各色人种在那时都已经分化。晚期智人在体质性状上与现代人基本一致，而且开始创造文化。他们发明了弓箭，学会了有组织的狩猎；他们制造了比较复杂精致的石器和骨器，发明了弓箭，而且在居住的山洞中绘画、雕刻。晚期智人出现的时候，真正现代人种也就形成了。人类进化过程见图 1.1 及表 1.1。

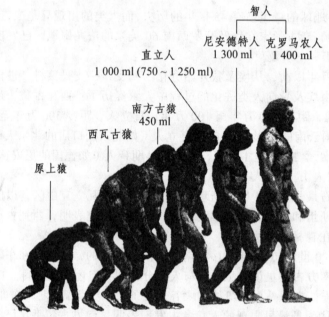

图 1.1 人类进化图（图中数字为大脑容积）

表 1.1

人类进化谱系	考古分期	地质时代	绝对年代
南方古猿		第三纪晚期	前 400 万～前 100 万年
直立人	旧石器时代早期	第四纪	前 300 万～前 30 万年
早期智人	旧石器时代中期		前 30 万～前 5 万年
晚期智人	旧石器时代晚期		公元前 5 万～前 1 万年
现代人	新石器时代		公元前 1 万～前 0.4 万年
	青铜时代		公元前 0.4 万～前 0.1 万年
	铁器时代		公元前 0.1 万～现在

大约公元前 10 000 年，人类进入新石器时代，这时发生了新石器革命，新石器革命最重要的标志就是农耕社会的出现，耕种代替了采摘，驯养代替了狩猎。饲养家畜、栽培植物成为生存活动的主要内容，人类开始定居生活。

新石器时代的标志是使用磨光的石器、定居生活以及与定居生活相伴随的陶器的使用、农业和畜牧业的产生。旧石器时代的直立人开始了打制石器，而新石器时代人们不但打制石器，还利用工具修整石器，磨光表面，石器打孔，使石器更精准、刃部更锋利。

大约到了公元前 4000 年，人类发明了文字，才有文字记载的人类文明史，此前上万年的人类文明发展情况，我们所知极为粗略，只有通过考古推测，称为史前期。

人类的出现是自然界长期演化的结果，而劳动在从古猿转变成人类的过程中起到了决定性作用。人类的劳动是一种自觉的、有目的的、能动的活动，人类必须以自己认识自然的一定知识和改造自然的一定技能作为进行这些活动的依据和手段，正是在这个意义上，我们可以说：自从有了人类劳动也就有了技术的萌芽，自从有了人类的历史也就有了技术发生和发展的历史。不过，技术的历史也和整个人类的历史一样，经过了漫长的幼年时期。技术成为一种系统化的知识，那是很久以后的事情了。

第二节　技术的起源与早期发展

一、技术的起源与早期发展

1. 石器的打制与发展

人类制造和使用工具经历了一个漫长的过程，首先是使用天然石块和木棒等，然后才进化到制造工具。人类祖先最初制造出来的劳动工具，就是石器。石器的制造也就成了古代技术发端的第一个标志，由此便揭开了人类征服自然的第一个时代——石器时代的序幕。石器时代又分为旧石器时代、中石器时代和新石器时代。

（1）旧石器时代（约 260 万年前 ~ 15 000 年前）。

现已发现的最早的石器出土于东非肯尼亚的库彼弗拉，距今已有 260 万年，在我国云南元谋出土的石器也有 170 万年的历史了。

在旧石器时代早期，即直立人阶段，开始有人工打制石器的出现，有砍砸器、刮削器和手斧等，这些石器是用砾石经打制形成的，加工比较粗糙，没有什么标准的形状，也没有固定的用途。直立人晚期已经懂得对不同的石料采用不同的加工方法，主要有锤击、碰砧、砸击等直接打制法。智人阶段，石器的打制技术进一步发展，有了第二步的加工，并使用了间接打制法，类型固定，种类增多，分工明显。

在 200 多万年的旧石器时代，石器的制造技术进展缓慢，主要有砍砸器、刮削器和尖状器等几大类，这些石器可以用来切割、刮削，也可以用来戳刺、挖掘，在这时候制造的石器可以说还没有固定的用途，专用的特点还不很明显。

（2）中石器时代（约 15000 年前～12000 年前）。

从旧石器时代到新石器时代中间一段过渡时期称为中石器时代，这一时期的标志就是复合石器工具的出现，最具代表性的是石斧和弓箭。复合石器工具就是把石刀、石斧、石矛、石镞镶嵌上木制或骨制把柄，这一方面标志着人类已经学会利用杠杆等最简单的力学原理，另一方面也说明石器本身已开始走向复合化了。弓箭的发明标志着人类第一次把以往的简单工具改革成了复合工具，并且利用了弹性物质的张力，是原始技术显著进步的一个标志。弓箭是在旧石器时代晚期投掷武器的基础上发展起来的最复杂的复合工具，它比旧式武器射程远、命中率高，而且携带方便。弓箭的制造和大量使用，使狩猎经济的生产效率大为提高。

（3）新石器时代（约 12000 年前～6000 年前）。

大量磨光石器的出现标志着人类已进入了新石器时代。旧石器时代人们打制石器的技术虽然不断有所发展，但毕竟有很大的局限性，要得到效率更高的工具，必须在技术上来一次革命，这就是采用琢磨和打光的技术，这种技术在旧石器时代晚期已被用来加工装饰品，但是到新石器时代才被应用于制造石器工具。磨光石器是对打制后的粗坯进行精细加工而成的，其优点在于具有准确而适用的种类和锋利的石刃。

制造石器的新工艺带来"新石器革命"，使石器的种类有了极大的扩展，除了石刀、石斧、石矛、石镞等传统石制工具外，石镰、石铲、石锄、石槌、石杵和石臼等新型专用工具相继出现。

原始人通过制造工具，并利用这些工具从事农耕生产，提高了生产效率，从而获取了大量物质生活资料，促进了原始社会生产力不断地向前发展。

2. 火的利用与取火

火的使用在人类进化史上的重要意义不言而喻，在许多民族的神话传说中，火被赋予某种特殊的意义。"燧人氏"无疑是中国人祖先心目中的英雄，希腊神话中则有普罗米修斯背着天神宙斯为人类盗取天火的故事。没有火就不可能有文明世界的出现，所以恩格斯说："尽管蒸汽机在社会领域中实现了巨大的解放性的变革……但是，毫无疑问，就世界性的解放作用而言，摩擦生火还是超过了蒸汽机，因为摩擦生火第一次使人支配了一种自然力，从而最终把人同动物分开。"

火的使用使原始人的生活发生了翻天覆地的变化，是人类进化史上的一场重大技术革命。用火，人类结束了"茹毛饮血"的时代，开始熟食。熟食缩短了消化过程，而且也使以前不宜食用的植物和动物，尤其是鱼类，可以食用了。食物的种类和范围扩大了，营养更为丰富，人类的体质得到了加强，大脑进一步发达。火可以照亮黑暗、驱除潮湿，使早期人类由野居变成了洞居，改善了居住条件。火可以御寒，帮助人们在恶劣的气候环境中生存下来，使人类可以迁徙到比较寒冷的地带，大大扩展了人类的生存空间。火还可以用来保护自己，驱逐乘夜晚来袭击的猛兽，甚至还可以用来围捕野兽。火可以用来烘烤木料，烧裂石块以制作工具。有了火，陶器和冶金才能出现……

雷击电闪、火山、草木自燃等都可引起山林着火，野生动物普遍怕火，原始人类也是怕火的。但已经开始采集和狩猎的原始人，肯定会偶然发现被火烧过的某些植物种子和兽肉特别好吃。这一发现足以导致他们自觉地利用火。现有的材料还无法完全确定人类用火的确切时期。有的人类学家认为380万年前生活在东非肯尼亚的早期猿人已经开始用火。在发现早期直立人元谋猿人牙齿化石的地层中，也发现了很多灰烬，表明170万年前生活在中国境内的元谋人已经知道用火，这大概是人类使用火的最早证明。晚期直立人北京猿人使用火的遗迹，是现有人类明确用火的最早的遗迹之一。在北京猿人居住的洞穴里发现了灰烬层，最厚的地方达6米，表明篝火在这里连续燃烧的时间很长，说明北京猿人不但懂得用火，而且已有保存火种和管理火的能力。

以北京猿人为代表的直立人虽然懂得用火和具有保存火种的能力，但他们还不会人工取火。对于原始人来说，火是难以携带的。他们在举着火种向新的栖息地不断迁徙的路途中大概造成过火种的熄灭，而火又越来越成为关乎生死存亡的条件。这便使他们产生了人工取火的强烈需要和愿望。

直立人走过了一百多万年的利用天火的漫长路程，直到旧石器晚期直立人进化到智人阶段，智人终于发明了人工取火的方法。最早的人工取火方法是用燧石相击而引燃易燃物，或以木木相摩擦而生火，或因钻孔而生火的。这种方法对现代人来说是困难的，但对天天同石器、木器打交道，并长期使用和依赖火的原始人来说，反而能够比较容易地实现。

也许可以把能否用人工方法取火看成从晚期猿人到早期智人的一个历史分界碑。显然，能够用人工方法取火的古人比自己的先辈有着在更广阔的自由活动的空间。

3. 原始的农业和畜牧业

在旧石器时代的200多万年期间，能人、直立人和智人一直从事着采摘和狩猎的活动，动物和植物是人们食物和生活资料的主要来源，人类在很大程度上仰赖于自然的恩赐，过着随季节迁徙流浪的生活。随着用火和取火技术的进步、新型工具的发明，人类的生存条件得到改善，体质得到了加强，人口数量大幅增加，自然资源和环境压力凸显，原始人类不得不从向自然索取的食物采集转型到食物生产。在向食物生产转型过程中，一部分人选择了从植物采摘到植物种植，进而发展到农耕生产；一部分人从狩猎到饲养动物，进而发展到畜牧。种植和动物的驯化饲养开创了伟大的农业文明，人类由此进入定居时代。定居生活和农业、畜牧业是人类进入新石器时代的另一个重要标志。

考古发现，新石器时代人们过着"刀耕火种"的生活，人们把采集来的野生植物果实用掘杖或石刀、石锄播种在先用火烧掉树木荆棘的土地上，到成熟后再来收获。晚一些时候还发明了石犁，随着畜牧业的发展，开始用牛、马、驴来耕种。由于自然条件的差异，世界各地所耕种的农作物是不同的。在西南亚最早开始种植小麦、大麦、黑麦、豌豆、扁豆和亚麻，中国有谷子和稻子、大豆等，在非洲有稷和高粱，在中美洲则有玉米，在南美洲有马铃薯和矮瓜的种植。

原始畜牧业是从狩猎发展而来的。将猎获的易于驯服的动物饲养起来，并且让其在驯养条件下生殖繁衍。人类最早驯养的家畜可能是猪，其后是狗、羊、驴、马、牛、骆驼、鸡、鸭等。在中国江西万年仙人洞考古发现有距今 10 000 年家猪的遗骸。

与采集和渔猎相比，原始的农业和畜牧业的出现是一场产业革命。因为它表明人类已由单纯依靠自然界现成的赐予跃向了通过自己的活动来增加天然物的生产。这一革命是在新石器时代发生的。它使人类有了比较稳定的食物来源，故而有了相对固定的居住地点——原始村落。同时，由于畜牧业为农业提供了利用畜力的可能，就为农业的进一步发展创造了新的条件。

4. 陶器的制造

制作陶器是人类进入新石器时代的重要标志之一。在旧石器时期，直立人和智人在用火的过程中肯定观察到火烧黏土的变化，但那个时代迁徙流浪的生活没有发展陶器技术的需要。进入新石器时期，村落形成，人们开始定居生活，定居的人类产生了对盛装器皿的需要，这大概首先是从邻近小溪或河流中向居住点取水的需要，其次是积存、烹饪食物的需要，人们发明了陶器。虽然易碎，但比石器轻，可制成各种形状和不同规格，盛装水和食物无异味，它和木器同为家居生活的主要器皿。很明显，只有具有长期用火经验的人类才能发明制陶技术。陶器的发明不是某一个地区或某一个部落古代先民的专利，而是在世界多个地区独立发展起来的。大约在公元前 8000 ~ 9000 年之间，陶器生产技术已经普及，在印度、埃及、美索不达米亚、中国等地都造出了精良的陶器。主要是生活用具，如盆、钵、瓶、罐、瓮、碗、杯等。

制作陶器，早期是用手捏成坯，或搓泥条盘筑而成，经过长期实践逐步发展为采用轮盘制陶，它使各种陶坯加工得更加规矩匀称，并大大地提高了生产效率。随着制陶技术的进步，人们在陶坯上涂上不同颜料或刻画不同的花纹进行装饰，出现了精神方面的追求。陶器的烧制，早期是在露天下篝火烧制的，温度较低，质量较差。后来发明了陶窑，陶窑的出现不仅达到烧制所需要的高温，而且使陶坯在烧制中受热均匀，因此制成的陶器不易变形破裂，颜色也较一致。

中国陶器制造始于 6 000 多年前，以"仰韶文化"的彩陶和以"龙山文化"的黑陶为代表。西安半坡原始人村落发现的鱼尾纹彩陶和尖底取水罐，十分精美。特别是尖底取水罐，说明中国先民已知道平衡原理，是自然科学的主要萌芽。

制陶技术的发明，第一次使人类对材料的加工超出了仅仅是改变材料几何形状的范围，开始改变材料的物理、化学属性；第一次通过一套复杂的工艺过程，创造出一种自然界所没有的人工事物；第一次使材料加工不仅利用人的体力，而且利用火这种自然能源。制陶技术的意义还远不限于制陶本身，它为以后的冶金技术的发展奠定了基础，同时又具有新的经济意义：它使人们处理食物的方法除烧烤外，增添了煮蒸的方法，而陶制储存器则可以使谷物、水和液态食物便于存放。

5. 语言、图画与文字

正如劳动创造了手这个"人类工具"一样，劳动也使语言成为另一种人类工具，语言的产生标志着人类创造了区别于动物的发音器官。语言是何时如何产生的，目前古生物学家尚未取得一致认识。一些学者推测，早期猿人到了能人和直立人阶段，开始两足行走和使用天然石块时，已具备了说话的能力。那时他们的语言肯定是很贫乏的。

早期猿人为了适应恶劣的自然环境、抵御野兽或猛禽的捕食，它们必须以一定规模进行群体活动。人们在群内分工、协作及群间有了交流各种信息的需要，这种需要使猿人的发声器官越来越复杂，能够发出各种代表不同意义的声音，从而产生了最初的语言。语言是思维的工具，劳动和语言的发展进一步促进了人脑的进化和意识的形成，思维和语言是一同产生的，两者相辅相成，共同发展。

人类语言的产生和发展同劳动的关系最为密切。给工具和动植物的命名，组织狩猎，分配劳动果实，调解纠纷和表达个人感情等，都成了创造词汇和新的语言表达方式的机会。从发展来看，思维不断丰富着语言，语言表达并巩固思维的内容。一开始是简单和间断的声调，与手势或表情结合在一起来进行表达，以后逐步演化成具有确定涵义的音节，再后来是可以说出比较连贯的语句。总的趋势是：语言的发展，一般是从具体到抽象的过程，不断地增加其概括性，而语句则是逐渐增加连贯性和多样性。语言形式上的丰富，体现了人的认识能力上的进步。

语言是思维的工具，语言产生之后对人的思维能力发展产生了巨大的推动力，使人的抽象能力、分析和归纳推理能力、表达和理解能力得到提高。语言既推动了大脑的进化，又使人类的劳动和社会交往质量得到了提高。从现代脑科学的角度看，这是人类思维方式的第一次革命——左脑革命，它表明人类在原始的、简单的、形象化和直觉的纯右脑思维方式的基础上，发展了左脑语言逻辑思维方式。正是有了语言，人类的精神世界才越来越广阔。

绘画也是原始语言的一种重要的形式，同时是表象思维的最直观的形式。旧石器时代晚期到中石器时代，欧洲的晚期智人在西班牙阿尔太米拉石窟和法国南部拉科斯洞窟创作了漂亮的野牛、野马、野猪、鹿等洞穴壁画，说明他们对生活场景进行了长期细致的观察和思维加工。显然，绘画是人们将关于外部事物的观察以感性符号及其组合进行表示的形式，体现了从感性认识到表象思维，再到形象思维的发展过程。而形象思维既是艺术的起点，也是抽象思维的基础，从而孕育着哲学以及后来科学的发生。

图画是人类把对外部事物的印象用客观记号表达出来的第一种形式，原始图画能直观而确定地描写印象，表现自然，但很难完全表现人内心复杂的思想过程和感情。

原始人创造文字主要是因为生活中需要记忆的事情越来越多了。这些事情包括：节日和祭祀日、不同群体间的协议和誓约等。个人的记忆力是有限的，而且对同一件事几个人可能会有不同的记忆，这样就需要寻找一种客观的方式来记载。古人中存在着结绳记事的习惯，但每个绳结代表的具体事件只有记录者自己才最清楚。中国古人在氏族或部落间立誓约时有刻木为契的习惯，这是为了避免相互承诺的数目引起的争端而刻的信物。当然，这些刻痕的含意也只有当事人才清楚。显然，图画所具有的直观而确定的优点恰好是记号所缺乏的。这样，在记录事件、事物和思考方面，二者结合就再好不过了。在中石器时代以后的遗址中，常常出现简单的图形或涂有颜色的砾石。据考证，这些图形及砾石是用于表达思维和帮助记忆的原始符号。

通过对图形的简化和对记号的改造，人类逐渐创造出了文字。文字不仅可以用来记录事件、契约，还能用来表达人的思想感情。随着某一地区人们交往圈子的扩大，规定的记号和象形文字的涵义就被越来越多的人所接受，随后在这些人中也就越来越多地创造出一些新的大家所公认的记号和符号来。这样，一种特定的氏族文字就产生、发展起来了。从古代文字到现代文字经历了复杂的演变。今日汉字的祖先可以追溯到殷商的甲骨文，一直到半坡村彩陶上的符号。而西方文字的始祖可一直追溯到古代西亚腓尼基人的文字，乃至古埃及人的象形文字和巴比伦的楔形文字。

文字作为记录思想感情的一种工具，它的产生对语言的发展产生了反推动力。由于记载所要求的普遍理解性和简洁性，使书面语言发展起来，也就间接地使口头语言趋于标准化，表述更为准确，口头语言和书面语言开始了相互作用并共同发展的历史。

由于文字的产生，一种可以跨越时空传递信息的工具出现了。有了文字，人类有了记载的历史，人类对历史的认识更加确切和完整；有了文字，以描述人类感情和命运的文学不再是口头形式的了，因而流传和影响也更为广远；有了文字，人类就可以把劳动生产经验和科学技术知识记载下来，避免这些知识在人类世代更替的自然过程中丧失。

6. 其他技术的萌芽

由于人造工具的进展、用火和取火技术的获得，人们的生产经验不断丰富，原始人们创造性地用工具制造更为复杂、更为先进的工具，促进了以植物种植为主的农业和以动物驯养为主的畜牧业的发展。反过来，农牧业生产的需求，又促使了这些技术的不断进步。

编织和纺织技术在世界各地曾经独立地发明。在旧石器中后期，原始人把兽皮披在身上，最初的目的可能是为了御寒，也可能有遮羞的目的，《圣经》中生动地叙述了在伊甸园里亚当和夏娃的生活就说明了这点。骨针的发明，说明人们学会了缝制衣服。在北京周口店山顶洞所发现的一根约 13000 年前的骨针即是人类缝制衣服的最早的证据，这根针长 3.2 厘米，最粗处直径约 3.3 毫米，针身光滑，针眼狭小，它表明人类学会缝制衣服已有相当长的历史。旧石器时代人们也发明了编织技术，主要是利用植物编织箩筐和篮子、席子一类的东西，纺织技术直到新石器时代才发明。

大约在新石器时代的早期，随着农牧业对植物和动物的驯化，利用羊毛、蚕丝或亚麻和棉花等植物纤维纺线、制作纺织品就发明了。其纺纱方法有两种：一是搓捻和续接，用双手把准备纺制的纤维搓合和连接在一起；另一种是使用原始的纺纱工具纺轮，它已具有能够完成加捻和合股的能力。而原始的织造方法则是在编席和结网的基础上发展起来的机织工艺，织机没有架子，操作者席地而坐，像编席子一样地编织，故叫踞织机。古代西亚的织机是有架子的，架子的一根杆扣着一组平排的纱，每根纱挂一重锤，是为经线，然后再以纬线穿过拉直的经线进行织造，这种形式的织布机称之为"经线锤织布机"。用丝纺织最早起源于我国，1962 年在山西夏县西阴村新石器时代的遗址里即发现了五六千年前的蚕茧，浙江钱山漾新石器时代遗址里出土了几块 4 700 年前的苎麻布，同时也有丝织品。

旧石器时代原始人最初多栖身于天然岩洞或巢居于树上，到了旧石器晚期，原始人类才开始从巢居中走出来，学会了建造房屋，那时的房屋很简单。经过漫长的发展，直到新石器时代农耕社会的到来，真正意义上的建筑才诞生，新石器晚期已有数千个原始人的村落散布在非洲的尼罗河谷地区、中东的美索不达米亚、中国的黄河和长江流域，这时，城镇也出现了。中国仰韶、半坡、河姆渡等典型的新石器时代遗址考古挖掘中均有居住房屋的发现。中国仰韶文化遗址多半为半地穴式；西安半坡遗址的建筑是木骨涂泥式结构。而在距今 7000 年左右的长江下游河姆渡遗址中，发现了许多干阑式建筑，这种建筑是一种下部架空的住宅，它具有通风、防潮、防盗、防兽的优点，非常适合于气候炎热、潮湿多雨的地区。河姆渡干阑式建筑中已发现有精细的榫卯结构，已初具木质构架建筑的雏形，体现了木构建筑的最初水平。在中东，新石器时代古城耶利哥在公元前 7350 年已有相当好的供水系统和砖砌的城墙。耶利哥城墙厚 3 m，高 4 m，长 700 m。耶利哥古城有一座塔，高 9 m，地基直径 9 m，保存完好。

二、技术的发展与社会的进步

冶金工艺也是产生在新石器时代末期，它与制陶有密切的关系。人类最早使用的金属大概是天然铜。人们在烧制陶器的长期实践中发现，用木炭代替木材作燃料，可以获得更高的温度（可达 950~1 050 ℃），这样的高温已接近铜的熔点，因而为铜的熔铸和冶炼准备了条件。由于青铜（铜、锡、铅合金）比纯铜熔点更低，硬度更大，也更容易加工成锋利的刃器，就使青铜比纯铜获得了更为广泛的应用。不过，此时青铜主要被用于制造武器、祭器和装饰品，青铜还不能取代石器作为生产工具被普遍使用；与青铜相关的冶金术的出现，为人类转入金属工具的制造和使用开辟了道路，考古学上称这个时期为"金石并用时代"。约在 5 500 年前，埃及尼罗河流域和美索不达米亚的底格里斯河、幼发拉底河流域率先进入了金石并用时期，在此时期，由于生产工具的进步带来了生产力水平的提高，农业逐渐脱离了"刀耕火种"的状态，发展为锄耕和犁耕，耕地面积在各个大河流域的冲积平原上得到了空前的扩展，同时，居于草原地带的部落也从小规模地驯养牲畜发展到较大畜群的牧放和繁殖，这样就使新石器时代的一些农牧兼营的村落，改变为或以农业为主或以畜牧为主的村落，从而发生了农业与畜牧业的第一次社会大分工，接着手工业也分离出来，金工工匠可能是历史上最早出现的职业工匠。社会分工的出现，必然会促进交换的发展，从而引起私有制的出现，所以就全世界范围而言，金石并用标志着原始社会进入末期，处于瓦解的阶段。从公元前 4000 年至公元前 2000 年间，尼罗河流域的埃及人、底格里斯河和幼发拉底河的苏美尔人和阿卡德人、印度河流域的印度人以及黄河流域的中国人，相继进入了青铜时代，从此，人类文明也就迈进了更高的阶段——奴隶社会。

第三节　科学知识的起源与发展

一、科学知识的萌芽

什么是科学呢？各派学者众说纷纭，各国的百科全书给科学的定义也各异，如英文中，科学指通过观察和实验研究获得的关于自然界的系统知识，是自然科学的简称；德文中的科学则指一切系统的知识和学问，既包括自然科学，又包括社会科学。他们虽然对科学概念的理解互有差别，但把科学归属于知识的范畴，看作是人们的认识活动和认识成果，则没有多大分歧。结合科学的产生、发展过程及科学活动的特点，现在一般认为科学是在社会实践基础上探索客观世界的活动，它是以正确地反映客观现实及其规律为内容，并通过概念、判断和推理等思维形式表现出来的知识系统，是形成理论体系的自然知识、社会知识和思维知识的总称。

在原始社会里，由于认识的局限性，科学只能是以萌芽状态存在于生产技术之中。石器的加工、人工取火、弓箭的发明、捕鱼、打猎、驯养家畜、栽培植物、建造房屋桥梁、制陶、纺织印染、冶炼金属等，无一不是科学知识萌发的土壤，自然科学知识的萌芽是存在于技术之中的。

石器的制造和利用，产生了力学知识的萌芽。弓箭的发明是应用这些知识的杰作。在建造房屋和开垦农田中，杠杆方面的知识也逐步积累起来了，尽管这时还没有发现杠杆原理。

原始农业和畜牧业的发展，促使了植物栽培、动物驯养等农学知识的萌芽；对野果的采集、植物的辨认、渔猎技术促使了生物学知识和医药知识的萌芽。

火的保存与获取，出现了热学知识的萌发；陶器的烧制与应用、用火和取火，促进了化学知识的萌芽。农耕技术的提高，使粮食有了剩余，促进了酿酒技术的发明，间接地促进了化学知识的进展。编织和纺织技术、染色技术的相继发展，促使了化学、生物知识的萌芽。

数学知识的萌芽是与人们认识"数"和"形"分不开的。人们认识"数"是从"有"开始的，起初略知一二，以后在社会生产和社会实践中不断积累，知道的数目才逐渐增多。在没有数目字之前，计数是与具体事物相联系的，如屈指计算，或用一堆小石子计算。英文"计算"一词来自拉丁文 Calculus，而后者的意思就是小石子。在我国古代也有"结绳记事"和"契木为文"的传说。人们对"形"的认识也很早，当原始人制造出了背厚刃薄的石斧、尖的骨针、圆的石球、弯的弓箭等形状各不相同的工具时，说明那时人们对各种几何图形已经有了一定的认识和应用。

二、天文学知识的萌芽

在原始社会，真正能称得上科学的便是天文学知识了。天文学知识对那时的原始人来说相当重要。旧石器时代猿人在迁徙过程中不但能清楚地辨认周围的地形，而且还学会了根据星辰的位置辨别方向。新石器时代无论农耕部落还是游牧部落，都需要确定季节，这就使天文学知识的积累加快了。在原始时代，乃至整个古代，绝大多数民族的天文学都是为制定历法服务的。历法除了确定四季循环的时限之外还确定宗教的和世俗的节日，人们用天上日月星的周期性作为地上生活的节律。当然，早期的天文学知识在占卜方面的应用甚至比历法方面更为重要，这是因为历法在若干年内才修订一次，而吉凶祸福却是在人们日常生活中时时发生着的事。

在新石器时代的中期，人类已开始注意观测天象，并用以定方位、定时间、定季节了。大量的考古证据显示，新石器时代几乎所有文明的祖先都进行了系统天文观察，尤其观察太阳和月亮的运行情况，拥有系统天文学知识。在农牧业产生的初期，人们是根据天象和物候现象来掌握农牧的时节的。方位的确定，对于人们的生产、生活非常重要，所以人们很早就使用了一定的方法来定位，西安半坡及其他许多文化遗址中，房屋都有一定方向，在氏族的墓地上，墓穴和人骨架的头部也都朝着一定的方向，或朝南或向西北。确定方位大多以日出处为东，日没处为西，日正午时所在为南。

位于英格兰索尔兹伯里的史前期巨石阵遗址（见图 1.2）是在公元前 3100 年开始建造的，它的主轴线、通往石柱的古道指向夏至日早晨太阳升起的位置；其中还有两块石头的连线指向冬至日落的方向。巨石阵不仅能标志出夏至日太阳升起的位置，也能标志出冬至日和秋分日太阳升起的位置，说明巨石阵是一个天文学建筑和祭祀场所，当时的建造者一定掌握了相当详细的天文学知识，并广泛实践着"祭祀天文学"。同样的巨型建筑还有法国布列塔尼岛上的天文石柱。

（a）英格兰巨石阵　　　　　　（b）在夏至日早晨从巨石阵中轴线看太阳升起

图 1.2　英国巨石阵

三、原始的科学与宗教

原始社会，人们通过制造和使用工具与自然界作斗争，解决吃、穿、住、用的问题，已经取得了在当时来说是伟大的技术进步，但是，由于原始生产力毕竟有限，人类能够控制和说明的事情还不多，仅有的经验还不能上升到科学理论的高度，对威严奇妙的自然过程的畏惧与迷惑又造成了歪曲、虚幻的反映，他们对自然的解释更多的是采用了神话和迷信崇拜，即宗教的形式。

原始宗教是自发的宗教，以自然物为主要崇拜对象，它相信万物有灵，相信灵魂不死，从而构成了与各种崇拜对象相称的宗教仪式。如为了求雨，就学蛙鸣；为了五谷丰收，就表演季节的循环；由此而产生了原始的巫术和祭典仪式。原始宗教以其对象和内容来分，可分为两大类型：一是对自然物和自然力的直接崇拜，二是对精灵和灵魂的崇拜。原始宗教大都经历了自然崇拜、动物崇拜、图腾崇拜、鬼魂崇拜和祖先崇拜，这些宗教形式往往又是同时并存的。

原始人在同自然斗争中无能为力，对自然现象如日月星辰、风雨雷电、春夏秋冬、火山爆发等无法理解，对自然的威力产生恐惧，从而产生了对大自然的崇拜，于是出现了太阳神、月亮神、风神、雷神等自然神。

图腾崇拜亦称民族崇拜，它由动物崇拜演变而来，是最早的氏族宗教形式之一。"图腾"系北美阿耳贡金人的奥季布瓦部族方言 totem 的音译，意为"他的族"和"他的族的标志"，指一个民族分别源于各种特定的物类，其中大多数为动物。图腾既是维系氏族成员团结一致的纽带，又是氏族社会的人们用以区别婚姻界限的标志，如龙就是中华民族的图腾。

祖先崇拜则是对祖先之灵的崇拜。祖先崇拜的出现，是人类将在征服自然的过程中涌现的英雄、原始社会的氏族首领、宗教族长的权威作为其崇拜的对象。由于人类还没脱离动物崇拜，因此原始人认为这些英雄人物是人和动物交合产生的，于是出现半人半兽神。如埃及神话中的墓地之神阿纽比斯是豹面人身，尼罗河神赫比是虎面人身。

宗教的本质是对于超自然力的崇拜。宗教观念产生于原始时代，是由于对自然力和社会力的不理解所造成的，而科学是建立在认识自然、并利用这种认识控制自然的基础之上的。科学的起源是来自原始人类的各项技术实践，尽管他们的知识还非常幼稚，并且这些片断知识常常与宗教迷信混杂在一起，不易区分。但从科学史角度来看，原始宗教和科学都是当时人们企图从自己的认识水平来对自然加以说明和解释的一种尝试。原始科学从某种意义上来说，正是从原始的宗教、神话中萌发出来的，但不能因此来模糊它们在起源和作用上的根本区别，宗教的说明和解释远远不能科学地反映自然的本来面貌。只有随着生产力的不断发展，人们对自然的解释才能从神话、迷信和唯心主义的影响中摆脱出来，逐渐产生符合科学的观念。当社会分化为阶级以后，宗教的性质也随之起了变化，各个时期都有该时期的宗教与科学的关系。原始科学的产生发展离不开原始宗教，但是，科学的成长是在与宗教的不断斗争中前进的。

思考题

1. 简述原始科学和宗教的关系。
2. 简述技术的发端及其历史意义。

第二章　永恒的东方——古老的科技文明

人类文明往往起源于大河流域。黄河流域孕育了中华文明，印度河和恒河流域孕育了印度文明，尼罗河流域孕育了埃及文明，幼发拉底河和底格里斯河孕育了巴比伦文明。

第一节　美索不达米亚——两河流域的古代文明

一、地理位置和历史

幼发拉底河和底格里斯河流域（两河流域）大约相当于现在的伊拉克，希腊语称为"美索不达米亚"，意思是两河之间的地方。在美索不达米亚平原这个神奇的地方曾经孕育了人类有史以来最早的文明——巴比伦文明。

在公元前数千年的漫长历史中，曾先后由不同民族在两河流域建立起多个王国，他们继承和创造了高度发达的文明。远在公元前4300年以前的新时期时代，苏美尔人的原始村落就散布在两河下游地区。公元前3500年，苏美尔人在美索不达米亚已建立了奴隶制的城邦国家。苏美尔人的王朝大约延续了2000年后，其北部的近邻、属于闪族的阿卡德人侵入。阿卡德人在现今的巴格达附近建立起一个名叫阿卡德的城邦国家，统治了100多年（公元前2371—前2230）。在东方的库提人入侵后，乌尔的第三王朝曾一度复兴（公元前2113—前2006）。大约在公元前2000年代初，闪族的阿摩利人在两河流域的中部以巴比伦城为首都建立起巴比伦王国（史称"古巴比伦王国"），开创了美索不达米亚文明的第二阶段。古巴比伦帝国最有名的国王是第六代国王汉谟拉比（约公元前1728—前1686），他创制了以他的名字命名的法典，史称"汉谟拉比法典"，是现代人了解古巴比伦王国的重要文献。大约在公元前1650年，古巴比伦王国遭西北方小亚半岛的赫梯人所洗劫，走向衰亡。大约在公元前1300年，底格里斯河上游的亚述人开始崛起，两河流域进入了亚述帝国称霸的时期。到公元前8—公元前7世纪，亚述帝国达到鼎盛时期，这是美索不达米亚文明的第三阶段。亚述帝国于公元前612年被迦勒底人所灭，美索不达米亚文明进入最后阶段，史称新巴比伦时期。迦勒底人以巴比伦城为首都，复兴巴比伦文化，在两河流域又建立起新巴比伦王国。公元前538年，新巴比伦王国亡于波斯帝国，从此两河流域文明终结。波斯帝国对这里的统治一直延续了200多年。

公元前 330 年亚历山大大帝征服了美索不达米亚，自那以后直到公元年代，亚历山大的部将塞硫古在这里建立了希腊化的塞硫古王国，史称塞硫古时期。

两河流域的古代文明史，是从公元前 3500 年前苏美尔王国的文明起，到公元前 538 年为止，经历了苏美尔王国、古巴比伦王国、亚述帝国、新巴比伦王国等四个阶段。两河流域的文明又称为巴比伦文明。

二、科学知识

美索不达米亚人在生产劳动和生活中，逐渐形成对自然的认识，孕育出科学知识的萌芽，这体现在天象观察、时间划分、计算、几何、防病治病和动植物的认识方面。

1. 天文学

同埃及一样，美索不达米亚很早就发展了农业，但自然条件与埃及很不一样。在埃及，尼罗河温顺、定期泛滥、涨落有规律，因此埃及人的天文学也相对较为简单。在美索不达米亚，底格里斯河和幼发拉底河河水的涨落是没有规律的；这里因缺乏天然屏障，外族频繁的入侵，人生祸福无常，使当地居民的精神生活蒙上了一层悲剧和抑郁的色彩，而天上的星辰运行却有周期。美索不达米亚苏美尔人相信神主宰着尘世的祸福，天上的星辰便是神的化身，认为星宿决定了并预示着人事进程和人心变化，故占星术极为盛行，预知未来要靠天象观测；耕作农业对气候和自然条件的依赖性很大，确定一年四季全靠天象观测。因此，对天象的观察和研究成为美索不达米亚人认识和思考的主要问题，天象和星座的观察和解释是祭司的主要职责，他们对天象的细致观测极大地发展了天文学。

美索不达米亚人对星空持续不断地系统观察，这些精确的天文观察都用楔形文字详细地记录在泥板上，保存了下来，他们建立了分析、解释天象的方法，积累了丰富的天文知识。他们已经注意到行星和恒星的区别，认识到行星运动的周期性，对恒星也进行了细致的观测，绘成了世界上最早的星图。早在公元前 2000 年，他们已经认识了金星运动的周期性，即在 8 年中有 5 次回到同样的位置。图 2.1 所示的这块泥板就是公元前 17 世纪记录金星的动作情况的。

图 2.1　公元前 17 世纪一块记录金星运行的泥板文书

太阳在恒星背景下所走的路径，天文学上叫做黄道。古巴比伦人早已经知道了黄道，并将黄道带划分成同月份相应的 12 个星座，形成了所谓黄道十二宫（占星术的常用术语）。古巴比伦人对天象的观察和对周围的自然事物观察相联系，因此，他们往往将天象、星座和各种常见兽类、事物相联系，用这些名称命名星座，并用一个符号来表示星座，这套符号一直沿用至今，如图 2.2 所示。

图 2.2　12 星座

到公元前 8 世纪左右，美索不达米亚人对天象的观测已十分精确。他们利用自己的数学知识，积累了大量的天文记录，他们能够预测日食和月食以及星辰的运动。如他们测得土星的会合周期为 378.06 日，今测值为 378.09 日；他们测得木星的会合周期为 398.96 日，今测值为 398.88 日等。

美索不达米亚人最重要的天文学成就是编制了日月运行表，从表中可查出太阳月运行度数（以天球坐标计）、昼夜长度、月行速度、朔望月长度、连续合朔日期、黄道对地平的交角、月亮的纬度等。特别值得一提的是，用日月运行表计算月食极为方便。一般还认为，远在公元前 600 年左右时，迦勒底人就已经发现了 223 个朔望月为一个日食周期。日食是月球正好处于日地之间造成的，天文学上把日地每两次相交称为一个交点年，而 223 个朔望月正好差不多等于 19 个交点年。这个周期史称沙罗（Saros 音译，巴比伦文中是"恢复"的意思）周期，它的发现标志着相当高的天文学水平。

美索不达米亚人的计时方法也对后世产生了重大的影响。大约在公元前 4000 年，苏美尔人就发明了阴历历法，以月亮的亏盈现象作为计时标准。到公元前 2000 年左右，他们已将一年定为 12 个月，大小月相间，大月 30 日，小月 29 日，一共 354 天。他们已经知道，为了适应地球公转的差数需要设置闰月，即有些年份有十三个月。很长一段时间，置闰无一定规律，由国王根据情况随时决定。到了公元前 500 年，开始有固定的置闰规则。开始是 8 年 3 闰，后来是 27 年 10 闰，最后于公元前 383 年定为 19 年 7 闰。

新巴比伦时期，迦勒底人在继承苏美尔人天文学的基础上规定七天为一星期，分别对应日、月和水、火、木、金、土五大行星，就沿用至今。他们还规定一昼夜为 12 时，每时 60 分，每分 60 秒，这一计时体系成了全人类计时方法的基础，我们今天实际上只不过把一天 12 小时变成 24 个小时罢了，分和秒也都相应地缩短了一半。

关于天文仪器和计时工具，苏美尔人在天文观测时发明了日晷，计时则使用水钟。

在对天象、星座长期观察的基础上，美索不达米亚人形成了一种宇宙观，即认为宇宙是一个密封的箱子，大地便是它的箱底板，大地周围是天山，支撑着天空。

2. 数学知识

从考古发掘的泥板书中，我们可以发现，美索不达米亚人有着更为丰富的数学知识，尤其在代数方面取得了重大成就，在这一学科处于奠基的位置。

在数量的计数方法中，他们发明了十进位制和十二进位制，大约在公元前 1800 年前后，古巴伦人把十进位制和十二进位制结合起来发明了六十进位制的计数系统（见图 2.3），他们有位制的概念，但没有表示零的记号，因此计数系统并不完善。六十进位制在今天还留有痕迹，如一小时等于 60 分钟，一分钟等于 60 秒，一个圆分为 360°。

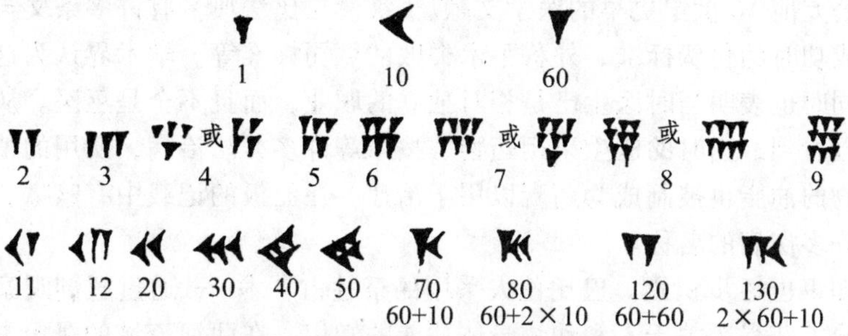

图 2.3 巴比伦六十进位制计数系统
（是一种以 60 为基数的计数制，有代表数值 1 和 10 的数符）

关于数学运算，他们会做加减乘除四则运算，其中除法是通过将除数化成倒数来完成的，在出土的泥板文书中，有不少倒数表。他们还制定了表示平方、立方、平方根、立方根的数表和勾股弦数表等，利用数表可以进行许多复杂的计算，能解一些一元二次、多元一次和少数三、四次方程等。

巴比伦人知道如何解一元二次方程，泥板文书中记载过一个基本的代数问题，即求一个数，使它与其倒数之和等于一个已知数，用现代公式表示就是：$\chi + \dfrac{1}{\chi} = b$，此式可化成一元二次方程，$\chi^2 - b\chi + 1 = 0$，他们的解法是先求出 $\left(\dfrac{b}{2}\right)$，再求出 $\left(\dfrac{b}{2}\right)^2$，再求 $\sqrt{\left(\dfrac{b}{2}\right)^2 - 1}$，然后得到 $\dfrac{b}{2} + \sqrt{\left(\dfrac{b}{2}\right)^2 - 1}$ 和 $\dfrac{b}{2} - \sqrt{\left(\dfrac{b}{2}\right)^2 - 1}$ 两个根。

这表明他们已知道了二次方程的求根公式，不过他们没有负数概念，只求正根。

在公元前 18 世纪的泥板书上，有这样一道题目：两正方形的面积之和是 1 000，其中一个正方形的边长比另一个的 2/3 还少 10，求正方形的边长。人称这是世界上已知的最早的代数题目，现在解这个题目需要列二元二次方程组。我们还不能肯定古巴伦人怎样解这个题目，但他们确实解出来了。

巴比伦人的几何略逊代数一筹，许多几何问题都被化为代数问题处理。在求圆面积时，

他们给出圆周率 π 的近似值为 3。此外，巴比伦人还能够计算许多立体图形，如可以计算棱锥、柱体和圆锥体等简单立体的体积。

3. 医学知识和生物学知识

医学知识的发展有一个从经验到理性的缓慢过程，早期有巫术迷信的纠缠。从所留存的医学文献可见，医疗技术越是发展，它和巫术迷信的关系越远，科学的成分越多。

和埃及相比，美索不达米亚的医学很不起眼，迄今所见两河流域涉及医学的泥板书有 800 多块，没有比公元前 10 世纪更早的医学文献。《汉谟拉比法典》有许多条文与医疗有关。如规定施行手术成功时的付费标准，外科手术失败的惩罚标准等。学术界认为这是世界上最早的医疗立法，同时也表明当时医生已是相对独立的职业，而且不全是巫医。从记载有关医学的泥板书中可以看到，当时的医生采用药物、按摩等许多方法治病，所用的植物药物有 150 多种，一些动物的油脂也被制成为药膏以用于治疗。在泥板的记载中有咳嗽、胃病、黄疸、中风、眼病等许多疾病的名称。

生物学的知识也逐步积累。巴比伦人采用的祭牲占卜术——通过解剖观察动物的肝脏来占卜，使巴比伦人获得了关于人和动物身体功能的知识。在两河流域的泥板书上可以看到约 100 多种动物和 250 种植物的名称，值得注意的是他们在实践中已经知道当椰枣树开花时进行人工授粉以增加椰枣的产量，但还不能认为他们已经具备了关于植物性别的真正知识。

三、技　术

古巴比伦在技术上的成就主要有：在农业上使用畜耕和从事修堤筑坝等水利事业；在冶金上从冶炼铜到冶炼青铜和铁；在手工技术上，主要有制陶和制玻璃技术，在建筑和雕刻方面，发明烧制砖的技术、城市建筑在当时也是最宏伟的。

在传授和交流在生产、生活实践中积累起来的知识和经验的过程中，古巴比伦人认为确立标准和规范是必要的，这点在公元前 2500 年的巴比伦国王的敕令中得到了体现，他们用王权公布了度、量、衡的标准。

1. 农业生产与农业技术

河水的每年定期泛滥给河岸地区覆盖了一层肥沃的淤泥，为人类的定居生活准备了土地条件：排涝蓄水是农业耕作必须解决的问题，随之，以农业耕作为中心的生产、技术、科学活动开始发展起来。农业由锄耕发展成犁耕，使用木型，耕作的规模扩大了，农作物的种类增多了。酿酒业和榨油业的发展说明了农产品的富余。

农业生产在两河流域和古埃及地区出现较早，大河水利不仅是这里农业经济的命脉甚至也促成了这两个地区奴隶制王国的建立。公元前 30 世纪中期，在两河流域南部出现了阿卡德王国，王国建立后即展开大规模的水利渠道网的建设。古巴比伦王国经济繁荣的时期，第六代国王汉谟拉比在位时制定了著名的法典《汉谟拉比法典》。法典中数条内容都与水利有关，即以国家法律的形式保障水利设施的合理利用，当时的王国政府还设有专管水利的官职。

畜耕是发展农业生产的重要标志之一。两河流域的先民最早发明了犁，用牛和驴代替人力牵犁耕地，最早使用的犁是木石结构，即在木制的犁架上装配石制犁头，后来随着冶铜业的发展，便采用铜犁头。用畜力代替人力拉犁，有利于深翻土地，提高效率，促进农作物种植。

这时期两地区的主要粮食作物是小麦和大麦。蔬菜和水果也多有种植。蔬菜有胡萝卜、葱、蒜、黄瓜、葛苣等品种。葡萄、椰枣、无花果也是这两个地区适宜种植而又为人们喜爱的作物。当时两个地区饲养的牲畜主要有牛、羊、驴、马等。

2. 文字和书写

早在公元前 3500 年左右，苏美尔人就发明了象形文字，后来发展成表意和指意符号，到公元前 2800 年左右基本成形。苏美尔人是用削尖的芦苇当笔书写，在湿润的泥版上压刻出各种图形符号，起笔处压痕较深广，抽出时压痕则较细较浅，每一笔画都形如木楔，故被称为"楔形文字"。在苏美尔王国之后相继统治两河流域的阿卡德人、巴比伦人、亚述人、波斯人继承了苏美尔人的文字与书写方式。书写以后，将泥板晒干或烧成砖，称作"泥板书"。这种泥板书能长久储存，有许多刻在泥板上的楔形文书流传到了现在，是追溯古老文明史的珍贵材料。

美索不达米亚的楔形文字使用到公元前 300 年前后，以后逐渐成为死文字。19 世纪中叶，借助于研究位于伊朗西部的贝希斯敦摩崖石刻（该石刻用古波斯语、依蓝语、巴比伦语三种文字记述同一内容，歌颂波斯国王大流士的功绩），人们才得以识读巴比伦的文字。

3. 制陶和玻璃技术

美索不达米亚孕育出古老的陶器。这些地区多变的历史风云和东、西方文化的交汇，使制陶形成了鲜明的特征，如曲线造型、重复式图案、对称结构和生动的色彩。距今 4000 至 5000 年在两河流域的哈斯苏（Hassuna）和萨马拉（Sammara）出现的刻花黑陶器是这一时期的杰作。大约在公元前 3500 年前后，美索不达米亚出现了一种原始的陶工旋盘——陶轮，它是一种安装在枢轴上的转盘，泥坯放在中心，一边转动，一边用手整形。这个时期，用陶轮制作的彩陶在这些地区广为发展，有代表性的陶器是用复杂的细小线条、自然及几何的重复图案装饰的大型平盘。

玻璃最早出现于两河流域地区。在公元前 2000 多年以前，美索不达米亚的陶工在制作陶器中发现，由石英砂和天然碱（碱酸钠）混合，在高温熔化后，能产生一种光彩夺目的物质，由此有意识地选择原料，制作玻璃制品。最早的玻璃制品通常只是一些简单的小玩意，如玻璃珠子等。

在美索不达米亚早期，人们采用"型芯法"制作玻璃容器，即先用沙土做出器物造型（型芯），然后用金属棒的一头撑着，浸入玻璃溶液中旋转，使之附上一层厚薄均匀的玻璃溶液，还可以熔上其他颜色的玻璃，或趁热用工具刻画波纹，冷却后除去沙土即成容器。这种工艺以后传到东地中海地区和埃及。后来也常用"铸造法"，分模浇、模压和模烧三种。其中"模烧"法稍复杂一些，先用耐烧的材料做出内、外模子，然后把玻璃碎片或玻璃棒的切片填充在内、外模子间，高温加热后，玻璃片会熔化充溢其中，冷却后除去模子，再加以打磨即成。

4. 冶金技术

美索不达米亚经济作物的发展促使了手工业的发展，亚麻织品、各种器皿的制造都要求生产工具和生产工艺的改进，铜器和天然合金的出现和广泛使用使冶金业达到了较高的水平，出现了熔炉和专门的冶金匠。他们最早掌握了青铜合金的冶炼和铸造技术，而最值得一提的技术成就是它的冶铁术。

大概在新石器时代，原始人类就在打制石器的过程中发现了天然的金属。金、银、铜可能是最先被发现的，因为它们在自然界中可以单体的方式存在。在新石器时代后期，由于天然铜即红铜也被用来作为工具，故出现了一个金石并用时代。红铜虽然便于打制，但不够坚硬，后来人们在长期的冶炼实践中发现，在铜中混入锡、铅可增加铜的硬度，后来用掺锡的方法制造铜锡合金，即青铜。青铜的使用，标志着人类进入一个新时代——青铜时代。美索不达米亚人应用青铜铸件的历史较早，在乌尔的罗亚尔墓(公元前2800年)中发现了含锡8%～10%的真正的锡铜合金，而青铜器的大量出现是在古巴比伦王国时期（约公元前16世纪）。

铁器的出现是更为重要的科学史事件，因为铁的硬度比铜大的多，用途更为广泛。大自然中没有单质铁，只有偶尔从天上掉下来的陨铁是单质铁。不过陨铁量少，而且大部分被作为圣物。最早的炼铁术是赫梯人发明的，人们在叙利亚北部发现了公元前2700年的最原始的炼铁炉。由于加工困难，铁十分贵重稀少。在《荷马史诗》中，把铁和黄金相提并论。考古学家曾发现过一封埃及国王公元前1250年写给赫梯国王的信及回信，信中要求赫梯人供应铁，回信中答应给一把铁剑，并要求用黄金交换。大约在公元前13世纪，亚述人从赫梯人那里学习了先进的冶铁技术。用铁制造的武器坚硬而又锋利，它造就了强大的亚述帝国。

直到公元前8世纪，铁才大量出现。在考古发现的霍萨巴德的萨尔冈二世（公元前720年～前705年）的亚述宫殿中，发现有大量各式各样的铁制工具和武器，共160多t，说明大量生产铁的技术已经出现，亚述人已经进入了铁器时代。要知道，到今天为止，人类还可以说处于铁器时代，钢铁产量依然是一个国家国力的象征，而3000多年前，美索不达米亚人就已率先走进了这个时代。

5. 建筑技术

从美索不达米亚考古发现的众多大型建筑遗址和丰富的泥板书资料使我们可以了解当时的建筑技术和推知其他的技术水平。

在公元前3500年前苏美尔人就建立了最早的城市，虽经王国多次更迭易主，但一直注重城市的建设。美索不达米亚非常缺乏岩石，但拥有丰富的沥青和高明的烧砖技术。中东盛产石油，沥青常常从地面上天然渗出，是天然的建筑材料，所以当地的建筑大都用砖和沥青构筑。早期主要建筑材料是木材和泥砖，泥砖一般不经烧制，这种建筑难于长期保存。后来发明了烧制砖的技术，烧制砖和陶器一样耐水，强度高，经久耐用。利用烧制砖和沥青，聪明的美索不达米亚工匠们建设了当时世界上最雄伟气派、最富丽堂皇的城市。古巴比伦城用石板铺有宽阔的马路，地下设有地下水道。在公元前 7 世纪的新巴比伦王国时期，建筑技术达到顶峰，巴比伦城是当时世界上数一数二壮观的城市。新巴比伦城城墙有三道，主墙每隔 44 m 就有一座塔楼，全城共有 300 多座塔楼，在穿过市区的幼发拉底河上有石墩桥梁，贯通全城的笔直的大道上铺砌了白色、玫瑰色的石板，主要城门北门墙上有用琉璃砖砌的美丽图案。新巴比伦城内还有富丽堂皇的王宫，王宫的旁边是号称世界七大奇观之一的巴比伦空中花园。该花园是当时的国王尼布甲尼撒为他的一位过惯了山村生活的外国宠妃而建的，在人工堆起的小山顶上，一层层栽种着各种植物和花卉，顶上有灌溉用的水源和水管。由于人工小山平地拔起，远看花园仿佛悬在空中。

巴比伦的塔庙建筑从公元前 3000 年就已开始，《圣经》中记载的巴别塔（号称通天塔）是世界上最高的建筑物，历经多次战火，毁而又修，修而又毁。在新巴比伦时期，它曾被修整一新，是当时最高的建筑物，如今只剩一堆瓦砾残垣。

在建筑石雕方面，古巴比伦人也有所发展。在古巴比伦时期，第六代国王汉谟拉比是一位具有军事天才和卓越治国才能的君主，他制定了以他的名字命名的法典——《汉谟拉比法典》。《汉谟拉比法典》石柱（见图 2.4）就是刻写这个法典的石碑，也是古巴比伦的艺术代表。石柱是一块高 2.25 m，上部周长 1.65 m，底部周长 1.90 m 的黑色玄武岩柱，树立在马尔都克大神殿内。石柱上刻满了楔形文字，上部是巴比伦人的太阳神玛什向汉谟拉比国王授予法典的浮雕。这种把国家典律和艺术结合起来的形式，后来成为古代记功碑的一种范例。

图 2.4　汉谟拉比法典石柱

第二节　古埃及的科学与技术

一、埃及的地理和历史

尼罗河流域的古埃及是世界上历史最悠久的文明古国之一，举世闻名的金字塔向世人展现了埃及曾经的辉煌，昭示了古埃及人的才智、能力和事业。

古埃及地处尼罗河两岸的一个狭长地带上。这一片土地的东部是平均海拔 800 米的阿拉伯沙漠高原；南部是山地，尼罗河穿越其中，水流湍急；西部是难以穿越的撒哈拉大沙漠；北部是浅滩密布、暗礁罗列的地中海海岸。实际上，它就像是一个孤岛，北边受到大海的限制，其他边境则被沙漠包围着。在古代的交通条件下，这是一块可以避开外族侵扰的理想的农业文明生长土地。

7 月份尼罗河水一年一度的泛滥给河谷披上了一层厚厚的淤泥，使河谷区土地极其肥沃。每个时期，埃及人都建造了运行良好的灌溉系统，并特别注意每年洪水季节时对水的利用。庄稼在这里一年可以三熟，收成很有保证。尼罗河养育了埃及人民。古希腊历史学家希罗多德（公元前 484-前 425）有一句名言："埃及是尼罗河的赠礼"，恰当地说明了尼罗河对于古埃及文明的重要意义。

古埃及的历史常常分为前王朝时期、早期王国、古王国、中王国、新王国即帝国时期、衰败时期。前王朝时期，埃及分上埃及（南部）和下埃及（北部），大约在公元前 3500—前 3000 年之间，上埃及国王美尼斯统一埃及建立第一王朝，直到公元前 332 年亚历山大大帝征服埃及为止，共经历了 31 个王朝。

在衰败和异族统治时期，埃及曾先后被利比亚人、埃塞俄比亚人、亚述人侵入。公元前 525 年，埃及沦为波斯帝国的一部分。公元前 332 年，埃及被亚历山大大帝征服，随后建立了由希腊人统治的托勒密王朝。一般认为，古埃及文明终结于公元前 525 年或公元前 332 年。公元前 30 年埃及成为罗马的一个行省。公元 640 年以后则被穆斯林哈里发所统治。16 世纪 50 年代埃及被并入奥斯曼土耳其帝国的版图。1798 年拿破仑远征军进入这片土地，但在 3 年后被英国人赶走。今日的埃及是在第二次世界大战结束几年后才取得独立的。在新埃及，87%的人是阿拉伯人，其次才是自古代以来就生活在这里的柯普特人和贝都因人等。

二、古埃及的科学

尼罗河谷优越的农业生产条件举世无双，古埃及人在生产实践中逐渐形成对自然的认识，孕育出科学知识的萌芽，在历法制定、几何计算、解剖和医学方面富有特色。

1. 古埃及的天文学

定向、定时（制订历法）、星象观测，是天文学中最古老的内容。

今天我们知道，周而复始的四季的变化，主要是由于地球绕太阳公转形成的。地球绕太阳公转一周为一年，在农业社会中，确定一年的天数，即季节变化的周期是非常必要的，因为耕种、收获只有在一年中适当的时候进行才能保证丰收。确定年、月、日之间的关系便是历法的主要内容。

埃及人创造了人类历史上最早的太阳历。

根据考古发现，古埃及人将天球赤道带的星分为36群，每群有恒星一颗或数颗不等，太阳每10天走过一组，故称之为"旬星"。当某一旬星黎明前夕恰巧升到地平线时，就标志着它代表的那一旬的开始。这样一年就分成36个周期，每个周期为10天，并在36个周期之外又加上五天节日，365天为一年。

尼罗河的泛滥是相当有规律的，古埃及人曾以洪水到来的日子为一岁之首。一年分3季，即洪水季、冬季和夏季。冬季播种，夏季收获，洪水季尼罗河泛滥。一季4个月，一月30天。年终5天为节日，每年共365天。但是，这样确定岁首毕竟是比较粗糙的，每年尼罗河水泛滥的日子不可能规律到一天不差的程度。后来到古王国时代（公元前3100—前2200年），埃及人观察到当天狼星清晨出现在下埃及的地平线（也就是与太阳同时升起，天文学上称偕日升）上时，尼罗河就开始泛滥。古埃及人把天狼星与太阳同时升起的这一天定为一年的第一天，这样就提高了历法的准确度。古埃及人经过长期观测还发现，如果以天狼星偕日升那天作为某一年的开始，那么120年之后，偕日升的那一天与一年之始即差一个月，而到了第1461年，偕日升那天又成了一年之始。他们把这个周期叫"天狗周"（因为他们把天狼星叫天狗）。

365天的太阳历很显然是古埃及人从对天狼星偕日升与尼罗河泛滥周期的长期观察中总结出来的。今天我们知道，一回归年约365.25天，而古埃及历法是一年365日，则比实际一回归年少0.25天，每120年就少了30天，每1460年就少了365天，正好相差一年。在那样遥远的年代，埃及人凭着长期细致的观察，居然定出了这样长的周期，真是个奇迹。

埃及最大的金字塔是胡夫金字塔，是第四王朝国王胡夫的墓，修建于公元前2700年左右。其两条南北方向的底边，方向偏差一边为2′30″，另一为5′30″。那时没有指南针，肯定是靠天文定向，能达到这种精确度实在不易。此塔的北面正中有一入口，下地宫的通道与地平面成30°，从地宫向外看恰好对着北极星，可能是精心设计的。

埃及人精确的历法与他们的天文观测密切相关，他们认识不少恒星，从金字塔中的壁画和出土的棺材盖上所画的星图可以知道，他们不仅认识北极星，还认识天鹅、牧夫、仙后、猎户、天蝎、白羊和昴星等。

2. 古埃及的数学

埃及人在数学上也颇有成就。现存的兰德纸草（Rhind Papyrns）（因英国人亨利兰德于1858年发现而得名，现藏于大英博物馆）和莫斯科纸草（现藏于莫斯科）上记载了不少数学问题及解法。古埃及的数学知识主要是实用性的算法，还没有形成像希腊人所认为的那样，与实际应用毫不相干的、抽象的数学理论。埃及人忽视了对数学原理的研究，没有数学的基本理论、没有几何学的理论体系，数学仅仅是计数和加减乘除运算。

埃及人很早就采用了十进制记数法，但不是十位制。每一个十进位数由不同的数字组成，没有位值。复合数字是由简单数字积累而成。例如，10，1 000，10 000……各有专门的符号（见图 2.5）。这样的数制相当麻烦，不可能有简便的四则运算法。由于计数方法的笨拙影响了古埃及数学的发展。埃及人的算术主要是加减法，乘除要化成加减法做。埃及算术中分数算法也比较麻烦，所有的分数先拆成单位分数，单位分数是分子为 1 的分数。为了便利拆分，他们造了一个数表，从表中可方便地查出拆分方法，如把 $\frac{7}{29}$ 拆成 $\frac{1}{6}+\frac{1}{24}+\frac{1}{58}+\frac{1}{87}+\frac{1}{232}$，用拆分方法可以做加减乘除四则运算。很显然，拆分方法过于繁琐复杂，不知道埃及人为什么要用这样的方法运算，但数学史家们普遍认为，这种分数算法可能阻碍了埃及算术的发展。

图 2.5　古埃及的象形数字

　　古埃及的数学成就突出表现在几何方面。西文"几何"一词的本意为"测地学"，人们认为它起源于古埃及的土地测量。尼罗河水一年一度泛滥的同时也冲毁了原有耕地的界限，水退后又得重新丈量和划定土地以确定归属和赋税。年复一年的丈量和划定土地、修筑运河和渠坝的工作，使埃及人在几何方面比任何民族都做了更多的实践练习，积累了大量的几何学知识，建筑神庙和金字塔应用并推进了这些知识。埃及人知道圆面积的计算方法，即直径减去它的九分之一后平方，这相当于用 3.1605 作为圆周率，不过他们并没有圆周率的概念，计算圆面积使用的只是经验公式。古埃及人有计算四棱台体积的公式，其结果与现代计算方法相同。巍巍的金字塔，是古埃及人精于计算四棱台体积的物证。此外，埃及人还能计算矩形、三角形和梯形的面积以及立方体、箱体和柱体的体积。埃及人的几何学只限于纯粹实用方面，还没有上升到公式水平，缺乏抽象性，与后来抽象水平较高的希腊几何学无法相提并论，但埃及人的几何学知识后来成了古希腊人的数学入门课程。

3. 古埃及的解剖和医学

　　如果同美索不达米亚人相比的话，埃及人在天文学和数学上的成就都不算杰出，但他们在医学方面的成就相当显著。在医学方面，埃及人特别擅长外科，在公元前 2500 年左右的雕塑中，可以找到外科医生施行外科手术的证据。

　　古埃及医学奠基人伊姆荷太普（Imhotep）是第三王朝法老佐塞尔的御医。埃及人的纸草书卷记载了对多种疾病的病理的描述、诊断和处方治疗。埃及的纸草书卷也保存了古埃及人的医药论文。

　　从古埃及的文献看，传世的比较完整的医学纸草书有六七部，比较著名的主要有两个：① 以最早的外科文献著称的《埃德温·史密斯纸草》（Edwin Smith Papyrus），完成于公元前约 1700 年，是目前保存较好的医学纸草。记载了身体各部分的损伤，从头部一直讲到肩、胸膛和脊柱等。② 约完成于第十八王朝（公元前 1584—前 1320）的《埃伯斯纸草》（Ebers Papyrns），是目前发现最大的医学纸草。它宽 30 cm，长 20.2 m，该书记述了 47 种疾病的症状和诊断处方，涉及腹部疾病的吐泻剂疗法、肺病、痢疾、腹水、咽炎、眼病、喉头疾病、生发药、伤科疗法、血管神经疾病、妇科病、儿科病等，共记载了 700 种药剂，877 个药方。表明内科也有相当水平。也有一些外科的内容，还记有解剖学、生理学和病理学方面的一些知识。

这些纸草书虽有巫术迷信成分，但还是以医学内容占主体。

古埃及人在人体解剖方面也取得了很大的成绩，积累了丰富的人体解剖学知识，对后世有重要的影响。这与埃及人因为宗教信仰上的需要而制作木乃伊有关，得益于尸体防腐的实践。制作木乃伊来自神话：被塞斯杀害并肢解的奥赛里斯在尸体被重新拼合之后得以复活。古埃及法老认为自己是奥赛里斯的后代。由于对奥赛里斯的崇拜，古埃及人相信死后可以复活的观念，而制作木乃伊便是希望复活。他们发明了制作木乃伊——防止尸体腐烂的具体方法，掏出尸体的内脏，再用盐水、香料和树脂泡制风干，然后用浸有树脂的麻布层层包裹，经这样处理的尸体可保存数千年而不腐烂。制作木乃伊促使埃及人对人体解剖知识、药物知识和防腐知识的掌握，他们大致了解身体各部位的粗略结构，认识到心脏和血液循环的关系以及大脑对人体的重要作用。

三、古埃及的技术

尼罗河谷优越的农业生产条件，使古埃及人的农业生产技术发展缓慢，大量的人力投放到大型工程的建设方面，宏伟的金字塔和神庙建筑是古埃及建筑水平的最好见证，透射出无穷魅力。

1. 农业生产和农业技术

游历过埃及的古希腊历史学家希罗多德曾感叹地把埃及称为"尼罗河的赠礼"，这主要是因为尼罗河每年如期地泛滥一次，给两岸广阔的地面上披上了一层肥沃的淤泥。使之成了农耕的沃野。这种举世无双的自然条件对古埃及的文明和人民生活产生了深远的影响。

农业生产在古埃及地区出现较早，大河水利不仅是这里农业经济的命脉甚至也促成了这个地区奴隶制王国的建立。在尼罗河两岸的谷地中，人们开始先排干沼泽，撒种而耕，接着开始修筑人工蓄水湖和渠坝，河水泛滥时蓄水，水退后灌溉。正是由于共同依赖尼罗河水和沃土的养育，越来越多的共同事务和利益使村社之间的隔绝逐步打破，尼罗河流域的人们联系成为一个统一的民族国家。在古埃及，自第一王朝起便把尼罗河水利系统置于中央政府管辖之下，王朝的官吏负责对尼罗河水情和水位变化定期做观测记录。第一王朝的第一法老美尼斯的一大功绩是建造了孟菲斯城外的水库和大坝。古代的农业生产对灌溉有很大的依赖，由于河流自然改道和战争破坏等原因，兴修水利被视为兴国安邦的重要措施。

畜耕是发展农业生产的重要标志之一。和美索不达米亚人一样，古埃及的先民用牛和驴代替人力牵犁耕地，原始的犁是木石结构，即在木制的犁架上装配石制犁头，后来随着冶铜业发展，便采用铜犁头。古埃及人还发明了一种畜力牵引的播种机具，这在当时是一种先进农具。

由于尼罗河谷地的肥沃和农业的繁荣，埃及的园艺、畜牧业很发达，渔业也很可观。古埃及人培植的作物有大麦、小麦、亚麻、蓖麻、芝麻、葡萄、豆类、黄瓜；养育的动物有牛、羊、猪、鸭、鹅、鱼等。

尼罗河谷的农田不必深耕，不必轮作，不必上肥，连杂草也不多生。在土地上撒了种子，用牛拉的原始犁稍微翻起一些土把种子埋上，赶来羊群或猪群把地踩平，在生长期间只加以灌溉就能丰收。打麦则是用牲口把颗粒从穗子里踩出来。这样良好的农业条件反而使埃及的农业技术长期处于停滞的状态。几千年中农具没有多大改进，直到新王国时期才把犁头的形状稍微改变了一下。新王国时期的一个技术进步是开始利用沙杜夫杠杆从河中提水灌溉农田，但用牲口踩穗的脱粒方法一直残存到公元5世纪。

2. 文字和书写

在早期王国以前，埃及人就发明了图形文字，经过长时期的演变形成了由字母、音符和词组组成的复合象形文字体系。象形文字多刻于金字塔、方尖碑、庙宇墙壁和棺椁等一些神圣的地方，后来为了书写方便又发展出了简略的象形文字，称为僧侣体。古埃及盛产纸草[papyrus，英文"paper"（纸）一词即源于此]，这是一种植物，将其茎干部切成薄的长条后压平晒干，可以用作书写。纸草长时间干燥会裂成碎片，所以很少有保存下来的。所幸的是，有少数用僧侣体写作的纸草文书留存至今。有了文字，一方面为古埃及人在科学技术方面的发现和经验的记录、积累、传播提供了重要的条件，另一方面也为科学思维萌芽的发展提供了一种工具。

3. 建筑技术

古埃及人最伟大的技术成就正是用不朽的石头建造的金字塔和神庙。金字塔、神庙和宫殿等大型建筑的修建不仅是古代埃及高度文明的象征，在技术史上也具有重要的意义。古埃及人修建的金字塔表明了他们在几何学、建筑学、各种实用技术等方面的巨大成就。

图2.6 埃及吉萨的胡夫金字塔

金字塔是古埃及法老（即国王）在生前为自己建造的陵墓，其外形呈角锥体，基底呈正方形，形似中文"金"字，故称金字塔。埃及现今发现的金字塔共有80多座，最大的金字塔是吉萨胡夫金字塔。胡夫金字塔坐落在尼罗河西岸，位于埃及首都开罗西南约 10 km 的吉萨高地，是在公元前 2789—前 2767 年由古埃及第四王朝第二代法老胡夫（Khufu，希腊人叫他齐阿普斯 Cheops）为自己修建的陵墓。此塔底边长 230 m，约 5.3 万 m²，共堆砌石 210 层，高 146.5 m。全塔由 230 万块大石块叠垒而成，每块平均重 2.5 t，总重量约 600 万 t。每块石头都经过精工磨平，堆叠后缝隙严密，连小刀也插不进去。塔的内部有许多暗室、石柱和甬道。塔的北面正中央有一入口，从入口进入地下宫殿的通道与地平线恰成 30°倾角，正好对着当时的北极星。且不说胡夫金字塔刚建成时是如何的富丽堂皇，但就建筑规模来说，自它建成近 5 000 年来，人类历史上再也无其他任何建筑可与之媲美。

根据公元前 5 世纪的古希腊历史学家希罗多德（Heroddtus）估计，建造胡夫金字塔用了 10 万人，花了 20 年时间才建成。

金字塔的建造对处于铜器时代的人类来说是一个建筑史和技术史的奇迹。在当时只有木制、石制和铜制的工具，所能利用的机械也不过斜面、杠杆的条件下，把 230 万块平均重约 2.5 吨的石块堆成一个像 40 层楼那么高的角锥体，而且每块石头全部磨成正方体，几乎没有误差；每块石头四面全部分别面向东南西北四个方向，也几乎没有误差。这样宏伟的工程，必须经过精心的设计、周密的计算和系统的组织施工。这真是不可思议，它雄辩地证明了古埃及人的想象力与建筑技艺，以及他们组织庞大建筑队伍的管理能力。

古埃及第四王朝极为兴盛，所建金字塔也大。胡夫的儿子哈夫拉（又叫齐夫林）的金字塔规模比胡夫略小，但它的前面有一座用整块石头雕刻而成的巨大的狮身人面像，希腊人称之为斯芬克斯。该像高 20 m，长约 62 m，据说其面容就是以哈夫拉为模特。斯芬克斯与金字塔相辉映，是古埃及人聪明智慧的象征。

古埃及建筑到了中王朝以后时期，神庙、宫殿取代了金字塔成为主要的建筑形式。它保持了埃及建筑高大雄伟、气派恢宏的风格，许多雕刻华丽的大圆柱至今留存，让今日建筑家叹为观止。建于公元前 14 世纪，历经修整添建的上埃及的卡尔纳克阿蒙神庙（见图 2.7），是世界上最大的用柱子支撑的寺庙，主殿占地 5 000 m²，由 16 列共 134 根巨型石柱组成，中间两排 12 根圆柱直径 3.6 m，高 22 m，开花状的柱顶上可站上百人，上雕象形文字和图形，描述法老对阿蒙神的敬意。卡尔纳克阿蒙神庙朝向天狼星升起的方向修了一条专门的窄廊遮住早晨的阳光，使

图 2.7　阿蒙神庙

人们能在太阳初升时清晰地看到天狼星。说明神庙的建筑同天文学有着密切的关系。由于太阳从东方升起，向西方落下，每日往复循环，与此对应，古埃及人居住在尼罗河东岸，而将坟墓建在西岸。卡尔纳克、卢克索等神庙都位于尼罗河东岸。而金字塔都建于西岸。这体现了他们希望人的生命也能像太阳一样往复循环的观念。

4. 手工业技术

埃及人的手工业也得到了相当程度的发展。古埃及人约在公元前 1600 年发明了制造玻璃的工艺,陶器的工艺、饰物工艺、纸草工艺、亚麻布纺织、炼铜和铜器制造等都达到了很高的水平。商业也随着手工业的发展而繁荣起来。

古埃及拜达里(Badarian)等地早期生产磨光红陶和黑陶及刻有白色的几何、动植物图案的陶器。后来陶杯等容器已施用蓝色釉。古埃及制作的陶器着重实用,法老和贵族更喜欢石雕和金银制品,这无形中影响了陶器的发展。

对产上游和下游、东岸和西岸的交往来说,船的作用是不能低估的,早在 3 万年前,原始的独木舟就出现了。在公元前 6000—前 5000 年,地中海、波斯湾和尼罗河上就出现了船。在公元前 3500 年时埃及人已经有了帆船,陆上的运输则用驴驮来实现。

第三节　古印度的科学与技术

一、古印度的地理位置和历史

古印度相当于今日的南亚次大陆(或称印度次大陆),包括今天的巴基斯坦、印度、孟加拉、尼泊尔、锡金、斯里兰卡等国,该区域在我国西汉时称之为"身毒",东汉时称之为"天竺",唐玄奘取经归来以后始称之为印度。印度北有喜马拉雅山和喀喇昆仑山的耸峙,西有伊朗高原和阿拉伯海的阻隔,南面和东面有印度洋和孟加拉湾的限制,北广南狭,三面环海,一面靠山,有着天然的封闭地理环境。

南亚次大陆西北部的印度河发源于中国境内的冈底斯山以西,从东北向西南方向穿过现在的巴基斯坦,流入阿拉伯海。中北部的恒河发源于喜马拉雅山雪峰,由西北向东南流经现在的印度、孟加拉国,注入孟加拉湾。印度河和恒河,这两条南亚次大陆的大河,正如西亚的底格里斯河和幼发拉底河、东亚的黄河和长江、非洲的尼罗河一样,也是哺育人类古老文明的摇篮。这两条河流形成的冲积平原,土地肥沃,气候温暖,雨量充沛,为农业生产提供了优良条件。

古印度文化发展的过程是一个多民族融合的过程,曾在这里生活的有大罗毗荼人、雅利安人,也有来到这里的希腊人、波斯人、突厥人和阿拉伯人,他们共同创造了有特色的古印度的技术与科学。

印度的历史大致可分为哈拉巴文化时代、吠陀时代、列国争雄时代、殖民时代和独立时期。

约公元前 30 世纪中期,在印度河中下游生活的达罗毗荼人所创造的文化被史学界称为哈拉巴文化。约在公元前 1750 年,哈拉巴文化突然消亡,原因不明。大约在公元前 16 世纪,来自西北方的游牧民族雅利安人在印度河一带出现，约公元前9到前8世纪，逐渐征服恒河流域，开创了吠陀文化时代。"吠陀"原意是"知识"，这个时期的史料主要反映在他们的四部神话诗集《吠陀》以及解释性的文献《圣书》中，因而被称为"吠陀时代"。四部《吠陀》分别是《黎俱》、《夜柔》、《娑摩》和《阿闼婆》。公元前6世纪，波斯帝国侵入印度河流域，吠陀时代结束，随后进入长达2000多年的列国争雄时代。公元前4世纪末，亚历山大统帅的希腊和马其顿军队也曾一度占领该地区。其后，本地的摩揭陀人兴起，建立孔雀王朝，统一了次大陆的大部，形成古印度历史上第一个大帝国。公元前187年孔雀王朝灭亡，次大陆重新分裂为若干小国家，这种状况延续了200多年。公元1至3世纪为贵霜帝国统治时期，4世纪中叶至5世纪中叶是笈多王朝和戒日王朝，7世纪阿拉伯人侵入，建立易利沙帝国，后来又有蒙古人后裔所建立的莫卧儿帝国（1526—1857年）。莫卧儿王朝被英国的东印度公司灭亡后，印度沦为英国的殖民地，古印度的历史结束。

二、古印度的科学知识

古印度的天文学、数学知识富有特色，记数法等知识通过阿拉伯人传入欧洲，为近代科学提供了基础。医学中的许多内容来自经验总结，至今仍在民间发挥作用。

1. 天文学知识

由于宗教的原因，古印度人不太重视对天象的观测，历法也是五花八门，但基本上是阴阳合历。吠陀时代，印度人把一年定为360日，分12个月，同时认识到月亮运行一周不到30日，所以一年中有些月份要少一天，并有置闰方法。为了观察日月的运行，印度人把黄道附近的恒星划分为27宿，"宿"梵文为"月站"，即月亮停留之意，这是为了区分月亮在天空中所处的位置。古印度人在天文历法方面虽然做了许多工作，但还是比较粗陋，他们也不太重视实际的天文观测，也无什么天文仪器传世，这种情况直到希腊高度发达的天文学传入才得到改变。

公元1世纪后，印度陆续出现了一批天文历法的著作，其中最著名的一部为《太阳悉檀多》，该书在佛陀时代（公元前6世纪）已具雏形，此后几百年中经历代学者的增改，成了印度天文学著作的范本。该书讲述了测时、分至点、日月食、行星运动和测量仪器等问题，并包括了大量数学内容。笈多王朝时期最负盛名的天文学家圣使（又名阿耶波多）写了《圣使集》，书中讨论了日月、行星的运行以及推算日月食的方法，并提出一个新颖的观点，认为天球的运动是地球每日绕轴自转的结果。他的这一大胆的思想自然是无人接受的。

印度人的哲学相对发达，形成很多宇宙观。吠陀时代，人们认为宇宙像一只大锅盖在大地上，大地中央是由一座名为须弥山的大山支撑着，日月都绕须弥山转动，太阳绕行一周即为一昼夜，大地四周有四只大象驮着，四只大象则站立在一只浮在水上的龟背上。《太阳悉檀多》则认为大地是球形，北极是众神的住所——墨路山顶，一股宇宙风驱使日月和五星运行，一股更大的宇宙风则使所有天体旋转。

2. 数学知识

古印度在数学方面的成就突出，在世界数学史上占有重要地位。

大约在哈拉巴文化时期，古印度人就采用十进制记数法，不过早期没有位值法。到公元前3世纪前后，出现了数的记号，但没有零，也没有位置记法。约在公元5世纪初，印度数学家发明了用1、2、3、4、5、6、7、8、9等计数的十进制记数法，并创造出零的概念及其数字符号"0"，到这时古印度的十进制位值法记数已日臻完备。这种记数法被中亚地区许多民族所采用，又经阿拉伯人传到欧洲，逐渐演变成为现今世界上通用的"阿拉伯记数法"，这要归功于古印度的贡献。

在吠陀时期出现的《绳法经》中有拉绳设计祭坛时所体现到的几何法则，取 $\pi = 3.09$，一直到勾股定理，并给出了世界上最早的正弦三角函数表；在公元前200年的《昌达经》中提出了印度最古老的帕斯卡三角形即二项式系数三角形。到公元3世纪以后，希腊数学传到了印度，使印度的几何学有了很大的进步。

笈多王朝时代极负盛名的天文学家阿耶波多是一位奇才，他在《圣使集》书中提出了推算日月食的方法，也讨论了算术运算、乘方、开方以及代数学、几何学和三角学的规则。阿耶波多还研究了两个无理数相加的问题，得出正确的公式，对于简单一元二次方程求解和简单代数恒等式的证明也有一定研究，他给出的圆周率 $\pi = 3.1416$。数学家梵藏在7世纪初写出了《梵明满悉檀多》，其中最早提出了负数、无理数的概念和运算，并认识到零也是一个数，学会了处理二次方程的求根问题和解不定方程。

3. 医学知识

在古印度历史上，医学理论和医学实践相当发达，这或许和印度宗教思想中的大慈大悲、普度众生的仁爱思想相一致。早在吠陀时代的口传经典《吠陀》中就有医学知识的记载，如《阿达婆吠陀》中就有大量关于临床治疗、人体解剖学、植物药学等方面的知识，逐步形成了"阿育吠陀"传统（即印度草医学）。这种"阿育吠陀"传统到公元前6世纪时被整理成文字，"阿育吠陀"是梵文 Ayurveda 一词的音译。从语言学讲，"阿育吠陀"源于 Ayus（生命）与 Veda（知识）的组合，即生命科学。"阿育吠陀"理论认为人的躯干、体液、胆汁、气、体腔分别对应着地、水、火、风、空五大元素。疾病是人机体内部失衡的结果，治疗是一个双向的过程：将体内引起失衡的成分去除，同时用和谐的成分进行替换。

"阿育吠陀"传统集中体现于《阇罗迦集》（Caraka Samhitd）与《妙闻集》（Susruta Samhit）两大古典医著中。《阇罗迦集》的作者是阇罗迦（Caraka），《妙闻集》的作者为苏斯鲁塔

（Susruta）。两书的成书约在公元前 1 世纪至公元后数世纪中，经不断补充修改始成为今天所见书卷。

《阇罗迦集》是一部庞大的百科全书式的著作，全书由八大卷所构成。第一卷"总论"，第二卷"病因"，第三卷"判断"，第四卷"身体"，第五卷"感觉器官"，第六卷"治疗"，第七卷"制药"，第八卷"总结"。其中，第一卷的"总论"也可以理解为是对全书的概括。"总论"包括 30 章。第 29 章是第一卷全书的总结，第 30 章给出全书八卷中各卷的简单目录。第 1 章到第 28 章分成了 7 个组，每组围绕着一个专题由 4 章构成。其中第 1 组的议论，涉及印度医学的哲学基础。而第 4、5、6、7 组，则展示了印度医学中内科学的基本理论和思想。

《妙闻集》一直是印度外科医学的经典，内容涉及病理学、生理学和解剖学。书中所记外科手术尤其高超，包括摘除白内障、剖腹产、除疝气、取膀胱结石、断肢、眼科和耳鼻唇整形等手术，而所用器械多达 120 种，治疗药物有 160 种。

古印度的医学对其他国家产生了一定影响。《阇罗迦集》与《妙闻集》大约在公元 9 世纪间翻译为波斯文和阿拉伯文，公元 8—9 世纪时阿拉伯人也曾请去印度医生主持医院工作和担任教学。我国西藏地区的藏医也有受古印度医学深刻影响的痕迹。

三、古印度的技术

哈拉巴时期的农业生产一度繁荣，烧砖技术独步古代世界，城市规划建设井然有序。哈拉巴文明中断以后，有些技术再度起步或从外面传入（如炼铁技术），也达到较高的水平。

1. 农业生产和农业技术

南亚次大陆北部地区是世界上最早的小麦和大麦栽培地。距今 6000 年前，这里的居民就已种植小麦和大麦。哈拉巴文化时期的农业生产已有相当水平，这时期的一些城镇遗址中发现有规模不小的粮仓，这是当时农业生产发达的反映。那时人们已经使用畜耕，同时使用青铜锄、镰等较先进的金属农具。种植作物除小麦、大麦外，还有水稻、豌豆、甜瓜、枣椰、胡麻和棉花等。当时畜牧业也有一定的规模，家畜有水牛、山羊、绵羊、猪、狗和大象等。哈拉巴文化中断后，较落后的原以畜牧业为主的雅利安人重新开始发展农业生产的过程。到吠陀时代，铁器出现，有了铁犁，牛被用来拉犁，人工灌溉和施肥技术也出现了。伴随着这些技术的进步，农业生产有较大的发展。孔雀王朝统一后，王朝政府设有高级官吏，组织建设和管理着全国水利事业，水利建设形成较大的规模，棉花种植面积进一步扩大。易利沙帝国时期，即进入封建社会以后，农业生产的水平有新的提高，但总的说来进步缓慢，在生产工具等方面无多大改变。

2. 冶金技术

早在哈拉巴文化时期，古印度的冶金技术就已达到相当的水平，人们广泛地用铜或青铜制造斧、锯、凿、锄、鱼钩、剑、矛头、匕首、箭镞等工具和兵器。对出土器物的分析表明，匠人已经掌握了锻打、铸造和焊接等技术，并且可能已经应用熔模铸法。哈拉巴文化期的工匠也擅长制作金银饰物。古遗址中出土的这类器物很多，有些做工十分精致。吠陀时代，雅利安人侵入，同时也带来了冶铁技术，古印度人开始用铁。据史料记载，大约公元4世纪的古印度人也能炼钢。今天在印度次大陆还能看到不少古印度遗留的金属制品，在公元5世纪笈多王朝时期所铸的一根高达7.25 m，重约6.5 t 的铁柱（见图2.8），至今全身几乎没有锈蚀，屹立在德里。

图2.8　印度德里铁柱

另外，笈多王朝时期一两米高的大铜佛像也铸造了不少，这都反映了古印度人所达到的冶金水平。

3. 手工业技术

相比其他民族，古印度人最早种植棉花，因而古印度是纺织技术的发源地。在哈拉巴文化时期的遗址发现了棉花残片，那时的织物尚粗糙，不过已有棉布染色。孔雀王朝时期的纺织技术达到较高的水平，那时许多城市都以棉纺织业发达而著称，从事纺织生产的人数已占到第二位，仅次于农业生产。它们的产品远销中亚和东南方的其他地区，成为出口的大宗货物。纺织行业的发展还带动了化学、染色和制衣等行业的发展。古印度的养蚕和丝织技术传自中国，贵霜帝国时期在印度境内逐步发展，到笈多王朝时期已能织出精美的丝织品。

远洋船只对于印度的海上贸易至关重要，古印度的造船业也比较发达。印度造船人用摸索出来的造船技术造出了特别适合在印度洋季风条件下航行的船只。哈拉巴文化遗址中发现一座造船台。笈多王朝时期已能建造可容数百人的海船。

4. 建筑技术

从世界建筑技术发展史看，烧砖是一个重要发明，而最早使用烧砖建造房屋的当推古印度人。在巴基斯坦印度河流域的考古发现中，最引人注目的是哈拉巴文化时期的建筑遗迹，所发现的经过规划的城市是用烧制的砖和木材建筑的，这是世界上最早使用烧制的砖建造房屋的地区。哈拉巴和摩亨约·达罗是已发现哈拉巴文化时期最大的两座城市，占地面积均约有二三百公顷。摩亨约·达罗（梵语死人之丘的意思）城遗迹所展示出的是一座经过规划并且精心建设的城市。这个城市的街道基本上都是南北或东西平直相交，街道转弯处建筑物墙角用烧砖砌成了圆弧形，建有完整的供排水系统。它分卫城和下城两个部分，卫城的城墙高大厚实，用烧砖砌筑，上面建有塔楼。城内公用建筑物很多，颇具规模。如一座大浴室，建筑面积超过 1 800 平方米。下城为居民区，建有平民和贵族的许多住宅，贵族宽绰的有两三层的楼房和庭院，浴池和厕所的陶制污水管道通向街心的石砌下水道。

哈拉巴文化消亡以后，建筑技术似乎没能继承下来。从建筑遗迹看，相当长的时期内技术水平竟表现出倒退。孔雀王朝以后佛教盛行，佛教石窟建筑持续进行，尤其是犍陀罗地区的佛像雕塑艺术在这时期得到了发展，有许多建筑保存至今，其中不少以宏大和精致著称。

第四节　中华科技文明

一、古代中国的地理位置和历史

中国有着特殊的地理环境：北面是寒冷的西伯利亚荒原，东面南面是浩瀚的太平洋，西部是阿尔泰山、喀喇昆仑山以及沙漠、戈壁，西南面是喜马拉雅山、青藏高原。沧海大洋与高山大漠形成了一个相对封闭的地理环境。中国先民在这个封闭的地理环境中独自创造了辉煌的文明，而且这个古老的文明延续几千年一直没有中断，是世界文明史上罕见的奇迹。

我们的祖国也是世界上最古老的文明发源地之一。黄河长江两条母亲河，哺育着华夏民族。大约在公元前五六千年前，黄河、长江流域已开始了农耕作业。此后数千年，农业一直是中国的立国之本。华夏民族的远古历史可以追溯到约公元前三千年黄河流域的姬姓黄帝部落和姜姓炎帝部落，中国人常称自己为炎黄子孙即源于此。在初期的部落联盟中产生了像尧舜这样杰出的军事领袖，舜禅让位于禹之后，禹的儿子弃建立了中国历史上第一个王朝夏朝。夏朝从禹开始（公元前 21 世纪），到桀灭亡，共传 14 世，17 王，400 多年。约公元前 1700 年，商王汤推翻夏桀建立商朝，商朝直到纣亡，共传 17 代，31 王，600 年。约公元前 1100 年，周武王灭纣建立周朝，到公元前 770 年周平王东迁，史称西周（西周共和元年即公元前 841 年开始有正式的史书纪年，此前的历史年代只能推算推测，无法准确确定）。西周末年，诸侯势力强盛，王室日益衰微。平王被迫东迁后，进入春秋战国时期（公元前 770—前 221）。秦始皇公元前 221 年统一中国，进入秦汉时期（公元前 221—220）。

中国古代科学技术的发展开始于远古时代，至春秋战国时奠基，秦汉时形成体系，以后经过历代充实提高和持续发展。

夏商周时期（约公元前 21 世纪—前 771）是中国的青铜时代，青铜冶铸业成为当时最主要的手工业部门，这一时期出土的青铜器种类繁多，工艺高超。天文学、算学、农学和医学等科学知识也在孕育之中。"阴阳"、"五行"、"八卦"等学说开始出现，此后长期影响古代科学技术的发展。

春秋战国时期（公元前 770—前 221）是一个百家争鸣、百工争妍的时代，也是中国历史上科学技术发展的第一个高潮。铁器的使用和逐步推广，是这个时期生产力发展的重要标志，为农业和手工业提供了前所未有的高效率工具。牛耕和铁农具的使用，加快了农田开发和精耕细作传统的形成。手工业出现了冶铁业、煮盐业和漆器业等新行业，分工细密，工艺和技术逐步规范化。诸子百家开始研讨天人关系、世界本原、天何不坠、地何不陷等问题。

秦汉时期（公元前 221—220）是中国古代科学技术发展史上极其重要的时期，古代各学科体系开始形成。这个时期许多生产技术趋于成熟，普遍使用铁器，并发明了造纸术。确立了主要的农作物品种及栽培技术，奠定了中药的本草学基础及中医的医疗原则，产生了历法的主要内容和宇宙理论，形成了以"九数"为骨干、以计算为中心的数学框架。农（学）、医（学）、天（学）、算（学）是秦汉时期中国人独自创造的科学技术体系中的四大核心学科，确立了此后近 2 000 年间中国科学技术的基本框架、形态与风格。

二、古代中国的科学知识

古代中国科学技术体系的形成大约是从春秋战国时期到秦汉时期（公元前 7 世纪—公元3 世纪）。这一时期基本上奠定了中国传统科技体系的内容、形式和特点，与古代中国以种植农业为主的社会物质生产相关联，古代中国科学技术在天文学、数学、农学、医学、工艺技术等实用科技方面取得了突出成就，并形成了一套以天人相应为特征，以元气阴阳五行为形式框架的诠释系统。

1. 天文学知识

中国古代天文学在星象观测和历法制定方面都有辉煌的成就。早在战国时期就出现了专门的天文学著作，齐国甘德著有《天文星占》8 卷、魏国石申著有《天文》8 卷，后世合称《甘石星经》，是当时天文观测资料的集大成，也是世界上最古老的星表之一。

统治者的重视是中国古代天文学发达的重要原因。在古代，中国人相信"上天不和，则帝位不稳"，拥有与上天沟通的能力和手段，被认为是王权得以确立的必要条件和象征（皇帝自称天子），而天象预测被认为是沟通上天的主要手段之一。同时，古代中国以农立国，种植型的农业对季节变化、气象等自然条件的依赖性很大，因此对天象变化的预测，准确历法的制定十分重视。

另外，人们需要对战争、政局动荡，以及洪水、干旱、地震等自然灾害造成的朝不保夕，变化无常的状况寻求一种解释，以保持精神的协调和心态的稳定。认为星象的变化预兆着人世间的变化，这就使天人感应容易成为被社会普遍接受的思维方式，使占星术受到普遍的重视和认可。

这两个因素使得天文观测和研究备受历代统治者重视。中国很早就设有专职的天文官员和机构。《尚书·尧典》中说"乃命羲和，钦若昊天，历象日月星辰，敬授人时"，表明中国从帝尧时代开始就已有专职的天文官员了。在后来，朝廷中一直有掌管天象历法的官府机构，秦汉时期的太史令就是掌管天文的机构。

天象观测是中国古代天文学的一项主要内容。在二十四史中，历法制定的内容在《律历志》中，而天象观测结果记载在《天文志》中，中国史籍中保存有 2 000 多年来关于日食、月食、彗星、新星、超新星、太阳黑子等天象的丰富观测记载，是现代天文学研究难得的宝贵资料。

古代中国对星象的观测成果，反映在历代的星表和星图中。古代中国天文学认为北极星和不升不落的拱极诸星对确定日月五星和许多天象发生的位置、确立一个统一的坐标系具有重要作用。由此，他们将天空的恒星背景划分成 28 个区域，建立了 28 宿体系，这也是中国古代天文学的一大特点。28 宿中部分星宿的名字，在《诗经》中就已经出现了。根据考古资料，中国至迟在公元前 5 世纪已形成完整的 28 宿体系。例如战国时代的《石氏星表》给出了 212 颗恒星的赤道坐标值和黄道内外度。《石氏星表》是世界上现存最早的星表之一。

夏商时代，天象观测资料已较丰富，甲骨卜辞中还有日食、月食和新星的记载。我国第一部文学圣典《诗经》中天文知识也极为丰富。著名的有《诗经·七月》中的"七月流火"（七月的大火星向西偏，大火星即指心宿二，天蝎座的 α 星）、《诗经·绸缪》中的"三星在户"（抬头从门框里望见河鼓三星，河鼓三星即天鹰座三星）等。春秋战国时期，中国天文学开始由一般观察发展到量化观测，有许多重要的天象观测记录。《礼记·月令》以 28 宿为参照系描述了太阳和恒星的位置变化。《春秋》和《左传》中天文资料更为丰富，从公元前 722 年到公元前 481 年，共记有 37 次日食，其中 33 次被证明是可靠的，并有天琴座流星雨、哈雷彗星等天象的详细记录。其中，关于公元前 613 年哈雷彗星的记录是世界上最早的。

长沙马王堆汉墓出土的帛书记载了不少关于天象的记录和图表。例如，长沙马王堆出土的帛书《五星占》，给出了从秦始皇元年（公元前 246 年）到汉文帝三年（公元前 177 年）70 年间，木星、土星和金星的位置表和它们在一个会合周期内的动态表。他给出金星的会合周期为 584.4 日，比今测值小 0.48 日。土星的会合周期为 377 日，比今测值小 1.09 日。这些关于行星的知识对于当时秦国制定和行用的颛顼历很有作用。长沙马王堆三号汉墓帛书有 29 幅图画着各种形状的彗星。

发展农业生产离不开历法的制定。华夏先民从远古时代就已开始星象观测，详尽的天文观测记录为古代中国历法的精确性提供了前提和材料。考古发现以及文献记载表明，在约公元前 24 世纪的帝尧时代就有了专职的天文官，从事观象授时。当时人们已经知道一年有 366 天，《尚书·尧典》中说，根据黄昏时所看到南方天空的不同恒星来划分春夏秋冬四季。据传是夏朝流传下来的《夏小正》一书讲到，一年 12 个月都以一些显著的天象为标志，其中提到北斗斗柄每月所指方向有变化。从殷商甲骨文可考证出商代的历法是阴阳历，用干支记日，数字记月，月分大小，大月 30 日，小月 29 日，闰月置于年终。春秋战国时期的古四分历，已经把一回归年的长度精确到 $365\frac{1}{4}$ 日，这个回归年数值只比真正的回归年长度多 11 分钟。

在春秋中期，已经确立了了 19 年设 7 个闰月的闰周原则。为了更精确地反映季节的变化，古代中国的历法划分了 24 个节气，这是一种特殊的太阳历。他们把一年平均分为 24 等分，即平均每 15 天多设置一个节气，反映太阳一年内在黄道上视运动的 24 个特定位置。24 个节气的划分对中国的农业生产一直起着重要的指导作用。

《汉书·律历志》记载的汉成帝时制定的《三统历》已具备了气朔、闰法、五星、交食周期等内容。汉代已经提出无中气（雨水、春分、谷雨等 12 节气）之月值闰的原则，把季节和月份的关系调整得十分合理，这个方法在农历中一直沿用到现在。东汉灵帝光和元年制定的《乾象历》，给出的交食周期、回归年长度和朔望月长度的新数据比三统历更为准确，又增加了 24 节气昏旦中星、昼夜刻漏和晷影长度等新内容，为后世历法所遵循。古代中国，在两汉时期其历法已经形成了一个独特的体系。

古代中国的天文观测仪器独具特色。大约在西周时代，中国人已经开始用漏壶计时；还在大禹的都城——河南阳城（现在的登封县）修了"周公测影台"，专门有人观测天文。浑象和和浑仪，统称浑天仪，是我国传统的天文观测仪器，据考证最早的创制者是西汉的落下闳。东汉天文学家张衡（公元 78—139 年）创制了各种天文仪器，其中最著名的是用于演示浑天理论的漏水转浑天仪和观测地震的候风地动仪。

漏水转浑天仪是张衡为说明浑天理论而制作的演示仪器，由漏壶和浑仪组成。浑天仪以一个直径约为 5 尺的空心铜球表示天球，表面刻有 28 宿、中外星官及互成 24° 交角的黄、赤道，南北极等。紧附在球外的有地平圈和子午圈，天球半露于地平之上，半隐于地平之下，天轴则支架在子午圈上，天球可绕天轴转动，转动的动力由漏壶的流水提供。张衡利用当时已得到发展的机械技术，将计量时间的漏壶与浑象联系起来，以漏水为原动力，并利用漏壶的等时性，通过齿轮系的传动，使浑象每日均匀地绕轴旋转一周，这样浑象也就自动地、近似正确地模拟星空的周日视运动。漏水转浑天仪形象地表达了浑天思想，并解释了若干天文现象。

候风地动仪是观测地震用的仪器，据《后汉书·张衡传》记载，"地动仪以精铜制成，圆径 8 尺，合盖隆起，形似酒樽"，中有"都柱"，外有"八道"，八道连接 8 条口含小铜球的龙，每个龙头下面都有一只蟾蜍张口向上。一旦发生地震，"都柱"因震动而触动"八道"之一，该道的龙口张开，铜珠落人蟾蜍口中，观测者便可知道地震发生的时间和方向。据记载，候风地动仪成功地探测到了公元 138 年在甘肃发生的一次强烈地震，说明张衡发明的候风地动仪的可靠性。但可惜的是，候风地动仪已失传，后人多方复原均未达到理想效果。

古代中国人依靠自己的勤劳和智慧，积累了丰富的天象观测资料，并形成了中国古代的宇宙理论。春秋战国时期，尸佼定义了宇宙的概念："上下四方曰宇，往古来今曰宙"，其中包含了时空无限性的初步认识。中国古代形成的宇宙理论主要有：盖天观、浑天观和宣夜观。

盖天观主张"天圆如张盖，地方如棋局"，它认为天像只斗笠覆盖在上，地像只盘子倒扣在下，天和地是两个圆形平行平面，在中间有同步的突起，之间相距 8 万里。北极位于该穹起上方，日月星辰绕之旋转。

浑天观的代表人物是张衡（公元 78—139 年），他在《浑天仪图注》和《灵宪》两本著作中完整地提出了浑天观的宇宙论。张衡认为"浑天如鸡子。天体圆如弹丸，地如鸡中黄，孤居于内，天大而地小。天表里有水，天之包地，犹壳之裹黄。天地各乘气而立，载水而浮"。浑天说是一种地球为中心的宇宙理论，认为宇宙是一个像鸡蛋一样的圆球，地为水所载，像鸡蛋的蛋黄居中，天像蛋壳包裹着地球，天体每天绕地旋转一周，总是半见于地平之上，半隐于地平之下，而为气所浮。

宣夜观认为，除地和天体以外，宇宙无形亦无质；空间是虚空的和无限的，处处充满着无边无际的气体；日月星辰等天体不附着于任何物之上，只漂浮于"元气"之上游动。宣夜观是一种认为宇宙空间无限的理论，但是这种宇宙观与天文观测无法衔接，也不能解决任何具体的天文学问题，因此只具一种思辨的哲学理论。

以盖天观、浑天观和宣夜观为代表的中国古代宇宙理论的共同课题是探索天地的形状，研究天地之间的关系。它的天文测算差不多全是用代数方法进行的，因此古代中国的天文学就不能提供一幅宇宙布局的图景，不能像希腊天文学一样提出宇宙的几何模型。由于这个原因，古代中国天文学详尽的天文观测和记录都有明显的为制历授时服务的技术功能，而与对宇宙结构解释的理论思维没有关联。古代中国的宇宙观在整个历史阶段都属于定性描述和臆测思辨的性质。

2. 数 学

中国数学古称"算学"，侧重于解决实际应用问题。由于在天文历法的计算方面有不少艰深的数学问题需要解决，因而历法与算学的发展密切相关，许多科学家兼天文学家和数学家于一身。

中国古代数学有据可查的资料始于商代，比古埃及和美索不达米亚要晚。从殷商甲骨文反映的数学水平也可看出，那时中国数学还在萌芽阶段。但自汉代以后，中国数学逐渐走到世界前列。

中国数学较早实行了十进位值制，商代甲骨文中有 13 个基本的数字符号，一、二、三、四、五、六、七、八、九、十、百、千、万，表明是十进制。表示几十、几百、几千、几万的方法，商代是用合文书写，如上边一个五字、下边一个百字，合起来表示五百。这样的书写方式较容易向位值制演变。十进制记数法是当时世界上最为先进的记数法，是我国人民对世界文明的重大贡献。"商代的数字系统总的说来要比同时代的古埃及和巴比伦更先进，更科学。"（李约瑟）

春秋战国时代是中国数学迅速进步的时代，这个时期普遍运用的筹算完全建立在十进位制基础上。筹算制度是中国古代数学特有的制度。它的计算工具是算筹，不需纸和笔就可进行数学计算。珠算制度是到宋元时代从筹算制度演变出来的。筹算分纵式和横式两种，纵式表示个位、百位、万位，等等，横式表示十位、千位、十万位，等等，遇零空位，这种方法可以摆出任意的自然数。筹算制度有方便快捷的优点，但筹算也有它的局限性，计算过程无法保存，从而无法检验；中国传统数学不擅长逻辑推理，也可能与筹算法这种重结果不重过程的数学思维有关。筹算对中国数学的发展可能有过促进作用，但到后来是妨碍中国数学向更高层次发展的限制因素。

汉代的数学家对周朝、先秦时期已经流传于世的数学著作进行修订、补充，形成了《周髀算经》和《九章算术》两大重要的数学著作。《许商算术》和《杜忠算术》亦是汉代成书的数学著作。

成书于公元前 1 世纪的《周髀算经》是现存我国最古老的数学著作。其中叙述的勾三股四弦五的规律，在西方被称为毕达哥拉斯定理，但我国人民认识到这一关系亦相当早。

《九章算术》标志着我国古代数学体系的初步形成，是中国古代数学的经典著作。据考证，《九章算术》的原本战国时期就已经流传于世，公元前 1 世纪基本定型，后经几代数学家修改、补充，于公元 1 世纪成书。《九章算术》是对战国、秦、汉时期我国人民所取得的数学知识的系统总结，主要是解决应用问题。书中有时先举个别问题为例，再谈解法；有时先谈一般解法，再举例说明。全书共分九章即九大类，九章分别是：第一章方田，共 38 个问题，是关于田亩面积的计算；第二章粟米，共 46 个问题，是解决谷物交换的比例问题；第三章衰分，共 20 个问题，是按等级比例分配或摊派的比例问题；第四章少广，共 24 个问题，是由已知面积体积求边长，即开方和开立方；第五章商功，共 28 个问题，是关于各种工程（城、垣、沟、堑、渠、仓、窖、窑等）的体积计算问题；第六章均输，共 28 个问题，是较复杂的比例分配问题；第七章盈不足，共 20 个问题，是由盈和不足两个假设条件解一元二次方程的问题；第八章方程，共 18 个问题，都是一次联立方程问题；第九章勾股，共 24 个问题，利用勾股定理进行测量计算；全书共 246 个问题。书中的解题方法涉及分数四则运算、负数运算、解联立方程组、双设法、开平方和开立方等，表明那时中国数学已有较高水平，是那个时代世界上最先进的算术。

《九章算术》的出现，既是汉代中国数学水平的代表，又是中国数学体系形成的标志，有着奠基式的重要意义。它所开创的体例和风格一直为后世沿用，中国数学家正是在对它的注释中推动了中国数学的发展。

与希腊数学相比，《九章算术》所代表的数学体系注重实际的计算问题，而不考虑抽象的理论性和逻辑的系统性。特别值得指出的是，它采用十进位制的算筹算法，使它在计算方面具有当时无可比拟的优越性，这正是希腊数学的欠缺之处。从某种意义上说，中西两个数学体系是互补的。中国古代数学的这些内容经过印度和中世纪阿拉伯人传入欧洲，对文艺复兴前后世界数学的发展作出了应有的贡献。

3. 医学知识

中国有个传说：神农尝百草，始有医药。这个传说告诉我们，医学始于农耕社会，医食同源。按这种传说，中医史应当与中华文明史一样古老。

早期，巫医不分。殷商甲骨卜辞中有大量关于疾病的记载，治病方法主要是拜神灵，逐妖驱魔，同时也服药调养。西周时期巫医已经分离，出现了专职的医生和医事制度。

医学是从经验积累开始的，从经验上升到理论是医学的一个飞跃。自春秋战国以来，我国医药学有了很大的发展，名医和医书层出不穷，体现了中医药学发展的延绵不绝和繁荣景象。据历史记载，到公元前26年皇家即已收藏医经7家，216卷，经方11家，274卷。

春秋时期的扁鹊、汉代的外科医师华佗和内科医师张仲景，并称中医三大祖师。

春秋时期的扁鹊是中国正史上记载的第一位著名医学家，他代表了那个时代中国医学的最高成就。他所采用的切脉、望色、闻声、问病四诊法一直沿用至今；他熟练掌握当时广为流行的砭石、针灸、按摩、汤液、熨帖、手术、吹耳、导引等方法，创造了不少为人传颂的"起死回生"的奇迹。

张仲景（约150—219），著名医学家，精通内科，撰《伤寒杂病论》。

华佗（约145—208），著名医学家，精通内科、外科、妇产科、针灸科，尤其擅长外科，发明了全身麻醉术，用酒服麻沸散，配合外科手术施用。编创了"五禽戏"，即模仿虎、鹿、猿、熊、鸟五种禽兽的自然动作姿态的保健操。

迄今已知中国最早的一批医学著作是1973年在湖南长沙马王堆汉墓出土的帛书与竹简《足臂十一脉灸经》、《阴阳十一脉灸经》、《脉法》、《五十二病方》、《养生方》、《杂疗方》等10余种医书。

《黄帝内经》是托名"黄帝"的医学著作，在战国时期已流传于世，后经秦汉医学家修订、补充成书。《黄帝内经》是中医现存的最早理论著作，是中医理论体系形成的标志。

《黄帝内经》包括《素问》和《灵枢》两大部分，共18卷，162篇。《素问》内容偏重于论述人体生理和病理学及药物治疗学的基本理论、"望、闻、问、切"四种诊断方法、各种疾病的治疗原则与方法；《灵枢》则着重论述针灸的基本理论、经络学说和人体解剖、针灸的方法等。从理论上说，《黄帝内经》第一次提出了脏腑、经络学说，成为日后中医理论进一步发展的基础；它采用阴阳五行学说，作为处理医学中各种问题的总原理，为临床诊断提供了理论说明。《黄帝内经》是祖国医学的奠基之作，两千多年来，一直指导着中医的临床实践，是极为宝贵的科学遗产。

《神农本草经》是中国最早的药物学专著，约成书于东汉，记载药物365种，分上、中、下三品，上品为营养滋补药物，中品为抑制疾病药物，下品为作用较强的猛药。其中许多药物经临床实践验证有很好的疗效。

在《伤寒杂病论》中，张仲景创造性地提出了中医诊断学中的"六经辨证"（病分太阳、阳明、少阳、太阴、少阴、厥阴六类）和"八纲原理"（阴、阳、表、里、虚、实、寒、热），确立了中医传统的辨证论治的医疗原则，奠定了我国中医治疗学的基础。不仅如此，《伤寒杂病论》中还选收了三百多个药方，总结了复方配伍，构成了一部非常有价值的经方。总的说

来，在我国中医药史上，《伤寒杂病论》是一部里程碑式的著作

《难经》又称《八十一问》、《黄帝八十一难经》，约成书于东汉时期，以自问自答的方式，提出了医学中存在的八十一个问题，包括脉诊、经络、脏腑、病候、瑜穴等方面。该书将中国传统的阴阳五行学说应用于医学理论与治疗方法，构成了完整的理论体系。

医学是中国古代四大传统学科之一。经过长期医疗实践和积累，中国古代医学发展成具有鲜明民族特色的医药体系：生理病理学以脏腑、经络、气血、津液为内容；治疗学强调以"四诊"（望、闻、问、切）进行临床诊断，以"八纲"（阴阳、表里、虚实、寒热）辨证施治；药物学以"四气"（寒、热、温、凉）、"五味"（酸、甘、苦、辛、咸）来概括药物性能；方剂学以"君臣佐使"、"七情和合"来配药；针灸学以经络、脑穴为主要内容；还发明了推拿术、气功、导引等治疗方法。

中国古代医学的突出特点是：以阴阳五行学说为指导，从生理、病理、诊断、药物、治疗、预防等各方面考虑，强调整体治疗，不是简单地"头痛医头"、"脚痛医脚"。中医药学代代相传，不断得到充实和提高，至今仍是一门重要学科。

正如其他传统学科一样，中国古代医药学的重要成就也与一批著名医学家和医书典籍紧密联系在一起，并流传至今。

三、中国古代的技术

中国古代的技术，最突出的是在冶金铸造、丝织和农业技术方面。

1. 农业生产

中国自古以农为本，是历史悠久的农业文明古国，被世界公认为农业起源中心之一，曾经创造了灿烂的古代农业文明和辉煌的农业科学技术成就，总结了一整套适合中国特点的精耕细作技术体系，使中国传统农业在一个相当长的历史时期内居于世界领先地位。

商代中期农业已成为重要的社会生产部门。殷墟中出土的甲骨片中关于农业丰收的卜辞很多，而畜牧业的很少，表明当时农业的重要性已超过了畜牧业。到了西周时期，以农为主，以畜牧业为辅的生产格局已经形成，中华民族以植物为主的食物结构开始确立。兴修水利，改良土壤，选育良种，精耕细作，古代中国人在这些方面都积累了丰富经验，到秦汉时期，有大量记载农业技术的著作传世。先秦时代的水利工程有的至今仍在使用。中国在汉代时就发明了犁、耧、锄、耙等农业生产工具，与20世纪中期的中国农民仍在普遍使用的农具没有什么大的不同。这些工具有这么悠久的历史固然也是一种光荣，但长期没有根本性的发展也令人悲哀。

中国古代农学发展的特点是：统治者都极为重视农业生产，官府编纂农书，推广和普及农业生产技术；从选种、整地、播种、中耕除草、灌溉施肥、防治病虫害到收获，逐渐建立

了一套完善的精耕细作的技术体系。如汉武帝末年，赵过在全国推广牛耕，县令、三老、力田和老农被招至京城学习，回去普及新技术。

中国农学重视天时、地利和人力三者对农业生产的综合作用，对于有利作物生长的时令、土壤和施肥等环节，都分别做过十分细致的研究。中国文化典籍中农书很多，涉及农业生产的各个方面，其中著名农书如下：

《吕氏春秋》，战国末年秦吕不韦召集门客编撰，其中《上农》、《任地》、《辨土》、《审时》四篇是现存最早的农业政策和生产技术论文，对土地的利用、土壤耕作技术、作物栽培的时节和方法等有较详细的论述。

《氾胜之书》，西汉末年农学家氾胜之撰，该书总结了我国北方地区主要是关中地区的耕作经验，提出了农业生产六环节理论，即及时耕作、改良和利用地力、施肥、灌溉、及时中耕除草、及时收获六个环节，并对每一个环节都做了具体的说明。此外，该书还对十数种农作物的种植过程做了经验性总结。

《四民月令》，东汉农学家崔实著，首创以月令写作农书的体例，逐月记载当时的农业及其他方面生产和生活活动。

2. 冶金技术

同美索不达米亚相比，青铜器和铁器在我国的出现都不算最早，但冶炼和铸造技术发展很快，达到了相当高的水平。传说大禹铸九鼎，近年来的考古发掘也表明我国夏代已掌握青铜铸造技术。最初的青铜铸造是使用石范，后来在制陶技术发展的基础上改用泥范。

商周时期是使用青铜器的极盛时代，不仅有青铜农具等生产工具，还有祭祀用的礼器和大量的兵器。它们有的小巧精致，有的硕大无比，令人赞叹不已。如1939年在河南安阳武官村出土的商代司母戊大方鼎，器高133 cm，横长110 cm，宽78 cm，重达875 kg。这样大的青铜器铸造时肯定需要许多炉子同时熔化青铜，鼎的附件与鼎身是分别铸造再合为一体，这需要有高超的技术。湖北随州曾侯乙墓出土的战国早期铸造的编钟，如今已闻名世界，它是青铜铸造技术的光辉成就，更是音乐史上的奇迹。

在长期冶铜实践的基础上，我国人民已认识到了合金成分、性能和用途之间的关系，成书于春秋战国时代的技术典籍《考工记》中记载有青铜"六齐"规律，所谓"齐"即"剂"，配方的意思，即分别适用于铸造不同用途的青铜器的六种配方。当时人们认识到，铜与锡的重量比为六比一时，最适合造钟鼎，五比一时，造斧头，四比一时，造戈戟，三比一时，造刀剑，五比二时，造箭头，二比一时，造铜镜。这些大体正确的合金配比规律，是世界冶金史上最早的经验总结。

中国炼铁技术起步较晚，按现在的考古发现是始于春秋晚期，但由于先前已发展了极为先进的青铜冶铸技术，炼铁术发展很快，我国最早发明了铸铁技术。春秋战国时期，我国出现了生铁冶铸技术和铸铁柔化术，这两项冶金史上的重大突破，远远领先了欧洲上千年。战国后期，冶铁业在全国各地广泛建立起来，使铁器的使用大为普及，极大地促进了社会生产力的发展。西汉时期实行盐铁官营，全国设铁官49处。这一措施对推广冶铁技术，增加国库收入，增强国力，起了重大的作用。从西汉到东汉，冶铁生产的规模不断扩大，大型炼铁竖炉的出现和水利鼓风机的发明，使铁范、铸铁柔化技术等先进工艺更加普及，农事生产中更广泛地使用铁制工具。

古代中国人发明了制钢技术。最早的制钢技术是利用加热、锻打、渗碳、延长，折叠在一起再反复这一过程的方法。往往需要反复锻打多次，甚至数十次、上百次，这样得到的钢材称为百炼钢，可以用来锻制优质刀剑。"千锤百炼"、"百炼成钢"等成语也由此得来。

西汉后期，中国人还发明了用生铁炼钢的"炒钢"技术。就是把生铁加热熔化后，在熔池内不断加以搅拌，借助于空气中的氧把生铁中多余的碳氧化掉，使含碳量降低，这样就得到钢或熟铁。用炒钢锻打刀剑，性能极为优越。直到18世纪，西方人才发明了炒钢技术，对欧洲的工业革命有重要意义。

3．水利工程

以种植农业为主的生产方式对水利工程依赖性很大，为了防止水灾和旱灾，春秋战国时期开始兴建大型水利工程，主要是灌溉工程、运河工程和堤防工程。最主要的灌溉工程有芍陂、漳水十二渠、都江堰和郑国渠等四大工程。其中芍陂和都江堰历经两千多年，至今仍在发挥作用。秦国蜀郡太守李冰主持修建的都江堰由分水堤、泄洪道和引水口等主体工程组成，形成一个布局合理的系统工程，联合发挥分流分沙、泄洪排沙、引水疏沙的重要作用，使成都平原成为"水旱从人"的沃野良田，更使四川成为"天府之国"。郑国渠干渠古道宽24.5 m、渠堤高3 m、深约1.2 m，十分壮观。郑国渠的修建充分利用了地形。

堤防工程的修建，是人们长期与洪水作斗争的经验总结，它涉及测量、选线、规划、施工等工程技术，也涉及对地质、水文、水流等知识的掌握。到了秦汉时期，水利工程在规模、技术和类型上都有重大的发展，取得了很大的成就。汉武帝时期开凿的槽渠、龙首渠、六辅渠等大型水利工程在技术方面都有不少新的成就。

4．手工业技术

中国古代手工业技术起步很早，有些堪称世界第一。春秋时期齐人编写的《考工记》是已知第一部中国手工业技术规范著作。书中讲到钟鼓、弓箭制造和建筑、冶金方面的工艺过程。当时的鲁班发明了锯、曲尺、刨、钻和攻城的云梯等。

（1）丝织技术。中国是最早养蚕、种桑和织造丝绸的国家，美丽的丝织品是中国人民的光辉发明和创造。传说黄帝之妻嫘祖发明养蚕织丝，虽然不可全信，但是考古已发现了五千年前的丝织品，与这个传说在时间上相近。远古文献中也记载了大量种桑养蚕的事情。《诗经》中有"春日载阳，有鸣仓庚。女执懿筐，遵彼微行，爰求柔桑"之句，生动描绘了妇女春日采桑养蚕的劳动情景。周代已出现官办的丝织业，规模很大，民间织丝业更是发达。汉代时中国丝绸已享誉世界，长沙马王堆汉墓中发掘出的大量丝织品，展现了汉代初期我国丝织技术所达到的水平，从品种上讲，有绢、罗纱、锦、绣、绮；从颜色上讲，有茶褐、绛红、灰、黄棕、浅黄、青、绿、白；从制作方法上讲，有织、绣、绘等；图形极为丰富，有动物、云彩、花草、山水以及几何图案。西方人了解中国很大程度上是通过丝绸，丝绸开辟了中外交流的主要渠道——丝绸之路。

（2）陶瓷技术。考古发现，早在一万年前的新石器时代，中国人就开始制造和使用陶器。商代，制陶技术有了新的突破，出现印纹硬陶和原始瓷器。印纹硬陶在烧制时需要比一般陶器较高的温度，其胎质多呈灰色。原始瓷器是用高岭土制成，烧成温度在 1 200 ℃ 以上，质地坚硬，吸水性弱，器外涂青绿色釉，已具备了瓷器的基本特征。举世闻名的秦兵马俑，反映了中国古代制陶造型艺术和技术的极大成就，与真人真马一般大小的陶武士俑和马匹竟有数千之多，令人难以置信。

原始瓷经过商至西汉 1 000 多年的发展，质量和产量都有了明显的提高。但这一时期的青釉瓷器仍属原始青瓷，其特点是胎质坚硬，釉层较厚，釉色较深，一般呈青绿或黄褐色。到东汉时期，青瓷烧制技术趋于成熟。瓷器的出现，表明我国陶瓷技术进入了一个新时期。

（3）造纸技术。造纸术是中国古代科学技术的四大发明之一，它使书写材料发生了根本的变化。1957 年在西安灞桥考古出土的纸残片，表明在汉武帝时代（公元前 140—前 87 年）已经有纸存在。那时的纸用大麻和苎麻做原料，是世界上最早的植物纤维纸。大约 200 年后，即公元 105 年前后，东汉宦官蔡伦总结了造纸经验，用树皮、麻头、破布和渔网造纸，完成了对造纸术的重大改革，创制了"蔡侯纸"，使纸的质量大大提高，开创了造纸技术的新时代。

5. 建筑技术

建筑反映了一个民族的科技水平和审美态度。中国古代建筑以其宏大的气势、科学合理的结构和精妙的建筑技巧而闻名于世，在建筑式样上独具特色。

举世闻名的万里长城是世界建筑史上的一个奇迹。它东起渤海之滨的山海关，西止甘肃的嘉峪关，全长四千二百多公里。早在战国时期，各诸侯国为防卫北方游牧民族的侵扰，各自修建卫护性军事建筑工程。秦始皇统一六国后，为防止北方匈奴的进攻和侵扰，令蒙恬率几十万人经十多年的努力，把燕赵魏等诸侯国修建的长城连接起来，并加以扩大，筑成了万里长城。汉武帝时期，为抗击匈奴，又重新修缮了长城，并增修了朔方长城（内蒙古河套南）和凉州西段长城。据在居延出土的汉简记载，修筑的长城是"五里一燧，十里一墩，卅十里一堡，百里一城"。秦汉长城蜿蜒于崇山峻岭之间，多就地取材，夯土构筑而成，工程十分艰巨复杂。

作为建筑材料的砖瓦大约出现于西周时代，春秋战国时期发明了空心砖和小条砖，到秦汉时期被大量用作建筑材料。其中小条砖逐渐形成模数化，其长宽厚的比例约为 4∶2∶1，这样在砌筑墙体时，可以横竖灵活搭配，非常合理。

战国已出现的砖木结构和斗拱结构，到汉代有了很大的发展。砖木结构是以木结构作为整个房屋的支架，砖砌于柱梁之间，成为墙。所谓斗拱结构，"斗"是斜方垫木，"拱"弯长条拱木，斗拱形式有多样，有直拱、曲拱、人字拱、单层拱、多层拱等。这种结构的抗震能力很好，即使墙壁有损坏，屋顶也不会垮塌。关于砖拱结构，西汉中期盛行筒拱结构，末期又盛行拱壳结构。虽然这些砖木结构用的并不十分广泛，大多数是用在陵墓建筑上，但它为后世的砖塔、桥梁和其他建筑拱形结构的产生准备了技术条件。

思考题

1. 试述古印度自然观的主要内容。
2. 古埃及和美索不达米亚天文学方面有哪些主要成就？
3. 简述古印度数学成就的历史价值。
4. 关于中国科学技术发展状况，学界和社会上曾产生如下的讨论：中国古代是否有科学？谈谈你的看法。
5. 中国古代宇宙结构论争的特点是什么？
6. 中国古代数学有何特点？它的发展经历了怎样的历史进程？

第三章　科学理性之光——古希腊、罗马的科学技术

第一节　爱琴海和希腊人

　　科学史上我们经常谈的希腊，并非是仅仅指今天作为欧盟成员国之一的希腊所在地区，古代希腊的范围要大很多。因为早在 3 000 多年前，希腊人就越出希腊半岛向海外进行大规模的移民，所以希腊地区实际上指的是包括希腊半岛本土、爱琴海东岸的爱奥尼亚地区、南意大利地区以及克里特岛等的广大地域。

　　地中海和黑海之间的海域是爱琴海，巴尔干半岛的南部和小亚半岛的西部环绕着爱琴海。爱琴海有酒浆般的海水，明净的天空，秀美的半岛和岛屿，古希腊人就生活在以爱琴海为中心的周围地区。这一地区似乎是欧洲同时伸向亚洲和非洲的一丛触角，而古代非洲文明的中心埃及和亚洲最古老的巴比伦文明正处于它的面前。

　　公元前 4500—前 3000 年间，克里特岛上已有居民居住，他们可能是从北非或小亚半岛渡海而来的。这时正是埃及人在尼罗河畔创造统一国家的时刻，也是苏美尔人在两河流域南部开始形成城市国家群的时期。古代埃及法老的铭文以及以后希腊古典作家的记述都证明，克里特岛在公元前 2000 年出现了欧洲最早的国家，后来发展成为地中海一带欧亚非贸易的中间站。传说中，克里特岛上的米诺斯王曾称雄爱琴海，迫使雅典纳贡。在克里特岛出现国家的同时，伊奥尼亚人、阿卡利亚人和埃奥利亚人等三支希腊人的部落，从北方迁徙到希腊半岛。公元前 1450 年左右，居住在伯罗奔尼撒岛上的阿卡亚人侵略了克里特，他们的国家迈锡尼曾成为克里特岛诺索斯地方的统治者。迈锡尼等希腊城邦在 12 世纪都参加了《荷马史诗》描述的对小亚半岛西北角上的国家特洛伊的战争。在这场战争以后，另一支希腊人多利安人从希腊半岛北部南下，他们用铁制的武器征服丁多金的迈锡尼王国，迈锡尼城邦灭亡了。

　　多利安人的征服使希腊地区的人们逐渐融合成为一个新的民族。这就是曾在哲学和科学以及政治方面为世人留下宝贵财富的古希腊人祖先。从公元前 800 年起古希腊大规模向外移民，在地中海沿岸相继建立起一系列新的奴隶制殖民城邦。这些城邦国家有相当大的发展条件，海外活动又开阔了古希腊人的视野，古希腊人在吸收了古埃及、古巴比伦的科学技术成就的基础上创造了古代辉煌的文明，成为当时欧洲文化中心，也是近代科学技术的主要发源地。

　　公元前 5 世纪之前，希腊的殖民城邦文化比本土更为发达。爱琴海东岸、小亚细亚西面中部的爱奥尼亚地区是古希腊自然哲学的发源地，也是当时希腊文化的中心。后来，由爱奥

尼亚地区向南意大利地区扩散转移。公元前 5 世纪—前 4 世纪中期是雅典的极盛时期，在古希腊历史上被称为雅典时期。这一时期出现了一批对后世影响极大的哲学家和科学家，苏格拉底、柏拉图和亚里士多德等人正是活跃于这个时代的伟大哲人。

在公元前 493 到公元前 449 年的希-波战争中，雅典人勇敢地担负起领导、指挥打败侵略者的使命。雅典联合包括斯巴达人在内的希腊各城邦对波斯人作战，这场战争持续了 44 年，直到公元前 449 年才缔结和约休战。在赢得这场艰苦的希-波战争中，雅典人起了重要的作用，同时也确立了自己在希腊世界中的霸主地位。不过，雅典的霸主地位不久就遭到斯巴达人的挑战，引起了与斯巴达人的内战，即著名的伯罗奔尼撒战争。这场自公元前 431 年开始到前 404 年为止，连绵了 27 年的希腊内战，雅典以失败告终，斯巴达成了古希腊的新霸主。然而斯巴达的霸权也未能长久，旷日持久的内战使全希腊都受到了致命的打击，从此古希腊各城邦陷入混战之中。政治动荡加上经济凋敝，使希腊社会元气大伤，逐步走向衰落。结束了希腊的古典时代（Hellenicera）。

伯罗奔尼撒战争时期，希腊北部的马其顿王国发展壮大起来。国王腓力二世于公元前 356 年即位后，注意学习希腊先进的文化，同时富国强兵，扩军备战，成为希腊世界的首屈一指的军事强国。公元前 338 年，腓力二世在喀罗尼亚击败希腊联军，次年在科林斯召开泛希腊大会，确立了马其顿对于希腊各邦的统治地位。公元前 336 年，腓力二世在宫廷政变中遇刺身亡，20 岁的太子亚历山大即位，开始发动对东方的侵略战争。

亚历山大的东征首指波斯帝国，公元前 334 年大败波斯军队，次年又攻占叙利亚、腓尼基和埃及。公元前 331 年，亚历山大由埃及出发，与波斯军队再度决战，彻底击败了波斯帝国。亚历山大把巴比伦定为他的新首都后，继续东征，铁蹄曾踏到了印度河流域，建立了一个横跨欧亚非的庞大帝国。

亚历山大把巴比伦定为帝国的首都，但以希腊文化为统治文化。亚历山大很重视学术事业的发展，在他金戈铁马生涯中，始终有一批学者跟随。每到一地，地理学家们绘制地图，博物学家们收集标本——据说亚里士多德的生物学研究大大得益于这些珍稀标本。亚历山大也重视科学技术在战争中的作用。据说，由于工程师们的帮助，亚历山大大帝攻城战的水平一度达到了近代的高度。希腊文明就这样随着亚历山大的远征传播到了更广大的地区，从此，这些地区的文化也被称为希腊化（Hellenistic）文化。

公元前 323 年，亚历山大大帝在巴比伦病逝，亚历山大帝国随即分裂为三部分，即埃及的托勒密王国、美索不达米亚的塞琉西王国和巴尔干半岛的马其顿希腊。从此，古希腊时代（Hellenicera）结束，希腊化时代（Hellenistic）开始了。

亚历山大大帝的部将托勒密以亚历山大里亚为首都在埃及建立了托勒密王国（公元前 305—前 30 年），并将希腊文化带到亚历山大里亚。托勒密一世非常重视希腊学术事业的发展，大量网罗人才，赞助学术活动，收集古代著作，在亚历山大里亚修建了一座大型图书馆，藏书达 50 万册以上。在王宫里设立了一所历史上最早的学术中心，大批的学者在这里进行着各个学科的研究工作。亚历山大里亚——这个以亚历山大大帝名字命名的城市是希腊化文化中最耀眼的明珠，在这里产生了古代世界最杰出的科学家和科学成就。这个时期希腊科学中心从雅典转移到亚历山大里亚，自然科学开始从自然哲学中分化出来，形成独立的学科。

公元前146年，罗马征服了马其顿，进入了罗马帝国时期。公元前30年，罗马又灭了古希腊人统治的最后一块领地——埃及托勒密王国，占领了古希腊的全部领土。这个时期，埃及已成为罗马的一个省份，从社会历史分期上讲已进入罗马时代，但是古希腊的文明或希腊化的文明并未灭绝，它仍然在沿着自己的轨道发展，一直延续到公元200年左右，许多希腊籍以及在希腊化文明区接受教育的科学家和技术工程师（托勒密、盖伦、刁番都和赫伦）一直保持希腊化的科学传统，他们依然属于希腊文化而不属于罗马文化。

随着罗马的征服，古希腊的科学传统，就这样逐步丧失殆尽了。

第二节　科学理论——自然哲学的发明

古希腊人把自然界作为一个整体来研究，那时自然科学都包括在哲学里，称为自然哲学，这既是希腊人对自然界的思考，又是早期自然科学的一种特殊形态。那时的哲学家同时也是自然科学家。从第一个自然哲学家泰勒斯开始，到马其顿王亚历山大大帝征服全希腊为止的二百多年，是希腊科学的古典时代。可以按时期和区域分为三个阶段。第一阶段是爱奥尼亚阶段，第二阶段是南意大利阶段，第三阶段是雅典阶段。公元5世纪之前，希腊的殖民城邦文化比本土更为发达。首先，爱琴海东岸、小亚细亚西面中部的爱奥尼亚地区是古希腊自然哲学的发源地。在那里，从泰勒斯开始直到阿那克萨哥拉，形成了以唯物主义自然哲学为特色的爱奥尼亚学派。几乎与此同时，在西方的意大利南部，从毕达哥拉斯开始直到恩培多克勒，形成了以数的哲学为主要特色的南意大利学派。公元前5世纪后，更为古老的前两个学派都相继随地区的衰落而衰落，雅典开始成了主要的活动舞台。著名哲学家苏格拉底、柏拉图和亚里士多德便活跃在雅典的学术讲坛上。

表 3.1　希腊的自然哲学家

米利都学派	
泰勒斯（Thales）	盛年为公元前 585 年
阿那克西曼德（Anaximander）	盛年为公元前 555 年
阿那克西米尼（Anaximenes）	盛年为公元前 535 年
阿克拉加斯的恩培多克勒（Empedocles of Acragas）	盛年为公元前 445 年

毕达哥拉斯学派	
萨摩斯的毕达哥拉斯（Pythagoras of Samos）	盛年为公元前 525 年
变化哲学家	
以弗所的赫拉克利特（Heraclitus of Ephcsm）	盛年为公元前 500 年
埃利亚的巴门尼德（Parmenides of Elea）	盛年为公元前 480 年
原子论者	
米利都的留基伯（Leucippus of Miletus）	盛年为公元前 435 年
阿布德拉的德谟克利特（Democritus of Abdera）	盛年为公元前 410 年
雅典的苏格拉底（Socrates of Athens）	公元前 470—前 399 年
雅典的柏拉图（Plato of Athens）	公元前 428—前 347 年
斯塔吉拉的亚里士多德（Aristotle of Stagira）	公元前 384—前 322 年

一、米利都学派

米利都城邦位于小亚细亚的爱奥尼亚地区，是一个富庶的商业城市，是东西方交通的要道。频繁的贸易交流冲淡了那里原始的偏见和宗教迷信，科学活动和哲学思维结合以自然哲学的形式与宗教神学思维相分离。米利都学派首先关注我们生活的世界的本质，他们追寻世界的始基、构成以及运作。米利都学派认为，这个宇宙是自然的，是可以理性探讨的，任何自然现象和自然事物都是可以认识和解释的，坚持从自然本身来说明自然。这样，神话、宗教迷信中的超自然的鬼神就被否定了。米利都学派的主要代表人物是泰勒斯、阿那克西曼德和阿那克西米尼。后来，赫拉克利特继承和发展了米利都学派的思想。

泰勒斯（Thales，公元前 624—前 547 年左右）是米利都的一个商人、政治家、工程师、数学家和天文学家。他曾经游学埃及和巴比伦，学习了那里的天文学、几何学与哲学，曾经预言过日食，把埃及经验性的测量土地的几何学变成了希腊演绎的几何学，并且证明了一些几何定理。据说他写过关于春分、秋分和冬至、夏至的书，他观测到了太阳运行速度并不均匀，还发现了小熊星座，等等。泰勒斯的研究领域十分广泛，几乎涉猎当时人类的全部思想活动领域，获得了崇高的声誉，被尊为"希腊七贤"之首，号称古希腊第一个自然哲学家和科学家。

泰勒斯认为"万物本原是水"，是一种原始的混沌状态，而大地是漂浮在水上的圆盘，天空是由水汽形成的盖子，万物起源于水并复归于水，水是不变的主体。关于泰勒斯的水本源说的思想来源，亚里士多德猜测泰勒斯观察到万物都以湿的东西为滋养料，万物的本性都是潮湿的，而水是潮湿的来源。泰勒斯的"万物本原是水"的论断是人类第一次用理性的方式寻求万物的统一本质，也就是要透过气象万千的现象寻找共同的普遍因素，再从这一普遍本质来说明更多的现象，包括过去经验中没有接触过的现象。这是科学研究的基本思路，体现了理性思维的特点。更进一步说，它是用自然内部的因素来解释自然现象，而不是像神话或者宗教那样诉诸超自然或者自然之外的神灵、精神，这样人类就可通过经验来批评和改进科学知识，而不是像神话和宗教那样难以取得确定的知识进步。

泰勒斯的学生阿那克西曼德（Anaximander，公元前610—前545），是第一个把已知的世界绘成地图的人，他首先认识到天空是围绕北极星旋转的，所以他将天空绘成一完整球体，而不仅仅是在大地上方的一个半球拱形，大地是一个圆柱体，处于宇宙中心。他认为整个宇宙有一个演化的过程，生物也是演化的，如动物是从海泥中产生的，人是从鱼衍生的，等等。但是一切万物，包括天体在内都要毁灭并复归于原始未分的混沌状态。所以他理解的万物本原是"无限者"，不具有固定性的东西，就是没有固定的界限、形式和性质的东西。"无限者"内部蕴含着分化的可能性，在运动中分裂出冷和热、干和湿等对立面，可以产生一切具体物质的形态。

阿那克西曼德的学生阿那克西米尼（Anaximene，公元前585—前526年），认为万物的始基是"气"。灵魂就是气，火是稀薄的气，气凝聚时就变成了水，继续凝聚就变成了土，进一步就成了石头，这样把事物的质的区别归结为量的差别，也是科学研究常用的思路。他认为大地和行星都浮游在空气中，仿佛世界也是在呼吸着的。

生活在米利都北部艾菲斯城邦的赫拉克利特（Herakleitos，公元前536—前470）继承和发展了米利都学派关于具体物质本原说的思想。他认为"火"是万物的本原。赫拉克利特的本原"火"是不断"燃烧—熄灭"周而复始的活火，赫拉克利特说："这个世界，对于一切存在物都是一样的，它不是任何神所创造的，它过去、现在、未来永远是一团永恒的活火，在一定的分寸上燃烧，在一定的分寸上熄灭。"他认为万物是不断变化和更新的，因此作为万物本原的东西也应是不断变化和更新的。他曾经说过："太阳每天都是新的。人不能两次踏入同一条河流。"赫拉克利特是古希腊时期最具有辩证法思想的唯物主义者，被列宁誉为是"辩证法的奠基人之一"。

泰勒斯、阿那克西曼德、阿那克西米尼和赫拉克利特等学者构成了最早的自然哲学学派——米利都学派，其特点是寻找构成万物的基本材料。这种从物质结构来解释自然现象的思路在古希腊原子论乃至近代科学中都大行其道，对后世产生了深刻的影响。

二、毕达哥拉斯学派

毕达哥拉斯学派的主要代表人物是毕达哥拉斯和菲洛劳斯。毕达哥拉斯（Pythagoras，公元前580—前500）出生于爱奥尼亚对岸的萨莫斯岛，公元前530年左右因皮洛士军队入侵而逃亡到意大利南部的克罗顿定居。年轻时四处游学，曾在埃及长期学习，学习的主要内容是数学和宗教知识，学成后到克罗顿开始聚众讲学，最后发展了一个高度组织化的带有政治、伦理关怀的秘密宗教教派。由于教派的教义是秘不外传的，所以人们对学派内部的情形了解不多，不知道具体成就是谁做出来的，只能笼统地归之于毕达哥拉斯学派。

毕达哥拉斯学派提出数形合一的本原说，认为万物皆数，"万物的本原是一"。从一产生二，产生各种数目；从数产生点、线、面、体等几何形状，这些几何形状产生构成感觉所及的一切形体，产生出水、火、土、气。这四种元素以各种不同的方式相互转化，创造出有生命的、精神的、球形的世界。

毕达哥拉斯学派关于数形合一的本原说是爱奥尼亚学派物质本原说的一种进步。表现在：第一，他们发现了万物之中都有某种数量关系，这样用抽象的形式来解释世界，与米利都学派只能用具体的物质来解释相比，是理论思维深入的标志，是认识能力的一次伟大进步；第二，数本原表现为量和形状两种相关的要素，形状这一要素是自然万物的构成要素，这样抽象规定的数本原和万物构成变化的联系得到了说明；第三，量和形状的合理组合形成世界万物美的和谐，宇宙万物本质上是和谐的，而这种和谐的具体表现就是量和形状的各种比例关系，例如音乐的和声、建筑、美术中的黄金分割等。从原来认为是一片混沌的世界到认为世界是有秩序、有规律，而且表现为比例关系，这是认识史上一次大的飞跃。

毕达哥拉斯学派之所以如此强调数学的研究，在很大程度上是因为其宗教的追求。他们信奉灵魂轮回的教条，其努力的目标是要净化灵魂，让灵魂从肉体的束缚中解脱出来。而数学的研究，现象背后数的和谐关系的发现，尤其是只有通过心灵才能聆听天体的谐音，可以帮助人类净化灵魂，实现解脱。在这里我们看到科学与宗教在探索宇宙人生奥秘上某些奇妙的一致性。

三、恩培多克勒的"四根说"

恩培多克勒（Empedokles，公元前493—前443）是西西里岛南部阿克拉加斯城邦人，他是杰出的政治家、演说家、诗人、哲学家。阿克拉加斯是希腊的一个殖民城邦，是西西里岛重要的农业和海外贸易中心，也是一座著名的文化古城。在这样的社会环境中，恩培多克勒通过观察、分析种种自然事物与现象，总结出许多自然知识。

对于万物的起源，作为一个自然哲学家，恩培多克勒认为火、水、土、气四个根是构成世界万物的四种元素，世界万物都是由四根，即火、水、土、气混合而来的。除了这火、水、土、气四种元素外，再没有别的什么东西。概括地说：四大元素既不能产生，也不能消灭，它们充满并构成世界；四大元素的混合与分离即万物的形成与消失；四大元素按不同比例混合，就构成了形态万千的世界万物。

恩培多克勒关于万物本原问题的见解是沿着爱奥尼亚元素论的方向前进的，他的发展在于把关于物质组成的一元论转化为多元论，认为世界万物的发展变化是由于元素的混合与分离，而不是因为单一元素的变化。关于四大元素混合与分离的动因，他提出"爱"和"恨"，他说："在一个时候，一切在爱中结合为一体，在另一个时候，每件事物又在冲突着的'恨'中分离。"这可以说是"对立统一"哲学原理的雏形。

在恩培多克勒这里，我们发现他已经开始用多元素代替单一元素来解释世界，并且用元素的组合而不是元素本身的形态变化来解释变化的现象了。在某种程度上，可以说是原子论的先驱。

四、阿那克萨哥拉的"种子说"

阿那克萨哥拉（Anaxagoras，约公元前500—前428）坚持以多生多，他认为万物都可以无限分割，在小的东西里面，并没有最小的，总是还有更小的。因为存在者决不能因为分割而不复存在。他这里实际上提出了无限小概念。他把被分割成为无限小的东西称为"种子"。种子的数量是无限的，它的种类也是非常之多的。他认为宇宙是无限的，种子也是无限的，它充满整个宇宙。宇宙中没有虚空，无中不能生有。他认为希腊人说产生和消灭，是用词不当。因为没有什么东西产生或消灭，有的只是混合或与已有的东西分离。应该把"产生"说成"混合"，把"消灭"说成"分离"。可以看出，这里已包含有物质守恒的思想了。

五、古希腊原子论

原子论学派又称德谟克利特学派，其代表人物是留基伯（Leukippus，约公元前500—前440）与德谟克利特（Demokritos，约公元前460—前370）。他们创立原子论的物质本原说一方面继承了爱奥尼亚学派的物质本原思想，继续致力于用比较简单的要素来解释自然万物的存在及其特性；另一方面又继承了毕达哥拉斯学派关于感官不能把握物质本原的思想，继续探讨用一种一般的抽象规定来解释万物的构成和变化。

一般认为，古代原子论是古希腊科学和哲学中最接近于近代自然科学的一种学说。其实这个判断是典型的辉格式解读，即以当今的观点判断历史事件。事实上，近代自然科学家在研究微观领域的问题时借用了古希腊的原子理论，而"原子"这一概念的内涵与本质发生了根本性的变化，并随着自然科学的进步而继续变化着。

来自米利都的留基伯第一个提出了关于原子和虚空学说，他把原子理解为不可分割的物质粒子。留基伯的继承者是他的学生德谟克利特，原子论学派最为著名的人物。德谟克利特生于色雷斯沿岸的阿布德拉城，周游各地，著作宏富，涉及物理学、形而上学、伦理学和历史学，还是一个出色的数学家。他被后人称为是经验的自然科学家和希腊人中第一个百科全书式的学者。

德谟克利特之后，伊壁鸠鲁（Epicurus，约公元前341—前270）继承并发展了原子论学说。他不仅认为世界上所有自然现象都可以用原子在虚空中的运动、原子的结合和分离来解释，而且他还认为原子本身除了有形状、大小的差异之外，还有重量的不同。在伊壁鸠鲁之后，卢克莱修（Lucretius，公元前99—前55）把原子论发展得更丰富、更全面、更系统，在他所著的《物性论》中，对原子论作了精辟和系统的阐述与发挥。

原子论的基本内容可以概括为以下几个方面：① 万物的本原是原子和虚空，原子和虚空都是存在，虚空不是虚无，原子在虚空中运动。② 原子具有如下特性：它是组成万物最小的、不可分割、不可改变的物质粒子；原子的数目是无限的，它既不能创生也不能消灭；原子之间在质上都是相同的，它们只有大小、形状、次序、位置的不同。③ 原子具有一种必然的运动，即原子在虚空中由于必然向四面八方相互碰撞，形成了漩涡运动，造成原子的结合和分离，它们的结合便生成万物；它们的分离便使万物消失，也就是说原子的必然运动引起了世界的变化，而原子的必然运动是原子自身固有的属性，不是外力强加其上的。又由于原子有大小、形状、次序、位置上的差异，便组成了千差万别的事物。④ 无限的宇宙中包含着无限的原子和无限的虚空，原子是绝对充满的，其中没有任何空隙；虚空是绝对的空，其中不包含任何物质。

原子论的意义在于，它开始用抽象的物质实体而不是用某一种特定属性的物质来解释世界，这样在解释力上要强得多，否则总是会遇到以火解释水，或以水解释火这样必须解释对立属性的尴尬局面。另外，通过原子的量的差别来解释现实世界中质的差别，便于克服在性质上的冲突，使得从统一性出发具体解释世界的多样性得以成功。这也是后来西方科学研究的基本思路，因为只有将质的差别转化为量的差别，统一性才能真正实现。这也是后来西方科学之所以如此依赖数学的一个重要原因。原子论的解释方式还开创了以微观结构解释宏观现象的路线，这种思路在近代科学中大行其道，也推动了原子论的发展。

六、亚里士多德和"四因说"

亚里士多德（Aristotle，公元前384—前322）是古希腊时期世界上最伟大的思想家、哲学家和科学家。亚里士多德生于希腊北部的斯塔吉拉，其父尼各马可是马其顿王阿明塔二世的御医。亚氏幼年时父母双亡，由亲戚抚养长大。17岁来到雅典进柏拉图的学园学习，是学园中最出色的学生，很受柏拉图器重，直到柏拉图去世他才离开，前后达20年。后来他自己创立了与柏拉图非常不同的哲学体系，对此他说了一句名言："吾爱吾师，吾更爱真理。"公元前343年，马其顿王腓力邀请亚里士多德做王子——13岁的亚历山大的私人教师，在那里居住了7年。可就是这位亚历山大长大之后，南征北战、所向披靡，成了世界历史上著名的亚历山大大帝。公元前335年，亚历山大登上王位，一年后亚里士多德回到了雅典，创建了自己的吕克昂学园，在这里，他从事教学和著述活动，创建了自己的学派。吕克昂有一座花园，他和他的学生们常常是边散步边讨论学术，故人们称他们是逍遥学派（Peripatetic）。公元前 323 年，亚历山大大帝在巴比伦去世，雅典人开始密谋反马其顿的行动。亚里士多德害怕受到牵连，不得不离开雅典回到了他母亲的故乡卡尔西斯，次年病逝，终年 63 岁。

亚里士多德总结了前人已经取得的成就，并创造性地提出自己的理论，在自然哲学、生物学、数学、天文学、物理学、气象学、心理学、文学、伦理学、形而上学等几乎每一学术领域都取得了重大的科学成就。他一生的著作多达 170 多部，从第一哲学著作《形而上学》，物理学著作《物理学》、《论生灭》、《论天》、《天象学》、《论宇宙》，生物学著作《动物志》、《论动物的历史》、《论灵魂》，到逻辑学著作《范畴篇》、《分析篇》，伦理学著作《尼各马可伦理学》、《大伦理学》、《欧德谟斯伦理学》，以及《政治学》、《诗学》、《修辞学》等，他的著作几乎遍及每一个学术领域，他是一位名副其实的百科全书式的学者。

亚里士多德的哲学博大精深，自成一体。他不同意柏拉图的理念说，认为事物的本质寓于事物本身之中，是内在的，不是超越的。为了把握世界的真理，必须重视感性经验。就对待自然界的态度而言，这是与柏拉图完全不同的。柏拉图强调理念的超越性，蔑视经验世界，但他发展了数学；而亚里士多德重视经验考察，特别在生物学领域取得了卓越的成就。他的哲学目的在于找出事物的本性和原因，因而发展了一套"物理学"，以穷事物之道理。

亚里士多德认为，事物变化的原因有四种，即一"质料因"（事物构成的要素、成分）、二"形式因"（构成一个事物的基本原则或法则）、三"动力因"（改变事物的动力或起因）、四"目的因"（事物存在的原因或改变的原因），这就是"四因说"。他认为只有把一件事物的四因搞清楚了，才算彻底了解了这个事物。比如一座铜制的人物雕像，铜是它的质料因，原型是它的形式因，雕刻家是它的动力因，它的美学价值是它的目的因。他还认为四因中形式因和目的因最重要，形式是事物的本质，目的是事物的根本。目的因又称终极因，自然界的事物都可以用目的因来解释：重物下落是因为它要回到天然位置上去；植物向上长是因为可以更接近太阳，吸收阳光；动物觅食因为饥饿；人放声大笑因为喜悦，等等。亚里士多德的出发点原是承认客观存在，研究客观存在，是唯物主义的。但在这里，他的"四因说"，却是向唯心主义靠拢了。在这里，他实际上是以目的论掩盖了对客观规律的探求，并阻塞了追溯这个"为什么"的道路。因此，亚里士多德的"四因说"在科学史上曾产生过不好的影响。

亚里士多德是原子论的坚决反对者，坚决否认虚空的存在。关于地上的物体，涉及的是物理学的内容。他认为，地上的物体由土、水、气、火四种元素组成，其运动是直线运动。地上物体都有其天然的处所（位置），而所有的物体都有回到其天然处所的趋势，这一趋势即所谓的天然运动。土和水本质上比较重，其天然处所在下，因此它们有向下的天然运动；气和火本质上比较轻，其天然处所在上，因此它们有向上的天然运动。物体越重，下落速度越快，所以重物比轻物下落得快。除了天然运动外，还有受迫运动，受迫运动是推动者加于被推动者的，推动者一旦停止推动，运动就会立刻停止。比如马拉车，车运动，马一停止拉车，车就不再动了。在自然界中，亚里士多德也发现了等级之分，重的东西不如轻的东西高贵。天尊地卑，月亮以上的东西都是由以太构成的。推动者比被推动者高贵，灵魂比身体高贵。

这是亚里士多德物理学中很有特色的东西。

亚里士多德对于科学发展的最大贡献也许是他系统地总结了科学研究的方法论与逻辑学。逻辑学在他那里达到了一个非常成熟的高度，以至于直到数理逻辑兴起之前，西方 2000 多年逻辑学都没有太大的发展。亚里士多德对归纳法和演绎法都进行了系统的研究，可是由于其演绎法（尤其是三段论）的成就和影响太大，人们往往忽视了他在归纳法上的贡献。

古希腊的自然哲学对人类文明的影响深刻而广泛。恩格斯曾说："在希腊哲学的多种多样形式中，差不多可以找到以后各种观点的胚胎、萌芽。因此，如果理论自然科学想要追溯自己今天的一般原理发生和发展的历史，也不得不回到希腊人那里去。"

第三节　古希腊的科学

一、数　学

希腊人在几何学方面的成就是惊人的，他们把埃及人和巴比伦人的经验和智慧提炼升华为一种新的体系，有了这一体系，后人就不必通过经验而只需通过书本和逻辑就能够掌握几何学了。

1. 泰勒斯的工作

古希腊最早的几何学家泰勒斯第一个把埃及的测地术引进希腊，并将之发展成为比较一般性的几何学。他最先提出和证明直径等分圆，圆周角是直角，等腰三角形底角相等，相似三角形对应边成比例等命题和三角形全等的条件等，这些都表明泰勒斯的确为演绎几何学作出了开创性的贡献。

2. 毕达哥拉斯学派的数学研究

毕达哥拉斯及其学派对数学和几何学的发展作出了巨大的贡献，给数学的研究注入了新的思想方法，即要求对任何几何定律和结论都必须有演绎的证明，大大地推进了演绎方法在几何学上的运用，并按照逻辑顺序建立了某种体系。毕达哥拉斯证明了著名的毕达哥拉斯定理（在中国是勾股定理），发现并证明了三角形内角之和等于 180°，研究了相似形的性质，发现平面可以用正方形、等边三角形以及正六边形所填满。毕达哥拉斯学派应该是数论的创始人，通过将数理解为在沙滩上的石子，他们发现了所谓三角形数、正方形数和正多边形数的规律，总结了三角形数与正方形数的求和规律。他们研究了质数、递进数列以及他们认为美的一些比例关系，如算术平均值、几何平均值、调和平均值，等等。在研究数字的因数时，他们提出了完全数（数等于其因数之和）、盈数（数超过因数之和）、亏数（数小于因数之和）、亲和数（两数分别等于对方因数之和）等概念。

毕达哥拉斯学派认为万物都是数，这个数当时理解就是整数。$\sqrt{2}$ 的发现标志着人类认识的实数从有理数领域迈入了无理数领域。据说，当时这一发现使这个学派的多数人陷入了困惑，引起了他们的不安，因为这个无理数动摇了这个学派关于数的完美性的信念，他们把发现了 $\sqrt{2}$ 不能表达为任何整数比的西帕苏斯（Hippasus）扔进了大海，后来他们证明了 $\sqrt{2}$ 确实就是无理数。从此以后，希腊数学走上了以几何学为中心的道路。

3. 芝诺悖论

芝诺（Zeno，公元前 496—前 430）是古希腊爱利亚学派奠基人巴门尼德的学生。爱利亚学派主张存在是"一"，而"杂多"的现象界是不真实的；世界本质上是静止的，运动只是假象。

芝诺为了论证运动的不存在提出了关于运动的悖论，一共有 4 个。第一个悖论叫做"二分法"。芝诺说，移动位置的物体在到达终点之前必须到达途程的中点，而此一半途程到达前又必须达到一半的中点，这样的中点总是有无限多个，所以，该物体无论如何到不了终点。第二个悖论叫做"阿喀琉斯追不上乌龟"。阿喀琉斯是希腊传说中跑得最快的人，是特洛伊战争中的英雄。芝诺论证他追不上乌龟。阿喀琉斯若想追上乌龟，首先必须到达乌龟起跑的位置，因为乌龟起跑时在阿喀琉斯的前面，有一定的距离。但当快腿阿喀琉斯到达乌龟起跑的位置时，乌龟已经爬到前面去了。等阿喀琉斯再赶到乌龟新的位置时乌龟又向前爬了一小段距离，这样的过程无限地出现，无穷无尽。虽然阿喀琉斯跑得快，他也只能一步一步逼近乌龟，但他却永远追不上它。第三个悖论叫做"飞矢不动"。芝诺说，任何一个东西老待在一个地方那不叫运动，可是飞动着的箭在任何一个时刻不也是待在一个地方吗？既然飞矢在任何一个时刻都待在一个地方，那我们就可以说飞矢不动，因为运动是地方的变动，而在任何一个时刻飞矢的位置并不变化，所以任一时刻的飞矢是不动的，既然任一时刻的飞矢不动，那飞矢当然就是不动的。第四个悖论叫做"运动场"（略）。

芝诺悖论看似很荒谬，但是其涉及对时间、空间、无限、运动的看法，蕴含着丰富的数学和哲学思想，它至今还在困扰着哲学家和数学家，若再进一步就可导出极限思想，这个难题对数学的发展有着重要的积极意义。

4. 欧几里得《几何原本》

希腊化时期，几何学的集大成者、伟大的数学家欧几里得（Euclid，公元前 330—前 275），系统地总结了自泰勒斯以来的几何学成果，写出了 13 卷巨著《几何原本》，他从 10 个公理出发按严格的逻辑证明推出 467 个命题。《几何原本》一开始先给出几何学中最常用概念的定义，例如点、线、面、圆，以及它们之间的相互关系。接着欧几里得提出 5 个公设和 5 个公理，并对公设和公理作了区别，他认为公理是适用于一切科学的真理，而公设则只应用于几何。在欧氏几何中，公设是不证自明，一望便知其为真的原理，但应从其所推出的结果是否符合实际来检验其是否为真。再以这些公理和公设为前提，按照演绎推理的法则，推演出无数的结论，这些推论都可通过对自然空间的观察得到验证。《几何原本》共13篇。第1篇讲直边形，包括全等定理、平行定理、毕达哥拉斯定理、初等作图法等；第2篇讲用几何方法解代数问题，即用几何方法做加减乘除法，包括求面积、体积等；第3篇讲圆，讨论了弦、切线、割线、圆心角、圆周角的一些性质；第4篇还是讲圆，主要讲圆的内接和外切图形；第5篇是比例论；第6篇运用已经建立的比例论讨论相似形；第7、8、9、10篇继续讨论数论；第11、12、13篇讲立体几何，其中第12篇主要讨论穷竭法，这是近代微积分思想的早期来源。这部13篇的《几何原本》逻辑严密，证明清晰，推理明确，是一个相当完善的公理化体系，几乎包括了今日初等几何课程中的所有内容。

欧几里得的《几何原本》把希腊的几何学系统化了，构成了演绎推理的公理系统。这种按严格逻辑运用的数学演绎方法对科学思维的发展有着深远的影响。牛顿的《自然哲学的数学原理》就是仿效欧几里得《几何原本》体裁和推理方法写成的。正如爱因斯坦所说："西方科学的发展是以两个伟大的成就为基础，那就是：希腊哲学家发明的逻辑体系（在欧几里得几何学中），以及通过系统的实验发现有可能找到因果关系（在文艺复兴时期）。"

5. 阿基米德的应用数学贡献

在阿基米德（Archimedes，公元前287—前212）的一生中，曾对数学的各个分支作很多重要的贡献。他在纯数学方面最重要的工作，是发现球体及其外接圆柱体的面积与体积之间的关系，正确地得出了球体、圆柱体的体积和表面积的计算公式。死后，按照他本人的意愿，他的墓地就是用一个球内接于圆柱体作为标志的。他提出抛物线所围成的面积和弓形面积的计算方法，最著名的还是求阿基米德螺线所围面积的求法。他证明了圆面积等于以周长为底、半径为高的正三角形的面积，并由此求出圆周率的值为 $3\frac{10}{71} < \pi < 3\frac{1}{7}$。他用圆锥曲线的方法解出了一元三次方程。他还提出一种书写很大数字的方法，按位置不同赋予一列数中每个数字以不同的"序"，并用这种方法来解决如何写下地球那样大的一个球体中所包含的沙粒数目的问题，这种书写方法已有进位制的记数思想。阿基米德在数学方面的著作主要有《论球和圆柱》、《圆的度量》、《抛物线求积》、《论螺线》、《论锥体和球体》等。

阿基米德是希腊化时期将经验观察和数学演绎结合得很好的学者。他的研究方法更具有把数学和实验研究结合起来的真正现代精神。他在具体的研究工作中只解决一定的有限的问题，提出假说只是为求得它们的逻辑推论，这种推论最初是用演绎方法求得的，然后又用经验层次的方法加以检验。他既继承和发展了古希腊抽象的数学研究方法，又把数学研究成就应用到实际中去，这对于科学的发展具有重大意义，对后世产生了深刻的影响。

6. 阿波罗尼乌斯的《圆锥曲线论》

阿波罗尼乌斯（Appollonius，公元前 247—前 205）对圆锥曲线进行了系统的研究，著有《圆锥曲线论》，是古希腊最著名的著作之一，阿波罗尼乌斯和阿基米德、欧几里得被称为希腊化时期的数学三大家。他第一个用一个平面截同一个圆锥分别得到椭圆、抛物线和双曲线，并分别进行了命名；他是第一个发现双曲线有两支的人。他研究了双曲线渐进线的性质；引入了共轭直径的概念，讨论了有心圆锥曲线两共轭直径的性质，并将这些性质和轴的相应性质加以比较；提出圆锥曲线的直径以及有心圆锥曲线的中心的求法，圆锥曲线的切线的作法；论述了关于圆锥曲线的法线性质以及相关的作图和计算；讲述了全等圆锥曲线、相似圆锥曲线以及圆锥曲线弓形的问题。他对圆锥曲线的研究达到了炉火纯青的地步，使后人长期无事可做，直到 17 世纪才被超越。

阿波罗尼乌斯对圆锥曲线创造性的研究和理论的系统化工作是极有价值的，给后来的开普勒（1571—1630）、牛顿（1643—1727）在天文学上的研究提供了很大的帮助。

7. 智者三难题

智者派中几何学家提出了有名的希腊数学三大难题。

（1）化圆为方，或说，求圆面积。作一正方形，使其面积等于已知圆的面积。

（2）二倍立方，或说，求一立方体之边，使其体积等于已知边长的立方体的二倍。

（3）三等分任意角。

这三个难题要求用直尺和圆规作图解决。后来多个数学家证明这三个难题是不能解决的。但在试图解决这三个难题的过程中，希匹阿斯（约公元前 460～？）发明了割圆曲线，从而使安提丰（公元前 5 世纪）提出了把圆看成无穷多边的正多边形的思想。毕达哥拉斯学派的布莱生（公元前 5 世纪）则以圆外接正多边形的方法来思考这个问题，这就是穷竭法。当欧多克索把他们两人的工作进一步推进之后，已经预示着微积分思想的萌芽了。阿波罗尼乌斯在解决这三个难题时发现了圆锥曲线：抛物线、椭圆和双曲线。

8. 代数学的创始人刁番都

希腊数学几乎可以等同于希腊几何学，因为希腊数学家几乎都在几何学领域工作。直到希腊化时期的晚期，希腊文明的光辉将要耗尽的时候，才出现了一位伟大的代数学家，他就是刁番都。

刁番都大概生活于公元 3 世纪中叶，在亚历山大里亚待过。他的生平本身也是由一个代数学问题来表示：刁番都的一生，童年占六分之一，青少年时代占十二分之一，再过一生的七分之一结婚，婚后五年生孩子，孩子只活了他父亲一半的年纪就死了，孩子死后四年刁番都也死了。据此，人们知道刁番都活了 84 岁。至于他的其他方面，我们一无所知。

所幸的是，刁番都 6 卷本的《数论》原书流传到了现在，书中收集了 189 个代数问题。与巴比伦时期纯应用性的算术解题不同，刁番都在第一卷中先给出了有关的定义和代数符号说明，依稀有希腊的演绎风格。特别有意义的是，他首先提出了三次以上的高次幂的表示法。这件事情在希腊数学史上是划时代的，因为三次以上的高次幂没有几何意义，从前的希腊数学家根本不会考虑它们。这表明从刁番都开始，代数学作为一门独立的学科出现了。

《数论》中的问题除第一卷外大多是不定方程问题，主要是二次和三次方程，例如将一个平方数分为两个平方数之和。对这类问题，刁番都并未给出一个一般的解法。今天人们都把整系数的不定方程称作"刁番都方程"，以表示对他的纪念，刁番都的工作以及亚历山大里亚时期其他数学家在算术和代数方面的工作，都与希腊几何学的研究风格迥然不同。前者注重研究个别问题，后者则注重演绎结构和推理规则。前者在亚历山大里亚时期的兴起，反映了东方科学对希腊化科学的渗透。

总之，古希腊人在几何学方面产生了巨人和巨著，取得了巨大成就，但在代数计算上比较落后。而在东方国家，如中国、印度和阿拉伯，代数都有高度发展。

二、天文学

在了解和学习古埃及、古巴比伦人的天文学知识的基础上，古希腊人在天文学方面表现出了独特的创见。他们是以更清醒的态度来看待迷人的宇宙，并以更大的理论热情来探索天体运行的规律。早期有爱奥尼亚元素论的宇宙思想和毕达哥拉斯几何结构模型宇宙观，雅典时期柏拉图和欧多克索提出的同心球体系，希腊化时期则有希帕克斯、托勒密的完善的宇宙几何模型。

1. 爱奥尼亚元素论的宇宙思想

泰勒斯曾提出大地是浮在水上的扁平的盘子，水蒸气滋养着宇宙万物，这是最早的宇宙思想。据说泰勒斯还能够预测日食，还发现了北极星，腓尼基人是根据他的发现在海上航行的。阿那克西曼德首先认识到天空是围绕北极星旋转的，所以他将天空绘成一完整球体，而不仅仅是在大地上方的一个半球拱形，大地是一个圆柱体，处于宇宙中心。阿那克萨哥拉（公元前 500—前 428）设想月亮上有山，月光是日光的反射，用月影盖着地球的设想解释日食，用地影盖着月亮的设想来解释月食。原子论者德谟克利特是以原子的漩涡运动来说明宇宙的生成，他们认为最初无限多的原子在虚空中做漩涡运动，由于原子聚集、碰撞、相互作用而向各个方向运动。在运动过程中，重的原子陷向漩涡中心，中心大原子相互聚集形成球状结合体，即地球。而轻的原子聚集成的物体被抛向外层虚空，形成月亮、太阳和各种星辰，在空间环绕地球作旋转运动。

2. 毕达哥拉斯中心火几何结构模型

毕达哥拉斯学派从美学观念出发去思考宇宙的事情，设想地球、天体和整个宇宙都是球形，而天体的运动也都是匀速圆周运动，因为圆是最完美的几何图形。这个假设一直主宰着天文学，甚至还对后来的哥白尼（1473—1543）产生了重要影响。毕达哥拉斯学派曾提出宇宙中心是永不熄灭的大火，称为"中心火"，地球和其他星体都绕着"中心火"旋转。天球只有十个，因为十是最完美的数字。当时已知的天体只有地球、月亮、太阳、金星、水星、火星、木星、土星和恒星天这九个天体，于是又假想一个"对地"（counter-earth）天体，意思是与地球相对。"对地"与地球相对处于"中心火"的两侧，并且运动速度一致，我们人类居住在地球上背对中心火的一面，所以我们既看不到"中心火"，也看不到"对地"。太阳反射中心火，所以有了白昼和夜晚。

毕达哥拉斯学派既提出了地球概念，也提出了天球概念，这种大胆的地球-天球的两球宇宙论设想为古希腊天文学奠定了基础。在此基础之上，古希腊天文学家运用几何学方法构造与观测相符合的宇宙模型；在宇宙模型基础上，又进一步促进观测的发展，使希腊数理天文学达到了世界古代科学的顶峰。

3. 默冬周期的发现

雅典最著名的天文学家是默冬，他继阿那克萨哥拉之后从事天文观测。公元前 432 年的奥林匹克竞技会上，默冬宣布了他的发现，即 19 个太阳年与 235 个朔望月的日数相等。这个周期在我国称为章，所以默冬周期也常译成默冬章。有了这个周期，就可以确定阴阳历中的置闰规则，235 个朔望月的总日数是 6 940 日，19 年中必有 12 年是平年，7 年是闰年。19 年 7 闰的置闰法在我国称为章法，它的发现标志着希腊天文观测已达到了很高的水平。

4. 柏拉图和欧多克索的同心球体系

柏拉图（Plato，公元前 427—前 347）出生于雅典的名门世家，是苏格拉底的学生。他曾到埃及、小亚细亚、意大利等地游历学习，深受毕达哥拉斯学派的影响。公元前387年，柏拉图在外游学 10 年左右后回到雅典，在雅典郊外阿卡穆（Academus）处开设了著名的学园。学园里的课程有算术、几何学、声学、天文学等。柏拉图自己虽然对数学没有多少贡献，却对数学特别重视，据说，他在学园的门口立了一块牌子："不懂数学者莫入。"这是欧洲历史上第一所综合性传授知识、交流学术、培养学者和政治人才的学校，柏拉图是这个学派的领袖和重要的代表人物，他的思想影响深远。

在天文学研究方面，柏拉图反对人们满足于用眼睛观看和记录天体运行的轨迹，认为应该只把天空的图画当做说明图，要像研究几何学那样研究天文学，而不管天空中那些可见事物。他深信天体是最高贵和神圣的，所以其运动方式一定是均匀的圆周运动。他提出了一种同心球宇宙结构模型，认为地球不动并处于同心球体系的中央。从地球向外，依次是月亮、太阳、水星、金星、火星、木星和土星，这些天体都绕地球作匀速圆周运动。可是，天文观测的结果却告诉我们，天上的有些星星恒定不动地做周日运转，而有些星星却不是这样。它们有时距我们远，有时距我们近，时而前进，时而后退，时而快，时而慢，人们把这些星称作行星。对于这些不规则的星体运动，柏拉图给他的门徒提出了一个任务，就是设法将看上去不规则的运动拆解为不同的均匀圆周运动的叠加，这就是著名"拯救现象"方法。

学园里的学生欧多克索（Eudoxus，公元前 409—前 356）为柏拉图的"拯救现象"提供了第一个有意义的方案，即同心球叠加方案。他的宇宙模型是以地球为中心的，日月和 5 大行星及恒星分别附在一些透明同心球壳层上围绕地球均匀旋转。行星的运动由 4 个大小不等的同心球的复合运动所致。而整个宇宙中的同心球共有 27 个。这个模型的实质是用匀速圆周运动的叠加组合来描述曲线运动，欧多克索是第一个把几何学同天文学结合起来的人。继承他的工作的是柏拉图的另外两个学生卡利浦（公元前 370—前 307）和亚里士多德，卡利浦把同心球增加为 34 个，后者则把它增加到 55 个。亚里士多德和柏拉图等人的最大区别在于，他认为天体所依附的天球是实际存在的物质实体，整个宇宙天体的运动是上帝在推动的，这大概是地心说体系被宗教神学奉为经典的原因。

5. 阿波罗尼乌斯和伊巴谷的本轮和均轮模型

对于天体运动时快时慢、时近时远、时进时退等用匀速圆周运动不能解释的现象，公元前 3 世纪，古希腊天文学家阿波罗尼乌斯提出了本轮-均轮体系，后来天文学家和数学家伊巴谷发展了这个学说。本轮-均轮体系的主要思想是抛弃了同心球体系，认为地球仍处于宇宙中心，天体仍在绕地球运动，以地球为圆心的圆叫均轮，而在均轮上的点做圆心的圆叫本轮。天体本身是在本轮上作圆周运动；而本轮的中心又在均轮上绕地区作圆周旋转（见图 3.1），这样两个运动组合起来就可以解释许多观测到的天文现象了。

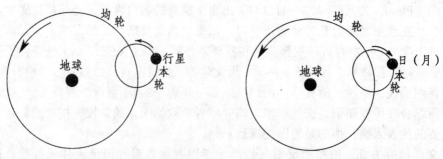

图 3.1 本轮-均轮体系

6. 阿里斯塔克——日心说的先驱

几乎所有的中学生都知道，是哥白尼发现了地球绕太阳转动而不是相反，他使人们从人类中心论的迷梦中惊醒。其实，早在希腊时代就有天文学家提出过日心地动学说，他就是亚历山大里亚的著名天文学家阿里斯塔克。

阿里斯塔克（Aristarchus，公元前310—前230年）生于爱奥尼亚地区的萨莫斯，青年时代来到雅典，在吕克昂学园中学习，受过学园第三代学长斯特拉图的指导，后来到了亚历山大里亚，在那里搞天文观测，并发表他的宇宙理论。他认为，并非日月星辰绕地球转动，而是地球与行星以太阳为中心作圆周运动。很显然，他的这个主张继承了毕达哥拉斯学派的中心火理论，只不过把太阳放在了中心火的位置。他说，恒星的周日转动，其实是地球绕轴自转的结果。这个思想确实是天才的，但也过于激进，以至于当时的人们都不相信，在他那个时代未能得以广泛流传，要不是同时代的阿基米德记载下来，我们今天就会根本不知道这个人。

人们反对阿里斯塔克观点的理由主要是：第一，它与人们已经广泛承认的亚里士多德的物理学理论相矛盾。在亚氏看来，如果地球在运动，那么地球上的东西就都会落在后面，实际观察中并没有出现这类事情。这个问题只有在惯性定律发现之后才会有一个完满的解答。第二，有许多天文学家提出，如果地球在动，那么它相对于恒星的位置应该有变化（恒星周年视差），可是，我们并没有观测到这种位置的变化。我们不知道阿里斯塔克是如何回答第一个问题的，但据说，他很正确地回答了第二个问题。他说，恒星离我们太远，以至于地球轨道与之相比微不足道，所以，恒星位置的变化不为我们所察觉。我们现在知道，上述恒星的位置确实有移动，但是极其微小，要观测到这种移动，需要望远镜和非常精细的观测技术，以至于直到两千多年之后的18世纪30年代，才被观测到。

阿里斯塔克另一个重要的天文学成就是测量太阳、月亮与地球的距离以及相对大小。这个工作记载在他的《论日月的大小和距离》一书之中，该书流传到了现在。阿里斯塔克知道月光是月亮对太阳光的反射，所以，当从地球上看月亮正好半轮亮半轮暗时，太阳、月亮与地球组成了一个直角三角形，月亮处在直角顶点上，从地球上可以测出日地与月地之间的夹角，知道了夹角，就可以知道日地与月地之间的相对距离。阿里斯塔克测得的夹角是 $87°$，因此，他估计日地距离是月地距离的 20 倍；实际上，夹角应该是 $89.52°$，日地距离是月地距离的 346 倍。但是，阿里斯塔克的方法是完全正确的。得出了相对距离后，他从地球上所看到的日轮与月轮的大小，推算出太阳与月亮的实际大小。同样，他因为没有足够精确的测量数据，其估计误差是很大的，但他至少认识到，太阳是比地球大很多的天体。正因为如此，他确实有理由相信不是太阳绕地球转，而是地球绕太阳转，因为，让大的物体绕小的物体转动总不是很自然。近两千年后，哥白尼才又继承了阿里斯塔克的事业，主张日心地动说。他所遭遇到的驳难几乎是同样的，他为自己辩护的理由也几乎是同样的。

7. 埃拉托色尼测定地球大小

希腊人是最早相信地球是一个球体的民族。在古希腊，不止一位学者对地球的大小进行过测量，其中最著名的是埃拉托色尼（Eratosthenes，公元前 276—前 195），他在人类历史上首次测量了地球的周长。

埃拉托色尼生于北非城市塞里尼（今利比亚的沙哈特[Shahhat]），青年时代在柏拉图的学园学习过，和阿基米德是好朋友。他兴趣广泛、博学多闻，是古代世界仅次于亚里士多德的百科全书式的学者。只是因为他的著作全部失传，今人才对他不太了解。后来受托勒密王朝器重，出任亚历山大图书馆第二任馆长。

据史书记载，埃拉托色尼的科学工作包括数学、天文学、地理学和科学史。数学上确定素数的埃拉托色尼筛法是他发明的；在天文学上，他测定了黄道与赤道的交角；在地理学上，他绘制了当时世界上最完整的地图，东到锡兰，西到英伦三岛，北到里海，南到埃塞俄比亚；他还编写了一部希腊科学的编年史，可惜已经失传。他一生成就非凡，其中最著名的是测量地球周长。

埃拉托色尼测定地球大小的方法完全是几何学的，假定地球真的是一个球体，那么，同一个时间在地球上不同的地方，太阳光线与地平面的夹角是不一样的。只要测出这个夹角的差以及两地之间的距离，地球周长就可以算出来了。他发现，夏至这天中午的阳光可以直射入塞恩（今日埃及的阿斯旺）的井底，这表明这时太阳位于当地的正上方，太阳光正好垂直于塞恩的地面。他同时又测出了夏至正中午时亚历山大城垂直杆的杆长和影长，由此推算出太阳光偏离当地垂线的角度为 $7\frac{1}{4}$（°），即对应于地球周长的 $\frac{1}{50}$。接下来，他让由受过均匀步伐行走训练的测绘员测量了塞恩到亚历山大城的距离，取整数为 5 000 视距（stadia），这样就可以算出地球的周长了。埃拉托色尼算出的数值是 25 万视距，约合 4 万 km，与现代的地球南北极周长 39 941 km 相当接近。在古代世界许多人还相信天圆地方的时候，埃拉托色尼已经能够如此准确地测算出地球的周长，真是了不起。这是希腊理性科学的伟大胜利。

8. 希帕克斯创立球面三角

希帕克斯（Hipparchus，公元前 191—前 125）是希腊化时期伟大的天文学家和数学家，他的卓越贡献是创立了球面三角这门数学工具，使希腊天文学由定性的几何模型变成定量的数学描述，使天文观测有效地进入宇宙模型之中。自欧多克斯发明同心球模型用以"拯救天文现象"以来，通过球的组合再现行星的运动，已成为希腊数理天文学的基本方法。但传统的方法存在两个问题，首先人们还不知道如何在球面上准确表示行星的位置变化，其次，传统的同心球模型不能解释行星亮度的变化。希帕克斯解决了这两个重要的问题。

通过创立球面三角，希帕克斯解决了第一个问题。根据相似三角形的比例原理，希帕克斯第一次全面运用三角函数，并推出了有关定理。更为重要的是，他制定了一张比较精确的三角函数表，以利于人们在实际运算中使用。把平面三角术推广到球面上去，也是希帕克斯的工作，因为他的最终目的在于计算行星的球面运动。

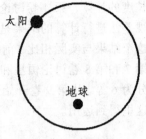

图 3.2　偏心圆运动

解决第二个问题的方法是抛弃同心球模型，在继承和发展阿波罗尼乌斯的本轮-均轮学说基础上提出了偏心运动，即天体并不绕地球转动，而是绕地球附近的某一空间点转动（见图 3.2）。

希帕克斯大约于公元前 191 年生于小亚细亚西北部的尼西亚（即今土耳其的伊兹尼克）。像阿基米德一样，他在亚历山大里亚受过教育，但学成后又离开了那里。这个时期，亚历山大里亚不再是适于学者安心治学的地方了，托勒密王朝已不再像他们的祖先那样对科学事业有特殊的兴趣。据说，希帕克斯在爱琴海南部的罗得岛建立了一个观象台，制造了许多观测仪器，在那里，他做了大量的观测工作。利用自己的观测资料和巴比伦人的观测数据，希帕克斯编制了一幅星图，星图使用了相当完善的经纬度，记载了一千多颗亮星，而且提出了星等的概念，将所有的恒星划为 6 级。这是当时最先进的星图，借助这幅星图，希帕克斯发现前人记录的恒星位置与他所发现的不一样，存在一个普遍的移动。这样他就发现了，北天极其实并不固定，而是作缓慢的圆周运动，周期是 26 700 年。由于存在北天极的移动，春分点也随之沿着黄道向西移动，这就使得太阳每年通过春分点的时间总比回到恒星天同一位置的时间早，也就是说，回归年总是短于恒星年。这就是"岁差"现象。

希帕克斯在天文学上的贡献都是划时代的，但我们今天只能从托勒密的著作中了解他的工作。

9. 希腊天文学的集大成者托勒密

托勒密（Claudius，约公元 85—165），是著名的天文学家、杰出的地理学家和数学家。此人生平事迹不详，据史书记载，从公元 127 年到 151 年间，他在亚历山大图书馆工作过，在亚历山大城进行过天文观测。他的名字与亚历山大里亚的统治者一样，但与他们并无血缘关系。人们猜测"托勒密"这个名字可能得自他的出生地，因此他有可能出生于上埃及的托勒密城。

托勒密的主要贡献是总结了古希腊天文学的优秀成果，特别是根据希帕克斯的研究成果和观测数据，提出了完整的地心体系，写出了流传千古的《天文学大成》。这部 13 卷的著作被阿拉伯人推为"伟大之至"，结果书名就成了《至大论》（Almagest）。

《至大论》的第 1 卷和第 2 卷给出了地心体系的基本构造，并用一系列观测事实论证这个模型。诸如地球是球形的，处在宇宙的中心，诸天体绕它旋转，依离地球的距离从小到大排列是月亮、水星、金星、太阳、火星、木星和土星（见图 3.3），等等，还讨论了描述这个体系所必需的数学工具，如球面几何和球面三角。第 3 卷讨论太阳的运动以及与之相关的周年长度的计算，第 4 卷讨论月球的运动，第 5 卷计算月地距离和日地距离。他运用希帕克斯的视差法进行计算的结果是，月地距离是地球半径的 59 倍，日地距离是地球半径的 1 210 倍。这个结果与实际相比，前者比较准确，后者则相差甚大。第 6 卷讨论日食和月食的计算方法，第 7 和第 8 卷讨论恒星和岁差现象，给出了比希帕克斯星图更详细的星图，而且将星按亮度分为 6 等。从第 9 卷开始到第 13 卷，分别讨论了五大行星的运动，本轮和均轮的组合主要在这里得到运用。

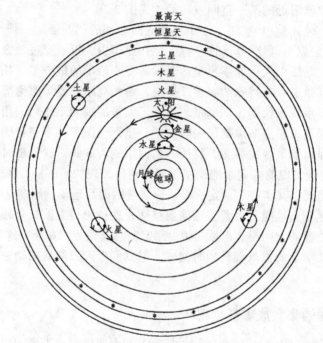

图 3.3　托勒密的宇宙体系

　　托勒密体系基本上是对前人工作的一种综合，而且主要依据希帕克斯的著作，以致有人甚至说托勒密基本上是对希帕克斯的抄袭。不过这一点无法得到证实，因为希帕克斯的有关著作都已失传。抄袭的说法也不见得可靠，因为我们可以肯定，托勒密有自己的观测和自己的发现。托勒密的体系由于具有极强的扩展能力，能够较好地容纳望远镜发现之前不断出现的新天文观测，所以一直被作为最好的天文学体系，统治了西方天文学界一千多年。至于近代早期被宗教神学所僵化和利用，则是后话，托勒密也不能对此负责。托勒密体系作为一种天文学理论有其很高的历史地位。

　　托勒密还写过 8 卷本的《地理学入门》。这本书记述了罗马军团征服世界各地的情况，还依照这些情况画出了更新的世界地图。书中显示托勒密已经知道马来半岛和中国。他也计算了地球的大小，但比埃拉托色尼的比较准确的计算结果小许多。对古代人而言，埃拉托色尼算出的地球尺寸太大，太令人吃惊了。因为从当时已知的情况看，若埃拉托色尼是对的，那地球上的大部分都是海洋了，而这是人们不太相信的，所以当时的人们都宁可相信比较小的数值。托勒密的这个错误借着他在天文学上的权威流传了一千多年。不过有意思的是，正是因为哥伦布相信这个比较小的数值，他才有勇气从西班牙西航去寻找亚洲。要是他知道埃拉托色尼是对的，也许他就不会去完成这次伟大的航行。

三、物理学

物理现象是自然界最普遍、最基本的现象。米利都学派的泰勒斯说到了磁石吸铁，但认为磁石有灵魂。阿那克西曼德和阿那克西米尼分别对风和虹的形成作了大致正确的说明。毕达哥拉斯派研究了弦的长度和音律的关系，他们发现在相同张力情况下，当弦长比为 2：1 时，两弦能产生谐音（相差 8 度）。当弦长比为 3：2 时，两音相差 5 度。总之，要使音调和谐就必须使弦长成为简单的整数比。这一发现使他们对宇宙间数的和谐深信不疑，以至于成为影响科学数学比的一种哲学根源。恩培多克勒正确地认为，听觉是声音造成的，声音是空气振动造成的。

亚里士多德是第一个全面认真研究物理现象的人。他写了世界上最早的物理学专著《物理学》，他反对原子论，不承认虚空的存在。他所研究的是最简单的机械运动现象。他认为月亮以上的世界是由以太构成的，是神圣不动的，而月亮以下的世界的自然运动是重者向下，轻者向上。当然，物体不动也被看成是自然的，要改变这一自然状况就得有外力。他还用自然界不允许虚空的臆想来解释被抛物体的运动，物体前冲时排开介质，在后面造成虚空，周围介质马上来填补这个真空，这样便形成了推力，一直到阻力等于推力，非自然运动停止。显然，亚里士多德还没有能力把静力学和动力学分开。在没有实验科学的情况下，亚里士多德解释了一些现象，但他的大多数结论却是错的。他的理论后来只是由于斯蒂文和伽利略等人的实验才被推翻。从这件事可以看出：能够自圆其说的理论并不一定正确。在用实验结果推翻原有理论时，事实便成了被重新解释了的事实。

古代世界科学巨匠阿基米德（公元前 287—前 212）约于公元前 287 年生于南意大利西西里岛的叙拉古，他的父亲是一位天文学家，这使阿基米德从小就学到了许多天文知识。青年时代阿基米德到亚历山大里亚，向欧几里得的弟子柯农学习几何学，学成后又回到故乡叙古拉。

阿基米德是希腊化时期的科学巨匠。希腊化时期，古希腊人那种纯粹、理想、自由的演绎科学与东方人注重实用、应用的计算型科学进行了卓有成效的融合，实际上为近代科学——既重数学、演绎又重操作、实验——树立了榜样。阿基米德是希腊化时期科学的杰出代表，他不仅在数理科学上是第一流的天才，而且在工程技术上也颇多建树。阿基米德也是希腊最富有传奇色彩的科学家，他的传奇故事很多，而且每一个故事都从一个侧面展露了希腊化时期科学的风采。

阿基米德在物理学方面的贡献主要有两项：关于平衡问题的研究（杠杆原理即属于此）和浮力定律，这两方面贡献记载于他的著作《论平板的平衡》。

在《论平板的平衡》中，阿基米德用数学公理的方式提出了杠杆原理，即杠杆如平衡，则支点两端力（重量）与力臂长度的乘积相等。阿基米德有一句名言："给我支点，我可以撬动地球。"在这里，重要的是建立杠杆的概念，其中包括支点、力臂等概念。对于一般的平面物即平板，为了使杠杆原理适用，阿基米德还建立了"重心"的概念。有了重心，任何平板的平衡问题都可以由杠杆原理解决，而求重心又恰恰可以归结为一个纯几何学的问题。

有关浮力定律的传说——阿基米德解决"王冠之谜"，至今还脍炙人口。当冥思苦想的阿基米德洗澡时，灵光一现、豁然开朗，光着身子跳出浴盆，跑出房间，一边跑还一边喊，"尤里卡（希腊语：发现了），尤里卡"。这一声"尤里卡"，喊出了人类探寻到大自然奥秘时的惊喜，正是为了纪念这一事件，现代世界最著名的发明博览会以"尤里卡"命名。

杠杆原理和浮力定律是古代力学中最伟大的定律，也是今天机械设计和船舶设计、工程计算时最基本的定律之一。阿基米德是"古代世界第一位也是最伟大的近代型物理学家"，是科学史上最早把观察、实验和数学方法相结合的杰出代表。

四、生物学和医学

1. 生物学

阿那克西曼德曾想象，人是由鱼变化而来的，因为人在胚胎的时候很像鱼。这种思想在近代被进化论所肯定。

亚里士多德是古代生物学的开拓者，他所采用的解剖和观察方法，在生物学史上是首创的。亚里士多德的生物学著作也许是他的科学工作中最有价值的，他的研究方法与近代生物学家非常接近。他总是亲自观察，亲自解剖动物，特别重视搜集第一手资料来进行研究。他的研究也得到了他的学生亚历山大大帝的有力支持，他命令手下在征服异域时，如果发现什么希腊所没有的动植物都要设法采集标本，送给亚里士多德进行研究。所以，亚里士多德的生物学研究水准最高，大多数成果为近代生物学所接纳，成为人类知识宝库的重要组成部分。

亚里士多德的生物学著作主要有《动物志》、《论动物的历史》、《论灵魂》等。《动物志》中对各种各样动物的详尽描述，都是他长期观察的结果。他注意到"长毛的四足动物胎生，有鳞的四足动物卵生"，认识到"凡属无鳃而具有一喷水孔的鱼，全属胎生"。他还对人类的遗传现象做过细致的观察，如一个白人女子嫁给一个黑人，他们的子女的肤色全是白色的，但到孙子那一代，肤色有的是黑色的，有的是白色的。

亚里士多德去世后，他的学生、吕克昂学园的主持者特奥弗拉斯特（公元前373—前285）进一步发展，在植物分类学上作出了重要贡献，他是古代最著名的植物学家，被称为"植物学之父"。他在植物史和《植物起源》两本书中，记述了500多种野生和栽培植物的种和变种，阐明了动物和植物在结构上的基本区别。他把植物分为乔木、灌木、草本植物、一年生植物、两年生植物和多年生植物，记录了它们的特征和药用价值。他认为高等植物是通过种子繁殖后代，而低等植物是靠自然发生产生后代的。

2. 医学成就

（1）阿尔克芒解剖学。

毕达哥拉斯学派的阿尔克芒（公元前 6—前 5 世纪）被称为希腊的医学之父。他在了解埃及人知识的基础上解剖过人体。他这样做是为了研究人的生理构造，埃及人却是为了制作木乃伊。阿尔克芒发现了视觉神经联系耳朵和嘴的欧氏管，还认识到大脑是感觉和思维的器官。他的工作实际上为西方解剖生理学的传统开了先河。

（2）希波克拉底。

希波克拉底（Hippocrates，公元前 460—前 377）是古希腊最有名的医生。他的医学书很多，后人整理了《希波克拉底大全》。他创立的"四体液说"是当时的"四元素说"哲学在医学中的应用。根据四体液说，人体中含有黄胆液、黑胆液、血液和黏液，四液协调，人就健康，不协调则产生疾病。希波克拉底重视临床观察和解剖实验，描述了许多内外科疾病及其治疗方法，还有 42 起相当详细的临床记录。希波克拉底还很重视医生的道德责任。医生的出现，使以巫术治病的风气逐步减弱（古代的医生中许多人兼以巫术为人治病，能与巫术决裂的医生是难能可贵的，尽管也可能出差错）。

（4）解剖学家赫罗菲拉斯和数理学家埃拉西斯特拉塔。

赫罗菲拉斯（Herophilos，公元前 4 世纪—前 3 世纪）和埃拉西斯特拉塔（公元前 310—前 250 年）是希腊化时期最负盛名的医生和解剖学家。赫罗菲拉斯通过解剖正确了解了人体的许多器官，在他撰写的《奇妙的网络》一书中，第一个区分了动脉和静脉，并批评了亚里士多德认为心脏是思维器官的错误观点，指出大脑是智慧之府。

埃拉西斯特拉塔是把生理学作为独立学科来研究的第一个希腊人，他做了很多解剖工作，对人体动脉和静脉分布和大脑的研究尤其充分。他确认了大脑的思维功能，认为呼吸时呼入的空气经过肺，在心脏内变成活力灵气，随着动脉通过全身。一部分进入大脑后变为灵魂灵气，再通过神经系统遍及全身。

（5）古希腊医学的集大成者盖伦。

盖伦（Glandis Galen，公元 129—199 年）生于小亚细亚的帕尔加蒙（即今土耳其的贝加莫），是一位建筑家的儿子。他早年受过良好的希腊文化教育，17 岁时开始学医，游历了许多地方，其中包括亚历山大里亚的医科学校。盖伦 27 岁时回到故乡，担任角斗士的外科医生。公元 168 年被召为罗马皇帝的御医，从此定居罗马，著书立说。盖伦一生著述极丰，流传后世的部分著作在 19 世纪的标准版本中汇编成 22 卷，这些著作系统总结了古代医学传统知识并评判了其中的主要争论。

盖伦是罗马时代著名的医学家，他系统总结了自希波克拉底以来希腊的解剖知识和医学知识，并把一些分裂的医学学派统一起来，创立了自成体系的医学理论，使之达到了西方古代医学的顶峰。盖伦虽然生活在罗马时代，但其医学知识应属于希腊化科学范畴。

盖伦是一位技艺精湛、观察敏锐的解剖学家，他的理论基于自己大量的解剖实践和临床经验。他的工作在《论解剖过程》和《论身体各部器官的功能》两书中有完整的阐述，对人体结构和器官的功能有比较正确的描述和说明，非常适合于学生使用。然而，盖伦的解剖学有明显的缺点，因为罗马时代人体解剖被严格禁止，盖伦只能通过解剖猪、山羊、猴子和猿类来学习解剖，再就是利用毁坏的坟墓暴露出的尸骨来观察。盖伦通过解剖各种动物来推测人体构造。这些推测许多是正确的，但也免不了有错误的地方。

盖伦的生理学把肝脏、心脏和大脑作为人体的主要器官：他认识到肝脏的功能是造血，造血的过程中注入自然的灵气。这些血液大部分通过静脉在人体全身中做潮汐运动，但有一小部分到了心脏。在心脏中，血液再次被注以生命灵气。生命灵气通过动脉送往全身，给全身以活力。大脑则将心脏生成的生命灵气转变为动物灵气，从而支配着肌肉的活动，也使人有表象、记忆和思维的能力。盖伦认识到动脉的功能是输送血液而不只是输送灵气，但他相信这些血液流到全身各个部位并被吸收。今天我们知道这个说法是错误的，但这是哈维发现血液循环后的事情。

盖伦的病理学主要继承了传统的四体液说。体液平衡人体则健康，平衡破坏则生病，因此治病主要靠调节各种体液的平衡，排除过剩的体液和腐败的体液。

盖伦的著作包括了医学的理论与实践的各个领域，很长时间以来一直被人们所尊崇。在欧洲，一千多年来他都是医学上的绝对权威。他确实为西方医学做出了杰出的贡献，因为正是他奠定了西方医学的基础。

第四节　古希腊的技术与工程

古希腊人崇尚理性，所以在技术方面没有留下令后人惊叹之作，但在冶金、手工业、建筑、机械上是有一定成就的。

一、冶　金

希腊的冶铜和冶铁技术是从西亚传入的。公元前9—前6世纪，青铜技术退居次要地位。希腊人居住和活动的地区铜矿不够丰富，但银矿和铁矿是丰富的。山地和丘陵的耕作、手工制造业和兵器制造等都需要铁作为工具和材料，这使他们迅速地采用了铁器。

二、农业、手工业和造船业

克里特岛上米诺斯王朝时期的农业是西亚农业的延伸,犁耕也在公元前 1400 年之前就有了。由于希腊大多地区不适宜农耕,肉类和乳品成为重要食物,而粮食则经常从外部进口。希腊人栽种着大量的橄榄和葡萄,橄榄油和葡萄是主要的出口商品。除了榨油和酿酒,制陶业相当兴盛,陶器品种繁多,制作精美,常饰以彩绘,其上画面生动。制革、家具制作等手工业也十分兴旺。手工业产品除了本地需要之外,还大量出口到埃及、两河流域以及地中海沿岸的其他国家和地区。另外,因为贸易首先是通过海路运输的,造船业也是希腊极其重要的制造业。公元前 5 世纪,希腊人的商业帆船载重量已达到 250 t,战舰则设计为桨帆并用的形式。

三、建筑工程技术

希腊人的建筑遗产十分丰富,主要表现在宫殿、庙宇、运动场等公共建筑。约公元前 1900 年后修建的克里特岛上的米诺斯王宫,总面积达 16 000 m²,主要以木材和泥砖为材料,

同两河流域和小亚半岛的风格接近。后来希腊人更多地学习埃及人,以石材建筑,风格发生了变化,高大华丽的列柱是希腊建筑特有的风格。现存最著名的建筑物是石砌的雅典卫城,它是雅典城邦国家全盛时代建筑技术的代表作。雅典城南面的帕特农神庙(雅典娜处女庙,见图 3.4)是雅典建筑最杰出的典范。它始建于公元前 480 年,因希-波战争受损,再建于公元前 447 年。它是由白色大理石砌成,基座长 65 m,宽 30.89 m,基座上耸立着 46 根 10.4 m 高的大圆柱,雄

图 3.4　希腊建筑——雅典帕特农神庙

伟壮观、雕刻精致。他们最善于运用的柱廊建筑,经长期发展形成了有浑厚、单纯、刚健的多利亚式,轻快、柔和、精致的爱奥尼亚式和纤巧、华丽的科林斯式。多利亚式建筑庄严朴实,其石柱不设柱基,柱身上细下粗,并刻有凹槽。爱奥尼亚式建筑明快活泼,其石柱下有基座,上有盖盘,柱身细长,凹槽密集。到了雅典时期,多利亚式和爱奥尼亚式最为流行。帕特农神庙是典型的多利亚风格建筑。古希腊建筑的柱式建筑别具一格,对日后整个西方建筑的发展有着重大而深远的影响,是人类发展史中的伟大成就之一,给人类留下了不朽的艺术经典之作和宝贵的艺术遗产。

希腊化时期托勒密王朝首都亚历山大城为长 5 km、宽 1.6 km 的长方形城,中间有一条宽 90 m 的中央大道,它的港口处设有高 120 m、装有金属反射镜的巨大灯塔,60 km 外的船只清晰可见反射镜的反射光。

四、机械技术

希腊化时期，科学已从思辨向实用和经验方面倾斜，渐有学者认识到工艺技术的重要性，涌现出一批技术发明家，如阿基米德、克达希布斯（Ctesibus，公元前 285—前 222）、赫伦（Hero，公元 1 世纪）等。

阿基米德作为一个技术专家发明了一系列超水平的机械装置和仪器。比如，他发明了至今仍在埃及农村使用的螺旋提水器（见图 3.5）——阿基米德螺旋。又如，他制造的用水力推动的行星仪，包括日、月、地球和五大行星的模型，可以把包括日、月食在内的天象演示出来。他还设计了由杠杆和滑轮组组成的"滑车装置"，使造好的船得以顺利下水。在军事装备方面，阿基米德设计制造了投石机（见图 3.6），在守卫叙古拉时多次打中罗马人的战船；他利用杠杆原理设计制造的起吊装置，也多次吊翻罗马人的战船。

图 3.5　阿基米德螺旋提水机

图 3.6　投石机

克达希布斯曾造出压力泵（见图 3.7）和用水推动的风琴、水钟等。

亚历山大里亚的赫伦（Hero，公元 1 世纪）一生写过不少著作，也有不少的发明创造。数学著作有《测量术》、《几何学》；工程方面著作有《机械术》和《气体论》。他有许多机械发明，包括杠杆、滑轮系统、双缸单程鼓风机、里程器、虹吸器、测温器、空气压缩机和蒸汽球等。在《气体论》中，他认识到空气是一种物质，是可以压缩的。在利用气体动力方面，赫伦制造了一个很著名的装置——蒸汽反冲球（见图 3.8）。这是一个带有两段弯管的空心金属球，当球中的水蒸气通过弯管向外喷时，产生一个反冲力使球体转动。这在当时还只是一

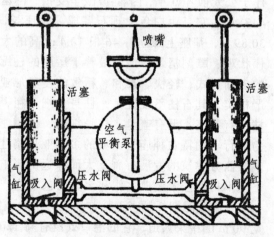

图 3.7　压力泵

个玩具，但却可以认为是最早的蒸汽机的雏形。

赫伦还发明制造了世界上第一台老虎机（见图3.9），它成为亚历山大里亚最令人惊叹的奇观之一。这台老虎机是为满足神庙的需要而设计的。拜神者进入神庙之前，按照礼仪用水清洗面部和双手，将铜币投入老虎机中，就会自动放出一点清洗用水。一天结束后，祭祀掏出老虎机中的铜币清点收入。

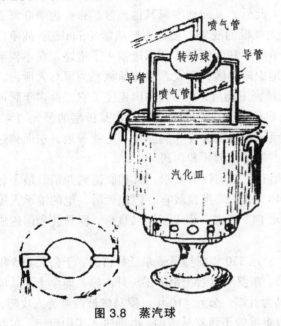

图 3.8　蒸汽球

图 3.9　赫伦的老虎机

此时的机械技术发明的特点：① 所发明的已不再是单一器物，而是由许多零件组装起来的简单装置；② 有些机械已开始用自然力（水力）；③ 发明过程中已初步应用了一些物理学原理。

第五节　罗马帝国时期的科学技术

一、意大利半岛和古罗马人

古罗马文化对人类历史有重要的影响。古罗马文化起源于意大利，意大利所在的亚平宁半岛由北向南直插入地中海中部，东部隔亚得里亚海与巴尔干半岛相望，西南面有西西里岛，与北非相隔不远。地中海似乎被它隔成两个大湖，东部是希腊世界、埃及和巴勒斯坦；西部是非洲海岸上的迦太基和西班牙。因此，海路交通十分方便。境内多山地，富含火山灰，土地肥沃，气候温和，水系丰富，适宜于农耕。

古罗马人的祖先大约与希腊人的祖先同时进入地中海地区。最早在意大利建立奴隶制城邦的是伊特鲁里亚人。公元前 7 世纪后半期罗马人在台伯河畔建立了罗马城,趁伊特鲁里亚人与希腊人纷争之机而不断扩张,公元前 6 世纪末征服了伊特鲁里亚而成为意大利境内最强盛的势力,建立了共和制的国家。同一时期,古希腊人在意大利南部海岸和西西里岛建立了殖民地,古希腊人的字母、宗教神话、哲学思想通过这些殖民地大大影响了罗马人。大约在公元前 265 年,罗马征服了整个意大利半岛。此后,又向地中海其他地区扩张。为争夺海上霸权,罗马与北非的迦太基帝国进行了三次大规模的战争,史称布匿战争(punic)。战争以公元前 146 年迦太基的毁灭而告终。布匿战争的胜利为罗马挥师东进铺平了道路。在不到半个世纪的时间里,罗马又实际上控制了整个地中海地区,广大希腊化地域悉为罗马人所占。直到公元前 30 年,在摧毁了希腊人的埃及托勒密王朝后,罗马共和国走完了它二百多年腥风血雨的征战历程。自此,罗马形成跨越欧、非、亚的奴隶制大帝国。在其极盛的公元 1~2 世纪时期,罗马帝国的疆域北面囊括现在的英国、德国、匈牙利、罗马尼亚等地,东面到达两河流域一带,南面占据了整个北非,西面占据了葡萄牙和西班牙。

随着军事扩张的胜利,罗马的将军们开始有了新的权力要求,共和制遭到践踏。最著名的军事统帅朱利亚·恺撒(公元前 100—前 40)成了终身独裁官。恺撒死后,他的继承人屋大维(或称奥古斯都·恺撒,公元前 63—公元 14)则进一步成了罗马皇帝,罗马共和国遂成了罗马帝国。

自公元 3 世纪开始,罗马帝国走向衰落,公元 330 年罗马皇帝东迁拜占庭,于公元 395 年帝国分裂为东西两部分,史称东罗马和西罗马。东罗马以君士坦丁堡(拜占庭,即今土耳其境内的伊斯坦布尔)为首都,西罗马则仍以罗马为首都。公元 410 年,罗马城被西哥特人攻陷,公元 476 年自中欧南下的日耳曼人和起义的奴隶摧毁了西罗马帝国,欧洲进入了中世纪。东罗马帝国在这个时期也逐渐封建化而改变了社会的性质,最后演变成为封建制的拜占庭帝国。到公元 1453 年,拜占庭帝国被土耳其人占领,东罗马帝国灭亡,罗马帝国的历史终结。

罗马帝国武功显赫,它的版图虽然横跨欧亚非大陆,但很少有什么科学文化上的建树。本节主要记述述罗马帝国极盛的、和平稳定的时期——公元 1~2 世纪时期的科学技术成就。

二、罗马时代的科学

罗马时代重视技术,对科学知识的贡献总体上说不如希腊,在此列举的有原子论、天文学、医学、建筑学方面的工作,从中可以看出和古希腊科学的联系。

1. 卢克莱修与《物性论》

卢克莱修(Carus Lucretius,约公元前 99—前 55)出生于罗马,古罗马诗人、唯物主义哲学家。他以其长诗《物性论》(De Rerum Natura)而闻名近代。卢克莱修是罗马人中对希腊文化继承得比较好的。在《物性论》中他怀着赞美的心情详尽论述了古希腊的原子论，该书也是古代原子论唯一流传下来的文献，因此具有重要的历史意义。《物性论》是在卢克莱修死后才发表的，当时并未引起人们的注意，直到公元1473年才又被重新发掘出来。

《物性论》是一首长达7400行的长篇叙事诗，共有6卷。第1卷论述了物质永恒和虚空；第2卷论述了原子的运动；第3卷用原子论观点论述生命和心灵问题；第4卷谈各种感觉及心灵问题；第5卷阐明了宇宙的创造与神无关的见解，将生命的发生、社会的出现和文明的发展看做是自然历史相互关联的各个环节。第6卷揭示了天文、地质、磁石、瘟疫等现象的发生并非神的意旨，而是自然的原因。

古代原子论经历了三个发展阶段。第一阶段是希腊古典时期，留基伯和德谟克利特首创原子论思想，对世界作一种唯物论的、机械论的解释；第二阶段是希腊化时期，雅典的伊壁鸠鲁（公元前341—前270）进一步发展了原子论，并将之运用到人生哲学之中，提出了著名的享乐主义哲学。古代原子论的第三个阶段是罗马时期，主要由卢克莱修加以发展。很显然，卢克莱修深受伊壁鸠鲁的影响，因为在他的时代，伊壁鸠鲁的著作有近三百卷在流传。从《物性论》中也可以看出他对伊壁鸠鲁的赞颂。卢克莱修在书中不但全面叙述了原子论者的哲学立场，而且提出了某些新颖的观点，例如进化思想。

卢克莱修是古希腊原子论的集大成者，他意在以原子论来构造一幅完整的世界图景，这种思想对后世有一定影响，正如科学史家丹皮尔评价说："古希腊的原子论在卢克莱修的长诗《物性论》中得到了阐释和赞美。这篇长诗，像西塞罗的某些散文一样，目的在于打倒迷信，推崇以原子哲学和机械哲学为代表的理性。从一个方面来看，卢克莱修加上伊壁鸠鲁，还不及留基伯和德莫克利特富于现代精神。因为他的原始原子不向四面八方运动，而是靠自己的重量，穿过有限的真空，以同等速度，向一起聚拢。卢克莱修的诗篇中没有任何新的思想，但是，它利用原子论者的见解，以富丽堂皇的辞藻宣布，因果性原理支配着万物，从看不见的水蒸气的蒸发，一直到宇宙中天体的庄严运动都是如此。"

原子论思想在罗马时代的复活是不寻常的。当时宗教迷信盛行、社会精神萎靡不振，无神论的原子论，断然否定神界的存在，力排一切怀疑论和消极的情绪，充满着昂扬向上的精神风貌。这大概是罗马时代比较杰出的精神气质。

2. 儒略历的诞生

现行的公历直接来源于儒略历。所谓儒略历是以罗马统帅朱利亚·恺撒（Julius Caesar）之名命名的一种历法，我国前辈天文学家将朱利亚（Julius）译成儒略，故此名沿用至今。

古埃及人一直采用阳历。他们很早就发现一年的长度为365（1/4）天，因此埃及人1年12个月，每月30天，外加5天作为年终节日。虽然他们知道一年的实际天数比这要多一点（即四分之一天），但保守的僧侣阶层还是坚持每年365天，这样，每四年就少了一天，1460年后才与太阳的运动相吻合。

希腊人的历书受希帕克斯的影响，坚持用阴历，即用月亮的周期作为历年的标准，再加上默冬周期作为太阳年与太阴月的换算规则。总的来说，希腊传统的阴历使用起来不是很方便。

恺撒征服埃及后，带回了埃及的阳历。原来的罗马使用的也是阴历，十分混乱，有时与太阳历相差几个月，以致人们春秋难分。亚历山大里亚的希腊天文学家索西吉斯（Sosigenes）建议恺撒改用埃及现行阳历，并且注意四年置闰一次，恺撒接受了建议，决定在整个罗马推行阳历。此历规定，每四年中头三年为平年，每年 365 天，第四年为闰年，一年 366 天，一年 12 个月，单数的月份 31 天，为大月，双数的月份 30 天，为小月。因为恺撒的生日是在 7 月，恺撒为了体现自己至高无上的威严，要求这个月必须是大月，故天文学家将单月定为大月，六个大月六个小月使平年多出了一天，只有从某一个月中扣除一天。当时罗马的死刑都在 2 月份执行，人们认为这是不吉利的一个月，所以从它这里减去一天。恺撒去世后，他的外侄孙屋大维继位，这位屋大维的生日偏偏在 8 月，他下令将 8 月份定为大月，并且从 8 月份以后双月定为大月。这样一来，一年就有 7 个大月，又多出一天，再从"不吉利"的 2 月份减去一天，使它成为 28 天。每逢闰年，将 2 月份加一天，变成 29 天。

儒略历是阳历，它比较精确地符合地球上节气的变化，对农业生产很有利，所以很受人们的欢迎。公元 325 年，基督教罗马教皇规定儒略历为教历。但儒略历还不十分精确，它以 365（1/4）为一年，比实际回归年要长 0.007 8 天。这个差别不是很大，但时间久了，就显出来了。事实上，到了公元 1582 年罗马教皇格里高利十三世宣布改革历法时，日期已比实际上多了 10 天。在儒略历的基础上，教皇颁布了新的历法，称为格里高利历。它与儒略历主要的不同有两点：一是去掉了十天，将公元 1582 年 10 月 5 日直接变成 15 日；二是逢百之年只有能被 400 整除的年份才算闰年。我们今日的公历就是格里高利历。我国从民国元年即 1912 年开始采用格里高利历，但同时保留我国自己的阴阳合历即农历。

历法的统一也是大一统国家政权有效施政管理的要求。像罗马帝国这样大的版图，命令要准确地上传下达，没有高度统一的历法是不可想象的。儒略历的诞生可以说是罗马时代比较重要的科学史事件。

3. 维特鲁维：建筑学之鼻祖

维特鲁维（Marcus，Vitruvius Pollio，公元前 1 世纪初—前 20 年）出生于罗马的富有家庭，受过良好的文化和工程技术方面的教育，熟悉希腊语，能直接阅读有关文献。他的学识渊博，通晓建筑、市政、机械等技术，也钻研过几何学、天文学、哲学、历史、美学等方面的知识。他最为有名的著作是 10 卷本的《论建筑》。这部书一直广为流传，被称为建筑学上的百科全书，维特鲁维也因此被称为西方建筑学的鼻祖。

《论建筑》共 10 卷。各卷没有具体名称，从内容上看，第 1 卷讲建筑原理；第 2 卷讲建筑史和建筑材料；第 3 卷和第 4 卷着重分析了希腊神殿，包括爱奥尼亚建筑、多里亚式和科林斯式的建筑结构，讨论了其中出现的工程技术问题；第 5 卷谈及城市整体规划，包括王宫、剧院、音乐厅、公共浴场、港口等公共建筑；第 6 卷论民居；第 7 卷谈居室内装饰设计；第 8 卷谈建筑的上下水道技术；第 9 卷谈天文学和日晷的制作；第 10 卷讨论一般工程技术问题，包括建筑机械，重点是攻城器械的使用等问题。

维特鲁维也研究了不少天文学和数学问题，但在这方面，他表现了作为一个罗马人的不足之处。虽然他精通希腊的科学知识，并力图将它们运用到实际中去，但他的理论修养还不足以达到希腊人的水平。比如他算出的圆周率等于 3.125，远不如二百年前的阿基米德算得准确。

在西方建筑史上，《论建筑》一书最大的意义在于，它被发现于 15 世纪初。当时，中世纪的欧洲由于受到百年战争和黑死病所带来的大瘟疫的困扰而衰退，取而代之，意大利北部的文艺复兴新文化开始抬头。1414 年，在瑞士的修道院中发现了本书的手抄本。它的内容为当时的人们对罗马残留下来的古罗马遗迹进行实地研究并进而修复提供了有力的帮助。

维特鲁威在《建筑十篇》中提出了建筑三原则：建筑必须是坚固的（firmitas）、实用的（utilitas）和美的（venustas）。这三项原则作为一切建筑活动的最高境界，长期存在于建筑师的心目中。即便是现代的建筑家，也在拥有的新技术下，孜孜去寻求上述三原则在其创造中的完美结合。

4. 塞尔苏斯与罗马医学的百科全书

罗马人在理论科学方面的工作基本上是复述希腊人的知识成就，在这方面比较突出的是塞尔苏斯。此人生活于公元元年左右，是一位罗马贵族，自小受过很好的希腊文化教育。他用拉丁文写过好几本书向罗马人介绍希腊的科学知识，但由于只有关于医学的著作流传下来了，所以他以罗马医学百科全书的编写者而闻名。也有人称他为"医学上的西塞罗"，因为西塞罗是罗马著名的著作家。

说他是医学上的西塞罗倒也符合事实。在漫长的中世纪，唯有拉丁书籍在知识界流传，希腊光辉夺目的知识成就被历史所湮没，只有那些有幸被罗马人用拉丁文介绍过来的希腊知识才得以在人类生活中发挥作用。塞尔苏斯的医学著作虽然得自希腊人，但确实自成体系地影响了西方医学的发展，特别是外科学和解剖学。比如，他的著作中谈到了扁桃体摘除术、白内障和甲状腺手术以及外科整形术。文艺复兴时期，他的著作被医学界大力推崇，许多解剖学术语都是从他那里来的。

5. 普林尼与《自然史》

罗马时期另一位重要的科学人物是普林尼。他是一位博物学家，公元 23 年生于意大利北部的新科莫（即今科莫）。12 岁时赴罗马深造，学习当时罗马人流行的课程文学、辩论术和法律；23 岁时参军，在莱茵河畔指挥军队，并周游欧洲各地。他兴趣广泛，学识渊博，在战争期间亦不忘写作，同时积累了大量的自然知识。公元 58 年，普林尼退役回到罗马，在这里从事法律工作达十年之久。公元 69 年，他的朋友韦斯巴辛当了罗马皇帝，他也恢复官职，被任命为西班牙行政长官，后来又被委任为罗马海军司令。公元 79 年，意大利那不勒斯附近的维苏威火山大爆发，附近的古城庞贝被猛烈的火山灰全部淹没。当时，普林尼率领的罗马舰队正驻留在那里。为了记录火山爆发的实况，普林尼独自一人上岸观察。由于待的时间太长，火山灰以及有毒气体使他窒息死亡。普林尼为了探索自然的奥秘而献出了自己的生命。

普林尼最重要的著作是 37 卷的《自然史》。该书发表于公元 77 年他死前不久，是题献给韦斯巴辛的儿子、当时的罗马皇帝泰特的。这部巨著是对古代自然知识百科全书式的总结，内容涉及天文、地理、动物、植物、医学等科目。普林尼以古代世界近五百位作者的两千多本著作为基础，分 34 707 个条目汇编自然知识，范围极为广博。但是，他在复述前人的观点时忠实而缺乏批判性，各种观点不论正确或荒谬一概得到反映。特别是谈到动物和人类时，许多神话鬼怪故事夹杂其间，像美人鱼、独角兽等传说中的动物也被普林尼当作真实的东西与其他生物并列。《自然史》对第二手材料的忠实，为后人研究古代人的自然知识提供了珍贵的依据。

普林尼的基本哲学观点是人类中心论。这一哲学立场贯穿在他的《自然史》中，得到了日益兴盛起来的基督教的认同，从而有助于著作的流传。无论如何，《自然史》出自一位对大自然充满好奇心的人之手，它诱使人们保持对大自然的新奇感。这种对自然的好奇、关注的态度，是自然科学得以发展的内在动力。

自公元 3 世纪起，罗马帝国由于政治腐败、道德堕落，加上内战不停、疾病流行等多种原因，而不可避免地走向衰落，科学和文化发展也由此受到严重阻滞，直到文艺复兴时期科学才揭开新的篇章。

三、罗马时代的技术

罗马人确实不擅长理论科学，他们有可能做得最好的便是准确转述希腊人的知识，但即便如此，他们做得也并不令人满意。但是，在实用技术方面，罗马人大量吸收古希腊的技术成果，重视对技术作专门化的研究，在农业、建筑技术、机械技术方面成果突出，出现了一些有影响的著作和发明。

1. 农业技术

意大利有丰富的水系，亚平宁半岛肥沃的土壤为农业提供了良好的条件，罗马也因此保持了长期的小规模自由土地占有制。在伊特鲁里亚城邦时期，这里的农业和畜牧业生产即已有相当水平。那一时期的许多排水工程遗址表明水利事业有了一定的规模。罗马城邦统治时期农业生产有显著的进步，人们使用牛耕，农具有铁制的锄、耙、锹、镰、弯刀（用于割果树）等。为了保持地力，已开始实行二圃制，即把耕地分为两部分，每年轮流耕种其中的一部分，其余休耕养地。种植的主要农作物有小麦、大麦、油橄榄等。

罗马时代的农业生产有显著进步，重视农业生产管理、土地耕种，重视水果栽培、养蜂的研究。当时几乎所有的欧洲的蔬菜在意大利半岛都有种植，果树品种更是繁多。如波斯的桃子、亚美尼亚的杏子、叙利亚的葡萄、小亚细亚的梅子、希腊的胡桃，可以说应有尽有。果树的嫁接技术也十分流行，如胡桃接杨梅、梅子接法国梧桐、樱桃接榆树等。普林尼列举了29种不同的无花果树在意大利种植。罗马社会对葡萄酒和橄榄油的需求增大，也使大量农田变成了葡萄园和果树园。当时意大利出产的名酒有50种之多，仅罗马一地，每年销售酒达到2 500万加仑（1加仑为0.22升，合550万升）。

罗马是一个农业民族，以农立国，社会对农业生产普遍关注，无论是土地制度、农作物种类、农业生产技术都有专门的讨论，许多行政长官都写过农学著作。公元前180年，罗马首席执政官卡图（M.P.Cato，公元前234—前149）发表其《农业志》，这是罗马吸收迦太基农业成就后的结果。公元前37年，大法官瓦罗（Varro，公元前116—前27）发表了《农业论》，《农业论》是对话体，第1卷讲耕种方法，第2卷讲饲养牲畜，第3卷讲家禽和鱼类。瓦罗是一位著名的拉丁语作家，据说正是他开创了罗马时代的百科全书式写作传统，塞尔苏斯和普林尼实际上是步他的后尘。他最先将学问划分为九科：文法、修辞、逻辑、几何、算术、天文、音乐以及医学、建筑。最后两科没有为中世纪的学者所接受，故在中世纪流传的是"学问七科"、"七艺"的说法。瓦罗以后，还有不少罗马人如科琉麦拉（Columella）、帕雷狄乌斯（Palladins）等写过农学著作，足见罗马人对农业和农学的重视。

2. 手工业技术

罗马时代的手工业发达，制陶、制革、木工等行业在罗马城邦时期即有相当的基础。帝国时期，希腊人的各种发明悉数为马人所用，手工业更见繁荣，意大利半岛和其他许多地区的城市成了著名的手工业中心。意大利半岛以青铜铸造、制陶、毛纺织、玻璃制造闻名，莱茵河沿岸则以冶金和纺织业著称。意大利半岛的庞贝城在公元79年的火山爆发中被掩埋，近代考古发掘使这座古城重见天日，那里有许多呢绒、珠宝、石工、香料、玻璃、铁器、磨面、食品加工等手工作坊，其中仅面包作坊即已发现40家，展示了罗马手工业城市的繁荣景象。罗马、亚历山大里亚等大城市的铜、银、铁制造业，毛纺织、制陶、榨油、酿酒、玻璃和装饰品手工业规模更为可观。

罗马手工业的总体水平没有希腊世界高，但在几个方面比较突出，例如银器工艺、玻璃工艺和玉石工艺。

3. 古罗马的建筑工程技术

罗马强盛后，几代统治者都以巨大的人力、物力营造建筑。罗马的公共建筑规模宏大、结构坚固，不亚于希腊建筑。在早期希腊建筑观念的基础上，为公众娱乐之需，他们修建了圆形和椭圆形竞技场，用的是大理石和罗马人自己发明的速凝混凝土。最著名的建筑物有万神殿和圆形竞技场。万神殿是罗马皇帝哈德良于公元 120—124 年建造的，它的屋顶是圆的，直径达 42 m。前门由两排 16 根列柱支撑，带有希腊式神殿的建筑风格。圆形竞技场（见图 3.10）建于公元 72—80 年间，直径 180 m 左右，四周是 4 层高高的看台，据说可容纳 5 万人观看奴隶角斗。除了神殿和竞技场外，他们还建造了有拱顶的公共浴池、凯旋门、纪功柱、长方形大会堂、圆拱墓穴等。罗马统治者以各种各样的建筑形式表现他们的赫赫武功和奢靡排场。

图 3.10　罗马圆形竞技场

罗马建筑有两个主要的技术特点：一是拱门建筑的进步，这导致带拱顶的公共浴场和穹顶建筑出现；二是混凝土的发明。

希腊时期已把拱券结构用于各种各样的建设项目，但罗马人把它发展到登峰造极的地步，拱门成为古罗马建筑的标志。其有力而又优雅的弧线在今天的罗马建筑遗址上依然可见——引水渠、桥梁、艺术馆和门廊，最富有罗马独特表现力的是纪念胜利的拱门——凯旋门，它们独立于其他建筑群，矗立于欢迎凯旋队伍经过的大道两旁。凯旋门意在表示：罗马是不可征服的。

为了建成坚实的拱门，建筑工匠们搭起承重墙和支柱，在它们之间铺上木制脚手架和一个弧线形的框架。然后，从两边同时开工，往框架上码放砖头和石头，渐渐形成拱门。到中间会合时，插入最后一块砖——拱顶石。这时建筑工匠便可撤掉框架和脚手架，拱门仍保持原状，石头的力量呈放射状扩散到外侧及下方，由立柱吸收。

早在公元前 10 世纪时，克里特人就使用沙、石灰和水的混合灰浆。此后的几个世纪里，这种材料也在意大利南部的希腊殖民地得到使用。但是直到公元前 2 世纪，罗马人才完善了自己具有抗压和具防水功效的混凝土，它由水、碎石、石灰及一种红紫色的细沙混合而成，细沙粒就是火山喷发出的白榴火山灰。这种火山灰对液压硅酸盐的形成产生作用，使混凝土在水下成形。混凝土不仅备料容易，使用方便，而且胜过以往任何时期的灰浆。

随着混凝土的应用，建筑工匠建造出更高、更雄伟的建筑。他们巧妙地利用弯棱拱券（见

图 3.11），根据与建造拱门相同的原理，但能产生更威严的效果。大型建筑的出现，改变了罗马的城市面貌。采用混凝土结构的大型建筑有阿米利亚拱顶廊柱仓库，它于公元前 174 年前后完成，目前部分仍保存完好，位于古代商业中心附近。在公元 1 世纪初期之后，混凝土用于修建罗马巨大的公共浴场，整套建筑包括花园、讲座大厅、体育设施、休息室和图书馆等。

古罗马的水道建筑工程堪称世界建筑史上的丰碑。为了给越来越多的城市人口供水（到公元 1 世纪时，罗马城的居民可能达到了 100 万），罗马政府从水源处开始兴建引水渠到市内，罗马帝国的许多城市都建有这种水道。据说，首都罗马城的水道约建于公元前 4 世纪—前 2世纪，共有 9 条，总长达 90 多 km，纵横交错，穿山越岭，至低洼地带则以石块砌筑成拱券渡槽，工程宏大而壮观。在法国尼姆地区一处水道渡槽离地面高达 48 m（见图 3.12），在叙利亚地区的一处渡槽更高达 64 m，颇为壮观。

图 3.11　弯棱拱券

图 3.12　法国尼姆古罗马水道

版图广大的罗马帝国为了巩固自己的统治，很重视交通运输业、通信业的发展。罗马人以首都罗马为中心，建立了通往各行省的公路网，总长达 8 万余 km。这些公路的多数路段以石板或石子铺地，并在沿途埋设里程碑，遇河架桥、逢山凿洞，表现了高超的工程技术水平。"条条大路通罗马"，这是当时的写照。

第六节　古希腊科学的特点和产生的根源

一、古希腊科学的特点

在希腊时代，希腊科学发生了一次前所未有的转折，自然哲学家在不能得到国家支持和未纳入有用知识范畴的情况下进行了一系列对自然界的抽象思索。其后，亚历山大统治了富足的东部地区，希腊科学因其理论精神得到官方支持而融入制度，进入了它的黄金时代。

希腊科学有好些独具的特点。最引人注目的是希腊人发明了科学理论，即"自然哲学"

或者说"关于自然界的哲学"。古希腊人对宇宙的思索和对抽象知识的非功利追求，其努力是没有先例的。他们把一种新的基本要素加进科学的定义，使科学的历史改变了方向。在进行这种全新的智力探索的过程中，古希腊自然哲学家提出了许多基本的、意义深远的问题，对于这些问题我们至今仍在不停发问。

希腊科学的第二个重要特点，是它的运行体制。无论如何，至少在亚历山大大帝之前，国家不曾像近东文明那样支持过希腊科学，也没有科学机构。曾有一些非正式的"学校"（学派），它们对于交流思想当然非常重要，但不属于古典的希腊文化圈，多半属于私人社团或者说俱乐部，而不是教育机构。这些代表了较高学问的学派，还有图书馆和天文台，得不到公众的支持或资助，科学家或者说自然哲学家也没有担任公职。希腊的自然哲学家与他们在其他文明中得到国家惠顾的同行大不相同，他们是独自活动的。虽然我们对于他们的私人生活知之甚少，不过看起来，早期的自然哲学家要么自己拥有财产，要么是以担任私人教师、医师或工程师为生，因为不存在自然哲学家或科学家这一类职业。因此，希腊科学是空悬在社会学的真空之中，自然哲学家们进行的是毫无实用价值、似乎也毫无意义的个人研究，有时还要受到敌视和嘲笑。

在东方，知识以实用为归宿和目的。但是在希腊时代的希腊，有一种十分强调知识的哲学内涵的独特理念，脱离了任何社会和经济目标。例如，柏拉图（Plato）在《理想国》（Republic，约公元前 390 年）中写过一段影响很大的话，讥讽了那种认为研究几何学或者天文学应该服从农业、军事、航海或编制历法需要的说法。柏拉图坚持认为，对自然知识的追求必须脱离琐屑的技艺和技术活动。由此看来，也许可以说希腊人是把自然哲学当做娱乐消遣，或者是为了实现有关理性人生和哲学思考的更高目标。与此不同，在那些古代水利文明的科学文化（scientific cultures）中，绝难见到与之相似的枯燥的智力活动。在这方面还要指出的是，虽然功利模式出现在早期的每一种文明中，而希腊自然哲学却只在古希腊出现过一次，那是一组独特的历史环境造成的。总之，希腊自然知识代表了一类新型的科学和科学活动——有意识地对自然界进行理论探索。

最近的研究倾向于把希腊的科学探索置于一个更大的多元化的文化背景中来加以分析，正如丹皮尔在《科学史》中所说："古代世界的各条知识之流在希腊汇合起来，并且在那里由欧洲的首先摆脱蒙昧状态的种族所产生的惊人的天才加以过滤和澄清，然后导入更加有成果的新途径。"

二、古希腊科学产生的根源

希腊科学和自然哲学的出现本不足为奇，奇怪的是它们仅仅在那里唯一地出现，所以问题是该如何解释在古希腊会兴起自然哲学。希腊属于所谓的二次文明，兴起在埃及和美索不达米亚的周边地区，它的生态环境和经济状况与近东和其他地方极不相同。近东和其他地方原始文明的出现依靠的是水利农业，而希腊城邦的粮食生产和耕作差不多完全仰赖季节性的雨水和山上流下的雪水。

尽管希腊文明在发生的时间上无法与埃及、中国、印度、美索不达米亚等文明古国相提并论，尽管希腊人的文明也有许多致命的缺陷，尽管希腊人并没有做出什么了不起的技术发明，也没有留下多少宏伟的惊世工程，但是希腊人的伟大贡献是创造了西方科学和哲学的伟大传统。

从公元前 500 年左右开始，希腊就开始出现了最早的哲学，这也是最早系统的理论化的科学的开始。希腊哲学是以对自然的系统研究开始的。虽然希腊人的科学研究是在继承和融汇埃及和两河流域等东方地区的科学成就基础上发展起来的，但希腊人强调理性，强调逻辑，重视真理本身价值的态度，使得原先零散的、实用的自然知识成为一种对于世界的体系化的理性建构。自然哲学，关于自然界及其内在本质的哲学研究，在古代指的是自然知识的总汇和统称，其目的是获得自然界的完整图像。

古希腊自然哲学在人类历史上第一次形成了独具特色的理性自然观：把自然看做是一个独立于人的对象而加以整体地看待；把自然界看做是有规律且可以认识的对象；力图用哲学的概念和语言来把握自然界的规律。

希腊人独特的科学成就及其传统之产生，有其自然和社会等各方面的条件。在进入铁器时代、实现文化变革之时，希腊人最为成功。在自然条件方面，希腊地区港口众多，适于航海和贸易，为向希腊本土之外的陆地和岛屿移民提供了方便。希腊殖民地从本土到小亚细亚沿岸，延伸到埃及、西西里、意大利南部和直布罗陀海峡两岸，构成了一条连绵不断的链条。这些殖民地与不同传统、风俗、制度的民族经常接触，吸收其他文化的精华非常方便，同时殖民地也没有丧失和希腊文化母体的联系。

由于航海和贸易的发达，经济的繁荣，城市的兴起，给希腊人创造新文化提供了坚实的物质基础。亚里士多德在《形而上学》中说，哲学和科学的发展需要三个必不可少的条件：好奇、闲暇和自由。幸运的是，希腊人具备全部三种条件。好奇，是指人们纯粹为了摆脱无知而进行研究，并非是由于外在的功利性目标驱使。这样可以保证科学研究的系统性和纯粹性，知识的探求不至于因为暂时的"无用"而被搁置。闲暇和自由是保证好奇心的重要社会条件。闲暇要求社会上有相当一批人不需要为衣食担忧，不必从事繁重的体力劳动，从而好奇心不至于被生活的压力所压制。而自由则是强调在探索知识的过程中，不必因为政治、习俗等因素的影响而受到限制。

希腊人的奴隶制为自由民提供了闲暇，而希腊的城邦民主制则为科学研究提供了非常宝贵的自由。希腊人的殖民传统，使得传统习俗受到削弱，为思想自由提供了条件。而希腊独特的地理环境使得希腊难以建立类似中国那样的大一统国家，也为不同思想流派的自由争鸣提供了可能。但是最重要的还是希腊文化中最为可贵的对知识和真理的不懈追求，这种对知识本身的渴望并不是人类历史上其他民族在具备了闲暇和自由时都能表现出来的。比如罗马时期，奴隶主们有大量闲暇时间和充分的自由，他们驱使着比自己有更多知识和创造性的奴隶去工作和争斗，就是没有什么科学成就。

虽然希腊科学的理性传统对后世影响极大，但是希腊的科学也是有严重局限性的，最突出的是，希腊科学过度重视理性，而轻视经验。希腊科学重视理论建设，而轻视知识的应用，重视理论科学，轻视技术研究。这当然也是和希腊的奴隶制度及对劳动的蔑视紧密相关的。

思考题

1. 为什么说古希腊人创造了人类奴隶社会科学发展的高峰？希腊科学的产生背景是什么？

2. 古希腊人是如何探讨万物本原问题的？现代科学是如何回答这个问题的？

3. 古希腊原子论的主要含义是什么？

4. 雅典时期自然哲学的重要成就及其自然观意义？

5. 亚里士多德是如何解释事物的发展变化的？他怎么解释物体的运动？

6. 希腊化时期数理科学有什么样的代表性成就？它们对后世科学研究的方法论意义？

7. 古希腊人是如何测量和日、月、地有关的宇宙常数的？

8. 托勒密的宇宙体系有什么历史价值？

9. 简述古罗马的技术成就。

10. 罗马建筑技术有哪些重要的技术进步？

第二篇

中世纪的科学技术

ZHONGSHIJI
DE
KEXUE JISHU

ZHONGSHIJI DE KEXUE JISHU

中世纪是指大约从公元 500 年到 1500 年间的一个漫长而沉闷的时期，就欧洲文明而言，它处于成就辉煌的古典希腊与生气勃勃的文艺复兴之间的"黑暗世纪"。而在东方的中国文明和近东的穆斯林文明都达到了它们的辉煌时代，取得了辉煌的成就，为近代科学的诞生作出了杰出贡献，正所谓"西方不亮东方亮"。本章分欧洲、阿拉伯、中国等国家和地区，分别涉及数学、物理学、化学、医学、天文历法、地学、生产技术等 7 个领域，谨作概括综述。

第四章　欧洲古典科学的衰落与学术的复兴

第一节　黑暗时代

一、"黑暗"的世纪

中世纪的开始是以西罗马帝国的覆灭为标志的。公元 476 年，日耳曼联军将领亚克废除了西罗马的最后一个皇帝罗慕洛，西罗马帝国彻底灭亡。伴随着西罗马的覆灭，西欧的奴隶制也消亡，进入了封建割据的时期，漫长的中世纪开始了。

封建社会这种自给自足的小农经济无疑不利于科学技术的发展。耕作的农奴们日出而作，日落而息，每天机械地重复着简单的操作。而在庄园的作坊里磨麦、榨油、纺织的农奴，在沉重劳役的压迫下，也无暇关心劳动技能的提高，而且这种提高因为不能增加经济收入而显得多余。唯一可以免于辛勤劳作的封建主大都爱好打猎和比武，粗野无知，大多数是文盲，不可能成为从事科学研究的中坚力量。

此外，与罗马帝国大一统的政权不同，封建制度下的西欧分裂割据严重，每一个封建主等于是一个小国君。他们往往依仗自己的武装力量割据一方，各自为政。西欧广大的土地上战火弥漫，混战不休，对经济、科学、文化的发展带来了破坏性的影响。因此，中世纪早期欧洲往往被称为"黑暗的世纪"。政治上的混乱无疑是导致科学文化落后的重要原因。

二、黎明的曙光

欧洲学术的复兴应该首先归功于中世纪晚期生产力的发展。

大约从 1050 年开始，欧洲进入了中世纪的鼎盛期。欧洲文明觉醒的原因非常复杂，其中一个十分重要的原因是欧洲战乱的终止以及随之而来的社会稳定。农奴的辛勤劳动也逐渐结出了成果——欧洲的粮食产量有所提高，欧洲的人口也大幅度地增长。农业生产的发达促使社会分工进一步细化，手工业者离开农业而单独存在，并且逐渐成为新兴城市居民的骨干。

欧洲自古就有城镇。罗马帝国时代的城市如罗马，是具有行政-军事双重性质的城镇。中世纪初期的城市是所谓的"大教堂城镇"。这些城市不从事生产、交易，依靠庞大的赋税维持。

然而中世纪晚期出现的城市是新生事物。这些城市是独立自主的、真正的商业实体，依靠工商业交易的收益维系。欧洲新兴城市的诞生主要是因为伴随着手工业的发展以及社会对手工业制品需求的增加，大批农奴手工业者们渴望摆脱封建主的束缚，直接为一切向他们订购货物的人生产，因此他们迁离农村，定居到商业活动比较便利的地区。这些手工业者的商业集居地就逐渐演化成为城市。当时的城市一般建立在封建主的领地内，商人和手工业者为了取得工商所必需的自由，往往集体行动，和领主订立契约，赎买处理自己事务的特权，因此城市拥有了相对自由的气氛：城市有权拥有财产；城市法庭有裁判权；可以订立商业契约，买卖自由；人们有人身自由、行动自由。这对于遭受封建政权和教会双重束缚的欧洲是难能可贵的。因此，中世纪欧洲鼎盛时期文化的两大重要标志：激发文学艺术思想的大教堂和科学技术的中心——大学，都是城市创造出的奇迹。城市对科学技术更直接的影响是促进手工业及相关技术的发展。

中世纪欧洲城市的规模并不大，许多城市只有几千人，最大的城市也不过几万人。然而城市中心的政府权力组织起来了，市政府往往扶植鼓励市场经济，并且吸引不同行业的手工业匠人。城市还是商品集散地，商人们为城市提供了大量的原料并带走大量的成品，从而使城市手工业第一次扩大繁荣起来。

当时城市手工业的生产单位是手工业作坊。作坊主一般有几个帮工和学徒，有自己的生产工具和生产资料。他和家属以及帮工、学徒一起劳动，进行小商品生产。作坊主和学徒之间是宗法性的师徒关系，学徒从师 3～7 年期满后，还必须以帮工身份在师傅的作坊里再工作几年。帮工自行开设作坊需经同行技师的审查。德国律伯克金饰匠行会规定：要想当技师，必须制造出 3 件代表作：一是精工的戒指；二是订婚的手镯；三是剑柄上用的烤蓝色的环。这些规定加重了对学徒的剥削，但是也保证了行业的工艺水平。同一个城市里相同行业的作坊主分别组成行会。行会的首领由会员大会选出，行会有严格的行规，对工场设备、产品的质量和数量、原料和产品的规格、产品的售价、作坊的人数、学徒的期限、学徒帮工的待遇、劳动日长短等都有详细的规定。它不仅是生产组织，也具有军事、宗教的性质。行会初期在团结同行业反对封建贵族掠夺和商人欺诈上起到了保障成员利益的作用，也起到了保证产品质量，保持各会员的平等利益和传授生产技术，促进手工业发展的作用。

由于新兴城市的兴起和东方科学技术的传入，欧洲文化死气沉沉的状况有所改变。为了适应新兴市民阶级对文化知识的需要，西欧各地先后建立了一批世俗学校，最终形成了现代大学。在 12 世纪先后成立的大学有意大利的波伦亚大学、法国的巴黎大学、英国的牛津大学；13 世纪时英国的剑桥大学、西班牙的萨加曼加大学建立；14 世纪时又成立了捷克的布拉格大学、德国的海德堡大学等。据统计，到 15 世纪末，西欧各国的大学共有近 80 所。大学的课程主要是文法、修辞、逻辑、音乐、算术、几何学与天文学，后来又增添了哲学一科，这一切都是为研究神圣的神学作准备的。大学聚集了一批有才华的学者，形成了自由探讨、自由研究的学术气氛。而且，许多大学有"不受宗教法庭干预"的特权。于是这些大学逐渐成为欧洲学术的中心，许多理论科学，如数学、物理学、医学等学科的发展都与大学的兴起有直接的联系。

欧洲社会经济与文化缓慢的进步逐渐使欧洲人恢复了对自然科学的兴趣，在思想领域，一个重要的变化发生在1200—1225年间。欧洲人从阿拉伯语的译本中发现了《亚里士多德全集》。牛津大学的校长格罗塞特立即把它翻译成拉丁文。当时人们已经深信教会作为天启的接受者与解释者，在学术上是至高无上的，而且虔诚地按照《圣经》解释一切自然现象。亚里士多德的体系在许多地方与教义不符，但是它对外部世界却作出了比较好的解释。为了调和这一矛盾，托马斯·阿奎那巧妙地运用亚里士多德的学说来论证基督教义。他认为基督教的神秘教义不能用理性去证明，但可以用理性去检察和领悟。阿奎那的思想虽然很保守，但他毕竟为理性留了余地。在这种情况下，实验科学的先驱罗吉尔·培根抨击了对权威的过度崇拜。他明确提出只有实验方法才能给科学以确实性，并且在很多科学领域都取得了卓越成果（他的伟大功绩我们将在数学史、物理学史中详细叙述）。在他的不懈努力下，以及后来的邓斯·司各脱、威廉·奥卡姆等人对经院哲学的一再攻击，使笼罩在欧洲上空的乌云逐渐散去。虽然自然科学在反对教会反动势力、争取独立发展方面还需要走一段曲折的历程，但是黎明的曙光已经降临了。

第二节　学术的复兴

一、大学的兴起

中世纪欧洲大学的兴起是具有重大意义的历史事件。它和城市的兴起、航海大发现一样，是预示中世纪黑暗行将过去的报晓，是孕育近代科技革命的摇篮，在人类文明史上树起了不可磨灭的丰碑。对当时的政治、经济、文化等各方面都产生了深远的影响，使人类文明也提高到了一个新的层次。它的兴起是当时社会政治、经济和文化发展的产物。

"大学"是拉丁文"univesitas"一词的译名，专指12世纪末在西欧出现的一种高等教育机构。这种机构形成了自己独有的特征，如组成了系（heuhy）和学院（college），开设了规定的课程，实施正式的考试，雇佣了稳定的教学人员，颁发被认可的毕业文凭或学位，等等。从这个意义上可以说，大学起源于12世纪。欧洲中世纪大学的许多传统都对近现代大学的形成和发展有着深远的影响。

1. 欧洲中世纪大学的产生

法国著名史学家雅克·勒戈夫写道："大学社团组织的起源，正如其他职业的社团组织那样，常常很难弄清楚。它们靠积累的成果通过每次都提供的可能的偶然事件，慢慢地组织成功。这些成果经常在事后才以规章制度的方法固定下来。"的确，中世纪大学的起源绝非古代高等教育历史自我发展和逻辑演绎的必然结果，就此而言，它的产生具有很大的偶然性。但是，我们不能否认，即使是作为一个偶然性的历史选择，它也是特定社会背景下的产物。换言之，正是特定的社会背景，才为大学的出现提供了一定的生成条件。

大学之所以能在欧洲中世纪产生，在于这一时期的欧洲具有了产生大学的环境。列宁在揭示历史发展的普遍性与特殊性规律时指出："世界历史发展的一般规律，不仅丝毫不排斥个别发展阶段在发展形式或顺序上表现出的特殊性，反而是以此为前提的。"

（1）从政治系统来说，欧洲中世纪社会中教会与世俗政权的相互矛盾与抗衡，为大学的自治和学术自由提供了空间。"大学正是在当时的世俗政权和宗教势力这两种社会力量之间，寻找到了自己相对稳定的位置。"

（2）从经济系统来讲，城市化的兴起为大学自治获得了深厚的社会支持。

第一，欧洲中世纪城市的自治理念为大学寻求自治提供了动力。中世纪城市与后来的工业化——城市化逻辑的不同之处在于，它是手工业、商业的新兴群体在封建领主统治中心之外建立起的聚集地。而试图摆脱封建领主的侵犯、维护新兴群体的利益，一开始就是城市建立的主要目的。争取自由与获得自治成为伴随城市化而来的社会思潮，西欧谚语"城市的空气使人自由"充分反映了这一社会状况。第二，中世纪行会组织为大学自治提供了模板。与城市自治化需求相适应的主要活动形式就是行会组织，这种以协调同行业成员关系、共同维护和保障成员利益为目的的行会组织，不仅是一种经济活动方式，而且成为影响整个社会生活的一种方式。正是这种方式为大学组织的形成提供了模型和思想，"大学就是在这种有社团思想的时代精神下发展起来的"。并且"中世纪大学管理和学术组织基本上仿效了工商行会的做法"。第三，城市化的兴起，对学术的发展提出了新的要求，并提供了广泛的财力支持，财富的增加使得更有计划的发展教育和学术事业成为可能。

（3）从社会文化系统来讲，欧洲中世纪大学是在当时那种特定的文化背景下获得自由理念支持的。

欧洲中世纪尽管是神学一统天下，但借助学术探求诠释宗教教义的要求却从客观上为自由探讨学术提供了支持。在当时的教会和世俗政权看来，学术自由是获得真理的必要前提和方法，真理会在自由讨论中越辩越明，因此它们对大学的学术自由予以支持。正是这种特殊的政治、经济、文化背景，为中世纪欧洲大学的产生提供了制度环境，也正是因为其他社会不具备这一制度环境，最终没有使大学这一特殊的机构产生在欧洲中世纪以外的时代和国度里。

在大学发展的早期，大学是逐渐形成的，也没有根据专门的法令创办的大学，因此不可能为任何一所早期大学指定一个确切的时间。一般认为，博洛尼亚在1150年时已获得了大学的身份，巴黎大学大约在1200年，牛津大学在1220年，也具有了大学的身份。早在9世纪萨莱诺就有了医学教学，但直到1231年才取得大学资格。从13世纪后半期开始，所有需要专门建立的大学以及以前根据习惯设立的大学需要从合法的机构获得有效的认可，这种做法已经被普遍接受，将一所大学（不论是新设立的还是已经有的）作为予以认可的具有效力的机构是由教皇或皇帝决定的，因为只有他们才被认为有资格授予大学普遍认可的权利。

2. 欧洲中世纪大学的影响

在中世纪大学出现以前，历史上还没有过规模这样庞大的学术机构。大学出现以后，后来的人们发现，几乎很难勾画出没有大学的社会历史画面。对中世纪最早诞生的大学的描述和分析，使我们更深入地洞察了大学产生的原因、背景和早期生存环境。而大学诞生后对中世纪社会及文化发展的影响则是深远的。

（1）大学的诞生使知识更为世俗化，改变了教会垄断教育的状况。

尽管中世纪早期受过教育的或者说仅仅是会识字的人都只是少数，尽管教育还很糟糕，但大学的产生推动了知识的传播及其世俗化，使得西欧社会的学术生活和中世纪教育的传统都发生了意义深远的变革，结束了中世纪早期以修道院为教育中心的状况。

（2）学术自由和大学自治成为后世大学为争取自身独立自主地位的文化资本和精神寄托，对后世影响深远。

学术自由和大学自治是两个既有联系又有区别的概念。学术自由主要指大学成员教学和研究的自由；大学自治是指机构本身不受外来干涉而具有的自我管理的权限。应该说，这两个概念都是中世纪大学的遗产，也是现代大学孜孜不倦所追求的目标。英国学者科班说："学术自由思想的提出以及永久的警戒保护它的需要，可能是中世纪大学史上最宝贵的特征之一。"

中世纪大学在教学内容、学生入学条件和招生标准以及教师的职责和权利等方面有自己的选择和决定权。也就是说，这种自治权主要是相对于大学内部的组织和结构而言的。当初，教师和学生的行会，就像工匠和手艺人的商业行会一样。知识和学术标准完全是他们自行制定的，而这些标准逐渐得到社会的承认，例如大学制定的学位标准，逐渐成为取得教会和国家政府职位的资格。

（3）勇于革新的精神是大学发展的必备条件，然而，中世纪大学的自治权和学校自由权利不是自动取得，而是经过斗争得来的。我们看到，中世纪大学的自主权经常受到外部威胁，当学者社团影响尚小时，它们制定自己的行规，为保护自己的利益统一行动，团结一致，壮大自己的力量，抵御外界压力；随着社团规模扩展，成员数量增长和质量提高，引起社会其他势力尤其是教会和王权的关注甚至不安时，教会为了实行文化垄断，不惜采取笼络、恐吓、压制手段，竭力对大学施加影响，企图将其网罗于自己门下，王权和地方政权看到大学既可以给他们造成威胁，也能够给他们带来好处，也与教会争夺对大学的控制。大学巧妙利用双方矛盾，在夹缝中求生存，终于为自己争取到开展学术活动所必需的权利。

（4）开放性和国际性撒播下文明的种子，使得欧洲后来的发展居于世界领先水平。

中世纪大学具有十分突出的开放性和国际性，以拉丁文为通用语言，互相之间有着必要的思想、学术和情感交流，同时也不拘于一门一派，而是形成一种求知求学的学者共同体。中世纪大学的一个最鲜明的特点是学术间的广泛交流。中世纪的大学大都是国际性质的，教师和学生来自欧洲各地，所带来的不同地域的文化和知识得到了广泛的传播，促进了国际间的文化交流。当时许多学生学业结束后周游各地的大学进行讲学。将所学到的知识也带到各地。这样的形式扩大了国际间的学术交流和教学人员的交往，使不同的思想和见地有所传播，大学这种国际化的风气为近代直至现代的大学所追求和提倡。

二、罗吉尔·培根与实验科学

13 世纪的西欧，随着大翻译运动的兴起和大学的建立，希腊科学思想特别是亚里士多德的科学思想开始在西方复兴，为西欧学者所研究。中世纪晚期的实验科学思想是在反思、批判和发展亚里士多德科学研究程序的基础上形成的。在亚里士多德那里，科学是对自然的解释，这一解释过程是一个从观察中归纳出解释性原理，再从解释性原理中演绎出新的科学结论，这些结论又回到观察中去的过程。亚里士多德科学研究程序已接近于弗兰西斯·培根的近代科学研究程序，而且运用这一程序，他曾对鸡的胚胎发育做出深刻研究。但是亚里士多德更为强调的是这一程序中的演绎逻辑方法，他的追随者也都偏重于演绎方法，并形成了一套公理化的研究传统。这一传统在中世纪晚期表现为基督教意识形态下的繁琐论证（经院科学），亚里士多德的科学研究程序也被称为"论证科学"。正是在这样一个"论证科学"的背景下，罗吉尔·培根、格罗塞特、司各脱和奥康等人提出了实验科学思想。他们重视科学研究的经验基础，主张对知识的实验研究和实验检验，倡导一种实验科学。

1. 罗吉尔·培根

罗吉尔·培根（1214—1294），出生于英国一个贵族家庭，曾在牛津大学和巴黎大学任教。他会多种文字，几乎对当时的一切知识领域都有兴趣，在数学、力学、光学、天文、地理、化学、医学、音乐、逻辑、文学以及神学方面都有一定的研究，有"万能博士"之称。

罗吉尔·培根提倡科学、重视实验、反抗权威。他懂得可靠的知识是怎么来的，探讨了使科学获得进展或受到阻挠的原因，并提出了改革研究方法的意见。他虽然也劝人阅读《圣经》，但是更强调数学和实验，并大胆预见了科学造福于人类的伟大前景。

他确信数学思想是与生俱来的并且是同自然事物本身相一致的。因为自然界是用几何语言编写而成的，所以数学能提供真理。它先于其他科学，处理直觉所感知的量。他在所著《大作》的一章中证明所有科学都需要数学，表明他正确认识到数学在科学中的作用。《大作》中还谈了不少数学对地理、年表学、音乐、彩虹的解释、编日历和确定信念的作用，论述了数学在国家管理、气象学、水文学、占星术、透视学、光学和视像成因等方面的作用。

由于罗吉尔·培根批判了经院哲学和教义，1257 年他被赶出巴黎大学，在寺院幽禁十年，直到 1268 年才获释回牛津工作。1278 年，他又被投入监狱达 14 年之久，并就此了结一生。

2. 实验科学思想

（1）罗吉尔·培根的实验科学思想。

罗吉尔·培根是第一个使用"实验科学"概念的人。他的"实验科学"是和当时流行的"证明科学"相对的。13 世纪人们所说的科学主要是指亚里士多德的以几何学为模式的演绎式的"证明科学"，证明科学的前提是自明的、确定的命题，如同几何公理那样，科学是以必然命题为前提的演绎系统，它是必然的知识。在罗吉尔·培根看来，实验科学优越于其他科学，可以"通过实验来审查一切科学的崇高结论"。实验科学通过科学实验、科学操作，从而获得第一手经验，这才是确定无疑的真知。罗吉尔·培根指出，推理和经验是两种获得知识的途径，推理达到结论并使我们认可这一结论，但并没有给予我们摆脱一切怀疑的确定性。如果一个从未见过火的人用推理证明火能灼伤人、毁坏物品，他那接受这一结论的心灵仍不信服。除非他用实验证明理论的道理，把可燃物置于火中，那么这时他是不会不避开火的。"只有当他有了关于燃烧的现实经验之后，他的心灵才全踏实，才会安于真理的光辉之中"。因此，培根这样说："没有经验，就没有东西可以被充分地认识。""一切事物都必须被经验所证实。""证明总得伴有它相应的经验，单纯的证明是不可能理解的。"

罗吉尔·培根从三个方面论证实验科学的优越性。首先，是实验科学的实证功能。培根指出，仅仅依据证明科学的推理，而不通过实验去证明，那么这种知识是不完整的，没有确定性。而实证科学的考察验证功能可以弥补不足。他以对虹的解释为例，说明实验和演绎的差别。亚里士多德在《气象学》卷三中称，虹为太阳与星星之间的垂直线，塞尼卡称之为神的笏杖，彩虹是日晕，这些说法是不可证实的。罗吉尔·培根设想用晶体做实验，看一看晶体的折射光的七种颜色，再看一看车轮甩出的水珠折射出同样的颜色，心灵便可知道虹是水气反射太阳光而形成的自然现象。其次，是实验科学的工具功能。罗吉尔·培根认为实验高于思辨和学艺，他说："凡是希望对于在现象背后的真理得到毫无怀疑的欢乐的人，就必须知道如何使自己献身于实验。"最后，是实验科学的实用功能。在这一点上，罗吉尔·培根的认识大大超出了他的时代，近代实证科学的实用现实证明了培根的论证。

（2）格罗塞特的实验科学思想。

格罗塞特是早于罗吉尔·培根的英国经院哲学家，也是牛津大学的第一任校长，他对数学、医学和农学等很有研究。格罗塞特的实验科学思想表现在一方面提倡数学的应用，另一方面强调观察、实验的作用。他认为理性和实验是自然哲学两条不可缺少的途径。"他推动了实验传统和数学传统的结合，并提出实验科学的理论模式，其三大特点是：归纳的、实验的和数学的。"单纯的实验没有理论的指引发展的是工匠的技术，而实验与理性的结合才是自然科学赖以建立的基础。人类在科学的不断发展中看到了这点，也依据这一点来发展科学。

（3）司各脱和奥康的实验科学思想。

司各脱和奥康是继罗吉尔·培根之后继续对实验科学思想作出贡献的两个英国人。他们的工作主要是指出亚里士多德"论证科学"的缺点，在理论上给予"实验科学"支持。

司各脱通过研究认识的动力与过程,按照知识性质区别了演绎知识与归纳知识两类知识,他指出，归纳知识也能满足亚里士多德对于科学知识"必然性"与"三段式推理"这两个要求，因此，归纳也是科学知识。通过归纳得来的知识具有足够的证据，在科学上这一证据表现为观察实验，所以，司各脱的"归纳科学知识"思想实际上是肯定了实验科学成果的有效性，是对罗吉尔·培根"实验科学"思想的继承。与司各脱一样，奥康也区分了两种知识——自明知识与证据知识。自明知识来自抽象认识，证据知识来自直观认识。奥康关于两种知识的区分是针对亚里士多德"证明知识"的观念提出的。按亚里士多德的解释，科学在严格意义上是证明知识，它以自明的直观中获得的命题为前提演绎出必然结论，直观的自明性和三段式规则的必然性保证了证明知识的可靠性。亚里士多德"科学"概念的狭隘性是没有考虑到直观的偶然性以及经验证据在推理过程中的作用。司各脱对归纳科学的论述突破了这一狭隘观念，奥康的区分更猛烈地冲击着这一观念。他指出，直观的证据和逻辑推理并不是前后相贯的认识过程，它们属于两类知识，两者存在着平行、并列的关系。证据不能给予逻辑所需要的自明性，逻辑也不能增强证据的说服力。就证据知识与自明知识的重要性而言，他认为寻找证据是比寻找证明更高、更重要的目标，证据知识不但可以知道自明知识推理的结论，而且可以知道非自明的东西。另外，奥康主张哲学与神学分离，这种二元论"虽然从本质上来说仍然是不完备的，不能令人满意的，但是要想使哲学从'神学的婢女'的束缚中解放出来，以致可以自由地与实验相结合，而产生科学，这却是一个必需的阶段。"

3. 实验科学的具体实践

中世纪晚期欧洲实验科学思想虽有发展，但由于时代局限，实验科学具体实践还远落后于实验科学思想的发展。从事具体实践科学的人还属少数，有些只将其作为业余工作。

波列哥雷努斯是 13 世纪最为著名的实验物理学家、科学家。他是用实验法研究磁学的鼻祖。波列哥雷努斯曾做了磁学方面的许多实验，写过一部关于磁学的系统的著作《磁学初步》。在书中，他"论述了磁的基本现象、吸铁、南北极的区别及两者的相互作用力，铁棒越过磁铁后的磁化、磁感应，以及如指南针之类的用途"。波列哥雷努斯认为，科学的成效只有在操作中获得，实验很容易纠正那些在自然哲学和数学中永远也发现不了的错误。他的这些思想深刻启迪了罗吉尔·培根，因此被罗吉尔·培根称为"实验大师"。罗吉尔·培根曾这样颂扬波列哥雷努斯："他从实验懂得自然科学，还懂得医药、炼丹术以及天上的和地下的一切事物。如果任何平常人、老妇、村夫或士兵懂得一点有关土壤的事为他所不悉，他就要惭愧。所以他熟悉浇铸金属法，以及处理金、银、其他金属和一切矿物的方法..他却藐视荣誉和奖励，因为它们将妨碍他在实验工作方面达到伟大成就。"

中世纪晚期西欧对光学的实践研究开始于格罗塞特。他进行了一系列的光学研究，并通过实在经验来证明透镜的折光现象。后经过罗吉尔·培根的实验研究和阿拉伯光学思想的传入，到13世纪末14世纪初，出现了三部光学实验研究著作：皮坎姆的《全透视》、第里希的《光学汇编》和威特罗的《光学》。这三个人通过一些实验研究，对光学作出了较大的贡献。"这三位学者自然也都探讨了虹的问题。第里希的解释进展最大。他认为，水珠内的光线在水珠壁上依次发生折射、反射，然后再发生折射。他还清楚地知道副虹的成因。"

4．实验科学的影响

13世纪由罗吉尔·培根开创，司各脱和奥康等人发展的实验科学思想，不仅从理论上强调了归纳的经验基础，而且主张对演绎前提直接进行实验验证，将实验置于一个极为显著的地位，这对排除科学活动中隐含的错误起到积极作用。罗吉尔·培根等人的思想大大超越了他们所处的时代，所以没有得到推广和认同，只是一盏很快熄灭了的明灯。但是当时西欧的炼金术和巫术却对实验科学思想进行了一定的吸收和采纳。文艺复兴时期，达·芬奇成为倡导科学实验的第一人，实验在那时已为大多数人所接受，实验科学思想也为众多科学家所传承运用，出现了一批科学成果。到了弗兰西斯·培根，实验科学思想已被发展成为一套成熟的实验—归纳方法，启迪了包括伽利略、牛顿在内的近代科学家，成为近代科学的经典研究方法。这一方法的兴起，对于近代物理、化学、生物、天文、地学等各门自然科学以及各门技术科学的进步都带来了不容低估的影响。

罗吉尔·培根等人所倡导的"实验科学"集中在对科学方法论中的实验方法的强调，还远未涉及其他方法及这些方法所形成的系统。罗吉尔·培根等人的"实验科学"方法在13世纪西欧科学的暗淡时期得不到应用，所以只好沦为一种思想。贝尔纳对此曾做过合理的评价："中古时代的人对于推理以及设计和执行实验，都完全胜任。不过这些实验老是孤立的，也同希腊人和阿拉伯人所做的那样，基本是表演，而不能导致决定性的进步。这一撮中古时代的实验者的成就虽然很值得表扬，他们并不曾多多利用这些方法来研究自然，更少去控制自然。他们是圣职者，故有许多其他的正务。"

总之，中世纪晚期由罗吉尔·培根开创的实验科学思想经过司各脱和奥康等人的补充论证已经发展较为成熟。到文艺复兴时期，实验已为大多数人所接受，实验科学思想也为大多数科学家传承运用。他们运用这套方法对自然进行了有效的探索，取得了丰硕的科学成果。对此达·芬奇这样表述："科学如果不是从实验中产生并以一种清晰实验结束，便是毫无用处的、充满谬误的，因为实验乃是确定性之母。"文艺复兴后，科学家们一方面运用观察实验，用归纳的方法形成假说以便解释其观察和实验结果，另一方面又运用逻辑的推理演绎出推论，再用实验加以检验，从而形成了一套完整的科学认识程序。这套程序不仅是近代科学所能运用的传统经典方法，就是在现代科学方法中亦占有十分重要的地位。到了17世纪科学得到快速发展的时期，正是实验思想使得科学发展有了巨大动力，也得益于弗兰西斯·培根对实验思想的大力提倡。默顿在他的著名的著作《17世纪英格兰的科学技术与社会》中就指出了蕴涵着实践操作的实验思想对科学发展具有巨大的推动力，而西欧的科学在实验思想的促进下得到了持续到今天的发展。

第三节　中世纪欧洲的科学与技术

一、数　学

中世期初期，大约从公元400年到1100年长达700年之久的时间里，欧洲数学一直没有取得进展。

数学水平之所以低，主要是因为对物理世界缺乏兴趣。数学史家克莱因认为："数学显然不能在一个只重视世务或只信天国的文明中繁荣滋长。我们可以看到，数学在一个自由的学术气氛中最能获得成功。那里既能对物理世界所提出的问题发生兴趣，又有人愿意从抽象方面去思考由这些问题所引起的概念，而不计其是否能谋取眼前的或实际的利益。自然界是产生概念的温床，然后必须对概念本身进行研究。然后，反过来，能对自然获得新的观点，对它有更丰富、更广泛、更强有力的理解，而这又产生出更深刻的数学工作。"

当时基督教教会势力遍及各地，拉丁文是教会的官方语言，因而它就成为欧洲的国际语言以及包括数学在内的一切科学的通用文字。因此，欧洲人主要从拉丁文（即罗马）书籍来获取他们所需要的知识。由于罗马人的数学微不足道，所以欧洲人所学到的只不过是非常原始的一套计数法和少量算术法则。他们也通过少数翻译家汲取一点希腊数学知识。

其中主要的翻译家有波伊修（约 480—524），他出身于罗马贵族家庭。波伊修根据希腊材料用拉丁文选编了算术、几何的初级读物。他从欧几里得的《几何原本》里译了3～5篇的材料，组成他的《几何》。他翻译了 400 年前尼可马修斯所著的《算术入门》而写成《算术入门》一书。他还创造了"四大科"这个词来代表算术、几何、音乐和天文。

波伊修的数学著作一直作为教会学校的标准课本，被使用了近千年之久。他最有影响的著作是《哲学的安慰》，这本书是由于波伊修遭受政治迫害，在监狱中写成的。他也因为此书而成为中世纪经院哲学的先驱之一。

虽然中世纪初期的数学成果不多，但是在中世纪学校的课程里数学还是相当重要的。课程分为四大科和三文。四大科包括：算术（纯数的科学）、音乐（数的一个应用）、几何（关于长度、面积、体积和其他储量的学问）、天文（关于运动中的量的学问）。三文包括修辞、辩证和文法。

教会提倡教授数学，是因为它对修日历和预报节日有用。促使欧洲人学习一点数学的另一动机是占星术。这门伪科学在巴比伦人、古希腊人和阿拉伯人那里颇为风行，而在中世纪的欧洲则几乎普遍被人接受。占星术的基本信条是说天体能影响和控制人体以及人的命运。为了解天体的影响并预报特殊的天象事件，如行星的会合和日月食所展示的吉凶祸福，那就需要有些天文知识，因此少不了要懂点数学。占星术到中世纪后期变得特别重要，这在客观上促进了欧洲数学的复苏。

到了 1100 年左右，新的思潮开始影响当时的学术气氛。一方面因为欧洲手工业和商业经过漫长的黑暗时期，逐渐得到恢复，开始出现新兴的城市。在一些城市中开始设立非教会的学校，并在一些学校的基础上发展成为大学。其中较早的有意大利的波隆尼大学（公元 1088 年）、法国的巴黎大学（公元 1160 年），以及英国的牛津大学（公元 1167 年）等。人们对世俗知识的需要显著增加。这些大学的产生和发展，既形成了欧洲数学的中心，也是诞生数学家的摇篮。

更重要的是欧洲人通过贸易和旅游，同地中海地区和近东的阿拉伯人以及东罗马帝国的拜占庭人发生接触。十字军东征（约 1100—1300）为掠取土地的军事征服，使欧洲人进入阿拉伯土地，欧洲人大规模地接触到东方的文明，使他们大开眼界，激起了他们学习东方科学知识的热情。

欧洲人通过阿拉伯数学的输入，发现了希腊数学，并引起了他们极大的兴趣。在被欧洲人译出的著作有欧几里得的《几何原本》、花剌子模的《代数》、泰奥多希乌斯的《球面学》、阿基米德的《圆的度量》，还有亚里士多德、赫伦的许多著作。这些译本成了中世纪欧洲数学发展的基础。

希腊和阿拉伯著作的译本传到欧洲后，对自然现象的理性探讨，并以自然原因而不以道德和神意的原因作解释的风气立刻就呈现出生命力。

欧洲数学早期的主要代表，是意大利的斐波那契（约 1170—1250）。他曾到北非受教育，并广泛游历过地中海与中亚细亚各民族的文化中心，拜访了各地的学者，积累了许多东方的数学知识，特别熟悉各国的算术系统。

斐波那契发现"阿拉伯数字"是最好的计数符号，回意大利便写成名著《算经》（又译作《算盘书》，公元 1202 年）。当时欧洲已知道一点阿拉伯记数法和印度算法，但是一般人还是用罗马数字，而且因为他们不懂零的意思，因此避免用零。《算经》的最大作用是向欧洲介绍了阿拉伯数字。该书一开头就写道："印度的数目字，为 9、8、7、6、5、4、3、2、1 九个，用这九个数字以及阿拉伯人叫做'零'的记号'0'，任何数均可以表示了。"书中还传授了印度人用整数、分数、平方根、立方根进行计算的方法。《算经》被认为是中世纪欧洲最重要的数学著作，是当时欧洲各民族的数学"百科全书"，被学校当作标准教材使用了 200 年之久。它对改变欧洲数学的面貌起了极为重要的作用。

在几何方面，斐波那契在他的《几何实习》（公元 1220 年）里重复讲述了欧几里得《几何原本》及希腊三角术的大部分内容。他指出《几何原本》第十篇中对无理量的分类并不包括一切无理量。$x^3 + 2x^2 + 10x = 20$ 的根不能用尺规作出。这第一次表明数系所含的数超过希腊人以能否尺规作出为准则的范围。斐波那契还引入了至今仍称为"斐波那契数列"的概念，在这数列中，每项等于前两项之和。

奥雷斯姆的图线虽然还是个含糊的概念，但是他对提出函数概念，用函数表示物理规律以及函数的分类作出了贡献。因此，也有人把创立坐标几何及函数的图像表示归功于他。

二、物理学

1200—1225 年间，亚里士多德的全集被发现了。牛津大学校长、林肯区的主教格罗塞特立刻把它翻译成拉丁文。当时解释亚里士多德的最主要的学者是多明我会修士大阿尔伯特（1206—1280）。他是中世纪欧洲一个很有科学思想的人。他把亚里士多德、阿拉伯民族和犹太族的科学思想组成了一个整体。其中包括了物理学、医学等各种知识，并且最终由他的门徒托马斯·阿奎那完成了宗教思想的革命。

亚里士多德认为认识世界的关键是物理学。但是他所说的物理学并非指无生命的物质运动规律，而是认为物理就是事物倾向于长成什么和正常行为是怎样的天性。科学研究的目的就是寻找万物的天性。他还用"天然位置"和"终极原因"来解释物体的自然运动。亚里士多德的物理学有许多荒诞不经的成分，阿奎那充分利用了他的自然知识，把它和神学结合起来。认为知识有两个来源：一是基督教信仰，由《圣经》、神父及教会的传说流传下来；另一个是人类理性所推出的真理，个人的理性是自然真理的泉源，柏拉图和亚里士多德是它的主要解说者。基督教的信仰不能用理性去证明，但可以用理性去检查和领悟。就这样，经院哲学在托马斯·阿奎那手里达到了最高水平。托马斯·阿奎那主张用理性去检查和领悟基督教信仰，这种彻底的唯理论促成了近代科学研究的学术气氛，是有一定进步意义的。只是到后来，当亚里士多德的物理学被近代科学的发展远远抛在后面，经院哲学才成为禁锢科学发展的枷锁。

罗吉尔·培根（1214—1294）的物理学思想也远远高出中世纪的其他欧洲哲学家、科学家。

罗吉尔·培根本人在物理学上做的实验不多。他学习了阿拉伯物理学家阿勒·哈增的光学著作，花了很多钱从事光学实验。他叙述了光的反射定律和一般折射现象；他懂得反射镜、透镜并且谈到望远镜；他还提出了一种虹的理论。这位"万能博士"还叙述了许多机械发明，谈到了魔术镜、取火镜、火药、希腊火、磁石、人造金、点金石等。

牛津大学的威廉·奥卡姆（约 1300—1347）继续了罗吉尔·培根对经院哲学的批判。奥卡姆反对经院哲学任意臆造抽象的观念和实体，提出了著名的"奥卡姆剃刀"予以批判："不要增加超过需要的实体。"这是现代人反对不必要的假设的先声，使人们对直接感官知觉更加重视。奥卡姆的名言打破了人们对抽象观念的信仰，促使人们从事直接观察与实验研究，推动了近代归纳科学的兴起。

皮埃尔·德·马里古特约在 1269 年写了一本描述磁力实验的书。他了解到异性磁极相互吸引，同性磁极相互排斥；一根磁针断为两半时，每一小段又变成一根小磁针；铁与磁石摩擦可以磁化；他用磁石做成一个圆球，用短铁丝研究它的磁性，从而发现了磁子午圈；他还描述了两种不同构造的罗盘。

14 世纪中叶，巴黎大学校长琼·布里丹（约 1300—1360）为解释物体受力后之所以继续运动，他提出了一个新理论——"冲力说"。"冲力说"的早期代表是 6 世纪亚历山大里亚的一个学者约翰·斐劳波诺斯。他认为上帝创世之初就赋予天体一种不随时间消逝的"冲力"，这种冲力可以维持物体永远运动下去。后来，牛津大学的威廉·奥卡姆根据磁棒可以使一块铁动起来而不碰到它，认为真空是可以存在的，从而支持冲力说。

布里丹认为，加到箭或抛射体上的动力是加到物体本身的身上，而不是加在空气上。这个冲力（而不是空气的推动力）如果没有外力作用，能使物体永远保持匀速运动。在自由落体的情形下，由于自然重力使原有冲力逐步获得增量，所以冲力是逐次增大的。当我们上投物体的时候（如抛射体），传给物体的冲力因空气阻力和自然重力而逐渐减小。天体接受上帝给予的冲力后，就无需天上其他因素作用而保持其运转。布里丹把冲力定义为"物体的质量与速度的乘积"，这是最早的动量概念。

布里丹应用"冲力说"，把天体运动和地面上物体的运动合在一起；冲力暗含着力改变运动而不单是维持运动的想法；冲力概念把作用力从媒质转移到运动物体上，从而又使人能考虑没有媒质的真空。这三点使布里丹成为现代动力学的奠基人之一。

巴黎学派的另一位代表是尼古拉·奥雷斯姆。我们已在数学史中提到了他的图线原理。他创立的用图解方法表示运动的方法，是把几何学引进物理学的一个重要步骤，特别是为变量的研究提供了数学方法。他所证明的在匀加速运动中以平均速度求路程的方法，和伽利略在分析自由落体的运动时的方法，在原理上是一致的。奥雷斯姆 1326 年任纳瓦拉学院院长，1377 年任里苏的主教，他也是"冲力说"的有力支持者。

中世纪欧洲物理学家在几何光学方面树立了比较坚实的基础。因为欧洲人可以直接从古希腊人和阿拉伯人的著作中吸收光学知识，所以到 1200 年，光学上的一些基本定律如直线行进、反射定律、折射定律都为欧洲人熟知。还有关于球面镜和抛物面镜的知识，球面像差，透镜的用途，眼睛的功能，大气折射现象，放大视像，这些都从阿拉伯人那里传到了欧洲。

欧洲物理学家还根据光被透镜折射的知识，定出了一些透镜的焦距，研究了透镜的组合，提出用透镜组合放大视像的意见。他们改进了解释虹彩的理论。13 世纪中叶，玻璃镜的制造完善了。从 1299 年起有了眼镜。维特罗观察到光在折射下的散射现象（他让白光通过六角形晶体，产生出有色光）。他又引导光通过一碗水来研究彩虹，注意到光通过一碗水射出后出现彩虹中的颜色。由于欧洲物理学家的努力，光学成为一门重要的物理科学。

中世纪欧洲的物理学成就虽然不多，而且当时的学术工作有很多缺点：思想不分明，神秘主义，教条主义，以及咬文嚼字地引述权威著作。但是，做实验和用归纳法来获得一般原理和科学规律，开始成为知识的重要来源。这无疑是欧洲物理学家为经典物理学的诞生作出的重要贡献。

三、化 学

在中世纪的欧洲，人们并不知道希腊关于"神术"的论著（其中包括了化学的初步知识）。炼金术的知识是通过在西班牙翻译的阿拉伯著作才到达欧洲的。西班牙是撒拉逊文化与欧洲文化的接触点，并且是把阿拉伯文化传送到欧洲的主要地区。

1144 年，英国人罗伯特翻译出版了阿拉伯人所写的《炼金术的内容》一书。阿拉伯的炼金家贾比尔和累塞斯的著作先后被译成拉丁文。及至公元 1350 年，以拉丁文出版的炼金术作品已达 70 余种，欧洲的炼金术得以形成和发展。

当阿拉伯的炼金术传到欧洲之后，正逢西欧商品经济进一步发展之时。实物地租已普遍向货币地租转化发展，统治阶级发财聚富、追求金钱的欲望更为炽烈。黄金是金钱最高贵的象征，因此以炼制黄金为目的的炼金术，正中欧洲封建统治阶级下怀。阿拉伯炼金术传到欧洲后，自然得到了封建帝王和教会的支持与利用。当时仅英王亨利六世豢养的炼金术士就多达 3 000 余人。他们在宫廷和教堂中升起炉火，日夜守候在炉旁，满身油污，汗流浃背地为帝王炼制黄金。

在中世纪的欧洲，化学发展缓慢，即使是炼金术也没有超出阿拉伯人的水平。在欧洲炼金家看来，水银是一切金属的本原，硫为一切可燃物所共有（这里所谓的汞和硫是一种性质要素，而不是指实体），而金和银含有最纯粹的汞和硫。因此，他们认为普通金属与金银的不同就在于含汞、硫的比例及纯度有所差别，而借"哲人石"就可以使它们的本质趋于完善。所以炼金术的关键是制出哲人石。

炼金术士设想的嬗变的实验有：在空气中焙烧贱金属矿石——方铅矿（硫化铅），铅生成时有强烈的硫黄气味；把铅在灰皿或骨灰造的盘子中加热，铅烧掉后可以得到一点儿银。如把黄铁矿（外表看起来有点像黄金的黄色矿物）与铅共熔，铅用灰皿烧掉以后，剩下微量的黄金。其实，析出的银和金原来就存在于矿石之中。还有一种嬗变实验是把钢刀片浸在蓝矾（硫酸铜）溶液中，逐渐转变为铜。

真正对化学作出贡献的早期欧洲炼金术士是德国人大阿尔伯特（约 1193—1280）。他倡导把对自然界的研究建设成为基督教义中的一门合法学科。他曾在巴黎大学阅读从希腊文和阿拉伯文翻译过来的亚里士多德著作，是中世纪唯一对亚里士多德全部著作加以注释的学者。1248 年他被派到科伦建立德国第一个多明我会的研究院，并任院长，1260 年就任瑞根斯布克主教。他著有《炼金术》一书，其中记载了明矾、铅丹、砒石、苛性碱、酒石等物质的变化，描述了蒸馏甑等设备。据说他曾将雄黄和肥皂混合加热而制得过单质砷，所以西方科学史家大多认为他是元素砷的发现人。他在晚年时对炼金术的虚妄有所醒悟，于是在其《矿物学》一书中把炼金术称之为"天才与火的卑下结合"，着力揭穿炼金术士的欺骗行径。他说他曾试过炼金术士的"金"，虽然它在火中能耐六七次燃烧，但终于会被烧掉并化为灰烬。因此，他引用了阿维森纳著作中的名言："种是不能嬗变的。"这在当时是很有积极意义的。

欧洲的早期著名炼金家中还应提到英国的罗吉尔·培根，他不仅是伟大的思想家、数学家、物理学家，他在炼金术方面也颇有造诣，关于炼金术的著作有 18 本之多。据培根在 1267 年说，他在前 10 年中总共花掉了 1 万英镑用来买书，买仪器，在牛津郊外秘密地进行炼金术实验。

罗吉尔·培根把炼金术分为"思辨的"和"操作的"两种。思辨的炼金术也就是理论化学，研究如何从元素生成各种金属、矿物以及盐等各种物质，探讨宇宙万物的构成、起源与变化。操作的炼金术即实用化学，研究如何用人工的方法制造出比天然产物更好的东西。例如用蒸馏、升华的方法提纯物质，制造合成有效的药剂和颜料。他还强调炼金术也应该为医学服务，合成新型药物治病救人。这些都是很高明的思想。

罗吉尔·培根在他的《第三著作》中提到了火药。这部著作作为他本人撰写的大百科全书中的一部分于 1268 年赠给教皇。当时火药已从中国途经阿拉伯传到欧洲，渐渐为人所知。罗吉尔·培根详细记载了火药的配方：7 份硝石、5 份木炭和 5 份硫黄组成。这份配方因为硝石成分太少，因此火药效果不好。然而这是欧洲最早的火药配方之一，因此欧洲科学史家一度认为火药就是由罗吉尔·培根本人发明的。

除僧侣以外，中世纪欧洲从事炼金术研究的世俗人士有著名炼金家维兰诺万的阿那德（1240—1311）。他也是欧洲炼金家中少有的兼通医学的人物。他一生充满了波折和奇遇。他的著作《哲学家的花坛》流传甚广，十分有名。在他的科学著作中，炼金术总是和医学联系在一起。他提到了各种药物用于治疗疾病，特别提到了许多毒药和解毒药。阿那德还是第一个描述酒精的人，称之为"生命之水"。并提出，酒精可以用蒸馏葡萄酒的方法制取。

从 15 世纪中叶开始，由于印刷术的输入，炼金术著作大量出版，吸引了越来越多的信徒。在宗教思想占统治地位的时代，炼金术广泛传播，并与宗教信仰密切联系。炼金家为了实现梦寐以求的愿望，不惜求助于祈祷、咒语、巫术、招魂卜卦、召唤鬼魂以及其他类似手段。他们指望"点石成金"，认为只有鬼神帮忙，才能完成这种奇迹。

尽管欧洲炼金术有其荒诞的一面，但是有些炼金术士在实际操作过程中，的确也完成了不少化学转变，积累了某些化学知识，完善了化学实验方法与手段。16 世纪英国哲学家弗兰西斯·培根（1561—1626）曾经就炼金术对科学的贡献作出了一个公正合理的评价："炼金术可比喻成《伊索寓言》里的一位老人。当他快要死去的时候，他告诉他的儿子们，说他在葡萄园里已埋下许多黄金留给他们。儿子们把葡萄树周围的泥土都挖松了，并没有发现金子。可是树根四旁的青苔和乱草被他们这样除去了，结果第二年长成满园的好葡萄。同样，炼金术士寻找黄金的艰苦努力，已使他们的后人获得许多有用的发明和有益的经验，并且间接促使了化学走上光明的大路。"

四、医　学

中世纪欧洲处于经济文化衰落时期，教皇和国王互相争夺统治权，天主教几乎握有全欧洲三分之一的土地，教会成了最大的封建主，寺院很兴盛。由于只有僧侣懂得拉丁语，保存了一些古代传下来的医药知识，因此教会兼管治病。6～8世纪所设的医院多在寺院附近。医院是修道士医生的实习学校，在这里积累治病和制药的经验。牧师不仅医治灵魂疾病，而且治疗肉体疾病。他们治病的普通方法，是用手摸、涂圣油和祈祷。于是把医学与宗教，祈祷和忏悔联系在一起，把治愈和"神圣的奇迹"联系在一起。因此，寺院医学无助于医药科学的发展。

中世纪后期，由于城市的发展，商业旅行扩大了欧洲人的眼界，也刺激了科学知识的发展。自11～13世纪，欧洲许多城市建立了大学。截至14世纪，欧洲已有40所大学。当时著名的医学校有萨勒诺、柏龙拉、巴丢阿、蒙派尔、巴黎等医学院，这些大学为中世纪欧洲医学发展起了进步作用。尤其萨勒诺医学院被誉为"一盏长夜中的医学明灯。"

萨勒诺医学院创立于公元900年前后，地处意大利那不勒斯东南约50公里处的名叫萨勒诺的滨海小城。按照流行的说法，它是由一名希腊医生、一名犹太医生、一名阿拉伯医生和一名意大利医生共同创办的。不过，萨勒诺医学院确实有四种语言：拉丁、希伯来、阿拉伯和希腊文，讲学任用哪种文字均可。

萨勒诺医学院文化交流活跃，自由空气浓厚，达到了真正的百家争鸣。医学院虽然与教会有密切的联系，但基本上是一座世俗的学校。它的教师和学生中，兼有教徒和非教徒，还包括不同的民族（例如犹太人在教师和学生中都占相当大的比重），而且还有不少女教师和女学生。在中世纪欧洲的环境里，这样的医学院已算是相当开明了。医学院主要教授希波克拉底、盖仑和阿维森纳的著作。

萨勒诺医学院出了一大批名医，最著名的是康斯坦丁（约 1020—1087）。他在隐居修道院期间，把许多阿拉伯医书和已被湮没多年的古希腊医学著作的阿拉伯译本译成了拉丁文。萨勒诺留给后世的最著名的著作是《萨勒诺养生歌诀》。《歌诀》是谈养生之道的，分为 10章，涉及了卫生、药物、解剖、生理、病原学、体征及临床意义、病理、治疗、疾病分类学、临床经验等 10个方面。《歌诀》的最早拉丁版译本问世于1480年左右。它的影响很大，被欧洲各国传抄，译本已达 300种以上。

萨勒诺医学院的声名维持了数百年之久，直到欧洲其他几个新的医学中心崛起，它的影响才衰落下去。

中世纪欧洲医学主要学习希波克拉底、盖仑和阿森维纳的著作，尤其盖仑的话被认为是绝对正确的。医学家们的任务首先是注释盖仑的著作。所以中世纪欧洲医学有崇拜引用文字、死记原文、轻视实践经验的特点。因此，欧洲医学的进步是有限的。尤其是教会反对解剖尸体，这一时期欧洲的解剖学毫无进展，只能沿袭盖仑的解剖学著作。

五、天文历法

在中世纪之前，基督教的早期传道者仅满足于象征性地解释《圣经》，对托勒密体系等古希腊宇宙观念抱容忍态度。进入中世纪以后，随着教会势力的强化，对《圣经》的解释就日益严格、呆板。基督教的思想代替了古代科学文化的成就而传播开来。《圣经》和教会人士诠释《圣经》教义的文章，成为关于宇宙构造知识的唯一合法的文献。

在中世纪的早期（公元 5—10 世纪），当时欧洲人连著名希腊科学家的名字也不知道，宣扬地球是球形的思想也要遭受迫害，连亚里士多德的水晶球理论和托勒密的地心体系也是不准传播的。

基督教控制的国家再次接触到古希腊和阿拉伯天文学是在 11 世纪到 13 世纪。传播的途径大约有三个方向。首先是阿拉伯统治的西班牙。西班牙早就存在着基督徒与阿拉伯文化的接触。从 1085 年起，阿拉伯文的希腊科学著作逐渐被翻译过来，托莱多办起了一所翻译学校，欧洲很多学者都来到这里学习穆斯林的科学知识。意大利的杰勒德（1114—1187）就是其中之一。他曾经翻译了包括托勒密的《天文学大成》在内的 80 多部著作。其次是西西里岛，这里的居民大多能说拉丁语、阿拉伯语和希腊语，其中有些人是犹太人。

同时，由于水轮、纺车、织布机、漂洗机、水力推动的鼓风机等机械的发明，冶金、玻璃和陶瓷制造、造船等手工业的发展，使西欧出现了早期的技术革命，有力地刺激了实验科学的兴起和发展，并提供了许多力学、化学、物理学等方面的新知识。在生产力发展的同时，观测天文学也取得了相当的进展。例如在纽伦堡就形成了一个规模颇大的天文仪器制造中心，大批技术高超的手工业者在这里生产着大量的星盘、日晷、子午仪、象限仪、浑天仪等古天文仪器，为观测天文学的发展创造了十分有利的条件。航海事业的发展，要求更加准确地测定日月星辰在天空中的地位，这也推动了观测天文学的发展。

从 13 世纪起，欧洲各国开始兴建大学，大学中纷纷开设了讲授希腊经典的课程，其中就有托勒密的天文学知识。

面对希腊古典科学在欧洲的传播，基督教会在新的形势下已经无法用老的方法进行阻挡了。公元 1227 年，罗马教皇格里高里九世（约 1170 年—1241 年）上台后改用软硬兼施的方法来控制人们的思想。一方面，他在 1230 年下令在罗马建立宗教裁判所，残酷迫害异端思想的传播者；另一方面，他又在 1231 年下令重新修订和评注古希腊的哲学和自然科学著作。于是托马斯·阿奎那（1225—1274）竭力肯定亚里士多德、托勒密学说和基督教的圣经是一致的，并把托勒密的地心学说捧上了权威的地位，使教会对托勒密的地心体系从排斥变为利用。

教会宣称，上帝创造了天和地。为了管理地上的万物，上帝又按照自己的形象创造了人。按照这种说法，地球既然是上帝所安排的人类的栖身之所，当然应该在宇宙间有特殊地位。托勒密的地心说恰恰论证了地球固定不动地处于宇宙的中心，这正好给基督教教义提供理论依据。因此托勒密的体系长期被教会奉为颠扑不破的永恒真理。

托勒密体系是欧洲天文学乃至整个近代天文学发展的新起点。从这以后，中世纪欧洲天文学长期停滞的状态结束了，开始了新的发展历程。

1252年继位为西班牙国王的阿方索十世（1221—1284）是一位热衷于科学的人，他在未登上王位之前就热情支持学者们将阿拉伯文的科学著作译成拉丁文，并组织一批阿拉伯和犹太学者修订查尔卡利的《托莱多天文表》。他一登基，就刊布了这部经修订后的天文表，称之为《阿方索天文表》。这份天文表在欧洲流传极广，在200年中，它几乎满足了所有欧洲国家的需要。据说，阿方索十世对托勒密体系的繁琐和不和谐颇为不满，曾发牢骚说："上帝创造世界时要是向我求教的话，天上的秩序本来可以安排得更好一些。"为此，他被教会指控为异教徒，于1282年被废黜。

法国天文学家霍利伍德的约翰（？—约1256）于1220年出版了名著《天球论》，简明扼要地阐述了球面天文学，为天文学在欧洲的普及作出了贡献。这本书有许多种译本，一直流传到17世纪末期。

15世纪欧洲的著名天文学家有维也纳大学教授波伊尔巴赫（1423—1461）。他曾著《天文学手册》，作为《天球论》的补充。同时又著《行星理论》（1474年出版），详细地介绍了托勒密行星理论。该书此后200多年中再版了56次。他的学生和合作者雷乔蒙塔努斯（1436—1476）在纽伦堡建立了一座天文台，并编印了公元1475—1506年的航海历书，这份历书曾为哥伦布发现新大陆时所使用。

在意大利，也曾出现过一位天文学家尼古斯（1401—1464）。他认为地球每日都在其轴上自转，这是宇宙开始时所赋予它的冲力所致。他还认为，天体上也有和地球上相似的生物居住着，宇宙是无限的，在其他星球上所看到的天体运动，与在地球上所看到的应是一致的。人们以为地球不动，但实际上它与一切天体相类似，都在运动着。

中世纪晚期，正是欧洲资本主义生产关系孕育发展的时期。中国的火药、指南针、造纸、印刷术四大发明已通过阿拉伯人传到了欧洲，欧洲资本主义性质的手工业逐渐形成。1492年，意大利航海家哥伦布首次横渡大西洋成功并发现北美洲；1519—1522年，葡萄牙航海家麦哲伦则率领西班牙探险队完成了首次环球航行。因此，当时的托勒密地心体系越来越暴露出它的破绽。后继者采用本轮、均轮的观念来修补托勒密体系，本轮、均轮的总数多达80个，运算极为繁琐，然而还是无法准确预报日、月和行星的位置，无法提供优良的航海日历。当资产阶级需要利用科学同宗教神学的宇宙观作斗争时，这场斗争终于从天文学中的地心说开始了。

六、地 学

中古时代的人和古代人一样，有一个很自然的观点：大地就是他眼睛看到的那么大。这是小农经济的地球观。11世纪到13世纪，欧洲人发现地球比他们想象的大得多。13世纪蒙古人远征欧洲，这对于东方人的地理观念也是一次重大突破。上述两次重大历史事件，对于交流东西方文化，扩大地理视野，都具有重大历史意义。

1271—1295 年，意大利人马可·波罗（1254—1324）花了 24 年时间在中国与亚洲游历。他在元朝任官 17 年，对中国古代文化颇有涉猎。归国后写了《马可·波罗游记》，把中国的风土人情与科学技术介绍给欧洲，大大开阔了欧洲人的眼界，使欧洲人了解，在遥远的东方，还有一个神秘而瑰丽的帝国。

马可·波罗之书在地理学史上有很重要的地位。14—15 世纪里，马可·波罗的书成了当时人们绘制亚洲地理图的指导性文献之一。在 1375 绘制的天主教世界地图上，以及许多其他著名的世界地图，很大程度上都使用了马可·波罗的地名录。

马可·波罗的书在地理大发现的历史上发挥了极大的作用。不仅 15—16 世纪葡萄牙和西班牙首次探险活动的领导者和组织者使用了马可·波罗影响下绘制的地图，而且《马可·波罗游记》还成为许多著名地理学家和航海家——包括哥伦布在内——手边的必读之物。

七、生产技术

中世纪的欧洲在技术方面的成就不多，而且科技史的研究往往发现，许多迟至 10 世纪或更晚才在西欧出现的发明，早在中国最初几世纪里就已经详细叙述出来了。阿拉伯和欧洲不像中国有非常丰富的历史文字记载，许多技术方面的成就很容易散失。我们现在研究西欧的中世纪技术史时，还只能依靠非常有限的资料。如 8 世纪的《炼金秘诀》、《论莫柴斯的着色》，10 世纪的赫拉克利斯的《论罗马的绘图》以及 12 世纪的柴奥菲鲁斯关于各种艺术的随笔。这些著作主要是讨论用于建筑和教堂装饰的艺术和技艺，但也记载了少量的其他中世纪技术成就。大石匠弗拉德·德·霍纳考特的一本笔记本（约公元 1245 年）载有许多机器的素描和说明，是我们研究中世纪技术史的珍贵文献。

此外就极少有中世纪的学者提到技术的事情，至于企图了解它们的就更少了。因此中世纪阿拉伯和欧洲流传下来的技术成就和我们以后将要涉及的中国繁荣昌盛的古代技术相比，大为逊色。为方便起见，笔者把阿拉伯和欧洲的技术成就放在一起论述，而且主要以欧洲技术为主。

1. 农业技术

封建制度的经济基础是土地。因此，它的标志是主要依靠自给自足的农业生产，当然也依靠一部分分散的手工业。中世纪的欧洲和阿拉伯在农业技术方面还是有一定成就的。

在农作物方面，阿拉伯人在灌溉作物如水稻及柑橘类果品的种植上积累了经验，并逐渐把这些新的作物和相关联的技术向地中海沿岸的西西里和西班牙扩散，后来又进入法国南部和意大利北部，打破了大麦、小麦在欧洲一统天下的局面，对欧洲（尤其是南欧）农业产生了深远的影响。

作为欧洲传统作物之一的葡萄在中世纪进一步发展。葡萄种植业在许多地区已然巩固，而且葡萄酿酒技术已比较成熟，出现了勃艮第、莫塞利、波尔多等著名的葡萄栽培酿酒地区。公元 800 年到 1000 年间，葡萄扩展至中欧，甚至更远，欧洲农民在葡萄酿酒技术的基础上，又生产出苹果酒和梨酒，这无疑也促进了苹果和梨树种植业的普及。另外，欧洲中世纪酿造啤酒的技术已很高明。欧洲古老的啤酒是由草药或混合料调味密封制成。9 世纪以后，欧洲农民开始选用略带苦味的蛇麻草酿造啤酒，基本上奠定了现代啤酒的口味标准。欧洲水果种植业和酿酒业的蓬勃发展不仅帮助了欧洲农业乃至整个经济的发展，农民们在酿酒时所使用的许多技术，如酒精蒸馏术等也为欧洲近代化学的发展提供了技术条件。

在耕种技术方面，公元 6 世纪时当时的斯拉夫人开始使用带轮的重犁。这种重犁具有犁刀、横铧和模板。重犁具有三个显著的优点：第一是它能翻腾稠黏的土壤，这种土壤比通常使用爬犁翻耕的沙土能生产更多的作物；第二是由于重犁上的犁壁能翻出垄沟来，因此交错犁田就不必要了，从而节省了人的劳动力；第三，犁壁经常把垄沟转向右方，这样把松土堆成长条，长条与长条之间留出一条排水沟来，田间排水由于这种新模式而方便了。

重犁在欧洲逐渐流传开来。由于重犁需要很大的动力，而欧洲在公元 10 世纪以前还没有学会合理使用马力，因此在用马拉犁以前很长一段时间，农民用他们的耕牛进行合作，从而奠定了中世纪合作农业村社——庄园的基础。

到 8 世纪后期，欧洲又出现了三圃耕种制度。"三圃制"就是把耕地分成三大部分，一块地休耕，一块秋播地主要种小麦、黑麦和大麦，一块春播地大部分种植燕麦以及豆科植物。由于三圃制农业比旧的三圃轮种制更易耗费地力，所以这种耕种方法比较适合地力肥沃的土地。但是三圃制比原先的二圃制优越得多，以二圃制转到三圃制能使庄园农民增产大约 50%。因此欧洲在合理使用土地方面还是比较科学的。

庄园除耕地以外，还有树林，用来提供木材和柴薪；有池塘，用来养鱼；有草地，用来放牧牲畜；庄稼收割以后的土地或休耕地，也可以用来放牧。

马力的合理使用也对中世纪的农业起了积极的作用。欧洲古代使用的胸带和肚带因为处置不当，勒迫马匹的气管，而且也很少使用马掌保护马蹄，因此马匹的作用很受影响。后来在东西方的交往中，从东方尤其是从中国引进了水平胸带，解放了马的束缚。10 世纪后又研制了垫肩马轭，废除肚带。把项圈套上马肩来着力，仅此一项马的牵引力就可以增加 4 倍。欧洲同时输入了钉马掌法，马掌能保护马蹄，使马蹄更好地抓牢地面，使马能更好地驮货和挽车。此外，欧洲人从东方学会使用了马镫，又发明了靴刺和马嚼。这些变革极大提高了马匹在农业中作为牵引牲畜的重要性。从公元 10 世纪起，马匹开始取代在整个中世纪作为"农民的发动机"的牛，牢固确立了在农业中的地位。而且马匹在许多场合广泛运用，成为战争和旅行的主要工具。

2. 水轮磨和风轮磨

水轮磨的实际创制年代十分悠远，维特鲁维阿在公元前约 50 年时就曾提及这种装置。

然而因为古罗马的川流对磨不太适宜，而且当时有足够的奴隶可以被驱使做工，因此水轮磨很少被使用。然而中世纪的欧洲荒芜贫瘠土地众多，劳动力却极为匮乏，而且西欧地理条件优越，有长期可供使用的溪流和河道。因此，能节约大量劳力的小轮磨在中世纪重整旗鼓，广为使用。磨成为封建经济的主要特色，差不多每处领地（英格兰的古老的"土地清丈册"开列了 5 000 处）都有一座磨和一个磨手。地主充分使用他们的特权，让所有的农奴在磨坊里磨他们生产的谷子。

水轮磨最早用于把谷物碾成粉，以后很快又转向其他用途，如提水、压榨油籽、麦芽制作、磨碎赭石和其他染料、漂洗、造纸、鞣料生产，它们还用以驱动诸如锤、锯、磨石和车床等工具。到工业革命时，水轮磨运用更为广泛，用于纺线、织布或打谷。

西北欧低洼有风海岸的风轮磨（风车）也很有特色。西方的风轮磨可能来源于水轮磨，它具有十分相似的由水平轴带动的机构，此轴由一组竖帆推动，一组一般是 8～12 张帆。最古老的风轮磨是一种固定的结构，称为柱状风轮磨。以后又建造了塔状的风轮磨，其冠或顶部可以转动，以使风帆对准风向。风轮磨原先也是用于磨谷用，但到中世纪末期，它们开始被用作原动机，在难以利用流水的滨海地区，逐步起到了水轮磨相同的作用。

风轮磨和水轮磨必须由人制造并看管，而这种工作不是大多数农村铁匠的技艺所能胜任的。因此就有了风轮和水轮匠这个行业。他们往来于乡间，制造并修理风、水轮磨。他们懂得轮的做法和作用，也同样晓得管理堤和闸。所以他们既是水利工程师，又是最初的、按照现代意义所称的机械工程师。他们是中世纪工艺技术的宝藏库。

3. 交通运输

古罗马帝国大一统的中央政府使它有能力完成庞大的公共工程，因此古罗马时期以罗马城为中心，呈辐射状地大量修筑宽阔平坦的大道，古谚中有"条条大道通罗马"之称。当时道路系统很完善，因此陆路交通十分发达。

然而中世纪的欧洲却是封建割据，没有一个强有力的政府可以承担古罗马人那样的壮举。封建庄园的地主们也吝于出钱从事公路维护，而贫寒交迫的农民需要石料建筑挡风避雨的小屋，甚至把许多罗马时期的道路拆除。因此，罗马的道路工程在阿拉伯地区保存尚为完好，但在西欧，陆路旅行则是一件很困难的事。后来市政当局和个人开始频繁地为维持桥梁和道路而赠款，但仍然入不敷出。

中世纪的筑路工程师采用由松砂路基上铺设鹅卵石或碎石筑成的大路。不过这种道路较易于随着冷热变化而缩胀。后来又修建用灰浆石沙砾粘砌的石板路，以及在沙土或地面上用碎石铺成的、加以适当夯实的道路。交通工具主要是两轮或四轮的马车。欧洲人虽然没有在道路建筑技术上取得了不起的成就，但他们认识到道路建设与经济发展的关系，还是十分难得的。

由于中世纪欧洲陆路运输还不发达，水路运输是最廉价的货运途径，大多数陆路运输也往往取道捷径到达河岸或海滨。因此中世纪欧洲水运发达的港口，经济往往十分繁华。这一点与中国颇为相似。

西欧发展了内河航运，并积累了造船的技术经验。由于地中海的优越位置，它具有海洋的特征，但又不像远航大西洋、太平洋那样风高浪险，路途遥远。所以它孕育了欧洲的航海技术。富有冒险精神的欧洲航海家们可以在这里训练他们的身手。

当西欧开始日益意识到大西洋海岸的重要性时，海运船只的建造取得了重要进展。当时地中海的多桨船已经逐步使用三角帆，而且积累了使用风帆的技术，但是这些船只还不宜在多风暴的大西洋中远航。到 12 世纪，北欧开始建造大型的远洋商船。到 14 世纪，一种新型平面接缝式船开始普及，它在海上逐渐排挤老式船。而且将旧式的三角帆发展为前后帆，从此就不再需要等候船尾来风才开船。水手们甚至学会了逆风行驶的技巧，风浪较猛时也可以航行。

船尾舵和罗盘（指南针）的引入是促进海上航行的最重大发明。这两项重要发明的发源地都在中国。引入这两项发明，欧洲逐渐开始作远洋的航行。航海术成熟的直接结果是新的地理大发现和商业繁荣。同时，由于罗盘和其他航海仪器的需要，产生了制作航海罗盘和日晷这一新型精巧工业。做这种东西的人树立了越来越高的准确量度标准，对后来的科学起了重大的影响。许多科学家，连牛顿本人在内，都是优秀的仪器制造者。

4. 纺织技术

中世纪末期欧洲的纺织业十分发达，而且因为纺织规模的扩大，兴起了新的手工业生产形式——工场手工业。欧洲工场手工业的规模很大，例如在盛产呢绒的佛罗伦萨，呢绒工场手工业的工人大约有 3 万人，企业主大约有 200 家。

中世纪的织物生产分为若干行会。一部分工人先把羊毛煮过，漂净，梳理整齐，担任这些劳动的粗工统称为梳毛工，大都是摆脱了农奴身份而又失去土地的农民。梳理好的羊毛通常发给城里或者近郊的贫苦妇女，由她们在家里用纺锤或手摇纺车纺成毛纱。毛纱再发给织工，由他们在家里织成呢绒。此外的染色、缩绒、碾平等工序，需要比较复杂的技术，因而在中心手工工场完成。许多失去独立经营能力的城市手工业者就在这里操纵织机、缩绒机和染色。

中世纪欧洲在纺织技术方面的主要进展是纺织操作中的若干工序，如漂洗、织布、纺纱等实现了机械化。

首先实现机械化的纺织工序是漂洗。当时通用的漂洗方法是，把织物放在含漂白土的水中敲打或踩踏，以便使它们收缩和结毡，这样来填实织物裂隙，达到漂洗和洁净的目的。前面提及的水轮磨的应用为漂洗机械化提供了条件。装在水轮轴上的旋转滚筒使水推动升举的锤，这样水轮就可以完成几个人的敲打和踩踏工作，从而减轻了工人的劳动强度。

织布工序也很快实现了机械化。大约在 12 世纪末和 13 世纪初，出现了用脚控综片代替手工操作的织机，大大加速了复杂高档织物的生产。不过，当时欧洲的织机技术，还是远远落后于中国的。

第三项实现机械化的工序是纺纱。纱锭的锭盘有槽，用与一大轮相连接的带子驱动，大轮用左手转动。这种原始的"摆轮"，虽然旋转运动还需要由纺纱工的左手加以控制，但已经实现了捻纱和缠纱工序的自动化。因此，这种摆轮机构直到19世纪仍然用于纺粗纱。提轮是在机械中运用曲柄的最早例子。曲柄可以把往复运动变成旋转运动，也可以把旋转运动变为往复运动。曲柄在后来蒸汽机发明以后，得到了广泛运用。纺纱实现机械化的另一重要发明，是15世纪由于对纺纱轮引入锭翼，形成所谓萨克逊轮。这种萨克逊轮能同时捻纱和缠纱。

欧洲的纺织技术沿着机械化的道路不断发展的结果，是从纺织业中揭开了众所周知的近代产业革命的序幕。因此，欧洲中世纪纺织技术的发展趋势，其意义是非常深远的。

5. 造纸术与印刷术

造纸术与印刷术都不是中世纪欧洲的发明，它们是从遥远的东方，是中国传入欧洲的两项重要工艺。欧洲人虽然没有在造纸术和印刷术方面作出了不起的成就，但是这两项工艺对欧洲科学技术的兴起所起的作用，很少有其他发明所能比拟。因此，我们不得不提及造纸术与印刷术的传播与推广，对于中世纪欧洲的科学技术所起的深远影响。

欧洲早期使用的书写材料是昂贵的羊毛皮。羊皮纸纸质细腻，装潢精美，但由于原料匮乏，成本昂贵，很难大众化。因此精美的羊皮纸手抄本往往深藏于皇宫内院以及富有的教堂，普通大众一般无力购买。这对文化知识的传播和推广极为不利。大约在12世纪，中国的造纸术经由阿拉伯传入欧洲。欧洲人用破亚麻布为原料制造了最初的高级纸。破亚麻布的成本较羊毛已大为降低，因此造纸业发展很快。大约到15世纪中叶，纸的生产已经牢固确立，而且纸张既好又便宜，很快在欧洲普及流传。

纸出现后不久，印刷术（包括雕版印刷术和活字印刷术）也传入欧洲。欧洲最早的雕版印刷书籍出现于1470年，而活字印刷是欧洲印刷工业走向机械化的又一步骤。这时，重新印刷手抄本，即使是由不了解的语言写成的手抄本，也可以由铸造和排列铅字的机械操作来完成。

印刷术最早用于印刷供占卜用的纸牌、教皇的赎罪券、祈祷书以及圣像，很快就又用于印刷书籍。新兴的、廉价的、印刷的书籍促使人读书，也使人需要更多的精神食粮，这样就激发了一种爆炸性的链式反应。印刷商首先把最需的手写本《圣经》印刷成册。印刷《圣经》并把它散发给新兴的资产阶级，这种新趋向后来导致了宗教改革。当印刷商印制古代和现代的文学与诗集时，他们又促进了文艺复兴的到来。

造纸术与印刷术之所以成为科学技术上重大变革的媒质，是由于它把关于自然界的，特别是关于自然中新发现，以及首次提出的有关技艺和行业的各种过程的叙述，大量提供给公众。在此以前，手工业者往往只通过直接经验，由师傅言传身教传给徒弟。这种方式不利于技术的传播与交流，许多细巧精致的技艺往往因此而失传。印本书出现以后，印本书里的工艺方法的说明，尤其是书中的插图，帮助各行业、各技艺和学术界各专业间首次建立了密切的联系。而且印刷术采纳后，能工巧匠们就能表达自己的见解了。他们的势力开始引起人们的注意，并引起了科学界的兴趣与共同合作。

6. 其他技术

中世纪欧洲的技术发明虽然不多，但它有一些发明如钟表、肥皂、玻璃、围海造田等很有特色，在世界上独树一帜，很值得一提。

欧洲古老的计时方式是报时人依据滴漏而撞鸣报时。约在 11 世纪时，欧洲的能工巧匠们设计出一种巧妙的机构，就是摆轮轴和节摆件，能使轮舌往复运动，这种能重复工作报时的机械就是最早的钟表。这种机械钟在 13 和 14 世纪时经常设置在教堂钟楼内。到中世纪末，人们开始普遍使用更小型的私人计时器。钟表的发明使时间在日常生活中的地位越来越重要。机械钟也是最早的能够自行调节并自己运动的现代自动机器的雏形。制钟和其后的制表这两项精密行业，后来成为科学上的奇技巧思的丰富来源。

肥皂是大约 2 世纪普林尼时代居尔特人的发明，到中世纪时才得到了普遍推广。当时整个欧洲都使用肥皂，肥皂的需求量很大，因此制皂业蓬勃发展起来。当时传统的制皂工艺是把草灰与水、牛脂和橄榄油混合在一起煮熬，有时再加入豆粉，就可制得绿色和黑色的肥皂。

欧洲人在与东方的接触中，学会了制造质地优良的玻璃。当时在威尼斯附近的莫拉诺等地形成了规模较大的玻璃生产中心，手工业者娴熟地使用玻璃焖火的古典技艺。由于教堂装饰急需着色玻璃窗，玻璃生产的规模进一步扩大。莫拉诺等地的制玻璃技术也逐渐传播到德国和法国。当时玻璃仍用浇注和拉丝方法进行生产，或吹成管子，然后把管子切开并弄平。玻璃的生产也导致了 1350 年意大利眼镜制造业的发展，并且因为需要眼镜而增添了磨镜片和制眼镜两种行业。

围海造田是欧洲人的壮举。从 10 世纪起欧洲不少国家开始向海洋进军，围海造田。为了保障安全，大部分低地国家筑堤坝防止海水侵蚀。修堤工采用黏土、芦苇、海草等材料加固堤坝，并在堤坝前面建造栅栏作进一步的保护。堤坝内的沿海浅沼泽地则改造成为良田。这种大型的民用工程也促进了不少工程技术的诞生。例如，为了排除新辟土地内的积水，必须修建闸门和导流坝。而导流坝和闸门是不利于航运，尤其是大型驳船航运的，这就促使人们作进一步的探索。14 世纪初拦河坝闸就是这样应运而生的。

思考题

1. 中世纪开始的标志是什么？
2. 欧洲中世纪大学的影响有哪些？
3. 罗吉尔·培根倡导的实验科学的思想有哪些？

第五章　阿拉伯人的科学技术

第一节　阿拉伯学术的兴起

在红海与波斯湾之间的阿拉伯半岛上，很早就有阿拉伯人居住。阿拉伯有些地方，如阿拉伯半岛西南角的也门地区，雨水充足，植被丰富，早在公元前 1000 年左右就创立了灿烂的农业文明。然而阿拉伯的大部分地区气候干燥，属于沙漠和草原。大部分阿拉伯人在这片广阔的土地上从事游牧，逐水草而居。他们被称为"贝都因人"。贝都因是阿拉伯语，意为"沙漠居民"。贝都因人骑着"沙漠之舟"——骆驼，带着羊毛、骆驼毛织就的帐篷到处流浪。他们以椰枣、畜乳为食，以放牧骆驼和羊为生，形成了早期的阿拉伯游牧文明。

阿拉伯的地理环境优越。尤其在阿拉伯半岛西部的也门，海上运输十分发达，中国的丝绸、印度的香料、非洲的黄金，都可以从海上运到也门。同时也门有一条陆路商道，向北一直延伸到红海东岸。不仅阿拉伯半岛出产的椰枣、葡萄干、皮革和金银矿产通过这条商道源源不断地运往西方，而且阿拉伯人利用地利之便，成为东西方物资交流的中间商。由于商业的发达，商道上很早就出现了城市。到 7 世纪初，当时主要的商业城市麦地那已有 1 万多居民，麦加则有 2 万以上的居民。

中世纪阿拉伯人在科学技术方面作出重要贡献是在伊斯兰教诞生之后。

公元 750 年，贵族阿布·阿拔斯用武力建立了阿拔斯王朝。王朝最初的 100 年左右，由于战乱平息、政治稳定，因此经济发达、文化昌盛，成为阿拉伯帝国的黄金时期。

当时，阿拉伯帝国的经济支柱之一——农业很受重视。哈里发凭借帝国的雄厚财力和劳力大兴水利，在两河流域开凿了许多运河和干渠。政府也鼓励农民整修农田，从事耕作。在很长一段时期中，肥沃的两河流域下游、中亚的阿姆河和锡尔河流域以及埃及的尼罗河流域等地区，水道纵横交错，灌溉便利，谷物水产丰饶，实为鱼米之乡。

发达的农业促进了阿拉伯手工业的发展。阿拉伯的丝绸棉毛纺织、刺绣、玻璃制造、宝石工艺、造纸等都很有名，传统的商业也方兴未艾。阿拉伯商人往来于亚、非、欧三大洲，不仅运送着东西方丰饶的物产，也传递了各大洲发达的文化信息。

因为阿拉伯经济的发展，也由于当时的哈里发重视学术，广揽人才，促使了阿拉伯学术的兴起。阿拉伯对中世纪科学技术的重要贡献有两个方面：一是保存并传播了古代的文化；二是在广泛吸收各民族文化成果的基础上，在科学技术方面作出了自己的贡献。

西罗马帝国土崩瓦解之后，大批的希腊、罗马以及欧洲的学者迁徙到东罗马帝国。定都君士坦丁堡的东罗马帝国由于免于战火的洗劫，希腊、罗马以及犹太民族的灿烂文化得以保存下来。君士坦丁堡收集并保存了大量的古希腊著作，特别是柏拉图和亚里士多德的几乎全部作品，东罗马帝国都妥为珍藏。

东罗马帝国虽然没有在科学上作出特别了不起的成就，但它保存了古代的灿烂文明，这一点功不可没。由于东罗马帝国地处西欧与阿拉伯之间，君士坦丁堡保存的欧洲古典科学技术的精华逐渐传入阿拉伯，促进了阿拉伯学术的兴起。

欧洲古代的灿烂的科学技术成果经过君士坦丁堡进入和平安定的阿拉伯帝国后，哈里发在各地兴办许多图书馆收藏古代的著作，还奖励学者翻译希腊作家的作品。因此大量的古代作品如柏拉图、亚里士多德、欧几里得、阿基米德、托勒密等人的著述都被翻译成阿拉伯文。当古代文明的余晖在中世纪欧洲泯灭的时候，阿拉伯无形中起到了"冷藏库"的作用。因此，当西欧恢复对学术的兴趣时，他们只好再通过这些阿拉伯译本寻找古代的智慧。

阿拉伯人足迹遍于亚、非、欧三大洲，是东西方文化交流的桥梁。通过阿拉伯人，印度的十进制记数法、中国的四大发明等科技成果传到西方，成为照亮西欧"黑暗世纪"的第一缕曙光。仅阿拉伯学术的"冷藏库"和"桥梁"作用，就值得在世界科学技术史上大书特书。

此外，阿拉伯经济的发展，也促进了阿拉伯实用科学的发展。阿拉伯人在吸收、包容古代和外民族文化的基础上，创造了灿烂的阿拉伯科学技术。他们注重科学实验，详细收集科学资料，在许多科学领域，如数学、物理学、化学、医学等方面都成就斐然。当我们回顾中世纪的各门自然科学时，我们几乎可以在每一门学科中都找到阿拉伯学者的智慧。现代欧洲语言中的不少科学名词，如英文的代数（algebra）、炼丹术（alchemy）等，都渊源于阿拉伯语。

然而，阿拉伯学术的兴盛没有维持得太久。公元 10 世纪，法蒂玛王朝占领了整个北非，庞大的阿拉伯帝国分裂了。11 世纪时，塞尔柱土耳其人占领了巴格达，阿拔斯王朝名存实亡。当 13 世纪蒙古大军攻下巴格达，杀死了哈里发以后，阿拔斯王朝就彻底覆灭了。

第二节　阿拉伯数学

这里所说的阿拉伯数学，主要是因为这些著作的文字是阿拉伯文，实际是阿拉伯帝国统治下的各民族学者，包括波斯人、花剌子模人、阿拉伯人、希腊人、犹太人等共同创造的。

阿拉伯人的数学来自希腊手稿以及叙利亚与希伯来译本。从 8 世纪到 9 世纪中叶，阿拉伯学者大量翻译了希腊著作的手抄本和东罗马的原稿，使大量的古代科学遗产获得了新生。被翻译的古典著作中有欧几里得、阿基米德、阿波罗尼、梅内劳斯、赫伦、托勒密和丢番图等著名学者的数学著作，还有印度数学家波罗摩笈多的著作。当古希腊的原著失传后，这些阿拉伯译本就成为欧洲人了解古希腊数学的主要来源。

经过大量的翻译工作，阿拉伯人进入了吸收和创造时期。从 9 世纪到 14 世纪，先后出现了大批著名数学家：阿尔·花剌子模（约 780—850）、阿尔·巴塔尼（约 858—929）、阿布尔·瓦发（940—998）、阿尔·毕鲁尼（973—1050）、莪默·伽亚谟（1048—1131）、纳述·拉丁（1201—1274）以及阿尔·卡西（？—1429 或 1436）等。他们在吸收希腊、印度数学的基础上，创造了阿拉伯数学，为数学的发展作出了卓越贡献。

阿拉伯原来只有数词，没有数字。在征服埃及、叙利亚等国后，阿拉伯人使用希腊字母记数法。公元 8 世纪，印度学者把天文学名著《历数书》传入阿拔斯王朝阿尔曼苏的宫廷中，从此印度数字传入阿拉伯国家。这些数字经过改造，再通过阿尔·花剌子模的著作传入欧洲，所以欧洲人称之为"阿拉伯数字"。

阿尔·花剌子模是阿拉伯数学史初期最重要的代表人物之一。他曾经摘录了印度学者的天文表，编辑了阿拉伯最古老的天文表，校对了托勒密的天文表，他还编著了有关阿拉伯国家算术和代数的最早书籍。这些著作对阿拉伯数学的发展有着重要的影响。

在代数方面，阿拉伯人的第一个贡献是提供了这门学科的名称。西文"algebra"（代数）这个词来源于阿尔·花剌子模的数学著作《Al—jabr W'al muqabala》。当阿尔·花剌子模的书在 12 世纪译成拉丁文时，书名译为《Ludus algebrate etalmucgra balaeque》。从此，这门学科就简称为 algebra（代数）。

阿拉伯人还提出了二次方程的一般解法。阿尔·花剌子模所论述的二次方程可举一例如下："根的平方和十个根等于三十九"。他给出的解法是："取根数目的一半，在这里就是五，然后让它自乘得结果为二十五，把这同三十九相加得六十四，开平方得八，再减掉根数的一半就是说减掉五，余三，这就是根。"解法正好就是配方所该做的步骤。

阿拉伯人提出了三次方程的几何解法。波斯诗人、数学家莪默·伽亚谟以 $x^3 + Bx = C$（B 和 C 都是正数）说明他的方法。

伽亚谟把方程写成 $x^3 + b^2x = b^2C$ 这里 $b^2 = B$，$b^2c = C$。然后他作一个正焦弦为 b 的抛物线，接着在长度为 C 的直径 QR 上作半圆。于是抛物线与半圆的交点 P 就定出垂线 PS，而 QS 便是三次方程的解。用圆锥曲线相交来解三次方程是阿拉伯人在代数发展史上迈出的一大步，也是中世纪数学的最大成就之一。

阿拉伯人在几何学方面没有取得很多进展，但是阿拉伯人收藏了欧洲早已失传的古希腊数学手稿，欧几里得、阿基米德和赫伦的作品均被翻译成阿拉伯文。阿拉伯人还对欧几里得的《几何原本》作过评注。因此阿拉伯人对几何的贡献主要是起了"冷藏库"的作用。

阿拉伯三角学的产生与发展与阿拉伯天文学的发展有密切关系。阿拉伯天文学家阿布尔·瓦发引入了正切和余切概念。他把所有的三角函数线都定义在同一个圆上，正切、余切作为圆的切线段被引入。他还在一本天文著作中引入了正割与余割概念。另一个天文学家阿尔·巴塔尼给出了平面三角形的正弦定律，并予以证明。

阿拉伯三角学的系统化是由纳述·拉丁完成的。他在一本数学著作《论四边形》中给出了解球面直角三角形的 6 个基本公式，并指出如何用现今所谓的"极三角形"来解更一般的三角形。由于这本书非常完整地建立了三角学的系统，而且使三角学脱离天文学而成为数学的独立分支，因此它在三角学史上具有特别重要的地位，对三角学在欧洲的发展起了决定性的作用。

阿拉伯的数学著作风格独具特色。在大量的数学书籍中都选用生动有趣、丰富多彩的例题与习题，这是东方数学特有的风格。而且许多数学著作十分注意证明的论据、材料的系统安排，叙述完备、清晰，这也是十分可取的。

阿拉伯数学成就在公元 1000 年左右达到顶峰，公元 1300 年后，阿拉伯的数学活动遂告一终结。此后，阿拉伯的数学成就传入欧洲，为欧洲数学的崛起奠定了基础。因此，阿拉伯数学在世界数学史上起着承前启后、继往开来的作用，是数学发展过程中的重要环节。

第三节　阿拉伯物理学

中世纪阿拉伯人继承和发展了古希腊的科学和文化，从而创造了灿烂的阿拉伯文明。在物理学方面，阿拉伯人也大量吸收了古希腊的科学成就。阿基米德、亚里士多德、托勒密等人的著作被翻译成阿拉伯文。从 10 世纪以后，阿拉伯人在物理学上做了许多工作，尤其是在光学和静力学方面成果显著。在光学方面，阿拉伯最杰出的物理学家是阿勒·哈增（约965—1038）。他曾在埃及任大臣，著有《光学全书》。阿勒·哈增从希腊人那里学到了"反射定律"——光反射时反射角等于入射角。在此基础上，他又进一步指出：入射光线、反射光线和法线都在同一平面上。

阿勒·哈增还纠正了托勒密的折射定律。托勒密断言：入射角与反射角成正比。阿勒·哈增特地做了一个实验来检验。他把一个带有刻度的圆盘垂直地放置，一半浸入水中。入射光通过盘边的小孔和中心的小孔射入，入射角和反射角可以从圆盘上的刻度准确读出。他发现：入射光线、折射光线和法线在同一平面上；托勒密的折射定律只有在入射角较小时才近似成立。可惜，他也未能得出正确的折射公式。

阿勒·哈增研究过球面镜和抛物柱面镜。他发现：平行于主轴的光线入射到球面镜上时，则反射到这个轴上。为此，他提出了著名的"阿勒·哈增问题"：在发光点和眼睛已定的情况下，寻找球面镜、圆锥面镜和圆柱面镜上的反射点。他对这个问题进行了详细的讨论。

阿勒·哈增还研究了视觉生理学。当时在阿拉伯的沙漠和热带地区眼病盛行，因此阿拉伯的眼病研究很发达。阿拉伯人很早已经能用手术处理眼病，关注到了眼睛的生理构造。阿勒·哈增是最早使用了"网膜"、"角膜"、"玻璃体"、"前房液"等术语的人。他认为视觉是在玻璃体中得到的。他还反对由柏拉图和欧几里得提出的关于视觉是由眼睛发出光线的学说，而赞成德谟克利特的观点，认为光线是从被观察的物体以球面形式发射出来的。

阿勒·哈增对光学的研究，有力地促进了现代光学的诞生。在力学方面，阿尔·哈兹尼

（生卒年不详）作出了重要的贡献。他在公元 1137 年发表的《智慧秤的故事》一文中，详细地描绘了他自己发明的带有 5 个秤盘的杆秤。它既可以作为杆秤使用，也可用一个可动的秤盘在没有砝码的情况下测量重物，还可以在水中测定物体的重量。

阿尔·哈兹尼用智慧秤测物体重量，同时使用一个带有向下倾斜的喷嘴的容器，把水灌满容器至喷嘴口，然后把物体浸入容器，通过测量溢出的水重可以确定物体的体积。他用这个方法确定了一些物质的密度。

阿尔·哈兹尼还发现空气也有重量，因此他把阿基米德的浮力定律从液体推广到空气中。他发现"大气的密度随高度的不断增加，其密度越来越小，因此物体在不同高度测量时，重量会有所不同"。这也是很重要的力学规律。他还以路程与时间之比给出了速度的概念。

阿拉伯的物理学研究和它的经济发展联系极为紧密。在度过了从公元 10 世纪到 12 世纪的鼎盛时期后，内外交困的阿拉伯经济衰败了，阿拉伯物理学与数学一样，也随之衰落了。

阿拉伯的物理学主要是继承了希腊人的成果，并有所创新。阿拉伯物理学为中世纪的欧洲提供了丰富的资料、实验、理论和方法，有力地推动了欧洲物理学的复兴。

第四节　阿拉伯炼金术

中世纪的化学，是以炼丹术和炼金术这两种原始的形式存在。炼丹术与炼金术的主要区别在于：炼金术以乞求财富为目的，着眼于点石成金，故又称点金术；炼丹术虽然也要炼制黄金、白银，但目的不是为了财富，而是为了获得金丹，一种长生不老之药。中世纪时期，炼丹术在中国颇为盛行，而炼金术主要流行于阿拉伯和欧洲地区。

阿拉伯在炼金术方面名声很大。阿拉伯人有 700 多年的炼金术史。他们的工作中心先是在伊拉克，随后迁至西班牙。阿拉伯人把炼金术发展为化学，并促进了中世纪后期欧洲化学的诞生。

阿拉伯炼金术大约兴于公元 8 世纪，它的渊源主要来自希腊炼金术。公元 640 年，阿拉伯人征服了埃及，使阿拉伯民族接触到希腊文明。在他们统治下的希腊、叙利亚和波斯的学者们积极地把希腊的书籍翻译成阿拉伯文，其中就有关于炼金术的著作。到公元 8 世纪，中国的炼丹术也传到阿拉伯，阿拉伯的炼金术研究从此又有了一个新的发展。

炼金术在阿拉伯发展很快。公元 8 世纪，出现了一批阿拉伯化学家。他们不仅懂得亚历山大学者们的知识，而且有所发展。为此他们摒弃希腊拉丁语源的"化学"（英文为 chemistry）一词，创造了"炼金术"（英文为 alchemy）这一名称。

阿拉伯炼金术的早期代表人物是贾比尔·伊本·海扬（721—815）。他曾在公元 8 世纪时名噪一时，著作有《物性大典》、《七十书》、《炉火术》、《东方水银》等。他同时也是一位学识渊博的医生。

贾比尔的基本思想是"四要素说"。四要素包括冷、热、干、湿。贾比尔认为这四种要素两两相配便形成了世界上的各种金属，并使金属具有相应的内质。例如黄金的内质是冷和干。银的内质虽然也是冷和干，但两种要素的比例和黄金不同。所以只要使白银的冷、干比例调整得与黄金一样，就能把白银"点"为黄金。由于贾比尔认为四种要素都是非常具体、实在的，可以从物质实体中离析出来而独立存在。因此，炼金术的任务是确定四种要素在各物体中所占的比例，再设法把它们从某些物体中提炼出来，取得纯净的"冷素"、"热素"等。然后把它们各以适当的数量结合于或添加到某种物质中去，以修炼成预期希望得到的产物。贾比尔认为硫含有热和干的内质，汞含有冷和湿的内质，所以硫和汞是构成各种金属的两大成分。硫和汞在地球热力的作用下化合成所有的金属。

贾比尔主张用蒸馏的手段把四种要素从物质实体中分离出来。为此他完善了蒸馏方法。这是一种很重要的化学技术。他最早制备出来的硝酸，就是应用蒸馏方法的结果。他还蒸馏明矾得到了硫酸，将硝酸和盐酸混合制成了王水，还制出了有机酒石酸。据说他还制造过碳酸铅，从硫化物中提取过砷和锑。贾比尔在化学实验方法上作出了杰出的贡献。

更晚些时候，阿拉伯炼金术的代表人物是累塞斯（860—933）。他也是一位著名的医学家，我们在阿拉伯医学史中可以看到他在医学上的卓越贡献。累塞斯写了不少炼金术著作，其中以《秘典》最为著名。《秘典》共分3部分，分别讨论了物质、仪器和方法。

累塞斯第一次对当时已知的各种物质进行了分析。他把物质分成三大类：矿物、植物、动物，从而首先创立了自然界的分类系统。他研究最多的是矿物的分类。他把矿物体分成6类。

累塞斯在著作中对炼金家所使用的仪器设备作了详细的介绍。其中有风箱、坩埚、勺子、铁剪、烧杯、蒸发皿、蒸馏器、沙浴、水浴、漏斗、焙烧炉、天平和砝码等，极大地丰富了化学实验室设施。因此，累塞斯的《秘典》在中世纪享有盛誉，是非常重要的化学文献。

阿拉伯炼金术的后期代表当推阿维森纳（980—1037）。他是一个伟大的医生，被誉为阿拉伯的"医学之王"。他的事迹在医学史中将专门介绍。他是集阿拉伯炼金术、医学和哲学等知识之大成的人物，著作颇丰。其代表作《医典》一书影响很大，成为后世医药学的经典。他对化学现象的观测资料收录于《医药手册》（又有译作《药剂书》）中。

在这本著作中，他把无机矿物分成4类：石、可熔物、硫和盐。水银被划入可熔物，即金属类。他接着又说："水银或是与水银类似的某种物质看来是一切可熔物的主要组成部分，因为所有金属都可以熔化为水银。"因此，他认为一切金属都是由水银与硫黄，以及决定该金属本质的杂质所组成。水银是金属的精英，硫黄使金属外观有可变性。这就是他的炼金术的基本观点。但是他对金属嬗变持否定态度。他认为，其一，"我们感观所能感到的各种性质也许并不是把金属分成不同种类的那些根源，而是一些原因不明的现象或各种条件作用的结果，至于种类差别的根源则一直没有为人们所认识；如果一个人对某一事物没有认识，怎么能指望去制造或消灭它呢？"其二，"各种金属的本质部分所含元素的比例可能各不相同，只有当人们能将该本质部分分解并能按预想的成分重新加以结合的时候才能实现金属嬗变。但不管怎样，单靠熔化不可能做到这一点。熔化并未能破坏化合，只不过添加了某些外来的物质或性能"。因此，他认为，我们能够得到的只是贵金属的合金，或只能使该金属带有贵金属的颜色。这表明，阿维森纳是一位有独立见解和科学预见性的学者和思想家。

10世纪时阿拉伯炼金术已有了长足的进展。此后传到西班牙科多瓦哈里发王朝，当地的摩尔人中出现了一批炼金术士。经过西班牙的摩尔人，阿拉伯炼金术传入欧洲，并在那里发展成为中世纪晚期的欧洲化学。

阿拉伯炼金术的进步之处，在于它不只囿于追求黄金，而是具有相当浓重的学术气息，因而作出了不少重大的化学发现。在实验方法上，阿拉伯炼金家已使用了天平，并开始用定量的方法来研究化学变化的过程。而且早期的阿拉伯炼金术著作手稿（8—10世纪），都是用通俗明白的语言写成的，并没有使用神秘符号和密码。这无疑有利于学术的交流和传播。

可惜的是，从公元11至13世纪，尽管许多阿拉伯炼金术士又写了不少论文，注释过不少古书，但是与10世纪的那批伟大炼金家的工作相比，几乎没有增添什么新的内容。

第五节　阿拉伯医学

中世纪时期的阿拉伯医学很发达。由于交通方便，阿拉伯人于8—10世纪吸收了印度和中国以及欧洲的医学，成为东西方文化的继承者。他们翻译了希腊和叙利亚文的著作。古希腊医学家希波克拉底和罗马医学家盖仑的著作，均有阿拉伯译本。阿拉伯人学习了希腊医学，向中国学习了脉学和炼丹术，向印度学习了药物知识，同时吸收了波斯、中亚各民族的医学知识。阿拉伯医学的内容很丰富，是当时除中国以外最先进的医学，对后来的欧洲医学的发展影响很大。

阿拉伯在化学、药物学和制备药物的技艺方面很有成就。当时的化学，即所谓炼金术。炼金术的目的一是为了变贱金属为贵金属，二是为炼制长生不老之药。炼金术的目的虽然荒诞无稽，但是通过无数次的试验，炼金术士们建立了一些化学的基本原则，发现了许多对人类有用的物质和医疗上有用的化合物，还设计并改进了许多实验操作法，如蒸馏、升华、结晶、过滤等。这些都大大丰富了药物制剂的方法，并促进了制药业的发展。例如，生于8世纪的阿拉伯伟大的炼金术权威该伯氏就曾将升汞（氯化汞）、硝酸、硝酸银等用于医药。

这一时期阿拉伯产生过许多伟大的医学家。累塞斯（约860—932），又名阿尔·拉兹，他是第一个在医药治疗上采用化学药品的人。他在一部题为《论天花和麻疹》的专论中，对天花和麻疹的临床特征、鉴别诊断和合理的处置方法都作了极其出色的论述。这是世界医学史上就天花和麻疹的鉴别所做的最早的精彩描述。累塞斯还是一个多产的作家，所著《万国医典》是一部医学百科全书，在欧洲被作为教科书一直到15世纪末。因此，累塞斯被誉为"阿拉伯的希波克拉底"。

关于这位阿拉伯名医，有一个流传很广的故事，不少医史著作中都写到它。

在当时阿拉伯世界最大的政治文化中心之一的巴格达，人们要建造一座医院，请累塞斯来选择一个合适的院址。这位聪明的医学大师想出了这样一个简单而颇合科学道理的办法：

他派人到城内的许多地方悬挂了新鲜的肉块，随时加以观察，并选定了肉块最后腐烂的地方作为建筑医院的院址。后来他当了这座医院的院长。从这个故事可以看出，他当时就已认识到人类疾病与环境不洁是有关的。

阿维森纳（980—1037）是中世纪伟大的医生，在世界医学史上也是杰出的医生之一，有"医学之王"之称。他同时也是百科全书编纂家和思想家。

阿维森纳生于布哈拉附近的一个小镇（现塔吉克和乌兹别克毗邻处）。他很早就表现出超众的才智。18 岁那年，他应召当了布哈拉郡王的侍医。由于治好了郡王的重病，他获得特殊恩准，可以进入藏有大批珍本、手稿的王室图书馆。他不分昼夜地在这座王室图书馆里勤奋研读，给以后的研究和著作打下了坚实的基础。

阿维森纳不但对医学有精深的研究，对于数学、哲学、物理、化学、天文学、动植物学、地理，甚至法律、音乐等都很有造诣。他留下各种知识的著作近百种，其中医学有 16 种。他的诗写得很好，有 8 种医书是用诗歌写成的。

他最著名的医学著作是《医典》。《医典》是一部约一百万字的巨著。作者想以严整周密的逻辑，将当时的全部医学知识制成一部系统的法典。全书 5 大卷，第一、二卷为生理学、病理学、卫生学；第三、四卷介绍疾病及治疗方法；第五卷介绍药物性质及用法。

《医典》对许多疾病都作了十分精辟的论述。在论热病、鼠疫、天花、麻疹等的一章中，他发表了关于这些病是由于肉眼看不见的病原体所致的见解。他曾说致病物质是通过土壤和饮水来传播的。在解剖和生理学部分，他特别谈论到大脑和神经的作用。他对饮食学，尤其关于年龄与饮食的关系方面（小儿、成人和老人），以及对住宅、衣服、营养卫生各章讲述得都很详细。他还记述了膀胱结石摘除术和气管切开术的手术，以及创口和外伤的治疗法。他推荐用葡萄酒处理创口。

在治疗方面，阿森维纳很重视药物治疗。《医典》所记载的药物多达 760 种，包括植物药、动物药、矿物药。这些药物知识，有的为阿拉伯世界所固有，有的来自古希腊、罗马医学，甚至还包括东亚地区和中国古代的药物知识，可谓集东西方药物知识之大成！阿维森纳还采用了泥疗法、水疗法、日光疗法和空气疗法。在诊断方面，他很注意切脉。他把脉搏分为 48 种，其中 35 种可能参考了中国王叔和的《脉经》。

《医典》不仅包容了大量医学知识的瑰宝，而且由于它具有无与伦比的逻辑严整性和系统性，因此十分适合于作标准医学教材。12 世纪意大利人杰勒德将《医典》译成拉丁文，同时犹太学者又加以注释，这样使《医典》一书迅速流传于欧、亚两大洲。在以后五六百年时间里，欧洲许多国家都把《医典》作为权威教材。在这一历史时期内，世界上没有任何其他医学家的影响可与阿维森纳相比。

但《医典》并非完美无缺，其主要缺陷在于解剖学方面。由于伊斯兰教禁止解剖尸体，阿森维纳没有亲自做过尸体解剖。《医典》的解剖学部分基本上是古希腊、罗马学者，特别是盖仑学说的复述。因此，《医典》这座医学知识的宏伟大厦，建筑在有缺陷的基石之上。又由于阿维森纳片面追求结构的系统和完整，他在《医典》中杜撰了不少虚构不实的部分。因此，《医典》在广受推崇的同时也遭到不少訾议。16世纪医学革新先驱者帕拉赛塞斯（1493—1541）甚至以当众焚毁《医典》的方式来宣告与传统的决裂。

此外，阿拉伯的著名医学家还有阿文左阿（1113—1162）、阿尔不卡西斯（1013—1106）等，他们对阿拉伯医学也作出了卓越的贡献。

阿拉伯医学在世界医学上的贡献主要有两个方面。

（1）保存和发扬了古代医学成就。阿拉伯人保存和翻译了大量古希腊、罗马医学文献，吸取了当时各族医学上的成就。9世纪最出色的阿拉伯的翻译家们，将古代著名医学家的著述译为阿拉伯语，译出了关于营养学、脉搏、药物、发热、结石病、胃病、癫痫、眼科、外科等医学著作100余卷。当中世纪欧洲古代文化几乎毁灭殆尽以后，只有阿拉伯文医学著作得以保留下来。所以后来欧洲人要寻找古代的医学著作，必须从阿拉伯文译成欧洲文字。阿拉伯人不仅保存了古代医学，并且有进一步的发展。他们通过与希腊、波斯、拜占庭、中亚各民族和中国唐代的科学文化交通，创造了兴盛的阿拉伯医学。

（2）阿拉伯人发展了药物化学。在公元8—9世纪，中国的炼丹术传入阿拉伯，得到突飞猛进的大发展。他们制成了许多药物化学器材，如烧瓶、水浴锅、蒸馏器、乳钵等。他们改进了许多化学实验方法，如过滤、蒸馏、升华、结晶等；并制成许多化学药物，如酒精、硼砂升汞、苛性钾、樟脑及各种药露等。这些创造性的成就，对后来药学发展贡献很大。由于制药业发达，阿拉伯建设了最初的药房。许多药物曾传入中国，如安息香酸（苯甲酸）、木香、龙涎香和乳香等。不少现代药物名称也都来自阿拉伯，如苏打（Sode）、糖浆（Syrupus）、糖（Sugar）、樟脑（Camphra）等。

此外，阿拉伯人沟通了欧亚文化，把希腊医学传入中国，同时也把中国医学如脉学传到欧洲。

总之，世界医学得到今日的成就，凝聚了阿拉伯人的智慧。

第六节　阿拉伯天文学

阿拉伯天文学也称为伊斯兰天文学。

公元7世纪以后，阿拉伯民族开始强大并征服了周围的一些地区。到了公元12世纪，阿拉伯国家逐渐衰落。13世纪中叶至15世纪，西亚地区为蒙古统治者所占领，但其文化依然是伊斯兰文化的延续。因此，从公元7世纪到15世纪各伊斯兰文化地区的天文学，统称为阿拉伯天文学。大体上说，这一时期的阿拉伯天文学分为巴格达、开罗和西阿拉伯3个中心。

一、巴格达学派

阿拉伯天文学属于西方体系。在建立阿拉伯国家之前，倭马亚部落的一些人曾经参加过罗马、拜占庭帝国的军队,有些人还担任过文职官员,他们对希腊的文化是比较熟悉的。公元 661 年,阿拉伯的倭马亚部落统一了叙利亚,定都大马士革。此后不断扩张,建立了版图很大的倭马亚王朝(公元 661—750 年)。倭马亚王朝直接接受了巴比伦、波斯的天文学遗产。他们集中了一些天文学家,并于公元 700 年在大马士革建立了天文台。从此,初步打下了阿拉伯天文学的基础。

8 世纪中叶,倭马亚王朝被阿拔斯王朝(公元 750—1258 年)所取代。阿拔斯王朝定都巴格达,接受巴比伦和波斯的天文学遗产,并招募科学家翻译印度和古希腊的天文学著作。828 年,该王朝第四代哈里发马蒙(约 763—833 年)在巴格达建立了智慧院,大规模地组织翻译工作。名著《天文学大成》就是在这一时期译成阿拉伯文的。829 年,马蒙下令建立巴格达天文台。此后,巴格达逐渐成为天文中心,形成阿拉伯天文学的巴格达学派。

巴格达学派第一位著名的天文学家是雅雅·伊本·阿布·马舍尔(?—832),他负责筹建巴格达天文台,测定了纬度相差 1° 时子午线的长度。在多年实测工作的基础上,他编出了《木塔汗历数书》。在计算水星、金星位置时,该书是把它们作为太阳的卫星处理的,这很类似于古希腊学者赫拉克利特提出的体系。

天文学家法干尼(?—晚于 861 年)著有《天文学基础》,此书实际上是托勒密(85—165)的《天文学大成》的通俗本和缩写本,对这位亚历山大里亚的著名天文学家的学说作了简明扼要的介绍,曾对阿拉伯天文学起过较大的影响。

天文学家塔比·伊本·库拉(826—901)是除中国以外,第一个发现岁差常数比托勒密认为每百年移动 1° 要大的人。他测得黄赤交角为 23°35′,比托勒密的值 23°51′ 要精密得多。但是,库拉并不认为托勒密的观测结果不精确,而是由于黄赤交点除掉黄道西移外,还有一项以 4° 为半径的,以 4000 年为周期的微小变化。这就是他提出的"颤动理论"。当时大多数阿拉伯天文学家都信奉这种理论,认为是阿拉伯天文学家的一大发现,实际上这种认识是错误的。

巴塔尼(858—929)是阿拉伯时代最伟大的天文学家。阿拉伯天文学中的许多重要贡献,都是他作出的。他不赞同库拉的颤动理论。巴塔尼长期从事天文观测工作,修正了托勒密著作中的不少天文数据,毕生最大的成就是撰写了一部实用性很强的巨著《萨比历数书》。此书共 57 章,系统而全面地阐述了三角函数、黄赤交角、行星的黄经运动、地月距离、交食计算、天文仪器、星占学、行星运行表等。巴塔尼还在该书中公布了对太阳远地点在进动这一重要发现。该书曾对欧洲天文学的发展有深远的影响。

在巴塔尼之后,天文学家苏菲(903—986)出版了《恒星星座》一书。此书是观测天文学的杰作之一。书中给出了 48 个星座中每颗行星的位置、星等和颜色,并进行了星名鉴定,列出了阿拉伯星名在托勒密体系中的名称,而且附有两幅星图和一份列有恒星的黄经、黄纬和星等的星表。书中对许多星名的鉴定,大大丰富了天文学术语,不少星名至今仍为当今世界所通用。

此外,阿拉伯天文学家还有阿尔·毕鲁尼(973—1048)。他长期旅居印度,逝世于阿富汗的甘孜那。他在沟通印度和阿拉伯文化方面起了重大作用。他在天文学方面曾编著《古代诸国年代学》,叙述各民族的历法知识;还有《马苏蒂天文典》,包括球面天文、球面三角、计时学等知识。

1258 年，蒙古征服者成吉思汗之孙旭烈兀（1217—1265）攻占了巴格达，建立了伊尔汗国。历时 500 多年的阿拔斯王朝覆灭，巴格达学派也随之销声匿迹。不过旭烈兀对天文学也很重视。他采纳了图西（1201—1274）的意见，在伊朗西北部建立了宏伟的马拉盖天文台。该台所拥有的天文仪器在当时首屈一指。1271 年，图西完成了著名的《伊尔汗历数书》。在行星理论方面，图西不赞成托勒密的本轮均轮说，而提出了一个球在另一个球内滚动的几何图像，以解释行星的视运动。

1370 年，蒙古贵族帖木儿推翻了撒马尔罕的蒙古统治者，然后又向外扩张，建立了巨大的帖木儿帝国（1370—1500）。1409 年，帖木儿之孙乌鲁伯格（1394—1449）继位。他在撒马尔罕(今乌兹别克共和国境内)建立了一座天文台。该台拥有当时世界上最大的半径达 40 m 的象限仪，其弧上的刻度 1 mm 对应于 5″。乌鲁伯格于 1447 年编算出著名的《古拉干历数书》，又称《乌鲁伯格天文表》。该天文表中包括了一部含 1018 颗星的星表，是乌鲁伯格等人通过长期实测而获得的。这是托勒密以后第一份独立的星表，其精度在第谷星表问世以前是首屈一指的。遗憾的是，像乌鲁伯格这样的天文学家，同样也是占星术的虔诚信徒。他从天象的观测上判断自己将被儿子杀死，因此决定先采取措施将儿子放逐。儿子在十分恐惧的形势下发动叛乱，并将他杀死，这是天文学史上的一大悲剧。

二、开罗学派

公元 909 年，在突尼斯和埃及建立了一个独立的伊斯兰国家——法蒂玛王朝（909—1171）。这个王朝于 10 世纪末迁都开罗以后，成为西亚、北非的一大强国。该王朝重视科学，吸引了许多阿拉伯学者来到开罗。特别是哈基姆于 995 年在开罗设立了一所科学院以后，前往的阿拉伯学者更多。因而在开罗形成了一个天文中心，即阿拉伯天文学的开罗学派。尤其在 10 世纪以后，阿拉伯本土实际上为突厥人所控制，天文事业衰落，巴格达的天文学家外流至开罗和印度，更促进了开罗天文学的繁荣。

开罗最著名的天文学家是伊本·尤努斯（？—1009），他曾编制了一部有名的《哈基姆历表》。这部历表不但计算和提供了各种天文数据，而且记载了运动的理论和方法。其中谈到用正交投影的方法，解决了许多球面三角的问题。以后大约 200 年间的天文观测，都一直使用这份星表。他还汇编了自 829 年至 1004 年间的天文学家和他本人的许多观测记录，其中包括 28 个日食记录，7 个春分、秋分点的观测记录和 1 个夏至点的记录。这些资料对研究月亮公转的加速运动和地球自转速度的不均匀变化都有着重要的意义。

三、西阿拉伯学派

西阿拉伯学派是在西班牙一带地方活跃的另一个阿拉伯天文中心。8 世纪中叶倭马亚王朝灭亡时，它的一个后裔逃离大马士革，远涉重洋，到了西班牙，在那里建立了后倭马亚王朝，那里逐渐形成了阿拉伯天文学的西阿拉伯学派。西阿拉伯学派的天文学研究受古希腊天文学影响颇深，在讨论托勒密的地心体系方面有新的见解。

该学派的杰出代表查尔卡利（？—1100）于 1080 年编制了《托莱多天文表》，在欧洲使用了近 200 年，直到 13 世纪才由《阿方索天文表》代替。查尔卡利还著有《论太阳的运动》、《星盘》、《论行星天层》等著作。在《论太阳的运动》一书中，记载了他通过 25 年的观测，所发现的太阳远地点每 229 年在黄道上移动 1°的现象；在《星盘》一书中，他详细介绍了阿拉伯人常用的天文仪器星盘的结构和使用方法；在《论行星天层》一书中，他用演绎法论证了水星按椭圆轨道运行，否定了托勒密用本轮、均轮说对水星运动的解释。

此后，西阿拉伯学派的许多天文学家都对托勒密的本轮、均轮体系持否定态度。伊本·图法（1110—1185）另行设想出一种不需要使用偏心轮和本轮的行星运动模型；伊本·鲁什德（1126—1198）指责托勒密体系纯属数学构想而非物理的现实；比特鲁吉·伊什比利（约 1190 年）则批评说，托勒密体系从数学意义上是可以接受的，但实际上却并不正确。这些都表明，西阿拉伯学派存在着一股反托勒密体系的思潮，它对几世纪后天文学冲破托勒密体系的羁绊起了积极的作用。

阿拉伯天文学在西班牙活跃的时候，基督教的势力还未到达这里，所以西班牙成了阿拉伯天文学进入欧洲的主要渠道。公元 11、12 世纪，许多阿拉伯文的古希腊天文学著作在这里译成拉丁文传入欧洲大陆。欧洲人看到这些著作大为惊讶，深为古希腊科学成就所感动，逐渐形成了研究和学习古希腊科学和阿拉伯著作的热潮，对基督教神学一度形成了很大的冲击。后来，欧洲文艺复兴活动中哥白尼学说的兴起，和阿拉伯文化的桥梁作用是分不开的。

第七节　阿拉伯地学

公元 7 世纪始，世居于阿拉伯半岛上的阿拉伯人开始把自己的管辖权和宗教逐步向外拓展。在东部地区，他们征服了伊朗高原和突厥斯坦（土耳其斯坦）；在阿拉伯地区以北，他们占领了美索不达米亚、亚美尼亚高原和高加索的一部分地区；在西北部，他们并吞了叙利亚和巴勒斯坦；在西部地区，他们夺取了整个北非。

这样，到了公元 8 世纪，地中海的西部、南部和东部海岸，红海和波斯湾的整个海岸以及阿拉伯海的北部沿海地区，全都掌握在阿拉伯人的手中。他们穿越中亚或穿越高加索和伊朗高原，打通了欧洲和印度的许多重要陆路交通线，以及丝绸之路西段。阿拉伯人成了欧洲与南亚、东南亚以及中国进行贸易的中间人。

由于展开了广泛的商业交往，阿拉伯商人在除北部海洋外的几乎世界的全部海洋上航行过，他们的足迹遍布亚洲的热带、亚热带地区和东欧、中亚的温带地区。他们深入到撒哈拉沙漠以南的非洲地区，并越过了赤道。阿拉伯人在 9—14 世纪为中世纪的世界培养出大批闻名于世的旅行家和地理学家。

西欧人了解和熟悉亚洲的大部分地区，正是通过中世纪阿拉伯地理学家介绍的。阿拉伯地理学家知道印度尼西亚、苏门答腊、爪哇和更遥远的岛屿；他们首次把直至莫桑比克、包括马达加斯加岛在内的东非热带地区介绍给欧洲人。

公元 9 世纪中期，波斯人伊本·霍尔达特别赫撰写了一本名为《道路与国家》的书。在这本书里他综合了最早的阿拉伯地理知识的报导。他本人很少出外旅行，但是他利用自己在巴格达哈里发宫廷里所占据的职位，收集和整理了阿拉伯官员和商人有关亚洲国家的大量情况报告。他关于俄罗斯和东斯拉夫各民族情况的记述也很有价值。

巴格达的阿拉伯人马苏迪是公元 10 世纪旅行家中出类拔萃的人物，他是地理学家兼历史学家。他有两部书流传至今，一部名为《黄金草地和钻石之乡》，另一部是《报道与观察》。在两部书中包含着他游历过地区的自然风光、历史演变和民族文化习俗的广泛资料。他游历过近东和中东的各个地区，以及中亚细亚、高加索和东欧；向南，他还游历了直到马达加斯加岛的东非地区，他对爪哇和中国的情况知道得很多。由于他援引了从中国到埃及航行过所有亚洲海洋的阿拉伯航海家的亲身经历，从而对托勒密和其他一些哲学家指出的"阿比西尼亚海（即印度洋）是一个死海"的说法表示怀疑。他写道："我发现，西拉非人（南伊朗人）和阿曼人……在海洋上航行的船长们大多数情况下在阿比西尼亚海各走一方，这与哲学家们的说法不尽一致……他们（船长们）说，在某些地方这个海洋没有尽头。"

公元 10 世纪伟大的地理学家还有花剌子模的科学家、百科学者比鲁尼（972—1048），在漫长的有时甚至是被迫的旅行中，他研究了伊朗高原和中亚细亚大部分地区。在被迫随花剌子模的征服者——阿富汗苏丹马哈默德·卡支涅维对旁遮普省毁灭性的远征中，比鲁尼收集了印度的文化和习俗的广泛资料。他把这些资料和亲身感受及观察的事实写进了他有关印度的一部巨著，并按《马苏特教典》的一般地理学原则，给自己的著作中增添了对他所知地区的一系列描述。

依德利西（1100—1166）是公元 12 世纪最著名的地理学家之一，他出生于休达市（在摩洛哥境内）。12 世纪中期，他身居于西西里国王诺曼人罗任尔二世的皇宫里。国王对一切地理发现的新闻都很爱好，依德利西于是收集了一大批能够补充罗任尔国王客人们的故事的文字资料，特别是有关非洲和中亚地区的资料。依德利西用 70 张纸绘制了两幅世界地图：一幅是圆形图，另一幅是四边形图。他把从古代到中世纪的著作家所获得的地理资料都填入这两幅图里。由于依德利西本人很少出游，所以他所收集的不仅有前人的真知，也有前人的谬误。在他的世界地图上，各大陆的轮廓被歪曲得很厉害。

公元 13 世纪，雅库特（1179—1229）的大卷本《地理辞典》中综合了阿拉伯人全部的地理知识。雅库特按出身来说是鲁穆人（即拜占庭的希腊人），但他是穆斯林而非基督徒。在编纂这本辞典的过程中，他不仅利用了穆斯林著作家的资料，而且还使用了古代的和拜占庭基督教著作家的资料。根据亲身的经历和观察，他对东地中海沿岸的国家、伊朗和中亚地区甚为了解。他在古老的梅尔夫城居住多年，从这个中亚地区伟大文化中心的图书馆里，他为他的辞典收集了一部分资料。

伊本·阿尔·巴尔迪也是公元 13 世纪的阿拉伯地理学家。他是《奇迹中的珍珠》一书的作者，他还绘制了一幅圆形世界地图。他的圆形地图与依德利西的圆形世界地图相比有了一些进步：依德利西把空想的非洲东南角画得几乎占满南半球，巴尔迪的非洲地图更接近事实；巴尔迪对欧洲的地形轮廓的描绘也更加精确。尽管他的知识不都是确切的和完整的（在他的著作中，与阿拉伯国家相比，印度很少得到注意），但是他显然比依德利西更为了解南亚、东南亚地区。

公元 14 世纪里最著名的地理学家是旅行商伊本·拔图塔（1304—1377）。他是柏柏尔人，生于丹吉尔城（位于西北非洲）。1325 年大约因为商业事务的需要，伊本·拔图塔离开丹吉尔，取道陆路前往埃及的亚历山大城，从此便开始了他的旅行生涯。在 25 年的漫长岁月里，他沿陆路和海道走过了约 12 万 km 的行程。他走遍了从莫桑比克海峡到马来海峡的印度洋沿岸和南中国海的大陆海岸线。伊本·拔图塔年老引退后，口述了自己的游记《伊本·拔图塔游记》。全部游记都是以自己的回忆为基础的。在这本书里概括了地理、历史和人种学的大量资料，后来被译成欧洲的多种文字。时至今日，这本书对研究伊本·拔图塔所游历过的国家的中世纪历史，其中包括苏联广大地区的中世纪历史，仍有参考价值。

中世纪的阿拉伯人不仅在地理发现方面作出了重要的贡献，在对地质现象的解释方面也凝聚了阿拉伯人的智慧。

著名的医学家阿维森纳也是一位伟大的地质学家。他曾从事于"关于矿物的成因和分类"的重要工作。他有一段对山脉成因的论述很值得我们注意："山的形成既有必然原因，也有偶然原因。必然原因是激烈的地震，由于地震陆地上升而形成山；偶然原因中，水的剥蚀作用是重要的，它能造成洞穴，在陆地上形成起伏。"

阿拉伯的科学家——"智者"奥马尔和埃尔·亚雷姆——用历史事实证实了陆地与海洋的关系的变化。奥马尔把他那个时代的地图与 2 000 多年前印度、波斯的地质学家所绘制的地图相比较，得知在此期间，亚细亚海岸的形状发生过重要的变化。虽然希腊的哲学家早已抽象地阐述过与此相同的设想，但是，他们是基于哪些事实而得出这样的结论，我们是不知道的。奥马尔的设想大概是从希腊人那里得到的，但是他科学地证明了海的领域比以前扩大了，这件事实不能不说是科学史上的重要成果。此外，奥马尔论述过盐水泉和沼泽的季节性变化，这种见解是颇为新颖的。他还强调地质作用需要经过漫长的岁月才能发生。

思考题

1. 阿拉伯医学对世界医学界有哪些贡献，请简述。
2. 阿拉伯学派有哪些？

第六章　中国的科技文明

第一节　中国的数学

中世纪时期的中国数学基本上可以分成两个阶段：隋唐时期（581—907）和宋元时期（960—1368）。

隋唐时期，中国建立了数学教育制度，同时在中外数学交流方面也达到了一个高峰。宋元时期，数学水平大为提高，出现了被称为宋元数学大家的秦九韶、李冶、杨辉、朱世杰，以及其他著名学者刘益、贾宪、沈括等人。

这一时期的成就，如珠算、天元术、四元术、大衍求一术等，代表了中国古典数学的最高成就。

中国的数学教育有悠久的历史，据史籍记载，周代就开始有了数学教育。但是，直到隋唐时代才建立了数学教育制度。

隋代存在的时间虽然不长（581—618），但却建立了最高学府——国子寺，并在国子寺里设立了明算学。国子寺相当于现今的国立大学，明算学相当于现今的数学系。国子寺在中国开创了高等数学教育机构，并设置算学博士2人，算助教2人，从事数学教育工作。国子寺招收学生一般在80人左右。

到了唐代，在隋代数学教育的基础上，进一步发展了数学教育。唐初在最高学府——国子监里增设6个专科，即明经、进士、秀才、明法、明字及明算6科。出于教学的需要，李淳风等人奉勅注释并校订了10部数学书，作为明算科的教科书。根据史料记载，这10本书是《九章》、《海岛算经》、《孙子算经》、《五曹算经》、《张邱建算经》、《周髀》、《五经算术》、《缀术》、《辑古算经》和《夏侯阳算经》。这10部数学书称为"十部算经"，是明算科学生的主要教科书。学习期间，有的学生还兼学《数术记遗》和《三等数》。明算科的学制年限为7年，学习期满后要进行考试，要求"明数造术，详明术理，然后为通"。考试合格的人员将交给吏部录用，给予九品以下的官级。

隋唐设立了算学主要是因为赋税量和名目的增加，对算学的社会需要越来越大。但是统治者解决这一需要的方法不是提高算学的社会地位，用物质利益诱导知识层投身于算学，而是使算学职业化、技艺化。算学的设立，就是把计算职业化的一种措施。把算学推入"吏"这个社会阶层，从而导致士大夫与算学的进一步分离。例如汉代大儒巨卿刘向、郑玄、张衡等都通晓数学；南北朝的一些算学名家如何承天、祖冲之等也大多兼通儒术。然而自隋唐以后，算学名家却大多非僧即道，或是太史局专职官员，如僧一行、付仁均、李淳风等人，很少是名儒巨宦了。

算学的设立，最大功绩在于满足了社会对算学日益增加的需求，为社会的许多部门培养了专业书记人员，从而对于数学——尤其是实用数学的普及起了积极作用。不过，这些专职人员大多是所谓"俗吏"，社会地位不高，从事的工作也是一些琐屑的简单计算，无需高深的数学理论。因此，虽然南北朝时圆周率的计算已经很先进了，但是直到明代，"周三径一、方五斜七"的歌诀仍被一些算学著作津津乐道地重复着。由此可见，官设算学校对算学的发展所起作用是很有限的。

这一时期，中国与周边国家的学术交流十分繁荣。中国数学原著通过佛教僧侣传入朝鲜，朝鲜还仿照隋唐数学教育制度，建立了国学（后改为大学监）。日本采取的数学教育制度，也是仿照唐制。而且唐代随使船来中国留学的日本学生及僧侣有十余批，共约 2 000 人。乘商船求学的有二三十批，人数更多。其中有不少人就是专门来学习历法和数学的。

此外，印度的一些数学知识也于这一时期传入中国，如印度数码、正弦数值表等。同时，有人发现印度古代数学与中国古代数学有很多相似之处，甚至有个别部分完全一样。就时间上来说，其相似之处一般晚于中国的记载。

因此，有人怀疑印度古代数学可能也受到过中国古代数学的某些影响。苏联著名数学家哥尔门果洛夫指出："中国数学和希腊、罗马、印度、中亚和中世纪欧洲的关系还很少研究，但这种关系是存在的。不少国家的数学手稿上，算题和数据恰恰与中国的原著相同。"由此可见，中国数学对世界数学作出过卓越的贡献。

由于商业的发展，促进了宋元时期整个科学技术的发展，数学也达到了较高的水平，特别在代数方面成就尤为突出。秦九韶、李冶、杨辉、朱世杰被称为宋元数学四大家，他们都遗留下大量的数学著作，成就卓著。

秦九韶（约 1202—1261），字道古，鲁郡人。他年轻时随父到杭州，得以有机会向太史们学习天文历法。他聪敏好学，喜欢在解决实际问题中深入研究学问。他于 1247 年写成数学巨著《数书九章》（见图 6.1）。

《数书九章》今传本分 9 类，9 类为大衍、天时、田域、测望、赋役、钱谷、营建、军旅、市易，以习题集的形式写成，共 81 题。每题有答，有术，有草，大都配图说明，很是难得。此书在学术方面的成就主要表现在高次方程的数值解法。书中出现的高次方程有"连枝"乘方（最高次项系数不等于 1 的方

图 6.1　数书九章

程）、"玲珑"乘方（奇次幂为零的方程）等。

各项系数不限正负（唯常数项常为负值），有所谓的"正负开方术"。书中对大衍求一术及其应用做了详细叙述，这是中国古代在一次剩余问题解法方面极为辉煌的成就。

李冶（1192—1279），原名李治，字仁卿，号敬斋，真定栾城人。少时在元氏求学，中进士后曾任钧州（今河南禹县）知事。1248 年写成《测圆镜海》12 卷。李冶 1251 年回到元氏，隐居于封龙山讲学。1259 年又著《益古演段》。1265 年他应忽必烈之召为翰林学士，修辽金二史。一年后告老还乡，仍隐居封龙山。李冶学习过《九章》，"洞渊九客之说"；学习过《益古集》，"遍观诸家如积图式"。这些无疑为他的数学著作奠定了知识基础。

李冶的《益古演段》是一部关于天元术的入门书。天元术是建立代数方程的一般方法，相当于现在的"设某为 x"，并由此建立方程。由于所设的未知数称为天元，所以这种方法就被称作"天元术"。天元术是公元 11—13 世纪中国数学家的一项杰出成就。

杨辉，字谦光，钱塘（今杭州）人。关于杨辉生卒年月、生平事迹的史料记载很少，但是他的数学著述很丰富，虽经散佚，流传至今的尚有多种：

《详解九章算法》12 卷后附《纂类》（公元 1261 年）；

《日用算法》2 卷（公元 1262 年）；

《乘除通变本末》3 卷（公元 1274 年）；

《田亩比类乘除捷法》2 卷（公元 1275 年）；

《续古摘奇算法》2 卷（公元 1275 年）。

后三种为杨辉后期的著作，一般称之为《杨辉算法》。

杨辉编写的算书广泛征引古代数学典籍。除汉唐以来的"算经十书"以外，还引用了宋代的许多算书，许多基本的算法赖以流传下来。此外，杨辉学术上的成就主要有：《九章算法纂类》中记述的增乘开方法；《详解九章算法》记载了西方称之为"巴斯客三角"的"开方作法本源图"。

杨辉在中国数学史上不仅是一位著述甚丰的数学家，而且是一位卓越的数学教育家。他特别重视数学的普及教育，他的许多著作都是为普及数学教育而编写的教科书。在《算法通变本末》中，杨辉为初学者制订的"习算纲目"，是中国数学教育史上的一件重要文献。杨辉主张在数学教育中贯彻"须责实有"的思想，就是紧密联系实际，发展数学研究与教育，这也是中国古代数学的优良传统之一。在数学方法上，杨辉主张循序渐进，精讲多练。主张熟读精思，融会贯通，在广博的基础上深入，要着重于消化。杨辉还特别重视对计算能力的培养。他十分强调习题的演算，每个学习单元都规定完成一定数量的练习，认为这样才可以"庶久而无失念"。杨辉作为一位杰出的数学教育家，在中国古代数学教育史上占有重要地位。他的先进的教育思想和教学方法，是留给后世的一份珍贵遗产。

朱世杰，字汉卿，号松庭，寓居燕山（今北京附近），是元代一位成就卓著的数学家。他曾以数学名家之身份周游各地 20 余年，为中国数学留下了两部优秀的数学著作——《算学启蒙》(公元 1299 年)和《四元玉鉴》(公元 1303 年)。他写书的目的在于"发明《九章》之妙以淑后学"。

朱世杰在"垛积术"以及与垛积相关的内插法方面颇有造诣。他的主要成就是"四元术"的创立。把天元术加以推广,用以表示四元以内的方程或方程组,这样就出现了四元术。四元术分别以天、地、人、物表示 4 个未知数,叫做天元、地元、物元、人元。四元术的精华在于相消,即由该方程组经过变形得到一个一元的高次方程。朱世杰的消去法是中国数学史上一项杰出的成就。在西方,由方程 $f(x, y) = 0$,$g(x, y) = 0$ 消去一个未知量的方法是法国数学家别朱于 1764 年给出初步方案,直到 1779 年出版的《代数方程的一般理论》才正式发表。这已在朱世杰之后 400 年。因此,朱世杰的工作在世界数学史上也是一个重要成果。

宋元四大家为我国古代数学史上的巅峰人物,在全世界也是屈指可数的。但宋元时期大数学家绝非仅此 4 人,如贾宪、刘益、沈括等人都作出了重要贡献,"四大家"的成就是直接以他们的成就为基础的。

珠算的发明和使用,也是这一时期最伟大的数学成就之一。宋元时期,由于商业的发达,四则运算成了商品市场中频繁使用的科学知识。传统的筹算法不但使用不方便,计算速度也远远不能满足需要。因此,改革运算工具就更显得迫切了。

珠算盘是人们在长期的改革实践中,由算筹的小型化和摆弄位置的固定化演变而来,经过不断地改进才逐渐臻于完善。它是广大劳动者的智慧结晶。

珠算盘最迟在元末便已普遍使用了。

珠算盘不仅外形小巧灵便,而且直接与算法歌诀相配合,真正做到得心应手,形成了简单快速的珠算术。虽然现在已进入了电子计算机的时代,但是在以加减运算为主的财会工作中,因为珠算速度可以和小型电子计算器媲美,所以算盘仍保持着重要的地位。

宋元的官立算学仍与隋唐相同,颇具特色的是私立算学,不但数量比以前大增,讲授的内容较广泛,效率也比官设算学高得多。

唐宋以来,中国和阿拉伯保持着密切联系,阿拉伯商人在广州、泉州、扬州经商,哈里发与中国皇帝之间也时有使臣往来。因此,阿拉伯的历法、幻方、"格子算"、欧几里得的《几何原本》等数学知识传入中国,中国的十进位制、分数记法、"百鸡问题"、贾宪三角形及增乘开方法等内容也出现在阿拉伯的一些著作中。

有人把宋元时期数学的发达原因归结为 3 个方面。首先,工商业和城市的发展使社会对数学的需要增加。其次,由于宋代地主阶级人数扩大,许多人终生不得仕进,所以作为六艺之一的数学有较大的吸引力。宋元四大家的著作都是赋闲时的研究成果。最后,由于数学不需要投入大量资金、人力和时间,而且成败无伤、不担风险、不触忌讳,其研究规模特别适合于小农经济。这是中国数学能持续发展的主要原因。

宋元数学虽然达到了顶峰,但也存在着严重的危机。

一方面,社会对数学需要的增加,并没有导致占统治地位的社会意识的变化。数学仍被认为是"九九贱技"。数学家们在思想上受着压抑。虽然他们在社会下层受到尊重，但是当他们面对上流社会时，总难免自卑自贱。数学四大家在为自己著作写的序言中都流露了这种感情。

另一方面，把数学纳入阴阳五行论的轨道是宋元时期数学的一大特点。由于受宋元时期哲学上的客观唯心论的影响，数学被导向神秘化。

因此，从元末以后，中国数学除珠算以外，发展缓慢，明末以后，中国数学已经落后于世界先进水平。

总的说来，在中世纪长达一千多年的时期内，由于欧洲的科学一直处于萧条和不景气局面，科学的中心转移到了东方，于是数学也随之而进入了"东方的发展阶段"。当时的东方国家，如中国、阿拉伯各国和印度，在数学上都取得了相当高的成就。而这一时期的欧洲，没有特别重大的数学发现，主要是吸收古代世界和东方的数学遗产的时期。

值得注意的是，印度人和阿拉伯人对数学的用法偏重实用。他们研究数学是因为天文学占星术以及工程技术需要数学，他们不会像希腊人那样为了了解自然而钻研数学，因而缺乏批判精神。他们的主要成就表现在算术和代数方面，而在几何方面建树甚微。这是因为算术和代数可以依据经验和直观启示，在社会生活中比较实际。而几何是讲究演绎的，需要整套的逻辑演绎知识。阿拉伯人和印度人很有创新精神，发明了许多好的方法和计算技巧，但是他们对算术和代数的逻辑基础漠不关心。

中国古代数学也有浓重的应用数学色彩。通观中国古典数学著作的内容，几乎都与当时社会生活的实际需要有密切的联系。中国算学经典基本上都遵从问题集解的体例编纂而成，它涉及的内容反映了当时社会政治、经济、军事、文化等方面的实际情况和需要。因此，中国古代数学的成就也是表现在代数和算术方面。

数学在一个自由的学术气氛中最能获得成功。它既需要对物理世界所提出的问题发生兴趣，又需要有人愿意从抽象方面去思考由这些问题所引起的概念，而不计其是否能谋取眼前的或实际的利益。因此，在太注重实际的文明中数学不能繁荣滋长。

反观中世纪后期的欧洲数学，虽然没有特别重大的数学发现，但是通过文化交流和传播，使它冲破宗教思想的束缚，恢复了数学的科学精神——认识自然。这一精神为欧洲数学在下一时期（文艺复兴时期和近代数学创立时期）的迅猛发展准备了思想条件。

欧洲数学后来居上，最终在世界数学中一枝独秀。笔者认为，除了历史的、社会的原因，东西方数学传统上的这些差异也是很有影响的。

第二节　中国的物理学

早在中国的战国时代，物理学就取得了辉煌的成就，在力学、声学、光学等方面都颇有建树。隋唐宋元时期，封建制度日益巩固，科学技术向着为宫廷服务的方向发展。再加上隋唐确立了科举制度，科举制度造成科学技术与士大夫阶层脱离，使理论科学的研究主要落在少数僧侣、道士和隐士的身上。由于这支队伍力量薄弱，科学研究明显后继无力，在物理学方面尤甚。

已经出现的理论和著作陆续被人遗忘和散佚，已经开始的研究只好中途作罢。因此，这一时期的物理学已经是强弩之末。直到明朝，西方近代科学传入之后，物理学的研究才重新方兴未艾。不过，由于中国古代积累了丰富的物理学知识，也由于当时少数物理学家沈括、赵友钦等人的艰辛努力，隋、唐、宋、元时期，物理学的许多学科在世界上仍是领先的，在声学、电磁学和光学方面均结出了丰硕的成果。

一、声 学

早在古代中国就有很丰富的声学知识。其中，关于物体发声和传播的研究、声音成因的解释，以及乐器的制造和声律学的探讨都有详细的记载。北宋科学家沈括则在共振实验和共鸣现象上作了深入的研究。

沈括（1031—1095）字存中，北宋政治家、科学家，浙江吴兴（今属浙江杭州）人。他博学多才，成就卓著。《宋史》说他"于天文、方志、律历、音乐、医药、卜算，无所不通，皆有所论著"。其中有好些创见，至今仍为全世界学者称道。堪称中国历史上，同时也是世界历史上稀有的通才。他的著作有40种，其中《梦溪笔谈》26卷，《补笔谈》2卷，《续笔谈》1卷。

这些都是他晚年定居梦溪园以后，采用笔记体的形式写成。《笔谈》记录了他一生积累的各种知识分条，共609条。按照李约瑟教授的辑录，其中207条属于自然科学知识，包括物理、化学、天文历法、算学、气象、地质学及矿物学等14种，因此《梦溪笔谈》是中国科学史上一部重要著作。李约瑟把这本书称为"中国科学史上的坐标"。

《梦溪笔谈》详尽记述了大量科学史料，从许多侧面反映了当时的科技水平。如灌钢的锻造法，冷锻成色的检验法，所制透镜及其他铜镜的特异性能，指南针的装置法等，都达到了当时世界最高水平。《梦溪笔谈》还记录了许多平民科学家的创造发明，如发明活字印刷术的毕昇、建筑工程师喻诰、天文学家卫朴、水利工程师高超等人，都有详细的记载。《梦溪笔谈》也是这位大科学家毕生观察思考和研究结果的记录。这些成果有许多在科技史上占有重要地位，如关于地层地质结构的形成的认识、垛积公式、会圆术、中草药和医方的考证等，都是很了不起的科学成就。《梦溪笔谈》中在物理学方面涉及的内容主要有声学、光学和磁学等方面。

沈括的《梦溪笔谈》有两卷专讲音律。他的一个朋友家中有一个琵琶，放在空荡荡的房间里。用笛吹奏双调的时候，琵琶也跟着发音。这使人非常惊讶。那人把琵琶当成宝贝，敬若神明。沈括知道后大不以为然，指出这只不过是共鸣现象。他为了显示共振现象，剪了一些小纸人放在弦上，每弦一个，然后开始演奏。除了本身被弹奏的弦线以外，另一根与它音调有共振关系的弦也会振动起来。它上面那个小纸人频频跳动，而其他弦上的纸人却安然不动。沈括还进而证实，只要声调高低一样，相应的弦照振不误。沈括设计的纸人演示共振实验，是世界上同类实验中最早的一个。

二、电学和磁学

中国古代电学、磁学的知识十分丰富。早在先秦、两汉年间，就有摩擦起电、雷电以及尖端放电的记载。

到了唐代，人们在实践中找到了防止雷击的办法。唐代王睿在《炙壳子》中记载道：汉代古建筑柏梁遭火灾，有一个搞巫术的人提出把瓦做成鱼尾形状（叫做"鸱吻"或"蚩吻"）后，放在屋顶上可以防止雷电引起天火。有人解释说，这是在仰起的"鸱尾"中吐出一根金属长舌向着天空，舌根和一根着地的细长铁丝相连。这种记载如果属实，说明当时人们已经在实践中应用避雷针了。

从雷电对物质作用的观察中，中国古代实际上已区分了导体和绝缘体。

沈括在《梦溪笔谈》中记载了内侍李舜举家被雷击时"金石皆铄，而草木无一毁者。"沈括通过雷电对金石、草木作用的不同效果，实际上已经看到了导体与绝缘体的区别。

中国古代在磁学方面也成绩斐然。春秋时期，磁石吸铁的知识已相当普遍。到东汉时已发明了"司南"，即指南针的雏形。《论衡》中记载"司南之杓，投之于地，其柢指南"。

到了宋代，沈括在《梦溪笔谈》中第 437 条记载了指南针。这时，指南器已由司南勺、指南鱼发展为针形，成为一种更简便、更有实用价值的指南仪器。它和现代磁针的形式已极为接近。直到 19 世纪现代电磁铁出现以前，几乎所有磁针都是靠《梦溪笔谈》中记载的使用天然磁石摩擦铁（钢）针使其磁化的人工磁化方法制成的。

在使用指南针的过程中，人们还认识了磁偏角。沈括说指南针不是指向正南，而是"常微偏东"。寇宗奭还说："常偏丙位"，即磁偏角在 0°～15°之间。欧洲大约到 13 世纪才知道磁偏角，当时还误以为是指南针构造的缺点造成的。

指南针是中国举世闻名的"四大发明"之一。指南针一经发明，很快被应用于航海。南宋时又发明了罗经盘，或称为地螺、针盘等。指南针在航海中的地位更加重要了。

中国的指南针由海路传入阿拉伯，大约在 1180 年由阿拉伯传入欧洲。指南针的出现大大促进了航海技术的发展。

三、光　学

宋末元初卓越的科学家赵友钦在光学方面很有成就。赵友钦又名敬，字子恭，号缘督，鄱阳（今江西鄱阳）人。有关赵友钦生平事迹的史料很少，生卒年月也不详。仅有《革象新书》（5 卷）流传下来，使我们得以了解一点这位科学家的贡献。

《革象新书》第 5 卷首篇"小罅光景"中详细记载了赵友钦所做的光学实验。实验是在一个两层楼房中进行。一楼分为左右两室，楼下两室各挖一个直径为 4 尺的圆阱，阱上盖有木板，板上各有一小孔，阱中各放插有一千多只蜡烛的圆板作为光源。

赵友钦通过这个实验对一系列几何光学问题进行了具体的观测和研究。

最后他作出了结论：① 孔相当大时，屏上所产生的像与孔的形状相同；② 孔相当小时，屏上所产生的像和光源的形状相同，但方向相反（即蜡烛的光在东，像在西），这就是小孔成像。赵友钦说这个结论"断乎无可疑者'。像这样严谨的大型实验，在 14 世纪中叶时，世界上还是绝无仅有的。赵友钦通过实验还得到：照度随着光源的强度增加而增加，随距离的增加而减小。而西方在 400 年后，才由德国科学家兰伯特（1728—1777）得出了照度和距离平方成反比的定律。

沈括在研究凹面镜成像实验中也总结出了规律。他指出，当手指在焦点之内，所成的像是一个正立的虚像；当手指渐渐远离镜面，移至焦点时，成像在无穷远，即"无所见"了；当手指移至焦点之外，就成为倒立的实像了。

沈括发现了焦点，并把它看作是正像和倒像的分界点，这是一个十分重要的进展。

四、力学与热学

隋、唐、宋、元时期，中国的应用力学知识已经达到了一个很高的水平。北宋著名科学家苏颂（1020—1101）和韩公廉（生卒年不详）于 1088 年制作了一座杰出的天文计时仪器——水运仪象台。这座复杂的大型仪器采用了民间使用的水车、筒车（"升水轮"）、桔槔、凸轮和天平秤杆等机械原理，把观测、演示和报时设备集中成一个整体，成为一部自动化的天文钟。这是世界上最古老的天文钟，这反映出当时中国力学知识已经有相当高的水平。

此外，宋代有许多关于浮力的记载，还有人应用大气压力来制造虹吸管和唧筒。北宋曾公亮在《武经总要》中，具体记述了如何用竹筒制成大型虹吸管，把被高山阻隔的泉水引过来的装置。这说明，当时中国的流体力学也已有一定的水准。

这一时期，热学知识的应用也很普遍。在烧制陶器和冶炼金属的过程中，都需要大量的热学知识。尤其火药的发明，使中国古代在热的动力应用方面居于世界领先的地位。

中世纪时期的中国物理学由于始终缺乏稳定的理论研究队伍，而且由于人们偏重物理学的实际应用，对自然界的理论研究缺乏兴趣，因此，这一时期中国虽然在学术上长期处于世界领先地位，但缺乏系统性和连贯性，更没有形成完善的科学体系。中国物理学表面的辉煌下潜伏着严重的危机。自宋、元以后，中国整个物理学逐渐走向衰退，远远落后于西方的近代物理学。

第三节　中国的炼丹术

中国最迟在公元前 2 世纪的西汉武帝时期就有了炼丹术，但是其历史渊源则可以追溯到战国至秦汉之际。秦始皇统一六国就曾派人去海上求"仙人不死之药"。只是早期的长生药多为天然品，还没有建立丹房，配备专门的炼丹设备。

封建社会发展以后，帝王贵族的生活更加骄奢淫逸，梦想长生不死和永世霸业的欲望更加膨胀。炼丹术的活动正符合了他们的这种追求，于是迅速兴盛起来。此外，中国劳动人民长期从事制陶、冶金、酿造等化学工艺实践，本草药物的应用也有了相当的发展。劳动人民所积累的这些生产知识和经验，也为炼丹术在这个时期的产生提供了必要的物质基础。

中国炼丹术正是在这样的历史条件下兴起和发展的。

中国炼丹术进入成熟阶段是略早于中世纪的魏晋南北朝时期，这一时期的代表人物为葛洪和陶弘景。

葛洪（公元 281—361），别号抱朴子，是晋朝有名的炼丹家和医学家。他所著的炼丹术书《抱朴子》中所含化学内容极为丰富。他明确指出，煅烧红色的丹砂，可游离分解出水银。使水银和硫黄化合，生成黑色的硫化汞。在密闭的状态下，加热黑色的硫化汞，可以升华得到赤红色的晶体硫化汞。他把这两个反应的关系概括起来说："丹砂烧之成水银，积变又还成丹砂。"这实际上已把化学反应的可逆性问题提了出来。《抱朴子》还记述了铅的变化是可逆的，铅白加热后可以变成铅丹，铅丹可以再制成铅白。《抱朴子》一书留下了较完整而可靠的炼丹资料，对研究古代炼丹术有重要的参考意义。

在葛洪之后，中国另一名炼丹家梁朝的陶弘景（公元 456—536）在多年的炼丹实践中发展了无机化学知识。他明确指出金、银两种金属能够和水银化合成汞齐，这些汞齐具有可塑性，这类合金可以镀金镀银。陶弘景还掌握了鉴别钾盐和钠盐的方法。他指出，消石（即硝酸钾）以火烧之，紫青色烟起，就是真消石；而燃烧芒硝（硫酸钠）就没有这种颜色的烟。这个方法和近代分析化学用以鉴别钾盐和钠盐的火焰分析方法是相同的。

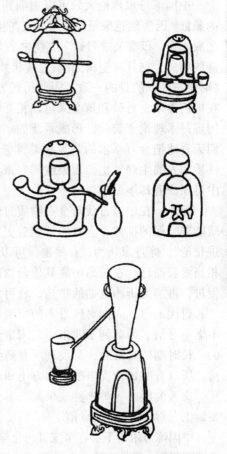

图 6.2　宋代炼丹设备

经过两晋、南北朝 300 多年的延续，到了唐朝，奉道教为国教，因而使炼丹术进入最盛时期。

不过，大约从隋代以后，中国炼丹术逐渐成了两个派别。一派强调修炼五金八石，炼制丹药，以外来的药力捍人身体，坚人骨髓。所以这派称为外丹派。

另一派为隋代罗浮山道士苏元朗（青霞子）最先倡导，主张实行心肾交会、精气搬运、存神闭息、吐故纳新，认为"气能存生"，所以这派称为内丹派。与化学有关的炼丹术主要是指外丹派的活动而言的。

中国的炼丹术在唐代发展到鼎盛时期，表现在用药的品种大为扩展，开始参用植物药料；实验操作更为复杂；炼丹设备从西汉所用简陋的土釜、竹筒而发展到设计专用的铁质水火鼎、铜桶等；理论也趋于系统完整，以阴阳五行学说统摄。但是这时期的中国炼丹术失去了西汉时期那种朴实的面貌，而被渲染上了浓厚的神秘主义色彩。

中国炼丹术理论大致可以追溯到远古，天然丹砂的鲜红颜色在远古就被认为是一种灵异的象征。因为红色象征血，因而又与生命和灵魂联系起来。而且草木烧之成灰，唯独丹砂"烧之成水银，积变又成丹砂"，"烧之愈久，变化愈妙。"而烧出的水银在古代人看来更是一种神奇的物质，它具有金属光泽，"其状如水似银"，而且"见火则飞，不见尘埃"，正与方士希术"羽化飞升"的目的一致。因此历代方士们都把百药中的水银之母——丹砂奉为至尊。此外，在他们看来，丹砂和黄金又可以相互转化，因而服用丹砂可兼得金与银之精气而获长生。中国炼丹术理论于唐代已形成系统的"假外物以自坚固"和"以金养身"的丹药观。不过，他们天真地把金石草木的坚实和柔弱与人身体质之健壮、虚弱等同起来，把物质的物理、化学性质和人的生理、生命现象混同起来，因此两千年的流行过程中，得以长生者从无所见，而中毒损命者却屡见不鲜。

此外，在中国古代对金石物质自然变化的认识中，还流行着这样一种见解：天然金石物质随着时间的推移，会自然地朝着更加完善、精美的方向提高自己。有人称之为"金石自然进化论"。炼丹家认为，有些物质可以逐步完成向黄金的转变，甚至生成自然之丹，只是时间相当漫长而已。在丹鼎中靠其他药物的作用，仿照天地阴阳造化的原理，辅之以水火相济的促进，再加上祈祷上仙的护祐，就可以加快进化的过程。

唐代末年，人们对炼丹术的所谓长生不老已有了比较清醒的认识。丹家自己也认为长生不老不可信。因此到了北宋，北宋皇帝任用丹家是为了炼金银。即便如此，方士们经过广泛的、长时期的实践后，又发现所有药金都不具备天然黄金的优异性质，一切努力终归徒劳无功。所以有些比较实事求是的方士和文人学者陆续发表了怀疑和驳斥炼丹术的议论。南宋末年，文人俞琰在《炉火鉴戒录》一书中痛斥炼丹术"果皆有之乎？曰：幻也，何谓幻，诡怪妄诞也"。炼丹术逐渐衰落了。

中国炼丹术留下了许多宝贵的化学遗产。首先，中国炼丹术为后世遗留下了相当丰富的矿物性医药制剂，这是它的一大贡献。在宋代以前，炼丹家几乎都兼为医药学家，二者之间往往没有严格的界线，例如东晋的葛洪、南北朝时的陶弘景、唐初的孙思邈都是著名医药家兼炼丹家。他们把各种天然的矿物以及炼制的丹药（也包括动、植物药）划分为上、中、下三品。

上品丹药能杀精魅、驱恶鬼，使人通神明而不老，属仙丹大药；中品能延年益寿，却病愈疾，兼营养滋补；下品能除寒热邪气、破积聚，但多毒，不可久服。这种分类法明显带有炼丹术的色彩，其影响一直延续到明末《本草纲目》问世以前。因此，中国古代医药化学的成就主要是从炼丹术的活动中取得的，人工合成矿物药剂的最早丹方也主要见于炼丹术的著述。

其次，这一时期炼丹术所用的药物和器具，为近代化学的产生提供了大量的物质准备。有人根据历代炼丹术文献作了一个不完全的统计，包括无机物和有机物在内，炼丹家约用了60多种药物。

炼丹所用方法大致有加热法、升华法、蒸馏法、沐浴法、密封法、溶液法等许多种。这些都极大地丰富了世界化学的知识宝库。

这一时期中国炼丹术的最大贡献在于四大发明之一——火药的发明。黑火药的精确的发明年代和发明人，现在还未曾考出。中国大约是在7世纪左右已有原始的火药。唐初孙思邈的"丹经内伏硫黄法"记载：在器具中加了硝石、硫黄，再逐渐投入"烧存性"——即未完全烧成灰的皂角子，它们就会急剧燃烧。

民间流传的"一硝二磺三木炭"，就是火药的简易配方。

硝石、硫黄、木炭这三种成分都是炼丹家惯用的东西，因此火药可能是他们在实践中偶然发明的。

"火药"这个名词及其正式配方，最早见于宋仁宗康定元年（公元1040年）诏敕曾公亮、丁度等所撰的《武经总要》（成书于1044年）。其中记载了三个火药方：① 毒药烟球；② 蒺藜火球；③ 火炮。以火炮火药为例，其配方为："晋州硫黄十四两，窝（倭）黄七两，焰硝二斤半，麻茹一两，乾漆一两，砒黄一两，定粉（铅粉）一两，竹茹一两，黄丹一两，黄蜡半两，清油一分，桐油半两，松脂一十四两，浓油一分。"当时火药配方中，主要成分是硝、硫、炭。其他组分属于燃烧、爆炸、毒性、烟雾的配料。其用料十分周密，各有用度，说明宋代火药已经过相当时间的研究和使用。

恩格斯指出："火药是从中国经过印度传给阿拉伯人，又由阿拉伯人和火药武器一道经过西班牙传入欧洲。"据史书记载，公元1260年，元世祖的军队在叙利亚战败，阿拉伯人缴获了包括火箭、毒火罐、火炮、震天雷在内的火药武器，从而掌握了火药的制造和使用方法。欧洲人则是在和阿拉伯国家的战争中才接触和掌握了火药和火药武器的制造，大约落后于中国约5~6个世纪。

中国炼丹术留下了宝贵的遗产，同时也留下了无尽的遗憾。中国炼丹家所用的药品大多是汞、铅、硫等少数几样东西，无疑是非常有限的。炼丹家采用的方法也很少，主要是升华法，没有像阿拉伯、欧洲那样大力发展蒸馏术，这也是一大缺憾。炼丹术谨守秘密、不事交流，又造成了重复操作、浪费大量人力与物力的恶果。此外，欧洲的古代化学之所以能发展成为科学的化学，其中一个重要的原因是采用了天平等衡量器具和数学的推论，然而中国的炼丹家往往缺少数学的修养。虽然他们也能通过衡量器械知道从多少分量的水银能制得多少分量的硫化汞，而且记载非常准确。然而，他们一直没能指出汞、硫、硫化汞相互间的数量关系，当然更不可能发现化学反应的物质守恒定律。中国炼丹术未能把炼丹发展成为科学的化学，真乃千古憾事。

第四节　中国的医学

隋代是中国医学史上的一个重要时期。由于这一时期国家统一，生产获得恢复和发展，经济文化呈现出前所未有的繁荣景象，因此医学也得到了蓬勃发展。

隋代首先设立了医务行政机构——太医署，确立了医事制度。到了唐代，太医署进一步发展。唐代的太医署采取政教合一的方式，既是医务行政机构，又是医学教育机构。它是世界上最早的医学院，比欧洲最早的医学校——萨勒诺医学校还早 200 年。

太医署规模宏大，设备完善。内设医科和药科。药科分为四部（相当于现在的系），即医师、针师、按摩师和咒禁师。每一科都由博士担任教学工作。学生经考试成绩优良者，批准为合格的医生。药科方面，则设有采药师、药园师、药园生等，专门培养药学人才。该科还附有规模很大的药园（相当于现在的药用植物园）。

隋唐医事制度的确立和医学教育的兴起，说明当时中国医药科学已走在世界前列。

隋唐时期医学发展的主要特点是：在临床医学方面积累了丰富的经验，对疾病的病因、病机和症候的描述都比较详尽。这一时期对伤寒、中风、天花、温病、绦虫病、麻风、恙虫病、狂犬病等疾病等的预防和治疗已有较丰富的经验；外科治疗方法分止血、止痛、收敛、镇静、解毒、软膏法、膏药法、用水银治皮肤病等；伤科主张骨折复位后用衬垫固定，并注意关节的活动；产科对妊娠、难产、产后常见病以及血晕的急救法均有详细的记载；儿科涉及了小儿的发育、护理、哺乳、卫生、惊、疟、疳、痢、火丹九个方面；隋唐的汞合金镶牙是世界最早的；眼科已施行金针拔内障的技术。

隋唐时代不仅医学进步，药学方面也取得了很大进步。

魏晋南北朝是炼丹风行的时代，炼丹家做了很多药物化学实验，扩大了矿物药的作用。南朝陶弘景（452—536）著《本草经集注》，改进了药品分类，这些无疑为隋唐药学的兴旺奠定了基础。

到了唐代，高宗敕李勣等人修纂本草。他们将陶弘景所注的《神农本草经》增补为 53 卷，名为《唐本草》。公元 659 年，苏敬、长孙无忌等将书重加修订，增加药物 114 种，合计共达 344 种，计 40 卷，名为《新修本草》。

这是我国颁布的第一部药典，也是世界上最早的国家药典。当时增订的本草书籍数量可观：陈藏器的《本草拾遗》10 卷，韩保升的《蜀本草》20 卷，王方庆的《新本草》40 卷，杨损之的《删繁本草》5 卷等。隋朝时代大量本草专书的涌现，说明当时的药学成就显著。

隋唐时期产生了一大批著名的医药学家。其中巢元方（约生于 6 世纪后半叶）于隋大业年间任太医博士，奉诏主持编撰了很有科学价值的著作——《诸病源候论》（公元 610 年）。全书共 50 卷，67 门，1739 论（门一般是病名，论为病征）。分述了内、外、妇、儿、五官、皮肤等各科疾病的病因病理和症状。其中以论述内科疾病最为详尽，特别是对各种传染病和寄生虫病有很深的认识和研究。书中关于肠吻合术、人工流产、拔牙等手术的记载，均为世界外科史的首创。有关眼病、佝偻病的记载也是最早的。《诸病源候论》在唐代以后极受推崇，其中许多论点为医家采用。到了宋代，该书被指定为专业医师的必修课和国家考核医科学生的科目之一。甚至日本、朝鲜也把它列为必读的医学典籍。《诸病源候论》是中国医学史上的一份珍贵的文献。

孙思邈（581—682），京兆华原人（今陕西省耀县）。他自幼多病，因汤药费用，曾罄尽家产。因此，他 18 岁时立志学医，刻苦攻读岐黄之术，并治好了自己的病。20 岁以后专心行医，为乡邻亲友治病。孙思邈对古典医学很有研究，同时十分重视民间经验，常常为求一方一药不远千里地求教。

孙思邈医术很高，一生扶危救困，淡泊功名利禄，使后人无限敬仰，尊称他为"药王"。

孙思邈具有 80 多年丰富的临床经验，而且精通诸子百家，知识渊博。他潜心征集整理唐以前历经动乱而散佚的医方。他的《千金要方》中就收集了 4 000 多首医方，而在《千金翼方》中又收集了 2 000 多首。此外还有《海上方》，内容也极为丰富、广泛。在《千金要方》和《千金翼方》两部巨著中，孙思邈整理了伤寒病的治疗方法，对本草学进行了分类，详尽叙述了诊脉的方法，发明了对许多传染病尤其是麻风病的治疗方法，提出了妇幼保健、养生长寿的概念。

孙思邈不仅医术高超，而且最早提出了完整的医德理论。他认为医生应该"先发大慈恻隐之心，誓愿普救含灵之苦"，对于来治病的"贵贱贫富、长幼妍媸、怨亲善友、华夷愚智""普同一等，皆如至亲"。因此，人民深切怀念他，现在人们心目中的"药王菩萨"和"真人"，指的就是他。然而，孙思邈善谈庄、老和百家说，兼好释典，把庄、老、释和巫术之学溶于医学，使巫术、形相、占术、星历等杂学进入医学，尤其是采用禁咒法来治病，这些是他不足的一面，对后世的医学也产生了不良的影响。

此外，隋唐时期著名的医学家还有苏敬、王焘、全元起、杨上善、甄权、韩文海、孟诜、王冰等人，可谓群星璀璨。

隋唐时期也是中外医药交流十分繁荣的时期。日本、朝鲜、越南等周边国家的医学大多师承中国。从公元 6 世纪到 9 世纪，中国炼丹术多次传入阿拉伯，并经阿拉伯传入西方，促进了世界制药化学的发展。阿拉伯的切脉方法也是从中国传入的，其中有许多脉象采自王叔和的《脉经》。在阿维森纳的《医典》中，记载了大量中国的医学知识和药物。与此同时阿拉伯的医学知识也传入中国。唐中叶以后，阿拉伯国家曾多次赠送方药。阿拉伯人在中国经商十分活跃，带来了乳香、没药、血竭、木香、葫芦巴等药物，一些阿拉伯药商在中国经营药店，带来了阿拉伯药方。

宋代由于活版印刷（胶泥活字）术的发明和造纸业的发展，有力地促进了医学知识的传播。一方面，官方设立了"校正医书局"，系统地校印了一批宋以前的书籍；而民间医学家也进行了大量的研究和著述工作，他们整理古籍、编著方书，撰写了许多专科书籍。因此，宋代医书出版数量之多、质量之高、规模之大是前所未有的。到了元代，由于战争多，疾病流行，促使医药水平也大有提高，尤其在骨伤科方面，进展显著。

宋代的医学分科比唐代更加精细，发展到 9 科：大方脉（内科）、风科、小方脉（儿科）、眼科、疮肿兼折疡、产科、口齿兼咽喉科、针兼灸科、金镞兼书禁科。国家设有太医局，太医局附设医学校和药学校，作为培养医学人才的最高机构。全国州县也开办各级医学校，规定考试制度，进行逐级选拔。到了元代，医学扩大为 13 科，即大方脉、杂医科、小方脉、风科、产科、眼科、口齿科、咽喉科、正骨科、金疮肿科、针灸科、祝由科、禁科等。元代的医学教育也很发达。

宋元时期涌现了许多著名的医学家，难能可贵的是，其中有不少医学家对某一医科作出了开拓性的贡献。

杨介（1068—1140），号吉老，安徽盱眙人，以医术闻名四方，且擅长诗词。他学识广博，著有《四时伤寒总病论》、《伤寒论脉诀》和《存真图》等书。其中《存真图》在解剖学上有很重要的地位。人体解剖在中国医学典籍中早有记载，如扁鹊的剖胸探心，华伦的刳腹谞肠。但宋代以前的人体解剖，有说无图，而且没有专书。宋代吴简根据死刑犯的实例绘制了欧希范《五脏图》（约公元 1048 年），但还有许多错误。杨介所绘的《存真图》精确详细，不仅绘有胸腹腔内脏的正反面图，而且绘有各系统的分图，绘出了肺侧图，主要血管关系、气海膈膜图，消化系统、泌尿系统、生殖系统等。各图都有详细说明，所绘的器官的解剖位置和形态基本正确。该图成于公元 1105—1106 年，比欧洲的解剖学领先了约 300 年。这说表了当时中国的解剖学在世界上是首屈一指的。

王惟一（生卒年月不详），曾任宋代尚药奉御。他一生精研针灸，为了教学方便，总结了宋代以前针灸治疗的经验，写成《铜人腧穴针灸图经》3 卷（公元 1026 年），并选用青铜铸造了端正直立的青年男子裸体像，体内脏腑用铜铸成，隔膜和脉络刻得清清楚楚。在铜人表面刻有几百个孔穴，每个孔穴旁用金字标明穴名，使学者能够明白针灸的生理部位。

《铜人腧穴针灸图经》系配合针灸铜人像而写。他把 354 个穴位分为 12 个部门，即把脏腑十二经画成人体针灸图。由于图说详明，学者可按图索骥。

铜人和《图经》都是我国针灸学的宝贵遗产。元代滑寿著《十四经发挥》（公元 1341 年），对十四经的经穴、循径部位、所主病症以及对奇经八脉作了专题论述。王惟一和滑寿是中国针灸学方面的两大家，正是由于他们的卓越贡献，才使中国针灸学成为世界医学的一朵奇葩。

宋慈（1186—1249），字惠父，建阳（今福建建阳县）人。他于 1217 年中过进士，据说"性无他嗜，唯喜收藏异书名帖，温袍疏食，萧然终身"。

他做过散朝大夫，新除直秘阁，湖南提刑，充大使行府参议员。他为了"每念狱情之失，多起于发端之差，定验之误。期望是书负起洗冤泽物"，写成了法医学巨著《洗冤录》（又名《洗冤集录》，公元1247年）。《洗冤录》涉及了法医学的许多方面，包括生理、解剖、组织、病理、药理、毒理、诊断、急救、外科、正骨、检验等范围。尤其详细论述了验尸伤斑颜色的改变、尸僵的情况以及对于毒物和中毒的处理。该书刊行以后，成为当时审案官员案头必备的参考书。

《洗冤录》是世界上最早的法医学专书，它比欧洲法医学最早的著作意大利菲德里所著《法医学专书》（公元1602年）要早350多年。《洗冤录》出版后，引起了世界各国的重视，很快被译成朝鲜、日本、英、俄、德、法以及荷兰等国文字。600年来，一直是各国法医审理案件的重要参考书。

除了杨介的解剖学（《存真图》），王惟一的针灸学（《铜人腧穴针灸图经》）和宋慈的法医学（《洗冤录》），宋元医学各科都取得了很大成就。

如施发的诊断学（《脉影图》）、唐慎微的本草学（《证类本草》）、钱乙的小儿科学（《小儿药证直诀》）、李迅的外科学（《集验背疽方》）、陈自明的妇科学（《妇人大全良方》）和外科学（《外科精要》）、朱端章的产科学（《卫生家宝产科各要》）、陈直的养生学（《寿亲养老新书》）等，都作出了开拓性的贡献。

由于医学的发展，到12世纪以后形成了学派，医学史上称之为金元四大家。他们分别是刘完素、张从正、李杲、朱震亨。

刘完素（1120—1200）认为"火热是人生命之本，潜则无恙，亢则为害，亢为元气之贼。"因此所著《素问玄机原病式》等著，都是主张降心火，益肾水的，所以后世称之为"寒凉派"。

张从正（1156—1228）认为"病非人身素有之，或由外而入，或由内而生，皆邪气也。"主张汗、吐、下三法，使邪气去而正气安，称为"攻下派"。

李杲（1180—1251）重视脾胃，其专著为《脾胃论》，认为"元气乃先身之精气，非胃气不能滋之"。扶正必补脾土，因此称之为"补土派"。

朱震亨（1281—1358）强调保养"阴分"的重要性，提倡"阳常有余，阴常不足"，故治疗多用滋阴降火，称为"滋阴派"。著有《丹溪心法》、《局方发挥》等书。

金元四大家各执一偏。刘、张是北方人，北方人饮食厚浊，夏天吃冰，冬天围火，因此寒凉攻下的方法很有效。李杲出生于北方富裕家庭，所交往的士大夫阶层嗜欲逸乐，常使脾胃功能损伤，因此补土法治疗的是当时急需解决的脾胃病问题。朱震亨是南方人，南方人体质多柔弱，习用清滋养阴之药，所以他偏重于养阴。金元四大家的争鸣，成为医学发展的动力，对我国古代医学的发展起了积极的作用。

医学是一门很实用的科学，它关系到广大人民的生计疾苦。因此，中世纪时期的阿拉伯、欧洲、中国等地区都很关注医学的发展，医学在这一时期比起其他学科所受的阻碍较小，获得了长足的进步。尤其在中国，由于社会安定，经济文化发达；印刷术的进步，造纸业的发达，有力地促进了医学著述的传播；医事制度和医学教育的确立保证了医学的长期稳定发展；

繁荣的对外经济文化交流丰富了中国医学的宝库。这四个因素有力地促进了中国医学的发展。这一时期的中国医学进入了极盛时期，为世界医学作出了卓越贡献。

第五节　中国的天文学

中国古代在天文学的许多方面都曾处于领先地位。无论在天文仪器、历法、天象观测、宇宙理论方面都取得了不少成就，有一些至今还在研究工作中发挥作用，这是世界公认的。同时，中国也涌现了一批天文学家，他们的许多科学发现至今还有现实意义。

中国古典天文学有4个特点，不同于世界其他文明古国的天文学系统，具有鲜明的独特性。

（1）整个天文学的发展以历法的编纂为基础。中国的历书不仅包括历日的安排，还有太阳、月亮和行星的运行，日月食推算，各节气日影长短等，是一部天文年历，内容比西方的历书远为丰富。中国天文学由国家官办，颁历权是皇权的象征。

（2）中国天文学家一般使用代数方法计算日月行星的位置，处理天文数据，而西方一般常用的是几何方法。

（3）中国占星术的哲学观点以阴阳五行、天人感应学说为基础，大多占卜国家兴衰、政治事变，掌握于皇室；西方占星术多占卜个人命运，流行于民间。

（4）中国古代天文学勤于观测，详细记录，对异常天象尤其重视，使中国保存有最系统、最丰富的天象记录。

这些特点有力地证明了中国古代天文学的独立起源和发展。

中国天文学的理论源于中国古代的宇宙理论——盖天说、宣夜说、浑天说。

隋唐是两个大一统的帝国。南北朝在天文历法方面的许多创造，经隋唐两代确立和巩固下来；由于统一和疆域的扩大，给天文测量带来许多方便；与周围各国关系的加强，使古老的中国文化又吸收了一些新的营养。这些因素使得隋唐的天文历法都比南北朝进一步发展了。

这一时期最著名的天文学家是僧一行（683—727），俗名张遂，魏州昌乐县（今河北省南乐县）人，是唐朝开国名臣张公谨的重孙。他的主要贡献是制订了《大衍历》。此外，他在天文测量如圭表测影技术和理论的改进、对地球子午线长度的首次测量方面都作出了卓越的贡献。

图 6.3　日晷

圭表是发明得最早也是最简单的仪器。它就是在地上直立的一根竿子（称为表）和地面

140

上南北方向平放着的尺（称为圭）的总称。根据表投下的日影长度，可以求得许多天文数据，有很多实用价值。圭表测影的功能主要有两方面：① 由日影长短定二至、二分的所在，验证历法的精确性；② 在汉代和南北朝之前，人们曾由日影千里差一寸的原则，通过圭表量日影长短，计算天体大小。

唐朝建立后，疆域空前扩大，社会安定。于是，开元年间（713—714），在僧一行的主持下进行了大规模的日影测量。结果表明日影与距离的关系随地区而不同。南部变化小而北部变化大；而且随季节不同而异，夏季变化小，冬季变化大。这就证明了用日影长短计算天体大小是不可能的。自唐以后，不再有人用日影长短测天体大小，这在天文学理论和实践上都是一个进步。

在普测天下日影的过程中，僧一行在世界上第一次测量了地球子午线的长度。他首先选择 4 个观测点：滑台白马（今河南滑台县）、浚仪岳台（今河南开封西北）、扶沟（今河南扶沟）、上蔡武津（河南上蔡县东），这 4 个观测点几乎在同一经度上。他归算出南北两地相距351 里 80 步，两地的北极出地高相差 1 度，这个数据就是地球子午线 1 度的长度。他的误差虽然很大，但却是世界上第一次的子午线长度实测。

隋唐时期，天文仪器也得到了进一步的发展与完善。如李淳风于 665 年制造木浑天图，用来测黄道；公元 679 年姚元按古法在阳城测景台立 8 尺的表；公元 723 年，僧一行和梁令瓒造黄道铜浑仪等仪器。唐代梁令瓒制造的水运浑天俯视仪是历史上的一项重要发明。水运浑天俯视仪用水激轮，每昼夜自转一周，一半在木柜内，表示在地平线下。另立两木人，每刻击鼓，每辰敲钟。水运浑天俯视仪机械精巧，安装在柜内，已粗具近代自鸣钟的规模，比欧洲于 13 世纪后半期发明的自鸣钟要早 500 多年。

另外，唐代以前的浑仪只有三辰、四游两种重环，唐代的李淳风又加上六合，形成三环；最外为六合仪，中为三辰仪，内为四游仪。这样就可以测定黄道坐标、赤道坐标和地平坐标。至此，中国历代传统制造并使用的浑仪，就成了一架比较完备的天文观测仪器了。

隋唐时期的历法也有了长足进步。历法是人们为了生产实践的需要而创立的长时间的计时系统。具体地说，就是年、月、日、时的安排。中国最迟在殷商时代起采用干支纪日。它以十天干，即甲、乙、丙、丁、戊、己、庚、辛、壬、癸，和十二地支即子、丑、寅、卯、辰、巳、午、未、申、酉、戌、亥顺序而成。从甲子、乙丑……直至癸亥，一日一个干支名号，日复一日，循环使用。中国的历史很长，但只要顺着干支往上推，历史时期就清清楚楚，这是中国古代创用干支法的功绩。此外，中国历法还有纪年、纪月、纪时的方法，并创造了24 节气和闰月。历法是中国古代天文学的主要部分，在二十四史中有专门的篇章，记载历代历法的资料，称为"历志"或"律历志"。

南北朝是中国历法史上发生重大变革的时期，许多重要理论和实践都是在这个时期提出和实现的。但是由于政治的分割与不稳定，许多成果没有固定下来。隋唐时期的统一和稳定，为以往成就的巩固提供了条件，出现了两部能集南北朝历法理论之大成的历法：隋代刘焯的《皇极历》，唐代僧一行的《大衍历》。

刘焯（544—610），字士元，信都昌亭（今河北武强县西南）人。隋开皇二十年（公元600年），他制订了《皇极历》。这一历法的优点是：① 同时考虑了月球视运动和太阳视运动的不均匀性，创立二次差内插公式来计算定朔校正数，用定朔代替平朔；② 改岁差为75年相差1古度，这比虞喜和祖冲之的推算更接近真值；③ 首次提出了"当食不食"和"不当食而食"，实际上是涉及视差对交食的影响问题；④ 首次提出用定气来制历的设想，他设想从冬至开始将周天分成24等分，太阳每到一个分点就是差一"气"，以此代替把一年时间等间隔地分成二十四"气"的平均方法，这就更符合太阳的实际运动和能更准确地预报交食。

僧一行从开元九年（公元721年）开始《大衍历》的制订工作，到727年编成，耗尽了他全部的心血。书成的同年，他不幸去世。《大衍历》共有历术7篇，略例3篇，分别包括了平朔望和平气、七十二候、太阳和月亮每日的位置和运动，每天看到的星和昼夜时刻，日食、月食和五大行星的位置等，这种编排方式成了后世历法家的典范。《大衍历》采用平气注民用历谱，而以定气来计算太阳视运动，推算交食。僧一行还在《大衍历》中提出了"食差"的概念，并对不同地方、不同季节分别创立了被称为"九服食差"的计算公式。这些经验公式实际上是对周日视差影响交差的一种修正，使日月食的预报更精确了。《大衍历》对日、月食的食分和亏起方位角都作了既简洁又具体的阐明。它还指出，日月交食时，由于月亮比太阳近，当某地见到全食时，另一地只能见到偏食，这实际上是有关"食带"问题的首次记载。

总之，历法的许多重大理论开始产生于南北朝时期，然而到隋唐时才变成一种制度确定下来。自隋唐起，对历法的贡献主要是改进算法，如参数的选择、内插法的使用和改进等。因此有人认为南北朝历法的进步是理论的，隋唐是方法的；南北朝是天文的，隋唐是数学的。这也间接表明，到隋唐时期旧历已经成熟。

尽管隋唐时期的天文历法有了高度的发展，中国学者仍然对唐代传入的印度天文历法进行了研究，吸取了其中一些可以借鉴的东西。中国对这一时期来华的印度天文工作者十分尊重。他们当中许多人在当时的中央天文机构——司天台任负责工作。唐代的历法也传入了朝鲜和日本，对朝鲜和日本两国天文历法的工作有着很大的影响。

隋唐天文学延续到五代十国，尽管处在分裂割据的状态下，但天文学工作的广泛传播仍在继续。例如，后晋、后周等都编制过各自的历法。各地也涌现出一些民间天文历法家，这为宋元时期天文学的高度发展奠定了群众基础。

宋代是中国历史上改历最频繁的一个时代，平均约20年即行修改一次。这种情况对历法的精确性要求提高了，也提高了对天文观测的要求。星占迷信也是宋代统治者重视天文观测的一个动机。尤其在北宋时代，由于经常受到契丹和西夏的侵扰，国势较弱，又因为纵容地主进行土地兼并，致使阶级矛盾尖锐，人民不时举行起义。内外交困下，统治者迷信于占星术，希望从观测到的天象中获得一些老天的"警告"和"意向"。北宋对中央天文机构——司天监的异常天象的监视工作抓得很紧，甚至在皇城之内还设立了天文机构，以考验校核司天监送来的报告。因此，宋代对恒星位置的观测次数特别多，仅北宋100多年间就进行了5次左右的系统观测。其中特别是为历法服务的二十八宿距度的测定进行得比较细致，精密度也是日益提高。宋代在行星和月亮的运动，日食和月食以及其他异常天象的记录方面极为勤恳，留下了丰富的天象记录。例如，关于1054年金牛座超新星的记录，是现代天文学研究的极为宝贵的资料。

宋元时期在天文仪器上的制作发明，无论在数量上或质量上，都大大超过以往任何一个时代。

其中，中国的浑仪制造在宋代达到高峰。浑仪是用来测量天体的位置和两天体之间的角度的古代天文仪器，它的创制已有2000多年的历史。人们所说的四大浑仪（韩显符、周琮和舒易简、沈括以及苏颂等人的四个浑仪），都是在北宋时期（公元995—1092）造成的。

在浑仪的发展过程中有这样一个特点，即每增加一个新的重要天文概念，就要在浑仪上增加一个环圈来表现这个概念。这样，仪器上的环越来越多，相互交错的环圈遮掩了很大的天区，缩小了观测范围。北宋沈括大胆地取消了白道环，借助数学工具来求月亮的位置。到了元代郭守敬时，又进行了大胆的革新。郭守敬不仅取消了白道环，而且又取消了黄道环，并且把地平坐标和赤道坐标分别安装。虽然可以认为它是"拆散了的浑仪"，实际上是一种赤道式装置的先驱，称为简仪。

郭守敬是赤道装置的创始人。德雷尔在评价简仪的历史重要性时说："这里有两个值得注意的例证，说明中国人的伟大发明往往早于西方成就若干世。我们在这里看到，中国在13世纪时已有第谷（1546—1601）式赤道浑仪，更惊人的是，他们还有同第谷用以观测1585年的彗星以及观测彗星和行星的大赤道浑仪相似的仪器。"约翰逊也认为"无论是亚历山大里亚城或马拉加天文台，都没有一件仪器像郭守敬的简仪那样完善、有效而又简单。实际上，我们今天的赤道装置并没有什么本质上的改进"。

此外，由苏颂领导，韩公廉等人在太平浑仪的基础上设计了水运仪象台。

水运仪象台不仅是一个大型仪器，也是一个小型观测台。这个观测台可以自由摘脱，观测台内装有浑仪和机械转动装置结合在一起，起了赤道仪装置的转仪钟的作用。其中天关、天锁等一套机构是近代钟表中关键零件擒纵器的先声。这也是宋元时期在天文仪器方面的贡献之一。宋代对于提高漏壶和圭表的测量精度也作了很大的贡献。

宋元时期历法频更。宋代18位天子，历法也有18种。宋代历法频频更改的主要原因是皇帝、大臣不关心历法科学的进步，而只把颁历这件事看作他们行使权力的象征。所以古时易姓则易历，宋代每个皇帝即位就要改历，与历法准确与否无关，制历仅是例行公事而已，所以在科学上也无大的创新。

然而到了元代，郭守敬主持创制的《授时历》是中国古历中最精良的历法。郭守敬（1231—1316），字若思，顺德邢台（今河北邢台）人，元代大天文学家、仪器制造家和水利专家。我们已提到他发明简仪，他在历法方面也作出了卓越的贡献。郭守敬作为13世纪一位杰出的科学家，在世界天文学史上有不可磨灭的地位。1977年7月，中国科学院紫金山天文台把发现的一颗小行星命名为"郭守敬"。

《授时历》采用的一些法数在当时世界上几乎是最精确、最先进的。这一历法因古语"敬授民时"而得名，于至元十八年（公元 1281 年）颁行。后来，明朝颁行的《大绕历》基本上就是《授时历》。如果把两种历法看成一种，可以说是中国历史上施行最久的历法，历时 364 年。《授时历》完全以实测为根据。为配合编制，郭守敬制造了许多出色的天文仪器。1279 年，在忽必烈的支持下，郭守敬等人在南起南海、北至北海，南北长 11 000 km、东西宽 6 000 km 的广阔地带上，建立了 27 个观测站，测量夏至日和冬至日的日影长度、昼夜长短、北极出地高度等。这实际上是继僧一行之后，中国更大规模的一次天文大地测量。通过这次测量，为制订历法积累了许多宝贵资料。郭守敬通过实测，求得一年为 365.242 5 日，并将它用于《授时历》中。

为编制《授时历》，他还重新对黄赤夹角和二十八宿距度进行了实测，精度都很高。

此外，《授时历》采取了许多措施（例如采用了百进位制）来简化过去历法中繁琐的数学运算，并提出了用三次差内插法（招差术）来计算星体运动。这些方法的采用，保证了《授时历》成为我国古代精度最高的一部历法。

纵观中世纪的中国天文历法，成就斐然，在国际上处于领先。可惜没有持续下去，以至到明末时，中国的天文历法已落后于欧洲了。

第六节　中国的地学

与中世纪的阿拉伯、欧洲相比，这一时期中国的地学发展迅速，成绩斐然。

早在汉武帝时，各郡国就开始编修地志。到隋唐时期，官修地理图记的风气更浓。隋大业中（公元 605—617），曾"普诏天下诸郡，条其风俗、物产、地图，上于尚书"。所以隋朝出现了《诸郡物产土俗记》151 卷、《区域图志》129 卷、《诸州图经集》100 卷，等等。其中，《区域图志》是典型的官修地理图记著作。

官修图记能够集一国之力，搜集资料比较容易。所以到了唐代，地理书大多是皇皇巨著。贡献较大的有贾耽《海内华夷图》、李吉甫《元和郡县图志》等。

贾耽（730—805）是唐朝德宗的宰相，酷好地理学。每当周围国家的使者到来，或是唐朝派出的使者返回，他都要当面询问那些国家的山川、土地等情况，所以对边外非常熟悉。唐德宗时，吐蕃占领陇右已经很久，内地很少有人了解陇右的情况。他特意绘制了《关中陇右及山南九州等图》一轴，图说 10 卷。图中所绘包括洮、湟、甘、凉等地，带有较多写真性质。贞元十七年（公元 801 年），贾耽又绘制了《海内华夷图》和《古今郡国县道四夷述》40 卷。贾耽撰成此书（包括图和述）用了 30 年时间，倾注了他毕生的精力。

据《旧唐书》本传记载，《海内华夷图》广 3 丈，长 3 丈 3 尺，以一寸折百里（缩尺为 1：1 800 000）。照此计算绘制的区域东西 3 万里，南北 3 万 3 千里。唐本土只占全图面积的

15%左右，是中国第一部世界地图。贾耽说，凡"绝城之比邻，异番之习俗，梯山献琛之路，乘舶来朝之人，咸究其源流，访其居处，阛阓之行贾，戎貊之遗老，莫不听其言而掇其要；间阎之琐语，风谣之小说，亦收其是而芟其伪。"他的图记是包括了当时闻见的所有国家的。贾耽的地理图志对后世有很大的影响。其中，古地名在地图上用墨书标出，今名用朱笔标出。贾耽开创的这种标注法一直为后世地理书沿用。

李吉甫（785—814）是唐宪宗朝宰相。他"分天下诸镇，记其山川险易故事，各写其图于篇首，为54卷，号为《元和郡县图》（又名《元和郡县图志》）"。此书内容重点在于叙述天下郡县的"兵饷山川、攻守利害"，凡有关民生国计的必不惜笔墨。这与唐代传世的数十家地理著作迥然不同。书的体例是，每记一州，先综述一州的概况，如户口、垦田、贡赋等数字，以及州境和八到等。对节度使理所还记述管兵若干，有马若干和衣赐匹数。《元和郡县图志》也是一部传世的重要地理著作。

唐时重要的游记著作为辩机撰《大唐西域记》和释彦悰撰《大慈恩寺三藏法师传》。两本书都是根据玄奘口述西游印度的经过，记录整理而成。以途经先后为序，记述所见所闻，属于游记类地理书。

玄奘（602—664），河南缑凡（今偃师县）人，俗姓陈，名祎。隋大业间在东都净土寺受戒为僧，钻研佛学。他深感当时佛经各擅一宗，错综其说，使人无所适从。于是自贞观三年（公元629年）启程，赴印度取经。他过秦、兰、凉、瓜诸州，西出玉门关，度莫贺延碛，至于高昌。然后经阿耆尼（焉耆）、屈支（龟兹），顺丝绸之路北道入中亚，南逾黑岭入印度。在那里瞻仰佛迹，拜求高明，足迹遍于印度。然后北逾葱岭，取道佉沙国（疏勒）、瞿萨旦那国（于阗），由丝绸之路南道回国，于贞观十九年（公元645年）正月到达长安。前后17年，途经110国。

《大唐西域记》全书12卷，书中所记涉及今我国新疆地区和中亚、南亚共138个国家和地区。书中对每一国或地区先介绍它的疆域、都城大小，然后介绍土地、山脉、河流、物产、风俗、文化以及佛教流行情况等。除亲眼所见外，对于"先志"所载、佛典所记以及古老相传，都收入书中，是一部研究中世纪中亚、南亚历史和地理的珍贵资料。

《大慈恩寺三藏法师传》有10卷。此书与《大唐西域记》相比，对玄奘起行的经过记述较为详细，对西域地形、地貌的描述更有见地，文字也更精彩。书中描述了沙漠中的幻影和磷火，既令人心悸神惊，又增长了人们沙漠旅行的知识。书中有对冰川的描述。文中点明冰川的成因——"自开辟以来，冰雪所聚，积而为凌"，很有见地。因此，《大唐西域记》和《大慈恩寺三藏法师传》都是珍贵的地理著作。

宋元时期，地理学著作异常丰富，比以前任何朝代都多。其中属于地理志著作的有正史《宋史》、《元史》等地理志，如宋人乐史撰《太平寰宇记》200卷，李存等撰《元丰九域志》10卷，元人朱思本撰《九域志》80卷等。此外，类似的地理著作还有宋人郑樵《通志》中的《地理略》、《都邑略》、《回夷略》3篇，元人马端临《文献通考》中的《舆地考》、《四裔考》

2 篇等。李志常记录成书的《长春真人西游记》则属于游记类的地理著作。这些著作对地理学本身贡献不大，但具有珍贵的史料价值。

宋元时期对地理学的重要贡献在于地方志的著作在宋元大为增加，并定型为郡县志。地方志是按行政区划，记述区域情况的综合性专著。修地方志后来成为统治者非常重视的一个传统，把它看成是规划施政或立德立言的依据。南宋以后，地方志数量大增。明清两代则形成风气。地方志不是科学著作，但是提供了丰富而系统的科学历史资料。其中涉及地学的为数甚多，诸如关于经济地理、政治地理、气象、水文、潮汐、地震、矿产、测量等都有很大参考价值。地学是一门区域性很强的学科，在交通不发达的封建时代，依靠少数人作全面考察难以办到，因此地方志记录的资料就更加显得重要。后来许多伟大的地学工作者都把对地理志的研究，看作是地学研究的重要资料准备。

还应该指出的是，宋代地理图曾经大量翻印，出现了商品化的趋势。地图便利了交通，对宋元商业的发展、社会的繁荣起了很大的促进作用。

与丰硕的地理学成果相比，中世纪中国的地质学成就毫不逊色。

宋朝哲学家朱熹（1131—1200）把山脉或褶曲地层与波浪形状相类比，并认为是水把它们塑造成这种形状的。他在《朱子全书》卷 49 中说"今登高而望，群山皆为波浪之状，便是水泛如此"，便是他这个观点的说明。朱熹关于地球表面层变化的看法是：波涛使整个大地发生不停息的震荡，并使海陆发生永不休止的变动，结果有些地方突然有山岳升起，有些地方却变成河川。这种观点的依据是："尝见高山有螺蚌壳，或生石中。此石即旧日之土，螺蚌即水中之物。下者即变为高，柔者却变为刚。"这段话的意义在于朱熹当时已认识到，自从生物的甲壳被埋入海底软泥当中的那一天以来，海底已经逐渐升起而变为高山了。在欧洲，达·芬奇（1452—1519）才有类似见解，而朱熹比达·芬奇要早 300 多年。

中国关于海洋——如海潮、海洋气象等方面的知识，尤其是海潮理论在当时也很突出。自隋唐始，人们注意到海潮涨落与月亮圆缺之间的关系。

窦叔蒙《海峤志》（约成书于公元 8 世纪中叶）除认识到"月与海相推，海与月相期"之外，还注意到每日两潮，每月朔望两大潮，上下弦两小潮；每年春秋分两大潮，冬夏至两小潮等，还推算出潮汐与月亮盈亏之间的相位差为 50′28.04″，比同时期冰岛主教贝德（673—735）的观测更为精确。宋元时期进一步认识到海潮涨落不仅与月亮，还与太阳运行有关。宋代姚宽《西溪丛语》记载，会稽有一石碑，记海潮事说，海潮"随日而应月，依阴而附阳"，"潮常附日而右旋"。碑上记载的潮、月相位差为 53′34″，比窦叔蒙更为精确。

宋代著名学者沈括不仅是一个伟大的物理学家，也是一个卓越的地质学家。在他百科全书式的巨著《梦溪笔谈》中，有关地学的知识十分广泛。

沈括论述了海陆的变迁。他有一次去河北，曾在太行山北面的山岸间看到一些含有螺蚌壳和卵石的地层。沈括认为，这些地方虽然距离东海已有千里之遥，但以前曾一度是海滨。由此可知，我们现在看到的大陆，一定是位于水下的泥土和沉积物形成的。至于海滨变成陆地的原因，沈括认为黄河、漳水、滹沱河、涿水、桑乾河这些河川，今天全都携有大量泥沙，这些泥沙被河水携带着向东流去，这样，年复一年，就沉积下整个大陆的泥土。11世纪沈括的这些观点，在欧洲直到19世纪的赫顿（1726—1797）和赖尔（1797—1875）的著作中才能看到。

沈括还首次使用了"石油"这一名称，沿用至今。他于1079年出任延州时，曾考察鄜延境内的石油矿藏与用途。看到陕延一带人民燃烧石油取暖，石油燃烧浓烟滚滚，给喜欢动脑筋的科学家以极大启发。于是亲自试验，创造了用石油烟代替松烟作原料，制造文房四宝之一——墨的方法。他记述说："（石油）燃之如麻，但烟甚浓，所霑幄幕皆黑。予疑其烟可用，试扫其煤以为墨，黑光如漆，松墨不及也，遂大为之，其识文为'延川石液'者是也。此物后必大行于世，自予始为之。"沈括开拓了原始化学工业，这是很可取的。

《梦溪笔谈》中还多次提到了化石。"泽州人家穿井，土中见一物，蜿蜒如龙蛇状，畏之不敢解；久之，见其不动，试扑之，乃石也……鳞甲皆如生物；盖蛇蜃所化，如石蟹之类"。说化石是生物所化，这是完全正确的。

《梦溪笔谈》以后，又有《云林石谱》（公元1133年）等书籍，不仅记载了三叶虫的化石、鱼的化石等，还正确地指明了这些化石的成因：鱼化石的成因，很可能是在太古的时候，山一度塌陷进这些鱼所栖息的河流里，经过很长的岁月以后，土凝为石，使之变成我们现在看到的样子。

第七节　中国的生产技术

隋唐五代，特别是盛唐时期，"河清海晏，物殷俗阜"，"左右藏库，财物山积，不可胜数。四方丰稔，百姓殷富"，生产技术高度发达，进入了中国封建社会的鼎盛时期。

封建经济的根本是农业。唐前期的经济繁荣，主要也反映在农业生产的发展上。这一时期的农业有了很大发展，人民"田畴垦辟，家有余粮"，国家"库藏皆满"。天宝八年（公元749年）政府存粮1亿石，以至为了增加贮量，不得不大量修筑仓库。

在农业生产发达的基础上，手工业生产也进入了一个重要的发展时期。

唐政府设有专门的手工业管理机构，制定了一套完整的制度。据《唐六典·少府监》记载，唐政府规定官府工匠要接受技术工艺的训练和学习，时间按不同的工种长短不一。其中金、银、铜、铁等金属的凿镂错镟等工学4年，车辐、乐器等制作学3年，还有学几个月乃至几十天的。这种对工匠的培训措施，无疑提高了工匠的技术工艺水平。因此，这时期传统的纺织、造船、矿冶、陶瓷、造纸等手工技艺都达到了新的水平。

中世纪时期的中国，生产技术高度发达，是封建社会的鼎盛时期。这一时期，各项生产技术都有着丰硕的成果。以下就分门别类地一一介绍。

一、农业生产技术

经历了魏晋南北朝长期的分裂状态，进入到一个统一和安定的环境，这本身就对农业生产的发展有积极作用。隋唐初期所实行的土地政策，检括人口，减轻徭役等措施，也在客观上为农业生产的兴盛创造了一定的社会条件。隋唐统治者还鼓励垦殖，把增加人口，发展农业生产作为考核地方官吏的标准。

因此，尽管农民受着沉重的经济剥削，但仍有一定的生产积极性，把农业经济推上了空前兴盛的阶段，创造了封建社会盛世的物质基础。尤其在南方，社会较为安定。从隋灭陈到宋朝统一南方，不到4个世纪中，户数增加4倍多。劳动力的大量增加，农业生产技术的进步和大规模兴修水利，使得南方农业生产水平大幅度提高。

农业生产技术的进步首先表现在整地技术的提高上。耕地的主要工具——犁的结构，发展到唐代已相当完备。晚唐时代的陆龟蒙（？—881），除做过几年刺史幕宾，可说是一生不仕。他家有洼田数百亩，常常亲自在田间劳动，对农业生产很熟悉。所以他撰写的《耒耜经》简短而清晰，是汉晋以来难得的一篇农学著作。全文记述了4种农器：江东犁（耒耜）、爬（耙）、礪磋，重点在于记载江东犁的结构和功能。

江东犁由11个部件构成。用江东犁耕地，运用自如，深浅均可。它的出现是中国耕地用的铁农具已经成熟定型的重要标志。

除犁以外，还有一种新的整地工具铁鎝也在这时出现。用它掘土，比牛耕还深些，而且可以随手耙碎土块，很适于缺牛少耙的小农使用。

唐政府还大量兴修了农田水利工程，并加强对农田水利的管理。唐朝中央尚书省下设有水部郎中和员外郎，掌管天下水利。又设有都水监，由都水使者掌管京畿地区的河渠修理和灌溉事宜。唐朝还制定了关于水利的法律《水部工》，规定有关河渠、灌溉、舟楫、桥梁以及水运等法令。

因此，到了唐代，水利灌溉技术比以前有了很大进步，特别是水车得到推广。太和二年（公元828年），唐文宗令人作水车样，"并令京兆府造水车，散给缘郑、白渠百姓，以溉水田"。至于灌溉工具的发明主要有：在北方有"以木桶相连，汲于井中"的水车；长江流域出现半机械化的筒车。筒车形似纺车，四周缚有竹筒，利用水流冲力，冲击轮子而旋转，把水由低处提到高处。

唐代茶树的种植遍及了50多个州郡，还出现了官营的茶园。名茶品种增多，饮茶形成一种风气。茶叶的生产和加工，成为农业和农产品加工的一个重要部门。

韩鄂撰写的《四时纂要》详细记载了有关茶树的栽培方法。书里不仅包括播种季节、密度、中耕、施肥、排水、灌溉和遮阴等一系列措施，而且还讲述了沙藏催芽法和多子穴播法。沙藏催芽法至今仍有实用价值，穴播法在高纬度地区发展茶园也有现实意义。茶叶的加工在唐代也已非常考究，主要是蒸青制法，即把鲜叶采回，用蒸汽杀青，捣碎，制成茶饼，然后烘干。茶叶在5世纪时开始输入亚洲的一些国家，17世纪后传入欧美，从此饮茶风尚逐渐遍及全球。

由于农业生产发展，农业技术进步，作物栽培种类和品种增加，隋唐时期的农学著作丰富多彩。根据现存目录看，这一时期的农书在专业农书方面有所发展，出现了畜牧兽医，园艺、经济作物、农具等专业性农书共计20多种。其中有的篇幅很大，如隋代诸葛颖撰写的《种植法》达77卷。比较重要的除了韩鄂的《四时纂要》、陆龟蒙的《耒耜经》以外，还有周思茂的《兆人本业》、韦行规的《保生月录》以及陆羽的《茶经》等。其中，陆羽的《茶经》也是世界最早的一部茶叶专书。

宋朝初期虽然也像前王朝一样实行一些奖励农业的措施，如课民种树，以垦田增户考核官吏，奖励垦荒，免除农器税、耕牛税，等等，但是由于宋政府鼓励地主兼并土地，土地所有制到宋朝已经以地主的私人占有制为主要形式，隋唐均田法规定的那种土地国有制已经很微弱了。因此，宋代农业有三大弊端：农业人口大量逃亡；土地搁荒；水利设施被破坏。

《农桑辑要》是元世祖至元年间司农司撰写的一部农书，成书年约为1293年。今本《农桑辑要》共7卷约6万字，主要是辑录农桑著作而成。全书所引农书有《齐民要术》、《种莳直说》、《韩氏直说》、《务本新书》、《四民月令》、《四时类要》、《士民必用》、《博闻录》、《岁时广记》、《蚕桑直说》、《蚕经》、《家政法》、《琐碎录》、《陶朱公术》等10余种。一些失传了的宋元农学著作因为《农桑辑要》的征引而保留了下来。

《农桑辑要》也是中国第一部官修农书。以后历朝统治者均整理农业技术资料，编行并颁发农书，并在全国推广。

二、纺织技术

经过了魏晋南北朝的长期分裂，中国重新统一后安定的社会环境带来了农业和手工业的恢复，有着悠久历史和雄厚基础的纺织业首当其冲地发展起来。

隋唐实行租庸调制，国家的租赋中要交纳一部分丝麻织物，由劳动力支付的徭役也可以由支付织物代替，这刺激了纺织业的发展。到了唐代，几种常见的织物，如锦、绮、绫、罗等已很普及，其中以绫、锦最为重要。

绫由绮发展而来，唐代绫的产量相当高，许多州郡均以绫充作贡品。唐绫开始追求大花纹的艺术形式，出现了所谓的"可幅盘绦缭绫"，花回循环与整个门幅相等。因为花纹大而复杂，加之交织点少，美感、手感和光泽都很好，因而很受人们的喜爱。唐代以前的锦，大都是经线显花，用一组纬线和两组经线交织而成。唐代的锦，以纬线显花的纬锦为主，以两组纬线与一组经线交织而成。纬线起花受织机的限制较小，极大地丰富了织物的色彩和纹样的内容。近年来在新疆的丝绸之路上，陆续发现了不少唐代的织品，其中有不少纬锦，充分反映了唐代织制纬锦的能力已经达到了完全成熟的程度。

由于织物花纹复杂化，唐代织造工具相应有所改进，出现了花缕束综提花机。束综就是线综，一根根提花线通过牵线，由专人（挽花工）提起或放下，产生花纹。此人工作位置在织机中部悬空而起的花楼上，与坐在织机一端负责投纬打箔的人相互配合。这种花缕束综提花机的类似装置早在秦汉年间就已发明，但隋唐时作了很大的改进和提高。盛唐时大量纬锦的生产，与提花机的完善和普及是分不开的。

唐代在印花工艺上的成就也很突出。当时的印花工艺，大致有绞缬、夹缬、蜡缬和介质印花4种。蜡缬出现较早，工艺过程是用蜡刀醮蜡在织物上描绘花纹，蜡凝后投入染缺着色。由于着蜡部分不能上色，而其余全部着色，因此用沸水去蜡后就成了色底白花织物。绞缬是用线把待印的坯绸紧紧扎成或缝成多样纹样的小花，在染浴中浸染。由于结扎方式不同，拆线后即可形成不同的花纹。夹缬是将织物对折，夹于镂花型板之间，刷色浆，解去夹板，晾干即成。

介质印花则是唐代在印染技术上最主要的成就。介质印花是以助剂为印染原料，根据染料的性能进行浸染。介质印花有3种方式：① 碱剂印花；② 媒染剂印花；③ 清除媒染剂印花。碱剂印浆是石灰水和草木灰水的混合液，媒染剂浆是用明矾的溶液和糊料。介质印染为人们提供了更加丰富多彩的织物，是中国古代印染技术上的一大进步。

宋元时期，中国纺织技术在隋唐纺织技术的基础上继续进步，达到了高峰。这一时期纺织技术丰富多彩，纺织机具非常先进，出现了"苏州宋锦"、"南京云锦"以及元代的金锦，更有平滑光泽的"行丝"（缎）。宋代棉花种植得到推广，棉织业也随之发展起来，较先进的棉织技术首先是在崖州黎族居住区产生的。元初以后，由著名的黄道婆北传，遍于江南。到元末时，松江已成为中国最大的棉纺织中心，有"衣被天下"之称。此外，在纺织机具方面，出现了32锭水力大纺车这样先进的纺织机具。还有留传至今的纺织技术名著——《梓人遗制》，该书对纺织机具记述详明，具有较高的历史价值。这两件事物均值得一提。

随着宋元时期国内外贸易和城市经济的发展，社会对于纺织品的需求量大大增加，原有的手摇纺车以及脚踏三锭纺车所生产出来的成品，已不能满足纺织手工业的需要。因此，提高纺纱的速度与质量问题，成了社会提出的急待解决的技术问题。在宋代终于出现了用水力驱动的多锭大纺车。王祯在他的《农书》中对水力大纺车的结构曾经作了简单的介绍。这种纺车可以安装32个锭子，利用水力或畜力驱动。王祯赞扬这项发明创造"更凭水力捷如神"。同时极力推广这种先进的生产工具，希望能做到"画图中土规模在，更欲他方得共传"。

元代的薛景石，字叔矩，山西万泉（今万荣县）人。他为人智巧好思，继承了先辈和当代人的木工技术，加上自己长时期的实践经验积累，利用工余之暇，编写了中国古代著名的木工技术专著《梓人遗制》。其中所载的纺织机具包括：华机子（提花机）、立机子（立织机）、小布卧机子（用于织造丝麻织物的机子）、罗机子（专门织造罗类织物的木机），以及掉篗座和泛床子（用于穿综、修纬一类机具）等6项。对这些机具均给予总的说明和历史沿革的评述。该书对于机具的每一零件都详细说明了尺寸大小和安装位置，而且图文并茂，既有各部件的分图，又有整个机具的总图，使人一目了然。如果我们按图试制，大部分可以仿制成功。

因此，《梓人遗制》是中国历史上一部很重要的技术著作。

虽然宋元时期的纺织技术已经趋于完善，但是由于封建制度的阻碍，没有导致近代工业的萌芽。例如，宋初纺织物税名有上供、供军，后来又增添了和买、预买绢、折帛钱，等等，这些都是封建政府搜刮百姓、涸泽而渔的手段，严重挫伤了手工业者的积极性，也使他们失去了发展生产技术的能力。而且宋代封建等级制度森严，要求绝对保持士庶各等级间的界限，甚至在衣服制度上也有严格的限制，对各色人等穿着的颜色、花纹、染缬等都有严格的规定。而元代对织物品类的限制比宋代更严。如庶人只许穿着丝绸、绫罗、纱缦；民间禁止使用绫花纱、透背、鹿胎等。这些限制无疑对纺织技术的发展是极为不利的。

三、陶瓷生产技术

隋唐时期是中国传统陶瓷的一个重要转折时期。生产规模扩大，一些新技术和新风格开始萌芽，为宋元以后陶瓷技术的鼎盛奠定了基础。

隋唐时期，陶瓷的生产已很普及。陶瓷向人们生活的各个领域渗透，产品遍及日用器具，如炊具、茶具、酒具等。此外，唾器、便器（虎子之类）、明器等至微至贱之物，以及文具（如镇纸、砚、笔洗）、寝具（如瓷枕、灯具）、各种摆设等也都采用陶瓷烧制而成。为此，许多瓷窑既能生产胎质细腻、釉色光润的名瓷，也能生产成本低、质量低劣的粗瓷。

随着陶瓷生产的社会化，一些历史悠久、自然条件和技术条件较好的瓷窑，逐渐形成了自己独特的艺术风格，并以此名闻天下。名窑的出现是唐代陶瓷生产发展的显著特征。

这时期名窑很多，有越州（今浙江绍兴）的越窑，浙江温州的瓯窑，鼎州（今陕西泾阳县附近）的鼎窑，婺州（今浙江金华）的婺窑，湘阴的岳窑，寿州的寿窑，洪州（今江西南昌）的洪窑，邢州的邢窑，邛州的邛窑等。这些名窑北起渤海，南到广州，西自秦州，东达于海，由此可见陶瓷生产规模之大。

隋到五代间的陶瓷基本是青、白两色。青瓷名窑有越、瓯、婺、岳、景德镇、鼎等窑，都在江南，只有鼎窑在江北；白瓷名窑中的邢、定、秦、邛、巩县、密县等窑在北方，只有邛窑在南方。所以青、白名瓷分据南北，隔江相峙，形成了"南青北白"的体系。其中白瓷技术已趋成熟。据 1958 年对唐代白碗的分析，白瓷胎中的氧化钙成分较高，烧成温度在1 200 ℃，非常接近现代细瓷的标准，已达到了"薄如纸、白如玉、明如镜、声如磬"的水准。于青、白以外，唐代还能生产黄、褐、酱、紫等色瓷，以及花瓷、绞胎瓷等。

举世闻名的唐三彩也是这一时期的作品。唐三彩是唐代三彩陶器的简称，属于低温铅釉陶器。主要用作明器，品类很多，花草虫鱼、童仆婢妾、楼台亭榭，各种形状都有。开元年间（公元 8 世纪初）盛极一时。

唐三彩的制法是以白黏土作胎，外施低温釉，釉中以铜、铁、钴、锰等金属作着色剂，铅作助熔剂，在大约 800℃温度下烧成。由于铅熔点低，首先熔化，其他具有各种不同颜色的金属氧化物颗粒在熔化的铅中浸润、扩散，呈现出绿、蓝、黄、白、褐、赭等多种颜色，交汇成缕缕束束、飘忽不定的图案来。颜色的多少和种类，视釉中着色金属的种类的多少以及炼制时氧化或还原状态的不同而异。唐三彩大多有黄、绿、白三种以上的颜色。

唐三彩由于色彩绚丽多色、造型优美传神，而且反映了唐代丰富多彩的社会生活，成为中国陶瓷中的精品。唐三彩远销国外，作为最具中国风格的艺术品而受到全世界人民的喜爱。

瓷器到了宋朝，在艺术上达到了高峰。宋瓷在形体方面继承、融合了周秦古铜器的造型艺术，并以现实生活为原型，树立了美观典雅、实用大方的风格。宋瓷注重形、色、质的完美统一，因此，宋瓷在质地上追求质料的纯净和工艺处理的规整，而且釉色趋于淳厚。宋瓷于古朴中不掩丰腴，淡雅中含着深邃，既不像隋唐瓷器那样拙朴，也没有后来明清时期瓷器的华贵浮艳，是中国艺术宝库中的瑰宝。

宋元瓷器在工艺技术上也达到了更高水平，青瓷、白瓷的制瓷技术发展更为纯熟。宋代青瓷在南方以龙泉窑为代表，在北方则以浅窑（河南汝州，今临汝县）最为出色。宋代青瓷十分精致，制瓷技术已达到炉火纯青的境界，是中国青瓷发展的鼎盛期。这一时期白瓷也得到进一步发展，并且突破了"南青北白"的局面，由北向南发展。白瓷以定窑（河北定州，今曲阳县）最为有名，称之为"北定"。南宋以后则以景德镇为主，称为"南定"。南定因其白度和透光度高而被誉为宋瓷的代表作品之一。

宋元时期已形成了著名的八大窑系：北方的定窑、磁州窑、均窑、耀窑；以及南方的景德镇窑、越窑、龙泉窑和建窑。其他如汝窑、官窑、哥窑等也都是一代名窑，有的还能独树一帜，自成系统。它们的作品各具特色、巧夺天工，构成了瓷器工艺技术百花争艳的繁荣景象。

定窑瓷器胎细、质薄而有光，瓷色滋润；白釉似粉，称粉定或白定。碗碟等多是复烧，碗口、碟边无釉，包铜边或金银边，它的制花技术也很有特色。

磁州窑以磁石泥为坯，所以它的瓷器又称为磁器。磁州窑多白瓷黑花，或作划花、凸花，别具一格。

均窑烧造彩色瓷器较多，以胭脂红为最好。均窑的窑变是宋瓷窑变中的代表作。

耀州窑胎骨很薄，釉层匀净，器壁内外布满花纹，产品十分精美。

景德镇瓷器质薄色润、光致精美，白度和透光度最高，是宋代制瓷技术的代表。

越窑瓷器胎薄而匀，小巧细致，光泽美观。

浙江处州琉华山下，有兄弟二人以制陶为业。哥哥叫章生一，弟弟叫章生二，所烧的瓷器均冠绝天下。后人把章生一的窑称为哥窑，也称琉田窑。

章生二的窑称为弟窑，又名龙泉窑或章窑。哥窑瓷器"其胎质细、性坚、体重，多断纹，隐裂如鱼子。亦有大小碎块纹，即开片也。釉以米色、豆绿两种居多，有紫口铁足。无釉之处所呈之色，其红如瓦屑。其釉极厚润纯粹，历千年而莹泽如新"（《饮流斋说瓷》）。弟窑多粉青或翠青色，与哥窑的唯一不同就是没有开片、断纹。龙泉青瓷釉色美丽光亮，非常悦目，受到后人的推崇。《春风堂随笔》就说"章窑所陶青器纯粹如玉，为世所贵"。

建窑所产黑瓷是宋代名瓷之一。大多采用紫黑色胎，胎很厚，黑釉光亮如漆，有的还有土黄色毫纹或银色斑点。

汝窑瓷器釉色以淡青为主，还有豆青、虾青、茶末等色，其色清润，釉层厚如堆脂，有的开片鱼子纹。

官窑瓷器胎釉都很薄，由于含三氧化二铁，当用还原焰烧制时，一部分还原为四氧化三铁。因此瓷胎成灰黑色，底足露胎还原较强而呈黑色，称为"铁足"。器口灰黑色泛紫，叫做"紫口"。"紫口铁足"也是宋瓷中的珍品。

宋元时期，制瓷技术有许多重要发明，如装烧技术方面的发明有宋代定窑发明的覆烧工艺和金朝后期也是创自定窑的砂圈叠烧法，然而最重要的是釉料方面的发明。

宋代名窑各有风格，或如泪痕，或如堆脂，千姿百态，美不胜收。施釉不同是其中一个重要方面。宋元发明的新釉有石灰碱釉、乳光釉、铜红釉和钴蓝釉等。这些釉料的发明，不但提高了传统瓷类的质量，有的还导致了瓷器新品种的出现，为制瓷技术的发展开辟了新领域。

以石灰碱釉为例，龙泉窑使用的石灰碱釉是用石灰加砻糠配成"乌釉"，再加入普通石灰釉中制成。石灰碱釉高温黏度大，不易流釉，可以把釉层涂得厚一些，避免了北宋以前习用的石灰釉因为高温黏度小、釉层薄，因而釉色显得浅薄轻浮的缺点。此外，还可以通过控制烧成气氛和温度，使釉层变幻出万千气象。例如温度低，还原气氛差，釉层中就会有较多的小气泡和未熔石英颗粒，对光线有强烈的折射作用，这就是龙泉粉青瓷；如果提高烧成温度和还原气氛，釉层颜色变深，就成了梅子青瓷。龙泉窑烧制的粉青和梅子青等青瓷代表了青瓷的真正高峰。此外，铜红釉的产生，直接导致了明清时期宝石红、祭红、郎红、桃花片等色瓷的出现，起到了别开洞天的作用。乳光釉、钴蓝釉的发明，在中国陶瓷史上也是了不起的成就。

总之，宋元时期的瓷器无论在胎质、釉料还是在制作技术上都有了新的提高。如纹饰有划花（凹雕）、绣花（针刺）、印花（板印）、锥花（锥凿）、堆花（凸堆）、暗花（平雕）、嵌花（刻嵌），以及剪纸贴花等技巧；在施釉上则有釉里红、釉里青、两面彩等手法。而且宋元时期的瓷窑结构合理，温度均匀，产品质量和数量均有大幅度的提高，有的一次可烧制2万件以上的瓷器。这些都表明，宋元瓷器制造技术已经达到登峰造极的境界。

四、建筑技术

隋唐时期，以木结构为主的古典建筑体系日趋成熟。在都城建设方面，建成了规模宏大、布局严整的长安城；在土木工程方面有长达4 000余里的京杭大运河；桥梁建筑有世界上最早的大型敞肩拱桥——赵州桥；其他如园林、寺塔建筑也达到了很高的水平。这些都标志着中国古典建筑技术的成熟。

隋唐的都城建筑技术在当时世界各国中是第一流的，其中长安城的改建更是中外称誉。隋开皇二年（公元582年）六月，隋文帝鉴于汉长安城狭小，不能满足当时社会政治、经济发展的需要，命令高颎、宇文恺等人在长安城东南的龙首山兴建大兴城。兴建大兴城的工程虽然是由高颎挂名负责，但整个工程的规划设计是由著名建筑学家宇文恺完成的。

宇文恺（555—612），字安乐，一生主持过许多大的建筑工程，曾在隋炀帝时升职为将作大臣、工部尚书，总土木之政 8 年之久。宇文恺在设计过程中"博考群籍、研究众说"，并用"一分为一尺"的比例（即 1：100）设计了明堂图样，做了木制模型。这是已知的中国最早的按比例绘制建筑图纸，是中国建筑技术的一大突破。

宇文恺主持修建的大兴城是一个由许多方块组合起来的体系。全市分为九个区，成"井"字形，区与区之间交通十分便利。为了解决城市供水排水以及环境美化的问题，宇文恺根据当时的地理环境和河道情况，开凿了永安渠、清明渠和龙首渠，三渠都经宫苑后再注入渭水。渠两边种植柳树，景致十分宜人，有"渠柳条条水面齐"之称。大兴城的建设还考虑了防卫问题，在城防方面利用相间的城壕组成防卫体系。

隋大兴城如此庞大的工程要求规划、设计、人力、物力的组织管理相当精确和严谨，还要认真考虑地形、水源、交通、军事防御、环境美化、管理以及经济文化等多方面因素。大兴城从公元 582 年 6 月开始兴建，当年 12 月就基本完成，第二年 3 月迁入使用，前后历时仅9 个月。其建筑速度之快，充分显示了当时中国的科学技术达到了很高的水平。唐代又继承营建，蔚成大观，重又易名为长安。隋、唐长安城规模宏大，人口众多，是当时世界上最大的城市，为后世城市建设提供了典范。

长安城的设计者宇文恺在建筑学上的另一贡献是建造了观风行殿。他采用大量制作标准化预制件的方法，实行建筑装配化，大大提高了建筑速度。

据说观风行殿的构造特点是"可离合为之"，随装随拆，速度之快，"有若神功"。而且"下施轮轴"，可往来移动。隋炀帝巡幸西北边隆时，曾经设了可容纳数百人的观风行殿，"戎狄见之，莫不惊骇"。

隋唐时期，中国传统的以木结构为主的建筑技术已然成熟。唐代五台山佛光寺东大殿建于大中十一年（公元 857 年），是中国现存最早的木结构建筑。大殿面阔 7 间，进深 4 间，由立柱、斗拱、梁枋组成梁柱式的构架。殿内外柱列和梁坊互相联结，组成一个稳固的整体，并以柱的侧脚加强构架和榫卯结合。殿的外檐斗拱使用了下昂和横拱，形制雄壮有力。屋顶的曲线轮廓由各层纵横的大小梁坊和檩条标高的变化形成，出檐深远。采用宏大的斗拱承托，给人以屋顶厚重有力的感觉。佛光寺东大殿有一套明确完整的构架体系，反映了唐代木结构建筑技术的成熟。

隋唐建筑，以匠心独运的石拱桥建造技术驰名中外。建于隋开皇中期（591—599）的安济桥，俗称赵州桥，横跨在河北赵州（今赵县）洨河之上，是现存最早的大型石拱桥。桥全长 50.82 m，拱券净跨度 37.37 m，桥面宽 9 m，桥脚宽 9.6 m。设计者隋代工匠李春为了减低桥梁坡度，提出了割圆式桥型方案。安济桥的拱矢只有 7.23 m，大大小于半径，与拱的跨度比约 1：5，属于坦拱，极大地便利了交通。李春最辉煌的功绩还在于对"拱肩"实行的改造。

他把以往拱桥中常用的实肩拱改为敞肩拱，在桥的两侧各建两个小拱作为拱肩，这是世界"敞肩拱"桥型的开端。敞肩拱不仅可以减少主拱圈的变形，提高桥梁的承载力和稳定性，而且敞拱肩比实拱肩节约原料，又减轻桥身的自重，从而减少桥台对桥基的垂直压力和水平推力。此外，汛期中还有协助泄洪的作用，建筑形象也比较美观。安济桥以首创的敞肩拱结构形式，精美的建筑艺术，标新立异的建筑技巧，在中外桥梁史上有着很重要的地位。

宋元建筑处在自唐风格向明清风格转化的过程中。因此这时期的建筑既不像隋唐那样朴拙雄浑，也不似明清的浮艳华丽，而是于雄壮中带些纤巧，虽巧丽而不离于雄浑。宋元时期的建筑技术日趋成熟，其中城市建设、《营造法式》反映的木结构建筑技术以及桥梁建筑技术都达到了新的高峰。

北宋时期汴京城（今河南开封）的商业和手工业特别发达，人口多达 120 万，是 10—12 世纪世界上最大的城市。汴京城是一座南北略长的长方形都城，中心部位为宫城，周围 20 里。又有内城和外城共 3 层，外城周围 40 里，共有城门 12 座，水门 6 座。汴河、蔡河、五丈河、惠通河流经城内，河道和街道交叉处建有各种桥梁，仅汴河上就有 13 座。汴京城在城市建筑上打破了唐代里坊制度，居民坊巷由封闭式变为开放式。城内出现了商业街，有的商业街与住宅相互交叉。街道两边二层楼房很多，临街建楼，建设商店等。商业活动早晚不停，经常有夜市，十分热闹。汴京城对城市防火和绿化比较重视，公共游乐场所也有所增加。这表明，汴京已是一座新型城市。由于宋代战乱频仍，城防工程也极为严密：外城城壕宽 10 多丈，每个城门都设瓮城，跨河部位建立铁闸门，城墙每百步还设马面、战棚。此外，南宋的临安城（今浙江杭州）、元大都（今北京）城市建筑也很有特色，是当时世界上最繁华的城市。

由于中国有着长期的建筑实践，北宋时对建筑技术作了一次总结。熙宁年间（1068—1077）开始组织编修建筑技术的规范，于元祐六年（公元 1091 年）完成了《元祐法式》的编写。可惜该书"只有料状，别无变造用材制度，其间工料太宽，关防无术"。因此李诫在哲宗绍圣四年（公元 1097 年）奉敕重修。

李诫（？—1110）字明仲，管城县（今河南郑州）人。他在任将作监期间，用了 3 年时间，于 1100 年编成《营造法式》一书，1103 年刊行。《营造法式》对历代工匠流传的经验以及当时的建筑技术成就作了全面系统的总结，是当时中原地区官式建筑的规范。李诫在将作供职 13 年，亲自主持过一系列大工程的修建，而且他不耻下问，亲自和工匠们一起逐项推敲研究建筑技术。因此，《营造法式》世代相传，成为不朽之作。

《营造法式》正文 34 卷。其中《总释》、《总例》2 卷，内容主要是统一名称，统一文例，使有关建筑的专有名词和术语标准化；又有《制度》13 卷，叙述木、石、砖、瓦、泥、彩绘等诸作活计的规格、形制和做法；《功限》10 卷，叙述估计工期或制订工程定额的法则；《料例并工作等第》3 卷，叙述工程用料的估算法，并根据工作的复杂程度对各工种（木、石、砖、瓦）内部进行等级划分。书中李诫根据"有定式而无定法"的编书方针，使建筑工艺标准化。最后是 6 卷图样，共有房屋仰视平面图、横剖面图、局部构件组合图、部件图、构件构造图、彩图、雕饰图、施工仪器图等多种，让使用者一目了然，便于施工。《营造法式》标志着宋代建筑技术向标准化和定型化方向的发展，贡献很大。

宋元时期桥梁建造技术已经纯熟，出现了不少技术上的突破。仅按结构分，就有拱桥、梁桥、悬桥、伸臂桥、开会桥数种。如果这些形式经过组合变幻，还能生出许多巧妙的新形式。宋元时期桥梁建筑兴盛的原因是与工商业发展的需要密切相关的。这时期建造的桥梁数量很多，特别是在宽阔水面上建造了不少大中型桥梁，形成了中国历史上的一个建桥高潮时期，在桥梁史上占有很重要的地位。其中最著名的桥梁有泉州洛阳桥、汴京拱桥和金代中都（北京）的卢沟桥等。

泉州洛阳桥在今福建省泉州市晋江、惠安两县交界的洛阳江入海处，宋名万安渡石桥。桥长 360 丈，宽 1.5 丈，分 47 孔，建于北宋仁宗皇佐五年（公元 1053 年）四月，嘉祐四年（公元 1059 年）十二月竣工，由泉州知州蔡襄主持修造。洛阳桥位于洛阳江入海口，江面开阔，水急浪高。为了解决桥梁基础问题，建造时首创了"筏形基础"的方法：在江底抛掷数万立方巨石，筑成宽 20 米、长 1 里的石堤，然后在石堤上建筑桥墩。为了解决桥基和桥墩的联结加固问题，建桥工匠们巧妙构思了"种蛎固基"的方法，利用海生动物牡蛎的石灰质贝壳附着在石块间繁殖生长的特性，在桥墩和桥基间大量种植牡蛎，使桥墩、桥基的石块通过牡蛎壳相互联结成坚固的整体。桥梁的安装采用了"浮运法"：先用船载石梁到桥下适当位置，潮落时，将石梁稳置在桥墩上。洛阳桥的建造凝聚了中国古代劳动人民的智慧，其中创立的许多方法，至今在桥梁工程中还广泛地使用着。

汴京（今河南开封市）虹桥建于北宋，是这一时期木拱桥的代表作。用木梁相接成拱，不用支柱，既易架设又便于通航。

五、造船技术

中国造船的历史非常悠久，早在上古时代就出现了筏和独木舟。到了春秋战国时期，造船技术已有相当规模，内河航运已然很发达，甚至能作近海航行。中国造船体系的形成大约是在秦汉时期。汉代生产楼船的技术很成熟，而且出现了船尾舵、高效率的推进工具帆等，还能进一步有效利用风帆，作印度洋沿岸的远航。再经过魏晋南北朝时期的发展，为隋唐宋元时期中国造船技术的高度发展奠定了物质基础。

唐代是宋元时期造船技术高度发达的准备阶段。唐代李皋发明了车船。李皋车船的意义在于它把船舶推进器的运动方式由平动变为转动，由断续作用变为连续作用，为实现船舶机械化迈出了重要一步。可惜，这样重要的发明在唐朝一直销声匿迹，默默无闻，只是到了宋代才有了重要进展。唐代出现的海鹘船的命运也是如此，到宋代才大量制造各种新型海鹘船。

造船技术在宋元时期的发展和当时的社会背景是分不开的。由于宋代在京城大量屯驻禁军，物质供应，特别是粮食供应成为当务之急。当时交通运输主要依赖水运，为此宋初建国即疏浚河道以通水运。以后大约每年还海运江淮米300多万石入京城，这极大地刺激了对船舶的需要。此外，宋元时期工商业很发达。原材料的周转，商品的流通也需要依靠船舶水运。当时凡靠江河溪流能通航的州县，往往工商业也因此繁荣昌盛。因此，宋元时期的水运是国家的命脉。

为此，宋代在全国各处修建官船场。江淮以南，广东、福建等沿海地区甚至每州都有自己的官船场。官船场主要由监官、正匠和兵级组成。监官由政府派充，是管理人员；正匠是政府以招募的名义拘收的技术工人；兵级是由厢兵中调归船场使用的杂力役。官船场规模往往很大，估计生产人员在400人左右。此外也有一些私船场也从事船舶制造。因此，宋代船舶数量众多，名类庞杂。

宋元时期造船技术的主要成就有三：

第一，先在动力机械方面，宋以前的造船技术的发展主要表现为船只形体的增大，当时的楼船往往高十余丈，容千百人。不过由于受动力机械的限制，无法撑驾，只能从上游顺水放下，经常"制不由人"。而宋代工匠在动力机械方面大显身手。例如宋代发展了车船。

车船的构造船体与普通船相差无几，只是不用桨楫而用车、轮。车装在船上，轮列在两房船侧之外，轮周横装短木板，叫做楫。车和轮以轴相连，踏车夫用脚踏车，通过轴带动轮一起转动，轮周的楫就泼水使船行进。同时，宋代车船往往车、桨并用，以车弥补桨船动力不连续的缺陷，以桨提高车船的机动灵活性。因此，宋代车船动力强劲、机动灵活，在中国造船技术史上独树一帜。除车船外，宋代还改进木桨船，制造了多桨船；合理利用风作动力制造帆船。这些都使得宋代船舶动力大为改观，为造船技术的发展打开了一个新领域。

第二，宋元时期的造船设备也有改进。隋朝时，大船的制造还必须在水中进行。船工立于水中，以至腰以下为海水浸泡，腐烂生蛆，极为悲惨。宋熙宁中（1068—1077），宦官黄怀信设计修造龙舟的设施时发明了船坞。方法是先凿一个可以容纳龙舟的大澳，下面置柱，架大木梁。使用时先引水入澳，龙舟驰入，然后车出澳中的水，船体下落时就停在木梁上以供修复。修完后放水入澳，船身浮起。因为澳上建大屋，作为藏船之所，故称船坞。金朝官员张中彦又发明了滑道，用大木修治成斜坡，乘凌晨霜滑时使人拽船入水。船坞和滑道的发明改善了船工的工作条件，对船舶制造业的兴起大有裨益。

第三，远洋巨型海船的制造是宋元时期的另一大成就。根据马可·波罗的记载，海船船身用枞木或松木制造，有1层甲板；船底和两舷用2~3层木板，有4层舱室，共有房间50~100间左右；一般4~6桅，每船8~10橹，每橹4人。大船甲板下的内舱之间采用水密隔舱，严密分隔。即使有一部分漏水，也不会流入它舱，导致全船沉没。远洋海船的巨大坚固和水密隔舱保证了航行安全，促进了宋元海运的发展。例如1281年郑震率航海商船从泉州出发，经印度洋航线花了3个月时间到达斯里兰卡，为中国海运赢得了声誉。

中国造船技术独辟蹊径，自成体系。西方的木帆船是从剡木而成的独木舟发展起来的，因此其纵向主要构件是龙骨，横向主要构件是一条一条的肋骨。而有人说："中国船则从竹筏演变而成，把前后两端翘起来作为船头船尾。"因此，中国木帆船主要依靠大的夹持，横向强度靠短间距的横舱壁，在受力较大的地方则设面梁。所以中国木帆船船尾中央比较适于装轴舵。用指南针导航，用船尾舵掌握航向和有效利用风力被称为远洋航行的"三大必要条件"。因此，欧洲借鉴了中国的造船技术，并使用了中国发明的罗盘和舵，才真正开始了海上远航，并于 15 世纪开辟了航海的新时代。贝尔纳为此高度评价中国的发明："用了这两种发明物，在广阔海洋上航行就成为可以实现的，而这类航行就大部分代替了早先迂回的沿岸往来。它仍破天荒第一次开放了大洋，供人探险、战争和贸易，引起了巨大而迅速的经济和政治的效果。"

六、四大发明

举世闻名的中国四大发明——火药、指南针、印刷术、造纸术，对于世界文明的影响是任何其他技术发明所无法比拟的：火药把骑士阶层炸得粉碎；指南针直接导致了新的地理大发现；印刷术和造纸术的推广为传播世界文化知识提供了极大的便利。可以毫不夸张地说，四大发明是照亮黑暗中世纪的第一缕曙光，是中国为世界文明作出的最卓越的贡献。

我们已然在中世纪化学史部分提到了火药的发明和传播，而指南针由于运用了大量的地磁学知识，我们在物理学史部分对它作了综述。至于印刷术和造纸术，均属于典型的生产技术，现特别予以重点介绍。

印刷术有"文明之母"之称，在技术史上占有很重要的地位。隋唐时期，中国通用的是雕版印刷术，而到了宋代，活字印刷术诞生并逐步推广开来。

雕版印刷术主要包括两个工艺过程：刻板和印刷，就是把文字反写在木板上，雕刻成为阳文反字的模板，字面向上放置；然后刷墨、贴纸，揭下来后就成为带字的书页了。

雕版印刷术发明的确切日期现在还无法确认。有人认为最早可推溯到东汉恒帝延熹八年（公元 165 年），但较为可信的说法认为是在隋朝。因为据隋代费长房《历代三宝纪》记载，开皇十三年（公元 593 年）12 月 8 日，隋文帝杨坚诏书中有"废像遗经，悉令雕撰"的词句。还有一些其他的材料可以间接证明。因此，认为它出现于 6 世纪初的隋唐之际，是比较一致的看法。

雕版印刷一般选用纹质细密坚实的木材为原料，虽然木刻费时费工，但由于木刻工艺比较简单，印刷便捷，较以往传统的手写传抄优越百倍。而且费用也比较低廉，因而深受人们欢迎。雕版印刷术不断被推广和传播，到 9 世纪时已相当普遍，成为一种新兴的重要手工业部门，对人们的经济生活和科技文化生活起着越来越大的作用。

早期的印刷活动主要在民间流传，尤其在宗教活动中大量使用。这是因为隋唐时期佛教昌盛，佛像、佛经的需求量很大。而手抄绘画费时费工，根本满足不了需要。因此大量使用雕版印刷，发行量甚为可观。此外，雕版印刷术还用于刻印诗集、音韵书和教学用书，以及历法、医药等科学技术书籍的印刷，有力地推动了学术的交流与传播，极大地丰富了人们的精神文化生活。

雕版印刷术产生后，首先传入邻近亚洲各国。大约于公元 10 世纪末传入朝鲜，稍后又传入日本、越南等国。13 世纪末，通过印制纸钞传入伊朗，再从伊朗传入非洲的埃及，最后传入欧洲。欧洲现存的公元 1423 年的《圣克利斯朵夫像》就是用雕版印制的。

在唐代的基础上，宋代的雕版印刷术更加发展，趋于鼎盛。不过雕版印刷虽然一版能印制成百上千本书籍，但刻版很费工费时，一本大部头书往往要花费几年时间。而且版片体积庞大，存放不便。如果印刷印量少而又不重印的书，版片用后便成了废物，很浪费人力、物力。因此，雕版印刷术进一步发展的结果是宋仁宗庆历年间（1041—1048），平民毕昇发明了活字印刷术。

活字印刷术既能节约费用，又能缩短时间，非常经济方便。活字印刷术是世界印刷技术史上的又一次伟大的创举，影响十分深远。

毕昇生平事迹已不可考。他可能是一个工匠，起初在宫中供职为锻工，后来告老回杭州。由于杭州刻书业昌盛，人人都知刻板的困难，因此毕昇创意烧制泥活字。沈括的《梦溪笔谈》详细记载了毕昇发明的活字印刷术的原理。

活字印刷术的基本原理，与近现代盛行的铅字排印方法完全相同。毕昇用胶泥制成泥活字，一粒胶泥刻一个字，经过火烧后变硬。事先准备好一块铁板，将松香、蜡以及纸灰等混合在一起放在铁板上。铁板上再放一铁框，在铁框里排满泥活字。排满一框后放在火上加热，松香、蜡、纸灰遇热融化，冷却后便将一框泥活字都粘在一起。这时用一块平板将泥活字压平，然后刷墨印刷。一版印完，将铁板放在火上加热，松香和蜡融化后即可取下泥活字，以便再用。为了提高效率，将两块铁板交替使用，一板印刷，另一板排字。

第一板印完，第二板又已排好，印刷速度相当快。同时准备好几套泥活字，可以重复使用。最常用的如"之"、"也"等字往往各有 20 多个，可以保证一板当中不至于缺字。至于生僻字，则临时写刻，烧成后马上就能使用。

毕昇完成了印刷技术史上最重要的突破，但他的活字印刷效果仍不理想。由于泥字吸水性能差，用水墨印刷，笔画往往不够清晰。因此，元初著名农学家王祯又改进制成了木活字。他在所著的《农书》中，对于刻写字体，以及如何印刷等方法都作了详细的记述，较好地解决了木活字印刷中的一系列具体的技术问题。他于 1298 年试印了 6 万多字的《旌德县志》百部，不到一个月就完成。速度既快，质量又好。木字吸水性较强，这是当时用水墨印刷的最佳方案了。此后元代的铜活字，明代的铅活字，只有在改水墨为油墨以后才真正超过木活字。

值得称道的是，王祯采用以字就人的科学方法，创造了转轮排字架。他将活字按韵分放在轮盘的特定部位，每韵每字都依次编好号码，登录成册。

排版时一人从册子上报号码，另一人坐在轮旁转轮取字，既提高了排字效率，又减轻了排字工人的劳动强度。

元代的木活字印刷术成熟后很早就传入朝鲜，再经朝鲜传入日本，此后又开始向中亚传播。活字印刷术传入欧洲的路途可能是由蒙古人经俄国传入德国的。欧洲最早制造活字板的是德国梅因兹地方的谷腾堡，时间约在公元 1444 年到 1448 年之间，比毕昇晚了约 400 年。

活字印刷术不仅直接影响了亚洲各国，并且直接影响了世界的文明和进步，两位伟大的科学家毕昇、王祯功不可没。

　　四大发明之一的造纸术最早是由中国汉代的蔡伦发明的。自蔡伦造纸之后，中国的造纸术不断革新和进步。到隋唐时期，纸早已代替帛、简之类，成为普遍的书写材料。由于隋唐印刷术的发明和推广，极大地促进了造纸业和造纸技术的发展，造纸作为新兴的手工业遍及全国。

　　造纸所用的原料最能反映出某一时期造纸工艺技术的发展程度。例如，魏晋南北朝时造纸技术已较汉代大有改观，就突出表现在除原有的麻、楮等外，桑皮、藤皮也被利用来造纸。当时北方主要使用麻和楮，南方则多采用藤皮。南方的藤纸由于质地匀细，外观整洁平滑，成为官方文书用纸而名噪一时。因此，南北朝造纸技术水平是明显高于汉代的。

　　到了隋唐时期，除了传统的麻纸、楮皮纸、桑皮纸、藤纸等继续发展外，同时又不断开拓利用了竹、檀皮、麦秸、稻秆等新的造纸原料。其中，竹纸的问世标志着中国造纸技术的重要突破。竹纸出现后，由于它原料多、产量大、成本低，因此竞争力很强，很快取代成本较高的藤纸推广开来。到了宋初，甚至还出现了"姚黄"、"学士"、"召公"这样的上品。

　　用于书法、绘画的宣纸也是在唐代问世的。这种纸产于安徽宣州（今泾县）附近，唐代称这种宣纸为"玉版宣"。当时的宣纸以檀皮为原料，因此产量很低，但质量很高。其质地细腻、洁白柔软，且经久而不变色，被誉为"莹润如玉"。至今，宣纸仍然是纸中珍品。

　　此外，唐代造纸中的加矾、加胶、涂粉、洒金、染色等加工技术也大有改进。因此，唐代的纸品种繁多，美观幽雅。有名的十色笺、五色金花绫纸、薛涛深红小彩笺等，都是这一时期的佳作。

　　宋元时期造纸进一步普及。这一时期北方的桑皮纸、江南的楮皮纸、蜀中的藤纸、越中竹纸，工艺水平很高，都享有盛誉。造纸术也传到民间。民间用简单的方法，就可以制出糊窗纸、草纸、牛皮纸等民间用纸。这种古老的方法一直流传至今。同时造纸技术和造出的纸张，也陆续传到了世界各地。

　　造纸术与印刷术相辅相成，携手为世界文明进步、科学繁荣作出了卓越的贡献。

思考题

1. 中国古代数学领域的代表人物有哪些？
2. 简述中国与世界古代天文学相比的独特性。
3. 宋代的医学分科更加精细，发展到九科，分别是哪些？

第三篇

近代科学的诞生

JINDAI KEXUE
DE
DANSHENG

JINDAI KEXUE DE DANSHENG

近代科学在欧洲的诞生不是偶然的，它是欧洲历史发展的必然趋势。欧洲历史发展到中世纪晚期，各国封建社会处在动荡之中，新兴资产阶级势力迅速壮大，封建主和教会势力不断削弱。正是在这样的大环境下，文艺复兴运动得以冲破保守势力的重重阻挠蓬勃开展。继而，宗教改革运动席卷全欧洲，进一步打击了教会的权威和动摇了封建主的统治。被长期禁锢的思想得到了解放，各种陈规陋习被逐一冲破。所有这一切，都为近代科学的诞生提供了有利的环境。

在社会大变动的时期，新兴资产阶级为了壮大自己的力量，努力发展生产和经济。与此同时，他们深深感到掌握自然知识的迫切性。一些开明的君主和政府出自巩固政权、增强国力的需要，也认识到推动科学研究的好处，于是纷纷慷慨解囊，资助科学事业，一时各种科学社团和研究机构犹如雨后春笋纷纷涌现，兴建实验室、天文台，定制和实施大规模的研究计划成为时尚。正是在这样的有利环境下，近代科学以更快的步伐在欧洲各国诞生了。

第九章　科学在欧洲的复兴

欧洲科学技术的飞速发展不是突然发生的，它有一个过程，一个准备的阶段。这个阶段就是一度衰亡的古代希腊文化在欧洲的复兴。

第一节　文艺复兴

近代科学是伴随着文艺复兴开始的。文艺复兴是指中世纪末起，以意大利为中心所掀起的新文化、新思想运动，时间是从 14 世纪一直持续到 16 世纪。但丁的《神曲》和薄伽丘的《十日谈》拉开了这个时期的序幕。达·芬奇的《蒙娜·丽莎》、《最后的晚餐》，拉斐尔的《圣母玛利亚》，米开朗基罗的《大卫》、《摩西》等绘画和雕塑，以及莎士比亚、塞万提斯等人在文学领域的复兴著作，都是这个时代最杰出的成果，他们讴歌着人性的解放，呼唤着理性和自由。诗人、画家和文学家的创作和探索激起了人们对自然现象的新的兴趣。在这样一个思想解放的时期，弘扬人性的氛围中，科学在一系列革命性的成果推动下，进入了一个崭新的时代。

文艺复兴是要从古代文化中吸取民主思想和理性主义，产生新的世界观，以与封建的宗教世界观相抗衡。文艺复兴运动的主旨是肯定人的价值，要求运用文学艺术表达人的思想感情，主张教育要发展人的个性，社会要发挥人的才能，满足人的欲望，这些主张构成被人们称为"人文主义"的思潮。这股思潮有力地冲击了中世纪以来形成的教会的绝对权威，解放了人的思想。文艺复兴运动不仅造成了欧洲近代文学和艺术的繁荣，产生了大量的文学艺术史上不朽的戏剧、小说、绘画和雕刻作品，同时也有力地促进了自然科学的解放。文艺复兴破除了人们对宗教神圣不可侵犯的迷信，培育了自由研究的精神，引导人们去观察和研究自然界。古典学术的复兴使那时的知识分子了解到古希腊、古罗马十分活跃的学术思想和科学技术成就，这不仅鼓舞了他们进行独立思考的勇气，而且为他们研究科学技术提供了丰富的思想营养和方法启示。哥白尼、伽利略、维萨留斯和哈维等都是在文艺复兴的氛围中成长的通晓古典学术的大师。他们从古代人那里找到了自己学说的种子和雏形，并且敢于对抗宗教的势力，提出"离经叛道"的新的科学学说。

在某种程度上，近代思想基本上是古代的复活，是借助古代学术而问世的。近代科学在它的早期阶段，也是得益于古代流传下来的天文学、数学和生物学等论著，其中更有阿基米德的力学论著以及亚历山大里亚的维特鲁维乌斯等的技术著作。

列奥纳多·达·芬奇（Leonardo da Vinci，1452—1519）是文艺复兴时期最为杰出的人物。在他的身上集中体现了文艺复兴的精神，他是一个多才多艺学识渊博的文化巨匠，人类历史上罕见的全面发展的伟人。他为我们留下的五千页"札记"中充满了以实验为基础的科学思想，到处表现出他对实验和经验的尊重，他不仅是一位留下像《蒙娜·丽莎》和《最后的晚餐》等 12 幅名画的杰出画家和雕刻家，更为重要的，他还是通晓各种科学知识的科学家和精通工程、建筑、土木、水利、兵器等各种技术的工程师。达·芬奇是一个非常注意把自己的具体工作和科学技术联系在一起的天才人物。据说为了塑造一位将军骑马的青铜像，他画了大量不同姿势的马的画稿，作了马的解剖，研究了炼铜炉、风箱以及蒸汽、热和光，还考察了利用热的抽水机，等等，整整花费了 16 年的时间。达·芬奇又是一位重视自然的哲学家，他曾经对在远离海边的地层发现贝壳感到惊异，并坚持自己地质变迁的基本理论观点；他曾经观察鸟飞行的方法，借以发明滑翔机；他还经常到纺织厂、铁厂、大炮铸造厂去观察机械的结构，他设计了压力计，发明了压缩蒸汽点火枪，还为佛罗伦萨设计了防洪工程，为法国制定过运河的建设计划。达·芬奇把自己长期研究和考察的结果都详细地记录在自己的札记中，他不懈地对自然进行观测和探求自然规律，努力把自然的力和科学的力结合在一起，坚持"自然界不破坏自己的规律"的思想，使他成为那个时代最伟大的科学人物。

第二节　地理大发现

文艺复兴时期另外一项重大的事件就是地理大发现。15 世纪末到 16 世纪初，欧洲人开辟了横渡大西洋到达美洲、绕道非洲南端到达印度的新航线，第一次环球航行也取得了成功，这在历史上被习惯地成为"地理大发现"。随着资本主义的快速发展，从 15 世纪下半叶开始，新兴的欧洲要求扩大贸易和到海外去寻找财富的意愿越发强烈，加之原来东西方贸易的陆路通道由于土耳其的扩张而受阻，海路通道又为阿拉伯人所垄断，因此欧洲人试图渡过大西洋，另辟通往印度和中国的通路，远洋航海和探险事业由此应运而生。当时的欧洲已经有了多帆船，能够在大海上张开数个帆顶风自由地航行，此时虽然有了指南针，不过还没有人敢于横渡一望无际的大西洋。在多种社会力量的推动下，欧洲掀起了航海探险的热潮，出现了一大批探险家。

克里斯托弗·哥伦布（Christopher Columbusr，1451—1506）出生在意大利港口城市热那亚。哥伦布年轻时就是地圆说的信奉者，他十分推崇曾在热那亚坐过监狱的马可·波罗，立志要做一个航海家。哥伦布 14 岁就上船出海，曾当过海盗。在热那亚时，他已大概学会了绘制地图，并具有了比较丰富的航海经验。那时意大利热那亚是欧洲航海业的中心，在造船以及航海器材和航海图的制作方面均有较高水平。1476 年，他服务的那条船被法国舰队击沉，幸好出事地点离葡萄牙海岸不远，他靠一根漂浮的长桨上了岸，后来到了里斯本。而那时他的兄弟巴托洛缪·哥伦布正好在里斯本经营绘制、出售航海图的生意。

受托勒密的影响，哥伦布确信，地球是圆的，从西方的边缘到东方的边缘的陆上距离非常遥远，而西班牙到印度之间的海路距离很近。根据一系列错误的判断，哥伦布计算出亚洲的位置几乎正好是在美洲的大西洋海岸。

1484 年，哥伦布向葡萄牙国王提出了关于开辟西方航线到达印度群岛的计划，并希望国王投资于这项探险活动。但国王的顾问们认为，哥伦布大大低估了西航到亚洲的路程，因而他的要求没有被接受。尤其是在 1488 年迪亚斯绕过好望角并发现确有一条通向印度的东方航线之后，哥伦布在葡萄牙就失去了任何希望。

哥伦布只好把希望寄托到葡萄牙的竞争对手西班牙身上。1492 年，西班牙国王在几经犹豫之后，终于同意资助哥伦布的探险计划，他得到了百万金币的装备。1492 年 8 月，哥伦布率领 87 名船员，乘"圣玛利亚"号、"品脱"号、"尼雅"号 3 艘帆船驶离海岸，开始了历史性的航行。为了避开北大西洋强劲的西风，他先向南航行至加那利群岛，然后借助于东北贸易风，转航西方，经 70 昼夜的艰苦航行，1492 年 10 月凌晨终于发现了陆地。哥伦布以为到达了印度，后来人们知道，哥伦布登上的这块土地，属于现在中美洲巴勒比海中的巴哈马群岛，他当时为它命名为圣萨尔瓦多，这是欧洲人第一次发现并登上新世界的土地。随后，哥伦布又到了一些岛屿，寻觅想象中的黄金，最后在海地岛（哥伦布将其命名为埃斯帕诺拉）建立了一个据点，并留下了部分船员。1493 年 3 月，他返航西班牙，受到隆重欢迎。他满怀信心地报告，他已到达了"印度群岛"。

1493 年 9 月，哥伦布率领 1 000 多船员和 17 条帆船第二次启程西航。到达埃斯帕诺拉后，发现当初留下的船员已全部被当地土著所杀，于是船队到了今多米尼加北部海岸，在这里建立了欧洲人在美洲的第一个城市伊萨贝拉。随后，他又发现了牙买加。而在他到达古巴西端的科尔特斯湾时，海岸线开始折向南方，他却以为自己已经到了黄金半岛（马来半岛）东海岸的开端，并相信在其终端会出现通往印度洋的海路。然而，就在他只要再继续向前航行几十英里就能发现这里只是一个岛屿的时候，由于船只破损，给养不足和船员的不满，他决定返航。

1498 年 3 月，哥伦布第三次西航，发现了特立尼达岛，随后还登上了南美大陆，但他又把自己登陆的土地误认为是海岛。

1501 年，哥伦布第四次远征，发现了古巴以南的大陆即中美洲海岸，并考察了大约 1 500 km 的加勒比海西南海岸。

就在哥伦布航海探险期间，意大利另一个航海家亚美利加考察了南美洲东北部沿海，断定这个地区不是印度，而是一块新大陆。后来，人们用他的名字给新大陆命名为亚美利加洲。

而哥伦布发现了新大陆，但他自己至死都以为是到了东方的印度群岛。所以至今地理上仍称加勒比海域各岛为西印度群岛。

与此同时，葡萄牙的达·伽马开始了开拓欧印航线的探险。瓦斯科·达·伽马（Vasco da Gama，1460—1524）出生于葡萄牙一个名望显赫的贵族家庭，其父也是一名出色的航海探险家，曾受命于国王若昂二世的派遣从事过开辟通往亚洲海路的探险活动，几经挫折，宏大的抱负竟未如愿以偿而却溘然去世了。达·伽马的哥哥巴乌尔也是一名终生从事航海生涯的船长。

1497 年 7 月，达·伽马奉葡萄牙国王曼努埃尔之命，率领 4 艘船共计 140 多名船员，由首都里斯本起航，踏上了去探索通往印度的航程。经过艰苦的努力，终于于 1498 年 5 月到达了印度南部大商港卡利卡特。1499 年 9 月，达·伽马带着仅剩下一半的船员胜利地回到了里斯本。

完成绕地球一周使命的是葡萄牙人麦哲伦和他率领的船队。斐迪南·麦哲伦（Fernando de Magallanes，1480—1521）是葡萄牙航海家，青年时期曾随远洋船队到过印度和马六甲，1512 年至 1513 年初，足迹遍及苏门答腊、爪哇、西里伯斯（今苏拉威西岛）、班达群岛等地，为环球远航积累了丰富的航海经验。1518 年 3 月，西班牙国王接受了麦哲伦提出的探险计划。经过一年半的准备，麦哲伦于 1519 年 9 月率领了 5 条帆船离开了西班牙南部港口圣卢卡尔，开始了他的著名远航。经过两个月的航行，探险船队到了巴西的东端，并由此沿海岸向西南方向航行，仔细搜寻可能的海峡通道。1520 年 3 月，船队到了约在南纬 49°的圣胡利安港，并在此休整过冬。1520 年 8 月继续南下通过"麦哲伦海峡"，驶入了"大南海"（即太平洋）。此后，麦哲伦和他的探险队看到的是一望无际的海洋。由于在此后的航行中，他们再没有遇到风暴，就将这片海洋称为"太平洋"。

麦哲伦首先沿南美洲西海岸向北航行了一段距离，然后转向西北，于 1521 年 2 月在西经 158°处越过了赤道，3 月 6 日到达关岛。在停留了 3 天之后，他们又航行了一个星期，来到菲律宾群岛，这是欧洲人从未到过也从未提及过的一个群岛。3 月底，船队驶抵马萨瓦岛，在这里，当年麦哲伦在马六甲买的一个奴隶、这次随他远航的仆人，听到了自己的母语。麦哲伦意识到，他已到达了马来语地区。他终于找到了向西航行通向东方的航路，而这是哥伦布和其他许多探险家所未能找到的。他实际上已经完成了环球航行，证明了地球是圆的，在海洋上朝着一个方向航行，最终能够回到出发地点。1521 年 3 月，麦哲伦船队到达菲律宾群岛，因参与岛上部族的战争，在 4 月初的一次争斗中麦哲伦受重伤而死。其余船员们分乘剩下的两条船，于 11 月抵达印度尼西亚东北部的马鲁古群岛，即摩鹿加群岛——欧洲人梦寐以求的"香料群岛"。在这里他们留下了一条必须修理的帆船，只有"维多利亚号"一条船开始了绕地球半圈的回程航行。1522 年 9 月，"维多利亚号"在经过了将近 3 年的艰苦航行之后，回到了西班牙的圣卢卡尔港，最初的 260 人，只剩下了 18 人。这次人类历史上空前的航行，证实了所有的海洋都是互相连接不可分割的，纠正了原有的错误概念，从而使人类认识了自己生活的这个星球的真相。

这一时期的航海探险都是在基本上无法准确测定经纬度的时代进行的，除了它的经济成果以外，也使得整个欧洲在观念上发生了巨大的变革。航海探险大大激发了人们探索自然的热情，也极大地鼓舞了人们征服自然、利用自然的勇气。值得指出是，中国古代的发明经过各种渠道从大约 12 世纪起陆续传入欧洲，使整个欧洲出现了生气勃勃的景象。其中指南针成为了欧洲航海和地理大发现中必不可少的观测工具。

文艺复兴的重要成果之一是促进了近代科学的诞生。地理大发现推动了天文学和力学的发展。从 15 世纪中叶到 17 世纪中叶，在一系列科学革命的推动下，近代科学以崭新的面貌诞生于欧洲。各个科学领域均取得了重大突破，新的学科也相继诞生。

思考题

文艺复兴为近代科学的诞生提供了怎样的前提和基础？

第十章　科学革命

近代科学革命，是指发生在 16、17 世纪时自然科学领域中的一次伟大变革，是在欧洲社会变革的背景中发生的。文艺复兴和宗教改革在文化思想领域"摧毁了教皇的精神独裁"，为科学革命的产生创造了精神条件；地理大发现使欧洲人开阔了视野，获得了财富，为科学革命奠定了物质基础；手工业技术（如钟表、望远镜和显微镜）的发展为科学革命提供了技术条件。在这些因素所形成的合力的推动之下，近代科学开始了自身的革命性发展历程。这场革命主要以波兰天文学家哥白尼和比利时解剖学家维萨留斯同时于 1543 年分别出版的《天体运行论》和《人体构造》为标志。真正将近代科学推向快速发展道路的是开普勒和伽利略，而牛顿则对这一时期的主要科学成就进行了综合，最终完成了这次科学革命。

第一节　哥白尼和《天体运行论》

尼古拉·哥白尼（Nicolaus Copernicus，1473—1543）出生于波兰维斯杜拉河畔托伦城的一个商人家庭，10 岁丧父后，舅父卢卡斯承担起了抚育他的重任。1491 年至 1495 年，哥白尼进入波兰旧都的克拉科夫大学学习，这所大学以天文学和数学称著于当时的欧洲。在这所学校里，哥白尼虽然获得了医学学位，但他对天文学产生了浓厚的兴趣，花了大量的时间阅读天文学和数学著作，研究理论和实用天文学，学会了使用天文仪器进行观测。

1496 年，23 岁的哥白尼前往意大利求学，先后进入博洛尼亚大学、帕多瓦大学和费拉拉大学学习和研究法律、天文学、数学、神学和医学，他同时还学会了希腊文。在博洛尼亚期间，博洛尼亚大学的天文学家德·诺瓦拉（De Novara，1454—1540）对哥白尼影响极大，在他那里哥白尼学到了天文观测技术以及希腊的天文学理论。

1503 年，哥白尼从意大利回到波兰，任牧师职务。在牧师工作期间，他也将许多精力倾注于天文学的研究和观测。他利用教堂城垣的箭楼建立了一个小小的天文观测台，自制了一些观测仪器，经过三十年如一日坚持不懈的努力，哥白尼完成了他的天体运行体系，写出了划时代的巨著《天体运行论》。

一、日心地动说的创立

自古以来，人类就对宇宙的结构不断地进行着思考，早在古希腊时代就有哲学家提出了地球在运动的主张，只是当时缺乏依据，因此没有得到人们的认可。在古代欧洲，亚里士多德和托勒密主张地心学说，认为地球是静止不动的，其他的星体都围着地球这一宇宙中心旋转。这个学说的提出与基督教《圣经》中关于天堂、人间、地狱的说法刚好互相吻合，处于统治地位的教廷便竭力支持地心学说。因而地心学说长期居于统治地位。

随着事物的不断发展，天文观测的精确度渐渐提高，人们逐渐发现了地心学说的破绽。到文艺复兴运动时期，人们发现托勒密所提出的均轮和本轮的数目竟多达 80 个左右，这显然是不合理、不科学的。人们期待着能有一种科学的天体系统取代地心说。在这种历史背景下，哥白尼的地动学说应运而生了（见图 10.1）。

约在 1515 年前，哥白尼为阐述自己关于天体运动学说的基本思想撰写了一篇题为《浅说》的论文，他认为天体运动必须满足以下 7 点：

（1）不存在一个所有天体轨道或天体的共同中心。

（2）地球只是引力中心和月球轨道的中心，并不是宇宙的中心。

（3）所有天体都绕太阳运转，宇宙的中心在太阳附近。

（4）日地距离同天穹高度之比，就如同地球半径同日地距离之比一样渺小。地球到太阳的距离同天穹高度之比是微不足道的。

（5）在天空中看到的任何运动，都是地球运动引起的。

（6）在空中看到的太阳运动的一切现象，都不是它本身运动产生的，而是地球运动引起的。地球带着大气层，像其他行星一样围绕太阳旋转。由此可见，地球同时进行几种运动。

（7）人们看到的行星向前和向后运动，是由于地球运动引起的。地球的运动足以解释人们在空中见到的各种现象。

此外，哥白尼还描述了太阳、月球、三颗外行星（土星、木星和火星）和两颗内行星（金星、水星）的视运动。哥白尼批判了托勒密的理论，科学地阐明了天体运行的现象，推翻了长期以来居于统治地位的地心说，从而实现了天文学中的根本变革。

二、《天体运行论》

哥白尼认识到《浅说》中的论断是假设的方式提出的，且他的模型所用数据并非亲自观测得出，缺乏可信度。1515 年，哥白尼便开始着手准备撰写《天体运行论》这一更为完整的论著。十几年来，哥白尼进行了大量的天文观测，收集了大批资料，终于在 1533 年完成了这部巨著的初稿，随后，他又长期进行观测、验证、修改，使得他的宇宙体系更具说服力，成为一种科学理论。

《天体运行论》共分6卷。第1卷简要介绍了日心学说的基本观点，是全书的总纲。论述了地球的运动、各星球轨道的位置、宇宙的总体结构，论证了为什么地球也是一个行星，并解释了四季循环的原因，回答了对地动说的种种责难。第2卷介绍数学原理，运用球面三角运算来说明天体的视运动。第3卷讨论地球绕太阳的运动。第4卷讨论月亮绕地球的运行。第5卷讨论五大行星的运动，并着重论述地球运行如何影响着诸行星在经向的视运动，以及如何使所有这些现象具有准确而必然的规则。第6卷继续论述行星运动，着重考虑造成诸行星在纬向偏离的那些运动，表明地球运动如何支配着这些现象，并确定它们在这一领域中所遵循的法则。

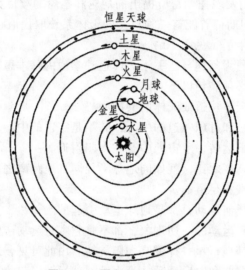

图 10.1　哥白尼的日心体系

《天体运行论》的第一卷是全书的精髓，先后论述了"宇宙是球形"、"大地也是球形"、"天体的运动是均匀永恒之圆运动或复合运动"。哥白尼说："天体的这种旋转运动对于球来说是固有的性质，它反映了球形的特点。球这种形状的特点是简单、没有起点、也没有终点，旋转时不能将各部分相区别。而且球体形状也正是旋转作用本身造成的。"

哥白尼赞同毕达哥拉斯学派的主张，即应当用简明的几何图像来表示宇宙的结构和天体的运行规律。在第一卷的第十章中，哥白尼正确地将行星以及地球绕日运转轨道进行排列，并刊载了他的宇宙模型图。这张天球次序图在当时是人类认识宇宙的一次巨大飞跃。

哥白尼在《天体运行论》中还详细讲解了地球的3种运动（自转、公转、赤纬运动）所引起的一系列现象，岁差现象、月球运动、行星运动及金星、水星的纬度偏离和轨道平面的倾角。《天体运行论》的诞生使当时所知道的太阳系内天体的位置和运动状况更为完整了。

三、哥白尼之后天文学的继续发展

哥白尼在其所著的《天体运行论》中阐述了日心说，认为地球并不是宇宙的中心，太阳才是宇宙的中心，所有的天体都是围绕太阳运转，而非围绕地球运转。日心说与欧洲中世纪宗教神学的理论相抵触，哥白尼害怕教会反对，《天体运行论》完稿后，迟迟不敢出版，直到1541年才终于决定将它出版。由于哥白尼的学说触犯了基督教的教义，因此遭到了教会的反对，哥白尼的著作也被列为禁书，但哥白尼的学说后来得到了许多科学家的继承和发展。

乔尔丹诺·布鲁诺（Giordano Bruno，1548—1600）出生于意大利那不勒斯附近的诺拉镇，自幼丧失父母，家境贫寒，由神甫收养长大。

布鲁诺自幼好学，终于成为当时知识渊博的学者。布鲁诺接触到哥白尼的《天体运行论》后，立刻对哥白尼的理论产生了极大的兴趣，从此，他抛弃宗教思想，只承认科学真理，并为之献出了生命。布鲁诺信奉哥白尼学说，成了宗教的叛逆，被指控为异教徒并被开除了教籍，公元1576年，布鲁诺不得不出逃并长期在国外漂泊。在国外漂泊期间，布鲁诺到处宣传哥白尼学说，到处宣传科学真理，并激烈抨击经院哲学的陈腐思想。

布鲁诺丰富和发展了哥白尼学说。在布鲁诺所著的《论无限、宇宙和众世界》中，布鲁诺提出了宇宙无限的思想，认为宇宙是统一的、物质的、无限的和永恒的，在太阳系以外还有不计其数的天体，人类所看到的只是其中极为渺小的一部分，地球也只不过是无限宇宙中的一颗小小的天体。布鲁诺进而指出，宇宙中存在着千千万万颗如同太阳那样巨大而炽热的星辰，它们的周围也有许多像地球这样的行星，行星周围又有许多卫星，生命不仅存在于地球上，也可能存在于人类看不到的遥远的行星上。布鲁诺的思想使他同时代的人感到茫然和惊愕，甚至连当时被尊为"天空立法者"的天文学家开普勒也无法接受。

天主教会认为布鲁诺是非常有害的异端和十恶不赦的敌人，于是他们施用阴谋诡计，通过收买布鲁诺的朋友，将布鲁诺诱骗回国。1592年5月23日，布鲁诺被捕，并被囚禁在宗教监狱里达8年之久。布鲁诺是一位声望很高的学者，天主教会企图迫使他当众悔悟，以使他声名狼藉，但布鲁诺始终没有丝毫的动摇和屈服，于是，天主教会建议当局将布鲁诺烧死。1600年2月17日，52岁的布鲁诺在罗马鲜花广场被烧死。

由于布鲁诺的大力宣传，哥白尼学说传遍了整个欧洲，天主教会深深知道这种理论对他们是极大的威胁，于是罗马天主教会于1619年将《天体运行论》列为禁书。

哥白尼的宇宙体系仍是一个有限的体系，它依然保留了天球的概念。相比之下，布鲁诺超前于时代太多了，他所描述的与太阳系并存的无限宇宙图景，差不多三百年后才得到科学界的公认。布鲁诺被烧死289年后，1889年，人们在布鲁诺殉难的罗马鲜花广场上竖起他的铜像，以纪念这位为科学献身的勇士。

第谷·布拉赫（Tycho Brahe，1546—1601）生于斯坎尼亚省基乌德斯特普（今属瑞典）的一个贵族家庭，其父是律师。1559年第谷被送到哥本哈根的大学学习法律。他的家庭希望他成为一个律师。1560 年，通过一次日偏食的观测，使 15 岁的第谷的注意力转向了天文学，他开始认真攻读托勒密的著作。1560 年 8 月，他根据预报观察到一次日食，这使他对天文学产生了极大的兴趣。1562 年，第谷被送到莱比锡，本来是为当律师作准备工作的，但第谷仍继续努力钻研天文学理论，此后第谷长期精确测量行星在星空的方位。当时望远镜还没有发明，第谷和他的助手靠那双锐利的眼睛和惊人的机械操作能力和技巧测量行星的运动。

1563 年第谷写出了第一份天文观测资料，记载了木星、土星和太阳在一直线上的情况。1565 年第谷开始到各国漫游，并在德国罗斯托克大学攻读天文学。从此他开始了毕生的天文研究工作，取得了重大的成就。第谷的最重要发现是 1572 年 11 月 11 日观测了仙后座的新星爆发。前后 16 个月的详细观察和记载，取得了惊人的结果，彻底动摇了亚里士多德的天体不变的学说，开辟了天文学发展的新领域。

1576 年，丹麦国王腓特烈二世召见了他，聘他为皇家天文学家，赐给他汶岛，并出资为其在岛上兴建当时世界上规模最大、设备最全、装饰最华丽的天文台（见图 10.2）。他设计并由他的工匠们制造了当时最精密的古典天文仪器，如方位仪、纪限仪、三角仪、象限仪（见图 10.3）、墙式象限仪、赤道浑仪、大浑仪、天球仪等。应用这些仪器，他带领一批训练有素的助手们作了长达 21 年的高精度的天文观测。发现了月球运动的二均差，编制了一部最精确的恒星表，并积累了大量行星运动的观测资料。他还仔细确定了大气折射等引起的误差改正量等。他的观测结果一般误差不超过 0.5 角分，最多为 2 角分，比哥白尼的准确 20 倍，几乎达到望远镜出现前的肉眼观测极限。其中最著名的有 1577 年以二颗明亮的彗星的观察。他通过观察得出了彗星比月亮远许多倍的结论，这一重要结论对于帮助人们正确认识天文现象产生了很大影响。

图 10.2　汶岛天文台

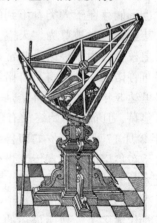

图 10.3　第谷设计的象限仪

1588 年，他在一部讨论彗星的著作中发表了一个介于托勒密地心体系和哥白尼日心体系之间的宇宙体系——第谷宇宙体系：地球静止于宇宙中心，五大行星绕太阳运行，而太阳带着它们绕地球运行。1599 年丹麦国王弗里德里赫死后，第谷在波希米亚皇帝鲁道夫十世的帮助下，移居布拉格，建立了新的天文台。1600 年第谷与开普勒相遇，邀请他作为自己的助手，1601 年 10 月 24 日第谷逝世。开普勒接替了他的工作，并继承了他的宫廷数学家的职务。第谷的大量极为精确的天文观测资料，为开普勒的工作创造了条件，他所编著经开普勒完成，于 1627 年出版的《鲁道夫天文表》成为当时最精确的天文表。

第二节 《人体构造》和血液循环理论

早期的生物学一般是对生物体的直观描述，很少涉及机体内部的机理。尤其是由于宗教观念的束缚，人们对人体结构与机能的认识也主要来源于动物解剖的观察，而近代人体解剖学家却敢于冲破宗教的禁令，对人体进行了大量的实验研究，才使人类对人自身构造与机理有了真正的认识。

一、人体构造理论的产生

在哥白尼向神学发出自然科学的独立宣言的同时，比利时医生、解剖学家维萨留斯在解剖实验的基础上出版了《人体构造》一书，揭开了医学领域里的革命序幕。

安德烈·维萨留斯（A.Vesalius，1514—1564）生在比利时布鲁塞尔的一个医生世家，他的曾祖父、祖父和父亲曾是宫廷御医。1533 年，维萨留斯进入巴黎大学医学院学习。维萨留斯在法国巴黎大学学医时，当时虽然处在欧洲文艺复兴的高潮，但是巴黎大学的医学教育还没有完全摆脱中世纪的精神桎梏。维萨留斯为了揭开人体构造的奥秘，不顾当时宗教的禁令，多次进行尸体解剖。他常与几个比较要好的同学在严寒的冬夜，悄悄地溜出校门，来到郊外无主坟地盗取残骸，或在盛夏的夜晚，偷偷地来到绞刑架下，盗取罪犯的尸体。他不顾严冬的寒冷、盛夏的炎热和腐烂尸体的冲天臭气，把被抓、被杀的危险置之度外，只是为了寻求真理而努力工作。他专心地挑选其中有用的材料，对于所得到的每一块骨头，都如获至宝，精心地包好带回学校。回来后，又在微弱的烛光下偷偷地彻夜观察研究，直到弄明白为止。维萨留斯就是用这种不怕困难、不怕牺牲的精神和超人的毅力，长期坚持工作，终于掌握了精湛熟练的解剖技术和珍贵可靠的第一手材料。维萨留斯的这种唯物主义治学方法和解剖学成就触犯了旧有的传统观念，被校方开除了学籍。

1537 年，意大利的帕多瓦大学了解到维萨留斯在解剖学方面的独到工作，破例授予其医学博士学位，并聘请他为解剖学教授。同年，维萨留斯来到帕多瓦大学任教。在任教期间，他继续利用讲课的机会进行尸体解剖，并进行活体解剖教学，吸引了大批的学生。在那里，他充分利用学校的有利条件，继续进行解剖学研究。1538 年他出版了今已罕见的六章《解剖记录》。1543 年，年仅 28 岁的维萨留斯终于完成了按骨骼、肌腱、神经等几大系统描述的巨著《人体结构》。

在《人体构造》一书中维萨留斯不仅总结了当时解剖学的成就，用观察到的事实按照系统分述了人体各部位的构造及其功能，而且还以精美的插图描绘出充满生气的躯体（见图 10.4），为人们提供了比较正确和明晰的解剖学知识体系。在书中，维萨留斯戳穿了关于上帝用男人肋骨创造出女人的说法，驳斥了耶稣可以通过人体内一块燃烧不化砸不碎的复活骨使死人复活的无稽之谈。他根据解剖的事实指出，男人与女人的肋骨一样多，人体中根本没有永不毁坏的复活骨。此外，他纠正了盖伦关于两心室之间的隔膜有小孔相通等 200 多处错误的说法，论述了许多出色的生理实验。

图 10.4 《人体构造》的一幅人体构造插图

维萨留斯的医学研究成果，不仅揭露了教会推崇的古代权威理论中有大量错误，而且直接否定了基督教会教义中有关人体构造的一些臆测，批判了宗教神学和盖伦学说，遭到了教会的迫害。宗教裁判所以"巫师"、"盗尸"等罪名判处他死刑。后来，由于他是西班牙国王的御医，才责令他到耶路撒冷朝圣以赎罪，财产全部没收。他在朝圣的归途中身染重病死去。

维萨留斯的《人体结构》一书是科学的解剖学建立的重要标志，是生理学和医学领域的一部经典著作，它为后世的解剖学家在解剖时进行比较提供了独一无二的、详尽的、综合的和易懂的资料。他被后来人尊称为"解剖学之父"。但维萨留斯在血液运动等生理学问题的研究上没有什么创新，仍相信盖伦学说中的有关的论断。

二、血液循环理论的建立

《人体结构》虽然对人体的心、肺、血管都有一定的描述，但对人体血液流动的情况了解不足，这一问题后来由西班牙的生理学家塞尔维特和英国生理学家哈维等人所解决。

迈克尔·塞尔维特（Michael Servetus，1511—1553）生于西班牙纳瓦拉，最初就读于法国图卢兹大学，后来进入巴黎大学，并在那里认识了维萨留斯，而后两人成为至交。他曾与维萨留斯一道私下进行过人体解剖研究。后来维萨留斯被迫离开了巴黎大学，但塞尔维特继续进行实验研究。

维萨留斯虽然否定了盖伦所谓两心室之间孔道的存在，但他并未说明血液是如何从右心室流入左心室的。后来，塞尔维特把这一问题大大推进了一步。塞尔维特与当时流行的盖伦的观点相抵触，提出所谓生命的精气是由物质产生的，这种所谓精气来源在左心室，靠肺的帮助而产生。认为纯净的精气为红黄色，具有火一般的潜力，即吸进的空气与血中大部分物质的混合物。他第一次提出关于血液由右心室经肺动脉分支血管，在肺内经过与它相连的肺静脉分支血管，流入左心房的正确看法。他还认为在其间存在着一些很巧妙的装置（看不见的微血管），和极微细的肺动脉分支和肺静脉分支相联结；并预见到血液按心肺循环流动的生理意义。他认为，左、右心室中的血是交流的，但并不是盖伦所说由心室的"间隙"所通。并指出：血液在肺血管内经过"加工"并得到澄清。这些看法都提到肺循环的基本事实。限于当时条件，他未能提出有系统的循环的概念，"循环"一词未被使用。但后人基于他的功绩，常将肺循环称为"塞尔维特循环"。

他在 1553 年出版的《基督教的复兴》一书中，指出了盖伦"三灵气"说的错误，描述了他根据人体解剖结果发现的血液小循环的情景。该书的主要内容是对天主教和新教的许多教义的批判。塞尔维特因"异端邪说"，遭到天主教裁判所的逮捕，并以"传播异教"等罪名于 1553 年 10 月 27 日被判处死刑。

维萨留斯、塞尔维特的解剖刀点破了千年权威的神秘。半个世纪后，英国医学家哈维进行了大量的活体解剖学实验。虽然他没有显微镜，不曾看见毛细血管，却通过实验"证明"了血液循环，而并非通过亲眼所见"发现"了血液循环。

威廉·哈维（（William Harvey，1578—1657））出生在英国福克斯顿的一个富裕农民家庭，受教育于坎特伯雷的国王学校和剑桥大学。1600 年，22 岁的哈维前往著名的意大利帕多瓦大学，主攻解剖学。哈维能比前辈们前进一大步主要受益于粗略的定量分析和活体解剖实验。他解剖过 70 多种动物，大致地测定了左心室的血量，再根据心脏的搏动次数，计算出心脏在单位时间内的血液流量。他发现血液流量的数值很大，每小时的数量超过动物体重，显然远非肝脏在一小时内所能造出的，也不可能在一小时内在肢体末端被吸收掉，因此唯一可能的解释是血液在动物体内沿着闭合路线做循环运动，于是预言在动脉和静脉的末端必有一种微小的通道（毛细血管）将二者联结。这实际提出了血液大循环的假说。通过活体解剖实验，他验证了血液大循环设想的正确性。

哈维证明血液循环的实验主要是：一是通过结扎手臂的实验（见图 10.5），证明静脉血是单向向心流动的；二是用动物实验证明，心脏半小时泵出的血量就远远超出这个动物全身的血量。因此，他的结论只有用血液循环才能解释这些实验事实。1628 年哈维出版了《心血运动论》，书中准确地说明了血液在人体中的循环过程：血液在人体中，如同水在自然界中一样，是循环运动的。血液是靠心脏的搏动力量，循着血管周而复始地运动着的，这也包括同时进行的体（大）循环和肺（小）循环两部分。血液从左心室出发，沿动脉流到全身，再循

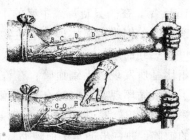

图 10.5　带子结扎手臂的实验

着静脉回到右心房，即是现在人们所称的大循环途径；右心房中的血液再入右心室，又入肺动脉，经过肺部变成鲜红的血液，再回到左心房，进入左心室，即是现在人们所说的小循环

途径。这样，血液就完成一个循环周期。哈维不只是做出了一项重要发现，而且把定量实验方法用于生理学研究，他没有依靠任何超出实验结果和解剖事实之外的概念和假设。因此，毫无疑问，《心血运动论》标志了近代生理学的诞生，哈维也被称为"近代生理学之父"。

哈维去世后，意大利解剖学家马尔比基和荷兰科学家列文虎克先后用显微镜看到了毛细血管，证明血液是通过毛细血管从动脉流进静脉的，哈维学说中的最后一个疑点也消除了，血液循环学说终于得到了人们的承认。

马尔切诺·马尔比基（M.Malpighi，1628—1694）是意大利人，1653年在波洛尼亚大学获得医学学位。作为一名医生的马尔比基堪称显微镜检学之父，也被视为显微解剖学和胚胎学的鼻祖。他发展了研究生物的实验方法，为显微解剖奠定了基础。在他以后，显微解剖成为生理学、胚胎学和临床医学进步的先决条件。他是最早揭示动植物显微结构的人。

马尔比基在显微镜检方面的研究是从17世纪50年代研究青蛙的肺开始的。1660—1661年利用显微镜完成的关于蛙肺脏构造的观察，是马尔比基的第一次也是最重要的一次实验。在这一研究中，他详细探讨和描述了蛙肺中连接小动脉和小静脉的复杂毛细血管网。后来又在蛙的其他部位也发现了毛细血管。他指出，血液是通过布满全肺的复杂血管网络流动的。这个发现导致了重要的结论。他发现血液通过复杂的微细血管网络流经肺部，给呼吸机理提供了线索。他还用显微镜发现了蝙蝠翼内的毛细血管，以及它们如何与微细的动脉、静脉血管相联系。这就进一步证实了哈维的血液循环理论。

列文虎克（A.leeuwenhoek，1632—1723）生于荷兰代尔夫特一个贫穷家庭，未受过正规教育。16岁在阿姆斯特丹一家商店当学徒。年轻时学会琢磨玻璃制造透镜的技术，把一块透明双凸玻璃装于两个长方形金属片小孔中间，制成最早的简单显微镜。由于刻苦钻研，列文虎克所制成的显微镜，不仅越来越多和越来越大，而且也越来越精巧和越来越完美了，以致能把细小的东西放大到两三百倍。在他的一生当中磨制了超过500个镜片，并制造了400种以上的显微镜，其中有9种至今仍有人使用。

他用自制显微镜（见图10.6）进行各种试验。1675年，在一只新瓦罐中盛的雨水里，列文虎克观察到了单细胞有机体即原生生物。它大约只有肉眼可以见到的水虱子的百分之一大。他还继续观察马尔比基所发现的毛细血管，在许多动物身上都发现了血液循环现象。1688年，他用自制的显微镜观察蝌蚪的尾巴，发现了50多个血液循环，弥补了哈维

图10.6　列文虎克发明的显微镜

的缺陷，进一步证实了血液循环理论的正确性。此外，列文虎克还最早发现了红细胞的存在。他指出，在人血和哺乳动物的血液中，红细胞是球形的，而在低等动物身上，红细胞是椭球形的。1683年，列文虎克发现了比原生生物更小的细菌。

从1673年开始，列文虎克就不断地将自己的新发现写信告诉英国皇家学会。一开始，学

会对这些长长的信置之不理。后来，列文虎克干脆寄来了自制的显微镜。学会的成员面对这台新仪器下面的微观世界，十分吃惊，对他的工作十分赞赏。1680 年，学会选举他为会员。同年，他也被法国科学院选为院士。1723 年，列文虎克在故乡病逝，终年 91 岁。他的著作以《大自然的奥秘》为题出版，记录了他一生的诸多发现。

第三节　开普勒的行星运动规律

约翰尼斯·开普勒（Johannes Kepler，1571—1630）是德国著名的天体物理学家，出生在德国的威尔德斯达特镇，开普勒就读于蒂宾根大学，1588 年获得学士学位，三年后获得硕士学位。

开普勒平生爱好数学，他也和古希腊学者们一样，十分重视数的作用，总想在自然界寻找数量的规律性。规律愈简单，从数学上看就愈好，因而在他看来就愈接近自然。他之所以信奉哥白尼学说，正是由于日心体系在数学上显得更简单更和谐。他说："我从灵魂深处证明它是真实的，我以难以相信的欢乐心情去欣赏它的美。"他接受哥白尼体系后就专心探求隐藏在行星中的数量关系。他深信上帝是依照完美的数学原则创造世界的。

开普勒在他早期所著的《神秘的宇宙》一书里设计了一个有趣的、由许多有规则的几何形体构成的宇宙模型（见图 10.7）。开普勒试图解释为什么行星的数目恰好是 6 颗，并用数学描述所观测到的各个行星轨道大小之间的关系。他发现 6 个行星的轨道恰好同 5 种有规则的正多面体相联系。这些不同的几何形体，一个套一个，每个都按照某种神圣的和深奥的原则确定一个轨道的大小。若土星轨道在一个正六面体的外接球上，木星轨道便在这个正六面体的内切球上；确定木星轨道的球内接一个正四面体，火星轨道便在这个正四面体的内切球上；火星轨道所在的球再内接一个正十二面体，便可确定地球轨道。照此交替内接（或内切）的步骤，确定地球轨道的球内接一个正二十面体，这个正二十面体的内切球决定金星轨道的大小；在金星轨道所在的球内接一个正八面体，水星轨道便落在这个正八面体的内切球上。

图 10.7　开普勒的行星球概念

作为第谷·布拉赫的接班人，开普勒认真地研究了第谷多年对行星进行仔细观察所做的大量记录。第谷是望远镜发明以前的最后一位伟大的天文学家，也是世界上前所未有的最仔细、最准确的观察家，因此他的记录具有十分重大的价值。开普勒认为通过对第谷的记录做仔细的数学分析可以确定哪个行星运动学说是正确的：哥白尼日心说，古老的托勒密地心说，或许是第谷本人提出的第三种学说。但是经过多年煞费苦心的数学计算，开普勒发现第谷的观察与这三种学说都不符合。最终开普勒认识到了所存在的问题：他与第谷、哥白尼以及所有的经典天文学家一样，都假定行星轨道是由圆或复合圆组成的，但是实际上行星轨道不是圆形而是椭圆形。就在找到基本的解决办法后，开普勒仍不得不花费数月的时间来进行复杂而冗长的计算，以证实他的学说与第谷的观察相符合。

开普勒在第谷观测资料的基础上，进行深入研究得到行星运动的三大定律。他在 1609 年发表的伟大著作《新天文学》中提出了他的前两个行星运动定律。行星运动第一定律认为每个行星都在一个椭圆形的轨道上绕太阳运转，而太阳位于这个椭圆轨道的一个焦点上。行星运动第二定律认为行星运行离太阳越近则运行就越快，行星的速度以这样的方式变化：行星与太阳之间的连线在等时间内扫过的面积相等。十年后，开普勒发表了他的行星运动第三定律：行星距离太阳越远，它的运转周期越长；运转周期的平方与到太阳之间距离的立方成正比。

开普勒定律对行星绕太阳运动做了一个基本完整、正确的描述，解决了天文学的一个基本问题。这个问题的答案曾使甚至像哥白尼、伽利略这样的天才都感到迷惑不解。行星运动的三大定律描述了行星的运动过程，而未解释行星为什么这样运动。换句话说，开普勒只是解决了天体运动学方面的问题，没有解决天体动力学方面的问题。他认为支配行星运动的这个统一的力量来自太阳，而他发现的这些运动定律，只是更普遍的物质运动规律的结果，但是他未能解决这个问题。他认为引力与磁力相类似，并且断言引力作用随着距离的增加而减少，这说明开普勒已经窥见万有引力了，他所发现的行星运动定律，已经在敲着万有引力定律的大门，为后人解决这个问题准备了前提条件。

第四节　伽利略和新物理学

哥白尼的日心说导致了一场天文学革命，但同时也遇到两大困难，一是恒星视差问题，二是对地动的说明。开普勒所发现的行星运动规律，也需要一个动力学的解释。正是在这样一种理论背景下，经典力学诞生了。

伽利略·伽利雷（Galileo Galilei，1564—1642），生于意大利的比萨。1581 年伽利略进比萨大学学习医学。1583 年，由于听了几次关于欧几里得几何学的演讲，伽利略很快对数学着迷，结果放弃了对医学的学习，未取得学位就于 1585 年离开了比萨大学。

伽利略倾心研究欧几里得几何学和阿基米德的物理学，很快声名远扬，被称为"新时代的阿基米德"。1589 年，伽利略获得比萨大学数学教授的职位，三年后转到帕多瓦大学。1610 年伽利略回到佛罗伦萨，继续从事物理学和天文学的研究。

伽利略是近代科学史上划时代的人物。他对近代科学的主要贡献表现在三个方面：一是捍卫和发展了哥白尼的日心说；二是奠定了经典力学的基础；三是创立了实验和数学相结合的科学研究方法。

一、捍卫和发展了哥白尼的日心说

1597年，伽利略从开普勒那里了解了哥白尼的学说，便对天空发生了兴趣。1608年，荷兰有一位眼镜制造商叫汉斯·利佩希，他的两个孩子很调皮，也很聪明。一天，偶然一个机会，两个孩子从店铺里拿来两片透镜，一前一后摆弄着，用眼睛张望着。孩子们惊讶了，他们发现远处教堂上的风标又大又近。利佩希就用一个简易的筒，把两块透镜装在筒里，制成了世界上第一架望远镜。并向海牙的荷兰中央政府递交了专利申请。但他只得到了一笔奖金。1609年，发明望远镜的消息传到了意大利，伽利略知道了，就按此方法制作了一个放大3倍的望远镜。后又经过不断改进，于12月制造出了第一部放大20倍的望远镜。伽利略把望远镜指向了天空，他的这一举动标志着天文研究从古代的肉眼观测进入了望远镜观测时代。

用这架望远镜，伽利略在天空看到了激动人心的景象：月面上的山丘和凹坑，木星的4颗卫星，金星的盈亏，太阳的黑子和自转，茫茫银河中的无数恒星。这使他成了哥白尼学说的坚定信奉者，因为他看到的木星正是一个小太阳系。他的新发现写成了《星界的报告》一书，《星界的报告》在知识界引起了巨大反响，人们争相传诵"哥伦布发现了新大陆，伽利略发现了新宇宙"。

伽利略的发现用事实支持了哥白尼的学说，1615年他受到宗教法庭的传讯。当时伽利略面临和布鲁诺相似的情境，在教廷面前不得不在口头上答应放弃自己的观点。但伽利略实际上并未放弃自己的见解。1630年，伽利略所著的《关于托勒密和哥白尼两个世界体系的对话》从罗马教会那里取得了"出版许可证"，该书于1632年出版，表面上保持中立，实际上为哥白尼的理论体系辩护，并隐含多处对教皇和主教的嘲讽，远远超出了仅以数学假设进行讨论的范围。

伽利略用毕生精力证实和传播哥白尼的日心说，因此晚年受到教会迫害，被教廷判处终身监禁。1636年伽利略在监禁中偷偷地完成了另一部著作《关于两种新科学的对话与数学证明对话集》，该书被伽利略的一位威尼斯友人秘密带出国境，并于1638年在荷兰出版。这部著作反驳了亚里士多德关于落体的速度依赖于其重量的观点，讨论了杠杆原理的证明和梁的强度问题，讨论了匀速运动、自然加速运动和抛射体的运动，从根本上否定了亚里士多德的运动学说。1687年，牛顿的《自然哲学的数学原理》出版，这标志着哥白尼体系的最后胜利。

二、奠定了经典力学的基础

在科学史上，伽利略的最大贡献在力学方面。他的成就既涉及静力学，又深入到动力学。在静力学中，他研究过物体的重心与平衡；研究过船体放大的几何比例和材料的强度问题；

他利用阿基米德的浮力定律制造了流体静力学天平；他还通过实验证明空气有重量，等等。但是他的以上成就远不如他在动力学方面的工作更重要，更富有创造性。

伽利略在动力学方面的主要成就是，发现了摆的运动规律，发现了自由落体定律，研究了抛物体的运动规律，为牛顿的工作奠定了基础。

1. 摆的运动规律

伽利略在比萨大学读书时，经常到教堂里去欣赏壁画和雕刻。有一天黄昏，教堂里的一个司事在点燃一盏吊灯时使灯摆动起来，伽利略怀着好奇的心情观察，他以自己的脉搏跳动核计吊灯摆动一个来回所需要的时间。他发现吊灯摆动的幅度越来越小，速度也越来越慢，但是每一次往返摆动一个周期所需要的时间大致相同。为了验证这一结果，他反复地进行了一系列实验。最后，伽利略不得不大胆地得出这样的结论：亚里士多德的结论是错误的，摆动具有等时性；决定摆动周期的，是绳子的长度，和它末端的物体重量没有关系。他还发现相同长度的摆绳，振动的周期是一样的，摆的长度与摆动周期之间有正比例关系，这就是伽利略发现的摆的运动规律。利用以上发现，伽利略聪明地反用之，以摆的次数作为医学临床上对患者脉跳正常与否的检测手段，并制造了用以测量病人脉搏的一架脉搏仪。

2. 自由落体定律

伽利略是通过斜面实验发现 $S = \dfrac{1}{2}gt^2$ 的自由落体定律的。这是由于斜面的坡度按比例延长了在重力作用下运动小球的路程和所需时间，因而便于观察和计数。在这一实验中，伽利略设想，当小球从斜面上落下沿一个平面向前匀速滚动时，如果没有表面的摩擦力，小球将会无限地运动下去。因而这里又有了新的发现：力是运动产生和改变的原因，在没有外力的作用下物体将保持原来的静止或匀速运动状态。这实际上是对惯性定律的最初表述，并且涉及了牛顿第二定律——力是改变物体运动的原因。不过，伽利略只是正确地提出了这个问题，最后完整表述这两个定律的是牛顿。在做斜面实验时伽利略发现，忽略摩擦力，尽管采用不同的斜度，小球滚到斜面底部时的速度都是相等的。另外，他也发现从同一高度沿不同弧线摆动的摆锤达到最低点时的速度同样相等。这些发现是动能定理的最初表述。

3. 抛物体运动规律

对抛物体运动规律的研究是伽利略对经典力学的又一贡献。在伽利略之前，工程师们通过实践已经认识到抛物体沿一条曲线轨道运动。在抛射仰角相同的条件下，抛出的初速度越大，物体的射程越远；在抛射初速度相同的条件下，抛射仰角为 45°时射程最远。但是他们的这些认识，是凭经验归纳出来的结论，不能给出数学上的严格证明。这在重视数学的伽利略时代，离开数学而试图研究物体运动的定性状态与定量关系是束手无策的。而伽利略用几何学的方法证明了一个平抛物体可以分解为两种运动：一种是水平方向上的匀速直线运动，另一种是在引力作用下的自由下落运动。这两种运动同时存在于一个物体上，彼此并不相互干扰，互相妨碍，而是合成一种运动，它使物体沿一抛物线前进，最后落到地面上。伽利略同样用几何学方法证明了，为什么在仰角为 45°时抛物体会获得最远的距离。

伽利略的力学方面的成就，都反映在他晚年写成的《关于力学和位置运动的两种新科学的对话与数学证明》一书中。这本书的出版标志着经典力学作为一门独立的科学诞生了。

三、创立实验和数学相结合的科学研究方法

伽利略对物理规律的论证非常严格。他创立了对物理现象进行实验研究并把实验的方法与数学方法、逻辑论证相结合的科学研究方法。该方法是在观察实验的基础上，经过逻辑推理和数学计算，对未知的现象先提出假定性的说明和定量的描写，然后再用实验加以检验。这是近代自然科学研究问题的一般程序和经典方法。

在他看来，科学的基本原理、结论都应从观察实验中来，按观察实验的本来面目加以接受。因此，在实验中应该注意"什么是自然界说的而不必注意什么是心之所愿的"，应当彻底地摆脱先入为主的束缚，抛弃一切与经验不符的判断。

在他的著作中既援引了丰富的实验资料，又充满了数学证明，他的每一项工作都是把实验方法与数学证明结合起来的典范。伽利略的这一自然科学新方法，有力地促进了物理学的发展，他因此被誉为是"经典物理学的奠基人"。伽利略开创了近代自然科学中经验与理性相结合、定性和定量相结合的传统。这一结合不仅对物理学而且对整个近代自然科学都产生了深远的影响。

第五节　笛卡儿的机械主义方法论

勒奈·笛卡儿（Rene Descartes，1596—1650）生于法国瓦尔省莱耳市的一个贵族之家，笛卡儿的父亲是布列塔尼地方议会的议员，同时也是地方法院的法官，一岁时母亲去世，给笛卡儿留下了一笔遗产，为日后他从事自己喜爱的工作提供了可靠的经济保障。

父亲希望笛卡儿将来能够成为一名神学家，于是在 1604 年将笛卡儿送进了当地的耶稣会学校，接受古典教育。校方为照顾他的孱弱的身体，特许他不必受校规的约束，早晨不必到学校上课，可以在床上读书。因此，他从小养成了喜欢安静，善于思考的习惯。他在该校学习 8 年，接受了传统的文化教育，读了古典文学、历史、神学、哲学、法学、医学、数学及其他自然科学。但他对所学的东西颇感失望，因为在他看来教科书中那些微妙的论证，其实不过是模棱两可甚至前后矛盾的理论，只能使他顿生怀疑而无从得到确凿的知识，唯一给他安慰的是数学。

笛卡儿 1612 年到普瓦捷大学攻读法学。4 年后获博士学位。毕业后笛卡儿一直对职业选

择不定，又决心游历欧洲各地，专心寻求"世界这本大书"中的智慧。他于1618年在荷兰入伍，随军远游。1621年笛卡儿回国，时值法国内乱，于是他去荷兰、瑞士、意大利等地旅行，1625年返回巴黎。1628年，从巴黎移居荷兰，笛卡儿对哲学、数学、天文学、物理学、化学和生理学等领域进行了深入的研究，并通过数学家梅森神父与欧洲主要学者保持密切联系。他的主要著作几乎都是在荷兰完成的。

1628年完成了《指导哲理之原则》，1634年完成了以哥白尼学说为基础的《论世界》。书中总结了他在哲学、数学和许多自然科学问题上的一些看法。1637年完成了《谈谈方法》，该书包含3篇独立成篇的附录：《折光学》、《气象学》和《几何学》，并为此写了一篇序言《科学中正确运用理性和追求真理的方法论》，哲学史上简称为《方法论》。

像伽利略被尊为"近代科学之父"一样，笛卡儿被尊为"近代哲学之父"，笛卡儿的主要成就在哲学方面。笛卡儿强调科学的目的在于造福人类，使人成为自然界的主人和统治者。他反对经院哲学和神学，提出怀疑一切的"系统怀疑的方法"。但他还提出了"我思故我在"的原则，强调不能怀疑以思维为其属性的独立的精神实体的存在，并论证以广延为其属性的独立物质实体的存在。笛卡儿的自然哲学观同亚里士多德的学说是完全对立的。他认为，所有物质的东西，都是为同一机械规律所支配的机器，甚至人体也是如此。同时他又认为，除了机械的世界外，还有一个精神世界存在，这种二元论的观点后来成了欧洲人的根本思想方法。

笛卡儿把他的机械论观点应用到天体，发展了宇宙演化论，形成了他关于宇宙发生与构造的学说。他创立了旋涡说，他认为太阳的周围有巨大的旋涡（见图10.8），带动着行星不断运转。物质的质点处于统一的旋涡之中，在运动中分化出土、空气和火 3种元素，土形成行星，火则形成太阳和恒星。

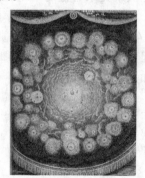

图 10.8 笛卡儿旋涡学说绘制的太阳系图景

他认为天体的运动来源于惯性和某种宇宙物质旋涡对天体的压力，在各种大小不同的旋涡的中心必有某一天体，以这种假说来解释天体间的相互作用。笛卡儿的太阳起源的以太旋涡模型第一次依靠力学而不是神学，解释了天体、太阳、行星、卫星、彗星等的形成过程，比康德的星云说早一个世纪，是17世纪中最有权威的宇宙论。

在力学上，笛卡儿发展了伽利略的运动相对性的思想。笛卡儿在《哲学原理》第二章中以第一和第二自然定律的形式比较完整地第一次表述了惯性定律。他还第一次明确地提出了动量守恒定律。笛卡儿对碰撞和离心力等问题曾作过初步研究，给后来惠更斯的成功创造了条件。

笛卡儿最杰出的成就是在数学发展上创立了解析几何学。在笛卡儿时代，代数还是一个比较新的学科，几何学的思维还在数学家的头脑中占有统治地位。笛卡儿致力于代数和几何联系起来的研究，于1637年，在创立了坐标系后，成功地创立了解析几何学。他的这一成就为微积分的创立奠定了基础。解析几何直到现在仍是重要的数学方法之一。笛卡儿不仅提出了解析几何学的主要思想方法，还指明了其发展方向。他在《几何学》中，将逻辑、几何、代数方法结合起来，通过讨论作图问题，勾勒出解析几何的新方法。从此，数和形就走到了一起，数轴是数和形的第一次接触。解析几何的创立是数学史上一次划时代的转折。而平面直角坐标系的建立正是解析几何得以创立的基础。直角坐标系的创建，在代数和几何上架起了一座桥梁，它使几何概念可以用代数形式来表示，几何图形也可以用代数形式来表示，于是代数和几何就这样合为一家人了。

笛卡儿极力主张在"科学中正确地运用理性"，因而创立了以数学为基础、以演绎法为核心的科学研究方法。在笛卡儿看来，作为演绎法出发点的命题与数学的公理相似，是直观的可靠的真理。从这些命题出发，每一步都按照严格的演绎法进行带有数学特色的推理，就可似推演出结论。为了保证结论的可靠性，笛卡儿在《方法论》中指出，研究问题的方法分4个步骤：

（1）永远不接受任何我自己不清楚的真理，就是说要尽量避免鲁莽和偏见，只能是根据自己的判断非常清楚和确定，没有任何值得怀疑的地方的真理。就是说只要没有经过自己切身体会的问题，不管有什么权威的结论，都可以怀疑。这就是著名的"怀疑一切"理论。

（2）可以将要研究的复杂问题，尽量分解为多个比较简单的小问题，一个一个地分开解决。

（3）这些小问题从简单到复杂排列，先从容易解决的问题着手。

（4）将所有问题解决后，再综合起来检验，看是否完全，是否将问题彻底解决了。

这些步骤是笛卡儿从研究数学的实践中提炼出来的，是对16世纪以来自然科学研究方法的哲学概括和总结。他希望用这些步骤去解决哲学、物理学、解剖学、天文学、数学和其他领域中的问题。

笛卡儿的科学思想和数学-演绎科学方法，在科学界和哲学界都有很大的影响。笛卡儿演绎法在科学中的直接结果是近代数学的兴起。他引进了变数，创立了解析几何，使辩证法进入了数学，从而导致微积分的产生。这不仅在数学史上是一个巨大功绩，而且奠定了近代实验-数学方法的基础。在1960年代以前，西方科学研究的方法，从机械到人体解剖的研究，基本是按照笛卡儿的《谈谈方法》进行的，这对西方近代科学的飞速发展，起了相当大的促进作用。

第六节　牛顿开创的新时代

在哥白尼、开普勒关于天体运动规律和伽利略关于地面物体的动力学研究的基础上，牛顿展开了更全面的分析、综合和概括工作，终于建立了经典力学体系，实现了近代科学史上的第一次大综合。

艾萨克·牛顿（Isaac Newton，1642—1727）生于英格兰林肯郡格兰瑟姆附近的沃尔索普村。12岁时被送进格兰瑟姆的文科中学念书。1661年6月，牛顿以减费生的身份进入剑桥大学三一学院深造，结识了著名的第一任卢卡斯教授——数学家巴罗。巴罗是一位知识渊博、品德高尚的学者，正是在他指导下牛顿踏进了科学的大门。期间牛顿阅读了开普勒的《光学》、笛卡儿的《几何学》和《哲学原理》、伽利略的《关于两大世界体系的对话》以及胡克的《显微图》等书籍，基本上掌握了当时的全部数学和光学知识。1665年初牛顿大学毕业获得文学学士学位。

1665到1666年的两年中，是牛顿创造发明的最为旺盛时期。在数学上他发明了级数近似法和微积分，提出了颜色理论；从开普勒的第三定律推出行星维持轨道运行所需要的力与它们旋转中心的距离成平方反比的关系。1667年牛顿回到剑桥，当选为剑桥大学三一学院的研究员。1669年在巴罗的举荐下，27岁的牛顿当上了剑桥大学的卢卡斯数学教授。

一、牛顿的经典力学

牛顿的最大贡献是在伽利略、开普勒等人工作的基础上，对天体力学和地面力学的研究成果进行综合，为经典力学规定了一套基本概念，总结出支配天体运动、地上物体运动与落体运动的普遍规律，即万有引力定律和牛顿运动三定律。由于这些定律的发现，牛顿最终完成了从伽利略开始的近代力学革命，建立了经典力学体系。

在发现运动要定律和万有引力定律的基础上，牛顿对已有的力学知识进行了系统的综合。他仿效古希腊人的方法，把力学知识整理成为一个演绎的知识系统。1686年，他出版了《自然哲学的数学原理》一书。其中贯穿全书，最核心的内容是万有引力定律和力学三定律。牛顿在这部著作中不仅把大至宇宙天体小至光的微粒的运动，以及一切物体在真空中或在有阻力的介质中的运动全都应用运动互定律和万有引力定律给予说明，还把自然界中的一切力学现象都囊括在他的力学体系之中，而且将力学和数学结合起来，用定量的方式，以数学方程表示力学中的运动方程。因此，这部著作被称为17世纪物理数学百科全书，它的出版标志着经典力学的成熟。

1. 万有引力定律

如果说开普勒为发现万有引力定律提供了运动学的前提条件，那么伽利略就为发现万有引力定律提供了动力学的前提条件。开普勒在天体运动学方面否定了亚里士多德、托勒密甚至哥白尼的圆形轨道的见解，但在力学方面却仍然沿袭亚里士多德的观点，认为物体运动需要不断施加推动力才能保持；伽利略用实验和数学相结合的科学方法，研究了地球上物体运动的规律，推翻了亚里士多德的旧力学见解，发现了自由落体定律、惯性原理和抛射体运动的理论，奠定了动力学的基础，但在天体运动学方面却仍然坚持天体必然沿圆周作匀速运动的"圆惯性"观念。开普勒和伽利略是互相通信的朋友，他们共同捍卫并发展了哥白尼学说，但是他们互不理会对方的科学成就，没有把这两方面的突破结合起来进行综合分析研究，因而未能取得更大的突破。

为万有引力定律的诞生作出基础性工作的另一位科学巨人是荷兰著名的物理学家克里斯蒂安·惠更斯（Christiaan Huygens，1629—1695）。惠更斯在摆钟研究中发现了物体作圆周运

的理论体系。他的工作标志着经典力学的成熟，是人类对自然界认识的一次综合。他对力学和光学的贡献使他成为科学史上最负盛名的科学家之一，他是继伽利略之后的又一座丰碑。

第七节　科学革命的意义

科学革命对当时的科学和社会产生了巨大影响。

第一，它培植了求实和崇尚理性的科学精神。无论是哥白尼、维萨留斯、布鲁诺、伽利略，还是塞尔维特、哈维，他们都不崇拜和迷信宗教教义和权威思想，主张科学真理必须依靠观察、实验和数学的逻辑推理，而绝不能依靠宗教教义的评判。

第二，它确立了科学研究方法论。在这场革命中，英国哲学家培根创建了实验归纳方法论；法国哲学家笛卡儿提出了数学演绎方法论；伽利略倡导实验、数学的方法和研究程序；牛顿提出了将实验观察和数学演绎相结合的分析综合法。这些科学方法对科学技术的发展起到了重要的作用。

第三，它推动了其他学科的发展。例如，法国数学家费马和笛卡儿创立了解析几何；牛顿和德国科学家莱布尼茨各自独立地创立了微积分；荷兰科学家斯涅尔发现了折射定律；牛顿和惠更斯围绕光的本质分别创立了"微粒说"和"波动说"；英国医生吉尔伯特对磁力和电力进行了研究；意大利物理学家托利里利和法国物理学家帕斯卡对真空和大气压力的研究；英国化学家玻意耳界定了元素的概念，创立了玻意耳定律，把化学确立为科学；英国物理学家胡可发现了细胞；德国生理学家沃尔夫创立了近代胚胎学。这些成就为 18 至 19 世纪科学的发展奠定了基础。

最后，科学革命促进了科学组织和科研机构的建立。

思考题

1. 伽利略对力学的主要贡献有哪些？为什么在伽利略之后，欧洲会出现大批物理学家？

2. 试述牛顿对经典物理学的主要贡献。为什么说牛顿实现了近代科学在不同领域中的伟大综合？

3. 简述开普勒发现的行星运行三定律。开普勒研究方法的特点是什么？

4. 为什么维萨留斯发现了心脏中隔坚硬致密，但未能导致血液循环的发现呢？

第十一章　化学革命

化学是研究物质的性质、组成、结构、变化和应用的科学。它是一门历史悠久又富有活力的学科。化学是重要的基础科学之一，在与物理学、生物学、天文学等学科的相互渗透中，不仅本身得到了迅速的发展，同时也推动了其他学科和技术的发展。例如，核酸化学的研究成果使生物学从细胞水平提高到了分子水平，建立了分子生物学；对地球、月球和其他天体的化学成分的分析，得出了元素分布的规律，发现了星际空间简单化合物的存在，为天体演化和现代宇宙学提供了重要数据，并创建了地球化学和宇宙化学。

为求得长生不老的仙丹和象征富贵的黄金，炼丹家和炼金术士们开始了最早的化学实验，积累了许多物质发生化学变化的条件和现象，为化学的发展积累了丰富的实践经验。当时出现的"化学"一词，其含义便是"炼金术"。但随着炼丹术、炼金术的衰落，化学方法转而在医药和冶金方面得到正当发挥。

从1770年开始，在大约20年的时间里，化学这一学科经历了一次全面、深刻、前所未有的变革。在此之前，燃素说被奉为化学的基本原理，几乎所有化学家都接受并相信它，即使偶有几个不符合燃素说的实验事实出现，化学家们也会把它们视为对燃素说的修改或发挥。到1790年，绝大多数的化学家转而接受了燃烧的氧化理论，而且改革了化学的命名体系，确定了现代意义上的元素概念。这一系列奠基性的工作，都是由法国化学家拉瓦锡来完成的。

第一节　燃素说

当自然哲学在将近17世纪末开始表现出停滞不前的状态时，新生的化学科学遭到了严重的倒退。玻意耳以及17世纪60和70年代兴盛起来的英国医学化学家学派，都没有能建立起一个化学传统，他们的成就也没有能引起紧接在他们之后的时代应有的注意。

一、玻意耳的微素理论

17世纪化学史上的重要人物之一玻意耳是一位神职人员兼科学家，他在科学史上最主要的贡献是在化学方面，他提出了微素理论。微素理论认为构成自然界的材料是一些细小致密、用物理方法不可分割的微粒，正是物质的这些机械微粒决定着物质的性质及其变化，其中包括：它们的大小、位置、机械运动，以及当时人们所了解的一切物理、化学性质。物质的机械微粒结合成更大的粒子团，而这些大大小小的粒子团作为基本单位参加各种化学反应。也就是说，所谓化学变化就是这些粒子团的运动、组合、排列从而形成新物质的过程。

玻意耳批评炼金术中的"同情"、"憎恶"、"亲和"等不科学的、带感情色彩的概念。他认为化合反应中的吸引力或"亲和力"，可以解释为运动粒子相互匹配集聚的结果，而根本不是什么"相亲相爱"的结果。他用微粒本身的特点来解释化学反应，是很有意义的。他的微粒说是燃素说的理论前身，从他对燃烧现象的解释，就可以看出这点。他认为金属燃烧后，由于火的微粒（火素）穿过玻璃容器与金属化合，从而产生金属灰。这是燃烧后重量增加的原因。尽管玻意耳的"火素"不是后来施塔尔（1660—1734）的"燃素"，但玻意耳的微素学说对燃烧现象的解释却是建立燃素说的基础，两者作为机械的微粒哲学，都反映了那个时代人类认识自然的机械论特征。

玻意耳给元素下了一个较清楚的定义：元素是指"某种原始的、简单的、一点没有掺杂的物体，元素不能用任何其他物体构成，也不能彼此相互构成。元素是直接合成所谓完全混合物的成分，也是完全混合物最终分解成的要素。"他认为化学的一个重要任务就是把复杂的物质分解为它的组成元素，并由此认识物质的本性。应当指出，玻意耳的"元素"在多数情况下相当于现代化学中的"单质"概念，后来拉瓦锡正式使用"单质"概念，以区别于"元素"概念。

由于玻意耳确立了化学的独立性，给出了比较清楚的化学元素的定义，并进行了大量的化学实验，从而成为近代化学的奠基人。在西方文化史上，玻意耳对扬弃古代自然哲学的整体论思维，并过渡到近代科学的分析思维，无疑是作出了巨大贡献的。

二、施塔尔的燃素说

完成化学学科统一的并不是玻意耳的元素定义，而是在他的"火素"概念基础上形成的燃素说。

17世纪德国科学家贝歇尔（1635—1682）从千差万别的化合物中找出构成它们的3种土质，即玻璃状土、油状土和流质土，他不同意玻意耳把燃烧现象解释为化合过程，而提出燃烧是一种分解过程即释放"燃烧性油土"的过程。所谓"油土"不过是炼金术中的"燃烧性硫"。后来在贝歇尔学说的基础上，他的学生德国御医施塔尔（1660—1734）于1703年重新编辑出版了贝歇尔著作，并增加了大量注释。他用"燃素"代替玻意耳的"火素"和贝歇尔的"油土"，提出了系统的燃素说。

施塔尔的燃素学说认为，燃素充塞于天地之间。植物能从空气中吸收燃素，动物又从植物中获得燃素，所以动植物中都含有大量燃素。这一学说还认为，一切与燃烧有关的化学变化都可以归结为物体吸收燃素和释放燃素的过程。例如金属燃烧时，便有燃素逸出，金属就变成了金属灰，可见金属比金属灰含有更为复杂的成分。如果金属灰与燃素重新结合，就会再变成金属。油、蜡、木炭等都是从植物中来的，植物具有从空气中吸收燃素的功能，因此木炭等都是富含燃素的物质。如果将木炭与金属灰放在一起加热，金属灰就可以吸收木炭放出的燃素，于是金属灰就重新变成金属。这样，燃素学说就可以解释许多冶金过程中的化学反应。硫黄燃烧时有火焰，说明燃素逸出，硫黄就变成硫酸。硫酸与富含燃素的松节油共煮，又会吸收燃素，重新变成硫黄。

燃素学说还认为，煤和木柴等物质在加热时并不能自动地释放出燃素，而必须由空气将燃素从这些物质中吸取出来，所以这些物质在燃烧时必须有空气存在。燃素还能由一种物体转移到另外一种物体，燃素学说利用这一性质解释了金属溶解于酸是由于酸夺取了金属中的燃素；金属置换反应是由于燃素从一种金属转移到另一种金属的结果。燃素说是第一个把化学现象统一起来的学说，并统治欧洲科学界达百余年之久。

但燃素说有一个致命的弱点：有机物燃烧后灰渣变轻了，无机物金属在燃烧后灰渣却变重了。如果燃素是燃烧时被空气带走的实体，那么后一种现象便无法解释了。坚持燃素说的人认为燃素可能有负重量。玻意耳则认为金属燃烧时有一种火微粒进入，所以煅灰的重量增加了。然而。这些解释都是难以令人信服的。在 18 世纪的下半叶，英国的化学家，特别是布莱克、卡文迪许和普利斯特列普遍都接受了燃素说，不过他们进行的实验工作却注定要推翻燃素说和古希腊关于自然物质是由土、水、气、火四大元素所构成的学说。

尽管燃素学说是错误的，"燃素"也是不存在的，尽管施塔尔对氧化还原反应（燃烧现象）做出的解释与现代的观点恰好完全相反，我们现在认为是与氧结合的反应（氧化反应），施塔尔都认为是燃素被分离出来的反应。但是，施塔尔的观点与现代化学理论却存在着一个共同点，即化学反应发生时都有某种东西从一种物质转移到另外一种物质，施塔尔认为是燃素从一种物质向另一种物质转移；而现代价键理论则认为氧化还原反应中发生了电子的转移。燃素学说利用这种转移的概念解释了大量的化学现象和反应，把大量的化学事实统一在一个概念之下，这在一定程度上促进了化学的发展。在燃素学说流行的长达一百年间，化学家为了解释各种现象，积累了相当丰富的感性材料，拉瓦锡和以后的化学家在一定程度上利用了燃素学说信奉者所做过的实验（包括普利斯特列和舍勒制取氧气的实验），推翻了燃素学说，建立了正确的燃烧理论。

第二节　拉瓦锡的氧化学说

对燃烧现象的正确认识是伴随着气体化学的发展而逐步深入的。1766 年英国科学家卡文迪许实验发现了氢气，并发现氢气可自燃。1772 年布莱克的学生达·卢瑟福实验发现了氮气。

1768 年至 1773 年瑞士化学家舍勒发现了氧气。1774 英国化学家普利斯特列用聚光镜加热氧化汞得到了氧气，并发现这种气体不易溶于水，有很强的助燃能力。但可惜，普利斯特列与舍勒一样，都是燃素说的信徒，他们认为这是一种失去燃素的空气。

　　真正发现氧气并正确地解释了燃烧现象的任务便落到了拉瓦锡的身上。拉瓦锡 1743 年出生在一个富裕的家庭，从小就备受溺爱，接受了良好的教育，是才华出众的学生。父亲是律师，原本希望儿子继承他的职业，但年青的拉瓦锡在听了一堂天文学课程后对科学产生了兴趣。拉瓦锡按照自己的想法做了加热汞的实验，让它生成锻灰，然后再加热汞灰使其还原。结果证明：生成汞灰时所失去的空气和还原汞灰时所得到的空气正好相等（见图 11.1）。把这一部分空气同不参加反应的其他空气混合后，正好就是普通的空气。他断定，正是这一部分特殊的空气参加了燃烧过程的化合。

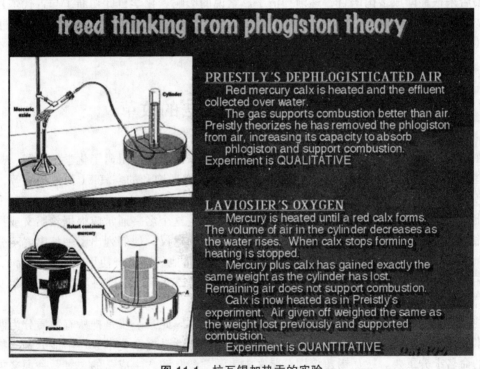

图 11.1　拉瓦锡加热汞的实验

　　拉瓦锡做了大量实验来逐个澄清当时一些化学家所持有的错误或模糊观点，拉瓦锡证明了：

　　（1）金属灰是由金属和空气化合而成。

　　（2）金属生锈和燃烧并不是燃素的损失，而是得到了部分空气。

　　当上述见解被普遍接受之后，燃素说被推翻，一门真正现代意义上的化学学科建立了。图 11.2 所示为拉瓦锡的实验场景。

图 11.2　拉瓦锡的实验场景

1777 年，拉瓦锡给科学院提交了《燃烧概论》的文章，他称这部分空气为氧气，从而把燃素从燃烧中驱逐了出去，系统地阐述了燃烧的氧化学说，将燃素说倒立的化学正立过来。这本书后来被翻译成多国语言，逐渐扫清了燃素说的影响。化学自此切断了与古代炼丹术的联系，揭掉了神秘和臆测的面纱，取而代之的是科学实验和定量研究，化学由此进入了定量化学（即近代化学）时期。

第三节　化学命名法的改革

在拉瓦锡之前，许多名词是从炼金术时代流传下来的，严重阻碍了化学的发展。甚至对于一些刚发现的气体也是根据燃素论来命名，如"被燃素饱和的空气"（即氮气）等，1782年，德·莫沃提出应该用与林奈的植物学命名体系类似的方法来对化学命名进行改革。德·莫沃提出物质应该有一个能反映其组成的固定名字，而且这个名字通常应根据希腊文或拉丁文的词根来确定。后来，拉瓦锡、德·莫沃等人提出新的建议，他们列出了一长串"不分解的物质"，并用这些物质来表示每一种化合物的组成。这时他们还没有使用"元素"一词，但两年以后拉瓦锡在他的教科书中采用了它。这个建议先是提交给了法国科学院，1787 年 9 月拉瓦锡等人以《化学命名法》出版。

他们希望一种物质的名称可以表达出其化学本性，因此第一步是把所有物质分为两类，即元素和化合物。所谓"元素"是指一切简单物质，也就是迄今化学家还不能分解的物质，它们的命名十分重要。拉瓦锡建议用希腊文中表示"酸"和"生成"的"氧"一词来重新命名"脱燃素空气"，因为它是酸性所必不可少的要素；由于水是被氧饱和了的氢，因此用希腊文中表示"水"和"生成"的"氢"来命名可燃空气；同理，不能维持动物生命的"被燃素饱和的空气"就变成了"氮"，这个词在希腊文中的含义是"无生命"；而由于固定空气是"借助于燃烧使木炭和生命空气直接化合所产生的"，因此被命名为"碳酸"，等等。

根据这个新体系，二元化合物的名称便由它们的两个构成元素组成，如煅灰成为了氧化物，矾油成为硫酸，另一些含硫的含氧酸成为了亚硫酸，与之相应的盐称为硫酸盐和亚硫酸盐。在这里，"酸"这个总称由一个特定形容词所限定，后者表示该化合物中氧以外的元素，如"硫酸"、"碳酸"等；而盐是按它们衍生而来的酸命名的，如"硫酸盐"，像"锌的硫酸盐"这样添上盐基的名称，就表示一种特定基的盐。

这样，整个命名法就完全改观了。新的命名体系促进了反燃素论化学的传播，每一个人在阅读用新名词撰写的论文时，都必须用拉瓦锡的氧化理论来进行思考。这个命名体系后来扩充为现代命名体系，而且其中有绝大多数名词一直沿用到今天。

第四节　化学革命的意义

近代化学革命不能简单地等同于燃素理论的推翻，它的产生需要科学家在定量实验的基础上配以正确的思维方式，但它的胜利有赖于新一代科学家对新的燃烧理论的普遍接受，因此，化学认识上的革命还要依靠化学语言方法的变革。1787 年，拉瓦锡和贝托莱，德·莫沃、孚尔克劳共同发表了《化学命名法》，使得与新学说相适应的命名法在化学界得到了广泛的传播，从而加速了人们在化学认识上的迅速转移。1789 年，拉瓦锡出版了《化学概要》一书（见图 11.3），其中不再涉及任何关于燃素的东西，仅仅是清晰地论述了化学革命注定要取得的成果。拉瓦锡的新理论、新观点、新方法在 19 世纪当道尔顿引进原子论以及有机化学后获得了进一步的完善。

总之，18 世纪末期发生于法国的化学革命在科学史上是继哥白尼天文学革命和牛顿物理学革命之后又一次科学变革，拉瓦锡因此而跻身于近代科学奠基人的行列，其著作《化学概要》是近代科学革命的经典文献之一。拉瓦锡的一生正处在一个不平凡的时代，他受到了启蒙时代追求进步革新的风气洗礼。当时法国知识阶层充满着活力，伏尔泰、鲁索的哲学盛行。他一生在地质学、化学、经济、政治、教育方面都有贡献。法国大革命初期时，他在社会改革上也扮演了相当重要的角色。1789 年法国大革命爆发，并声称"共和国不需要科学家！"，拉瓦锡在 1794 年 5 月 8 日死于断头台上，拉格朗日哀悼说："砍掉他的头颅只要眨眼的工夫，但几百年恐怕再也出现不了那样的头脑了。"

思考题

1. 简述燃素说与氧化学说的本质区别。
2. 简述拉瓦锡的氧化学说对近代化学革命的意义。

第十二章　科学活动的组织与科研机构的建立

　　新的实验科学精神兴起后，激励了越来越多才智出众的人士加入探究自然奥秘的行列。这是由个人的单干到后来自发组成交流、讨论与协作团体实现的。在这样的团体里，他们发表个人见解或研究成果，得到他人的回应；不仅如此，他们还在这里共同研究问题。这就是科学共同体：近代的科学社团。

　　科学社团在17世纪的形成，不仅与许多献身于科学事业的科学家的巨大感召力有关，而且与这一时代特有的开拓精神密切相关。这是一个开拓者的黄金时代，在经过近千年传统和权威的禁锢之后，人们强烈要求冲破各种教条的束缚，新兴资产阶级的代表人物冒险远洋航行，力图发现未知的海洋与大陆。他们以探险者的开拓精神，借助实验科学的手段去认识与改造自然。这种批判、开拓和探索的精神在大多数旧大学中根本找不到，而培根在《新大西岛》中设想的学术机构则成了人们培养新时代精神的理想天地，在这里人们可以自由地交流思想、研究自然、追求真理。正是这些因素最终促成了科学社团的真正确立和形成。

第一节　意大利西芒托学院

　　近代物理科学和生命科学的真正始祖都与意大利有或近或远的渊源，他们要么是意大利人，要么在意大利接受教育并完成其创造性工作。近代最早的科学社团就出现在意大利。首先是意大利物理学家波尔塔于1560年创立了"自然奥秘研究会"。这个学术组织定期在他的家里聚会。但不久就以"私搞巫术"的罪名被封闭了。1603年，弗雷德里科·塞西王子在罗马创建了欧洲最早的学院"猞狸学院"。该学院有32名院士，学院成员在不定期的学院会议上讨论科学问题或评价其他科学著作。猞狸学院的作用更多的是促进各位成员所获得的科研成果的发布和传播，而没有一个确定的研究目标。在1630年由于学院赞助人的逝世也被迫关闭。这两个科学社团的出现，标志着近代科学史上科学社会建制的萌芽。17世纪中叶，意大利又出现了以不同形式进行科学交流和科学研究的社团，如"西芒托学院"。

　　1657年，伽利略的学生维维安尼和托里拆利在托斯卡纳大公斐迪南二世和他的兄弟利奥波德亲王的倡导和资助下在佛罗伦萨创建了"西芒托学院"。

美第奇家族是意大利文艺复兴时期新兴资产阶级最具代表性的一个，这个家族在商业上获得的财富和在政治上享有党派领袖的声誉一样负有盛名，同时在文化方面被誉为"意大利的翘楚"，在他们周围团聚了一大批人文学者、思想家和自然的研究者。这个家族以同样的信念感悟友人并在更高层次上促进了古典文化在意大利的复兴，从而也使他们享有无异于君主的地位。斐迪南二世和其兄利奥波德亲王都曾在伽利略的指导下学习过，在这个学院正式建立的前十几年，美第奇兄弟俩就已创办了一个实验室，完善地配备着当时所能获得的科学仪器（见图 12.1 ~ 图 12.3）。在 1651 到 1657 年间，各方面的科学家为了进行实验和探讨问题，不定期地在这个实验室里聚会。西芒托学院仅仅是这种非正式团体的一个比较正式的组织，而美第奇兄弟俩是真正热心而又积极的资助人，尤其是利奥波德亲王更是如此。但遗憾的是，当利奥波德亲王于 1667 年被封为红衣主教后，学院的活动因陷入财政问题而被迫中止。

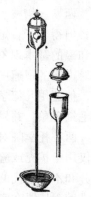

图 12.1　真空实验

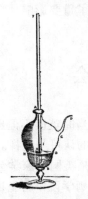

图 12.2　西芒托学院的气压计

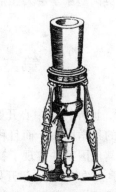

图 12.3　西芒托学院制造的湿度计

　　在学院成员的名册中还包括解剖学家波雷里（他将力学原理应用于生理学），胚胎学家雷迪（通过实验证明，像蛆这类小生命是由蝇产的卵形成的，并不是自然发生的），丹麦解剖学家和矿物学家斯特诺和天文学家卡西尼（他后来是新建立的巴黎天文台事实上的台长）等人。这些人和其他一些人在 1657 到 1667 年间一起进行了许多次物理学实验。

　　西芒托学院实验活动的一个重要特征，是把重复一些实验作为活动的重点。学院采用但丁的一句名言："尝试、再尝试"来概括这种公开的重复实验，它表明了已获得的实验数据的复杂性和模糊性。该学院于 1667 年发表了《西芒托学院自然实验文集》，叙述了他们共同做的实验和发现。

　　西芒托学院的院士们实验范围极为丰富。就物理学方面而言，他们重复了托里拆利的气压研究实验，做了大量的气压实验，并制造了一种实用的气压计；重复了玻意耳的在温水煮沸时观察动物在没有空气的情况下的行为，并想制造一台玻意耳抽气机但未获成功；重复了弗兰西斯·培根水的压缩性实验和达·芬奇研究过的毛细现象；重复了伽利略测定光速的尝试，但得出了否定的结果。他们探索了双线悬挂起来时摆锤始终保持在同一平面上；研究了电和磁的基本现象；通过记下大炮闪光和炮声的时间间隔来计算声速，但是他们错误地以为风对声音的视速度没有影响；学院成员托里拆利还用小的玻璃球制成放大率相当高的单显微镜，他还用几何学方法研究了透镜的性质，并改良了伽利略的望远镜。波雷里等人还特别研究毛细现象，并发现液体上升高度与管子直径呈反比的关系。

西芒托学院对实验活动非常重视，并且雇用"艺匠"为院士们制造新仪器。新的仪器不再仅用于扩充或验证以概念方式建立起来的科学假说，而且已经成为科学探索与实践的组成部分和不可替代的要素。院士们利用新仪器进行大量自然现象的人工实验，自然界的行为可以借助于仪器在实验室中重复再现。

西芒托学院的成员在相互批评与合作中形成了一些自我约束的原则，如必须采用精密的实验方法，所得结论要严格建立在观察和实验数据的基础上，而不试图作思辨的遐想。这种不成文的规定对英国皇家学会乃至后来的科学共同体都产生了重要影响。

第二节　英国皇家学会

17世纪中叶，世界科学中心开始从意大利向英国转移。当时英国不但出现了像哈维、玻意耳和牛顿这样的科学巨人，而且科学研究活动得到了社会的认可与重视。这些因素使得英国的科学领先于其他国家并实现了初步的体制化，其标志就是英国皇家学会的前身"哲学学会"的建立。该学会约从1645年开始，每周在伦敦的格雷歇姆学院举行星期聚会，讨论自然问题。该学会的成员有：数学家和神学家约翰·沃利斯、科学活动家约翰·威尔金斯、物理学家乔纳森·戈达德和乔治·恩特、格雷姆学院天文学教授塞缪尔·福斯特等。这个社团表现出广阔的兴趣和评论范围，但是其成员约定把神学和政治排除在他们的讨论范围之外。

英国资产阶级革命爆发后，"哲学学会"后来分为两支，其中在牛津的一支因为会员流动性大、加之骨干会员的迁居，结果不了了之；而在伦敦的一支则越来越发达，后来在伦敦这支的基础上建立了一个新的学院，以促进物理学和数学知识的增长。威尔金斯被选为学院主席，并拟出了第一批41名成员名单。两年后得到了国王查理二世的正式批准，并改为"皇家学会"。皇家学会的基本宗旨是以增进自然知识为目的，贯彻培根的学术思想，注意搜集经验事实，注重实验、发明和实效性研究。

皇家学会一开始就形成一个惯例，即在学会的会议上把具体的探索任务或研究项目分配给会员个人或小组，并要求他们及时向学会汇报研究成果。例如，布龙克尔勋爵曾承担进行枪炮反冲实验的任务；玻意耳应邀演示他的抽气机的工作过程；准备一份关于树木的解剖学的报告这个任务则被委派给了伊夫林。同时，学会还要求会员进行任何他们认为将促进学会目标的新实验。最早需要尝试的这种实验包括：用化合方法生产颜料，通过焙烧锑看看在这过程中锑的重量是否增加，测量空气的密度，定量比较不同金属丝的致断负载，以及多次进行的压缩水的无效尝试。因此，早期的会议都是会员作报告和演说，演示实验，展览各种各样稀奇的东西，并对所有这些所引起的问题进行活跃的讨论和探究，随着时间的推移，逐渐建立了一些委员会用来指导学会各部门的活动。例如：贸易史委员会从事工业技术原理的研究，不时向学会作涉及诸如海运业、矿业、酿酒业、精炼业、羊毛制造业等工业的报告；机械委员会致力于研究机械发明；此外，还有天文学、解剖学、化学等学科的委员会。

1662年，罗伯特·胡克被任命为皇家学会的干事，职责是为每次会议准备三或四项他自己和任何人的实验，以应对学会的不时之需。胡克是那时皇家学会中最有才干的实验家和最有独创性、最富有想象力的发明家。为了确定重力是否随着离地球中心的距离的增加而明显减少，胡克把一架精密天平放在威斯敏斯特教堂的尖顶上，称量一块铁和一根长的包扎绳的重量。然后他用这绳子把这铁块悬挂在一只秤盘上，再称量这铁块和绳子的重量。如果现在由于这铁块大大接近地面而重量增加，那么重力便确有明显减少；但是胡克并没能检测出在这两种不同条件下有明显的重量差别。后来，他又在旧圣保罗教堂的尖顶上重做了这个实验，在那里他也研究了一个200英尺长的摆的行为。胡克最早与皇家学会的通信之一是报告了一种证实称为"玻意耳定律"的物理关系的方法，他同这种方法的首创有密切的关系。胡克还用他自己设计的一种仪器进行了一系列关于透明液体的折射率的测量。学会会员们利用他的显微镜观察了软木细胞结构、"醋鳗"、昆虫的解剖以及后来在《显微术》中记叙和描绘的各种其他微小物体。

除了理化科学的研究之外，皇家学会的早期会员尤其是医学家还极其重视生物学问题，对动物进行了大量解剖和实验。皇家学会的特权之一是有权要求解剖被处决的死囚尸体，1664年成立了一个委员会，主持每逢处决日进行的解剖。医学会员还广泛进行动物解剖实验，通常都没有获得什么有用的或结论性的结果。他们还把液体（例如水银、烟叶油等）注射进动物静脉，或者切除器官、割断神经，并将这些实验结果作了记载。他们进行了许多相似或不同的动物包括狗、羊、狐狸和鸽子等输血的实验，这是皇家学会获悉洛厄在牛津输血成功后受到激励而进行的一项研究。后来还尝试过把羊血输入人体静脉的实验（见图12.4），没有出现不良的后果。此外，学会也收到全国各地医生寄来的叙述极其有趣的临床病例的报告。

图 12.4 早期的人羊输血

空气在呼吸和燃烧中的作用主要是玻意耳和胡克两人借助抽气机进行研究的。把小动物或者点亮的灯（有时把它们一起）放在抽气机的容器里，观察它们在抽掉空气时的情况。胡克表明，通过从气管上的开孔把空气注入狗肺，已解剖的狗的心脏还能跳动一个多小时。好些会员亲自试验了一个给定大小气囊容纳的空气所能供给呼吸的次数。当发现动物尸体虽加密封以排除掉空气后，仍有蛆滋生时，自然发生的可能性问题便在学会会议上提出进行讨论。

为了储存学会所得到的日益增多的自然标本（动物、植物、地质，等等），1663 年开设了一个陈列室，由胡克经管。陈列室保存了会员制造或发明的许多仪器和机械装置，以及许多没有科学价值的珍品。

学会的刊物《皇家学会哲学学报》于 1665 年 3 月由学会秘书亨利·奥尔登伯格独自出版。《哲学学报》的内容主要包括会员投交的论文和摘要，各方报告的观察到的奇异现象的报道，与外国研究者的学术通信和争论，以及最新出版的科学书籍的介绍。

皇家学会早期会员对一切新奇的自然现象普遍感到好奇，他们把研究的网撒得太大，因此丧失了统一地长期集中研究一组有限问题所带来的好处。所以，应当说，这个年轻学会对发展科学的真正意义，与其说在于它对科学知识的积累作出了贡献，还不如说在于它对它所聚集的那些杰出人物产生了激奋性的影响。

第三节　法国法兰西科学院

"法兰西科学院"起源于 17 世纪中叶巴黎一群哲学家和数学家的非正式聚会。这批人包括笛卡儿、帕斯卡、伽桑狄和费马等人，他们经常在墨森的寓所聚会，讨论当前的科学问题，提出新的数学和实验研究。后来，聚会改在行政法院审查官蒙莫尔和博览群书、周游四方的塔夫诺的宅邸举行。包括霍布斯、惠更斯和斯特诺在内的外国学者也都被吸引进来，最后夏尔·佩罗、科尔培尔向路易十四建议设立一个正规的学院。当 1666 年 12 月 22 日这个新学院举行首次会议时，它成了一个完全致力于科学研究的聚会。与英国皇家学会不同，该学院由国王提供研究活动经费，其成员得到国王的津贴。他们的研究分为数学（包括力学和天文学）和物理学（当时认为物理学还包括化学、植物学、解剖学和生理学）两大部分。

在纯粹物理学方面，法兰西科学院重做了西芒托学院和皇家学会的许多实验，他们研究了水凝固时把金属容器爆裂的能力所表现出来的水凝固的膨胀力。他们还使用抽气机进行了许多实验。其中一个实验把一个盛有一条鱼的水缸放到一个容器中，当抽空容器中的空气时，没有观察到变化，当重新放入空气时，鱼却沉到水缸底部停留在那里。为了确定热是否能透过真空，他们把黄油放在容器中，抽掉空气后把一块炽热的铁靠近黄油，结果发现，当把铁靠得足够近时，黄油便熔化了。他们还发现一株植物在一个抽掉空气的容器中放上几天后便停止生长了。他们还进行了一些实验，想确定水的沸腾是否对随后水凝固的快慢有影响，结果没有发现任何影响，但是发现由于沸水没有溶解空气，因而形成的冰更硬也更透明。科学院的早期成员之一马里奥特用这种冰制成了取火镜。在这些物理研究中，惠更斯起了领导作用，正是在巴黎作为科学院院士时，他写作了《光论》。

科学院最早的化学研究包括对某些金属焙烧时所表现出来的重量增加的研究。杜克洛把一磅粉末状的锑置于一面取火镜作用下历时一小时，发现锑的重量比原先的增加了十分之一。他猜想锑重量的增加，是由于增加了来自空气中的含硫粒子。然而，有一种意见认为，锑可能是通过损耗容器而增加重量的。他们还分析了许多地方的矿泉水，并把结果进行了比较。

在生物学的研究中，院士们的目标是运用他们的眼睛和理性（尤其是眼睛）来研究动物和植物器官的构造和功能。他们的《动物自然史》是根据对一定数量动物包括一头豹和一头象的考察和解剖而写成的。然而，这些解剖并没有按预定的计划进行，他们旨在说明所研究的这些动物的特性，而不是它们的相似之处。以皇家学会为楷模，院士们进行了狗和其他动物的输血实验，但是成效甚微。他们长期研究了血、牛奶和其他类似流体的凝结，尤其是凝结发生的条件。

科学院的纯数学研究主要讨论笛卡儿在该领域的工作和几何学中应用无限小量所引起的种种问题。在应用力学的领域内，科学院指派几个院士研究工业上常用的工具和机械，旨在阐明它们的工作原理以及改进或简化它们的结构。此外，院士们还设计了许多有创造性的机械装置，并发表在一本有图解的样本上。

科学院的天文学院士皮卡尔和奥祖的工作代表一种独特的进步，因为他们首创系统地把望远镜和刻度盘结合起来实际应用于精密测量角度。他们请国王建造一所正规的天文台，天文台按照克洛德·佩罗的设计建造在圣雅克近郊，实际建成是在 1672 年。

科学院组织了几次海外考察。其中有两次尤其值得一提。1671 年，为了精确测定已成为废墟的第谷·布拉赫的天文台乌拉尼堡的位置，皮卡尔前往丹麦。他回来时把奥劳斯·勒麦带到巴黎，后者成为科学院的院士，在法国期间，作出了光逐渐传播这个重要发现。另一次考察由让·里歇率领，于 1672 年到卡宴去观察这一年的火星冲日，根据对里歇的观察和卡西尼同时在巴黎作的观察所作的比较而推算出的火星和太阳视差的值，在精度上远远超过以往所获得的值。

第四节　德国柏林学院

17 世纪德国建立了许多科学社团。最早的一个是 1622 年由生物学家和教育改革家约阿希姆·荣吉乌斯在罗斯托克建立的艾勒欧勒狄卡学会，旨在促进和传播自然科学，把科学建立在实验基础之上。然而，这个学会似乎仅维持了两年左右。30 年后，建立了自然研究学会。这个学会基本上是医生的行会，它的主要活动是出版一份期刊，刊载会员的医学专业研究成果。1672 年又建立了实验研究学会，它从其创立者阿尔特多夫的克里斯托弗·施图尔姆的学生中吸收新会员。施图尔姆把他精心收集的一批物理仪器供他的学会用于进行特殊的实验工作。然而，唯一能与皇家学会或法兰西科学院并驾齐驱的德国科学社团是"柏林学院"。作为它的创始人莱布尼茨的理想的体现，柏林学院应该被看作是 17 世纪的产物。

柏林学院是莱布尼茨多年精心规划和不断鼓吹的结果，虽然这仅代表了他那雄心勃勃的宏图的一部分。他起先同流行的教育方法相抵触，这些方法都强调抽象思维和纯粹文字上的学识。莱布尼茨认为对青年的教育应注重客观现实，他强调指出，适当讲授数学、物理学、生物学、地理学和历史学等学科具有重要意义。他希望用德文取代拉丁文作为教育的媒介语。莱布尼茨一开始就设想，这个社团应由人数有限的学者组成，他们的职责是记载实验，同其他学者和外国科学社团通信和合作，建立一个大型图书馆，就有关商业和技术的问题提供咨询。这个社团应有权在德国只批准出版那些达到他们标准的书籍。莱布尼茨在 1670 年左右写的两份备忘录中又记载了进一步的细节，其中把这个拟议中的机构称为"德国技术和科学促进学院或学会"。这个社团的兴趣应当非常广泛，除了科学和技术之外，还应包括历史、商业、档案、艺术、教育，等等。广泛进行解剖学和生理学研究，结合患病贫民的救济、孤儿的专门教育和监狱的管理等事业，检验社会科学的各种新方法。这个社团将派遣旅行教师，出版一份期刊，以使任何人作出的有用发明都能广泛传播。在访问巴黎和伦敦期间，莱布尼茨得以实地研究法兰西科学院和皇家学会的工作。他由此受到鼓舞而提出一个新的计划，设想建立一个人员精干，有充分经费并装备仪器的社团。每个成员都应致力于就某个选定的问题做实验，用德文报告实验结果。这样积累起来的知识有系统地用于造福人类，最后编纂成包罗一切科学的浩瀚的百科全书。1676 年莱布尼茨成为汉诺威公爵的图书馆馆长。当这个家族的一个女儿与普鲁士选帝侯弗里德里希一世结婚时，莱布尼茨产生一个想法：他设想的一个社团可以在弗里德里希一世的庇护下建立在柏林。他还曾试图劝说这位选帝侯的妻子扩充他的计划，在柏林建立一个包括他所希望的那种学院的天文台。1699 年德国又决定采用格雷戈里历法时，莱布尼茨建议，这位选帝侯应该保留各种历法的专利，而且应该把收入用来资助天文台和学院。这个建议蒙准，新学院于 1700 年 7 月收到了特许状。

组织学院的计划主要由莱布尼茨拟订，他还同宫廷传教士雅布隆斯基磋商。这位选帝侯规定学院的研究应当包括历史和德语的发展。莱布尼茨出任院长，而且像皇家学会一样，也有一个院务会负责学院的行政管理和选举新院士的工作。会议有三类，分别讨论物理数学、德语和文学。为了谋得正常活动，拥有自己的会场和正式章程，学院在障碍重重和令人沮丧的情况下奋斗了 10 年之久。1710 年学院终于用拉丁文出版了它的《柏林学院集刊》的第一卷。它共收录 58 篇文章，主要涉及数学和科学，其中莱布尼茨的有 12 篇。

总之，科学社团的建立，促进了实验科学的发展，也推动了科学仪器的进步。科学社团的建立标志着科学活动方式的转变，即从科学家的个人自由研究转向有组织的集体研究，它使科学成为一种组织，变成了一种广泛的社会活动，科学家们也正是在这些有组织的社会活动中作出了杰出的科学成果。

思考题

如何理解科学社团的产生对人类科学技术发展的意义？

第四篇

现代科学技术的进展

XIANDAI KEXUE
JISHU DE
JINZHAN

XIANDAI KEXUE JISHU DE JINZHAN

所谓现代科学技术，是指 19 世纪以来出现和正在形成的科学技术领域，而且这些科学技术在世界公认的情况下影响当代并将继续影响到下个世纪，对国家和民族、当代和未来的政治、经济、文化、军事以及社会生活带来巨大变革的技术领域。第一，它更大范围地渗入了人类的一切生活，我们几乎在 20 世纪末再也找不到不受现代科技影响的生产和生活领域了。第二，它的技术领域在深度和广度上的扩大较之过去显得更为壮丽，相比之下，第一次甚至第二次工业革命的成果在现代科技看来只是十分粗放的早期科技，现在任何一门科技所涉及的技术的难度、深度和精度都是过去不可想象的。第三，它自身的发展速度之快，真正叫做日新月异，这种变化的结果完全改变了人们对于技术产品的使用观念，进而也就改变了社会和人们生活的观念，现代人市场观念的更新又反过来进一步促使技术和产品的加速变化。

本篇从西方产业革命开始，以现代科学技术发展的重要历史性事件和关键性、代表性人物为节点，主要阐述了现代科学技术的各个领域取得的研究成果以及发展的特点与趋势，分析了现代科学技术对社会发展的重要影响。

第十三章　技术发明与产业革命

谈到西方科学技术发展的历史，最重要的是始于 18 世纪 60 年代英国的产业革命。产业革命不仅对于西方科学技术史具有重大意义，它对于整个人类发展史也具有重要价值。产业革命推动了英国从农业社会向工业社会的转变，并带动欧洲大陆乃至后来的整个世界的工业化发展。人类社会不仅进入了一个与以前完全不同的工业化大生产的时代，而且在生产关系、城市化发展乃至日常的生活方式等方面都产生了许多重大而意义深远的变化。在这一转变的过程中，科学技术特别是新技术的发展突飞猛进，并且与工业化生产相结合，推动了生产力的发展和生产方式的变革。科学技术与社会生产以前所示有的程度紧密结合，互相促进，推动着西方世界达到了一个灿烂辉煌的发展高度。

第一节　产业革命产生的背景

产业革命是以机器大生产为主体的工厂生产代替以手工技术为基础的手工工场的革命。它是生产技术上的根本变革，是资本主义经济发展的客观要求决定的。由于国内外市场的日益扩大，工场手工业生产已不能满足社会对工业品日益增长的需要，于是产生了革新生产技术的必要性。产业革命最早产生于英国，英国是产业革命的发源地。正是由于 17 世纪英国出现的产业革命，导致工业化的出现和迅续发展，逐渐蔓延到欧洲大陆以及美洲，并引起了整个西方的产业革命，其巨大的影响力甚至波及了整个世界。

在西方国家中，英国最早进行了资产阶级革命，1640—1660 年间英国进行的资产阶级革命废除了封建制度，取消了封建割据和等级制度等不利于近代资本主义经济发展的种种束缚，为产业革命创造了重要前提。同时，在资产阶级取得政权后，对科学技术采取保护和奖励政策，推动了科学技术的更快发展。首先，英国在工业化开始阶段就实行了专利制度，对私人或企业的发明给予保护，使企业愿意投资发展科学技术。专利制度鼓励了人们的发明热情，促进了科学技术的发展。其次，资产阶级通过国家政权推行符合自己利益的土地政策、殖民政策，并且随着英国逐步走上法制社会的道路，资产阶级从法律上保证了资本主义经济发展各要素的自由流通，从而为产业革命的发展奠定了基础。

机器大工业的发展，提出了对粮食、原料、市场和劳动力的需求，进一步促进了农业生产的商品化和农业经济的分化，并为建立和发展资本主义大农场，革新农业生产方法提供了物质技术条件。16世纪的英国由于海外贸易的扩大，推动了英国毛纺织业的发展，英国的资产阶级和新贵族——土地领主用暴力大规模圈占农民的土地，强行建立大牧场，结果使广大农民失去了土地，这为发展机器大工业准备了大量的劳动力，另外，资本主义大农场的发展还为工业提供了更多的粮食、副食品和工业原料。著名的"圈地运动"正是在这种背景下产生的。这场从15世纪末年开始的运动，实质上是在农村进行的资本的原始积累。由于当时毛纺织业的发展，对羊毛的需求激增，导致价格急剧上涨，从而引发英国的部分贵族以暴力手段剥夺农民的土地，将耕地圈占起来以放牧羊群。这场被称为"羊吃人"的圈地运动使传统的自耕农失去了土地，其中的部分人员以及手工业者被迫进入城市谋生，成为未来产业工人的储备，促进了城市化的发展。它彻底消除了农业中的封建制度并打破了英国小农经营的农业经济，使生产方式向工业化的社会化生产方式变革。通过圈地运动产生的英国资产阶级和工人阶级，这正是英国产业革命的社会基础。

15世纪末，欧洲人发起了三次著名的冒险远航。正是这三次远航，导致了后来所谓的"地理大发现"。地理大发现大大地加强了西方世界对我们所居住的地球的认识，使他们对世界的了解真正贴近了原貌。这段时期，西方世界掀起了疯狂的掠夺世界各地财富的狂潮，英国在这场瓜分世界财富的争夺中虽然起步比较晚，但是它先后击溃了西班牙的"无敌舰队"，赢得了对荷兰的战争，最后打败了法国，终于确立了殖民霸主的地位，开始了对殖民地的大肆掠夺。设立在印度的东印度公司，在统治印度的55年里，通过各种手段从印度攫走了数量达50亿英镑的财富。军队的抢掠和商贸活动的聚敛，使英国资本的积累和集聚达到了很高的程度，而这些积累起来的巨额资本，就成为开展工业化大规模生产的基础。

欧洲经过了文艺复兴启迪和资产阶级革命的洗礼，迎来了科学技术大发展。天文学、地理学、数学、力学、物理学等科学取得了一系列令人瞩目的成就，其中的一些成果对产业革命的产生和发展具有重要的推动作用。牛顿的《自然哲学的数学原理》经典力学的理论，不仅对经典科学本身的发展产生了深远的影响，也为产业革命提供了强有力的理论指导，真空和气体压力的研究发展成为产业革命的理论基础。同时，技术的发展也为产业革命打下了基础。资本主义工场手工业的长期发展，使劳动分工日益细化，劳动工具和生产设备不断改进和专门化，同时还培养了一大批有熟练技巧的工人，积累了较丰富的经营管理经验，为大机器工业生产过渡准备了科学技术条件，例如精密的经度测量法、纺纱机的改革，等等。这些技术发明和创造，大大地促进了科学技术的发展，特别是应用技术的创新和发明促进了技术发明向产业化转移，使科学技术转化为社会生产力。当时的美国、法国，以及19世纪的德、日等国也先后效仿，使工业化的浪潮迅速推广到世界各地。

第二节　产业革命的兴起和发展

英国的产业革命起源于纺织业的发展。从 18 世纪 30 年代开始，通过一系列标志性的技术革新和发明创造、机械化生产的引入和工业化工厂的建立，使劳动生产率大幅度提高，促进了英国棉纺织业的迅速发展。伴随着英国产业的革命，同时出现了近代以来的第一次技术革命，它以蒸汽机的发明为主要标志，继而扩展到其他轻工业、重工业等各工业行业。同时，随着这些新兴行业或重新兴盛的行业的发展，带动了一大批技术革新与发明创造被广泛地应用于其他行业之中，并促进了整个产业界的迅速发展。

一、纺织业的发展

1733 年英国兰开夏郡的钟表匠约翰·凯伊发明了飞梭，用飞梭的自动往返代替了手工投递，使织布效率提高了 1 倍，并使布面加宽。到 1760 年飞梭已普遍推广使用，结果造成了纺纱与织布间的严重不平衡，长期发生"纱荒"。1764 年，曾当过木工的织布工人哈格里沃斯发明了效率可提高 8 倍的有 8 个竖锭的纺车。哈格里沃斯把自己发明的纺车命名为"珍妮纺车"，并在 1770 年申请登记了专利。到 1790 年时，珍妮纺车已在英国普及推广。这是一架可同时带动几十根纱锭的手摇纺纱机，它是由手工工具变为机器的典型。珍妮纺车提高了纺纱效率，消除了纺纱与织布间的不平衡，从而成为英国产业革命的火种。1769 年，理发师阿克莱特（1732—1792）借鉴了木匠赫斯的发明而制成了水力纺纱机。水力纺纱机一方面用水力代替人力作动力，使纺纱成本大大降低；另一方面，水力纺纱机体积大，必须在特定的地区使用，因而它不能安置在一般家庭中，必须另建厂房集中大量工人工作，这就奠定了工厂制度的基础。阿克莱特于 1771 年在克隆福特创立了第一个棉纺厂。18 世纪末和 19 世纪初英国兰开夏郡和德比郡的所有工厂都是按照他所建立的纱厂的模式建造的。阿克莱特开创了纺织业工厂化生产的时代，对产业革命的发展提供了重要的推动作用。1779 年，英国童工出身的发明家克隆普敦（1753—1827）利用珍妮纺车和水力纺纱机的优点，进行技术综合，发明了一种新的纺纱机，命名为"骡机"。骡机纺出的纱线既均匀又坚实，大大提高了纱线的质量。1785 年，牧师卡特来特（1743—1823）发明了自动织布机，将织布的工作效率又提高了许多倍。

在纺织业不断产生的新的需求的推动下，英国的纺织业成为了产业革命的龙头产业。而在纺织业的带动下，漂白、染色、印花等相关行业也发生了连锁反应，化学方法的应用，漂白机、滚筒印刷机、染整机等机器设备的发明，使这些领域也从手工劳动带入机械时代。

二、蒸汽机的发明

公元 1 世纪时，古希腊罗马时代的赫伦就发明了一种玩具——蒸汽反冲球，它是近代蒸汽机的雏形。文艺复兴时期，达·芬奇曾留下了用蒸汽开动大炮的图样。1615 年，法国人德·高斯用实验证实了用蒸汽抽水的可行性。1690 年，法国物理学家丹尼斯·巴本设计出了利用蒸汽推动气缸中活塞的装置，气缸中的蒸汽加热膨胀后，推动活塞上升做功，蒸汽冷却后形成真空，活塞就会下降，这应该是后来得到广泛应用的蒸汽机的基本结构雏形。巴本是第一个应用蒸汽在气缸中推动活塞的人，他首次指出蒸汽机的工作循环是气压蒸汽机的原型，因而他被尊称为近代蒸汽机的直接祖先。他的工作为以后活塞式蒸汽机的发展开辟了道路。

17 世纪末，为了排除矿井积水，英国皇家工程队的军事工程师塞维利大尉（1650—1715）积极进行蒸汽泵的研究。他的蒸汽泵去掉了活塞，直接依靠真空把水吸上来，再用压力蒸汽把水挤出去。1698 年他取得了这项发明的专利。塞维利机除用于矿井排水之外，还可用于居民供水，它是人类历史上第一部能实际应用的蒸汽机。

1705 年，英国铁匠托马斯·纽可门（1663—1729）对塞维利的蒸汽机进行了改进，恢复了巴本的气缸活塞装置。他利用一个锅炉生产蒸汽，然后蒸汽在气缸里推动活塞做功，气缸冷却后利用真空作用使活塞复位，从而实现抽水的功能，这样蒸汽压力、大气压力和真空即可在交互作用下推动活塞作往复式的机械运动。纽可门的蒸汽机在矿井抽水应用方面取得了很大成功，当时建造了大约 1000 台蒸汽机应用于矿山。

对纽可门蒸汽机进行全面研究和改进的是英国工程师斯米顿（1724—1792）。他从 1769 年—1772 年对纽可门机作了各种函数关系的实验，先后写了 130 多个实验报告，整理出一套计算公式，还编制了各种部件的比例表，积累了大量有价值的数据、资料。他还在改造锅炉、改进点火及燃烧方法以及制造工艺等方面做了大量工作。所以，斯米顿的工作虽没有作出重大的理论突破，也没有独创性的发明，但却为以后的发明奠定了实验基础。而要作为工业化生产迫切需要的、具有普遍实用价值的动力，蒸汽机必须能够满足各类工厂作为驱动机械的动力的需要，这需要克服以往设计制造的蒸汽机的许多不足。而跨出这一大步，使蒸汽机真正成为推动产业革命的动力机械的，则是英国的发明家詹姆斯·瓦特（James Watt，1736—1819）。

瓦特是英国一位商人的儿子。19 岁到伦敦当学徒，21 岁到格拉斯格大学当仪器修理工。1763 年格拉斯格大学从伦敦买回一部纽可门机，但运转不灵。瓦特便着手修理这部机器，这实际上是他创造性活动的开始。瓦特通过分析和实验发现：纽可门机为了产生真空，每一冲程都要用冷水将气缸冷却一次，造成热量的巨大浪费。1765 年 5 月，瓦特发明了分离冷凝器，对蒸汽发动机的发展起了关键性作用，设计出了将冷凝器单独设置的单动式蒸汽机；分离冷凝器大大降低了蒸汽消耗，使热效率提高了 3%，比纽可门机提高了 4~6 倍，耗煤量也减少了 3/4。接着，瓦特又对蒸汽机进行了几项重大改进：1781 年他发明了行星式齿轮，将蒸汽机的往返运动变为旋转运动；1782 年，设计出了将蒸汽从气缸两侧交替送汽的双动式蒸汽机，该项发明改变了纽可门蒸汽机只能做直线往复运动的缺陷，使活塞沿两个方向的运动都产生动力，效率提高了 4 倍。1788 年瓦特又发明了自动控制蒸汽机速度的离心调速器，并在 1790 年发明了压力表。瓦特对蒸汽机所做的这一系列改进，使蒸汽机的作用再也不仅仅限于矿井抽水，而成为可以驱动工厂机械的动力源泉。

三、产业革命的发展

随着蒸汽机的发明和不断完善，英国工业的生产力大大提高，带动着许多行业从手工业生产为主的时代进入了以机器生产为特征的工业化时代。在采矿业中，1783 年，英国著名的康沃尔矿区的所有纽可门蒸汽机开始被瓦特蒸汽机取代，随后，其他矿区的纽可门蒸汽机也相继被瓦特蒸汽机取代。在纺织业中，由于采用瓦特蒸汽机作为动力，使纺织厂打破了原先依靠水力必须建在靠近河流地带的限制，使纺织业的发展进入了一个新的时期。蒸汽机作为一种动力机，不但在纺织、采矿业中得到广泛的应用，而且还被推广应用到交通运输、冶金、机械、化工等一系列工业部门，使社会生产力发展到前所未有的高度，出现了蒸汽时代的技术革命。

1. 蒸汽船的发明

美国发明家罗伯特·富尔顿（1765—1815）发明了第一艘能实用的轮船。1786 年他到伦敦，结识了瓦特，激发了他用蒸汽机推动船舶行驶的热情。1803 年在巴黎，他发明的第一艘汽船在塞纳河下水，试验没有成功。1807 年他回到美国后设计制造了"克勒蒙特"号轮船，在纽约市的哈德逊河下水，"克勒蒙特"号轮船作为哈德逊河上的定期班轮，曾往返于纽约和奥尔巴尼之间，全程约 150 海里。船速比帆船快 1/3。"克勒蒙特"号轮船的试航成功标志着以蒸汽动力船取代风力帆船的新时代的开始。此后，富尔顿又设计制造了多艘轮船。1819 年，配备有蒸汽机作辅助动力的"萨凡纳"号轮船，自美国佐治亚州的萨凡纳横渡大西洋开往英国的利物浦。1838 年，英国设计建造的"天狼星"号、"大西方"号、"大不列颠"号完全依靠蒸汽机为动力，横渡大西洋成功。这以后的几年间，英国先后成立了几个大的航运公司，经营世界海洋航运，使英国的海运业进入了一个新时代。

2. 蒸汽机车的发明

产业革命之前，英国的陆路交通的主要工具是马车。但是马车运载量小、效率低，适应不了工业化大生产的需要；随着蒸汽机的不断进步和广泛应用，蒸汽机替代马车作为交通工具逐渐登上了历史舞台。1804 年，英国牧师理查德·特里维西克（1771—1833）改造了瓦特的蒸汽机，并将其装在一台在轨道上行驶的蒸汽机车上，特里维西克的机车在 9.75 英里（14 km）长的铁轨上牵引 5 辆装载着 10 t 铁的货车，平均速度约为每小时 5 英里（8 km），速度很慢，但在那时候，它足以引起轰动。1814 年英国发明家斯蒂文逊（1781—1848）在继承前人成果的基础上，设计制造了世界上第一台实用的蒸汽机车并在基林沃斯煤矿上运煤。1815 年他又针对第一台车的缺点和不足，重新设计制造了第二台蒸汽机车，使速度提高 1 倍。

该车在结构上成为现代蒸汽机车的雏形。1825 年由斯蒂文逊负责勘测和修建的斯托克顿——达林顿铁路正式通车。全长 30 英里（48 km），这是世界上第一条公共交通铁路。该线所有的蒸汽机车也是由斯蒂文逊在纽卡斯尔创办的机车厂制造的。史蒂文逊虽然不是最早设计制作蒸汽机车的人，但正是由于他提出的这一系列可操作性措施的实行，才使得铁路运输业能够克服许多问题，得到迅速发展，到 19 世纪末，世界铁路里程已达 65 万 km，世界进入了"铁路时代"。

3. 其他行业的发展

冶金业是随着纺织业、交通运输业之后，在产业革命影响下得到迅速发展的行业。1760 年，约翰·斯密顿（1724—1792）发明了"蒸汽鼓风法"，利用蒸汽压力向熔炉送风；1776 年，约翰·惠更生（1728—1808）开始利用瓦特创制的先进的蒸汽机给熔铁炉鼓风；从 1782 年开始，冶金业利用蒸汽机带动汽锤、碾压机和切铁机工作；1784 年，工程师亨利·科特（1740—1800）获得了"搅拌式炼铁法"专利，并于 1788 年发明了利用蒸汽机驱动的轧钢机。冶金工业生产技术的不断革新，带动了英国钢铁产量的迅速增长，使英国的钢铁工业迅速成为世界第一。1856 年贝塞麦首创转炉炼钢新技术。1864 年德国的西门子（1823—1883）和法国的马丁（1824—1915）发明了平炉炼钢法，从而使钢铁生产大规模进行。平炉、转炉炼钢新技术的广泛采用，使钢铁工业有了很大发展。1865—1870 年，世界钢产量增加了 70%。冶金和煤炭工业的发展促进了机械制造业的大发展。在工业革命初期，机器多用手工制造并且多为木质的，英国从 18 世纪末开始运用蒸汽锤和简单的车床制造部件。1797 年莫兹利发明了车床的运动刀架，使刀具的进给运动实现了机械化。到 19 世纪初，已陆续发明了各种锻压设备和金属加工机床：铣床、磨床、刨床、钻床、齿轮及螺纹加工机床等，使机械制造业从此建立起来，并有了一定的规模。

英国的产业革命始于 18 世纪 60 年代，以棉纺织业的技术革新为始，以瓦特蒸汽机的发明和广泛使用为枢纽，以 19 世纪三四十年代机器制造业机械化的实现为完成的标志。到 19 世纪中叶，机械化的大工业生产占据了英国国民经济的主要地位，英国已经成为一个发达的工业化国家，形成了较为完备的工业生产体系。

英国产业革命产生的巨大生产力，推动了社会的迅速进步，产业革命的浪潮很快就席卷了整个西方世界。比利时、荷兰、法国、德国、美国等国家的工业化进程也陆续展开。英国产业革命中的新发明如纺纱机、织布机、蒸汽机等很快传到了这些国家，带动了这些国家产业革命的发展。这些国家的产业革命起步虽然比英国晚，但是，这些国家完成产业革命、实现工业化的时间比英国缩短了很多。一方面是因为他们汲取了英国产业革命的经验和教训，避免了走弯路；另一方面，是由于他们充分利用了英国已经发明出来的技术。法国产业革命从 19 世纪初期开始，到 1860 年前后结束。德国的产业革命开始于 19 世纪 30 年代，到 19 世纪后期，后进的德国很快赶超上来，跨入了世界先进国家的行列。18 世纪末期开始，英国产业革命的影响就不断地传入美洲大陆，而美国的发明家们通过引进英国产业革命的新的技术，创造发明一些重要的技术，如轧棉机、造纸机、蒸汽轮船，等等。到19世纪中期，纺织业、冶金业、机械制造业和交通运输业在美国都取得了较大的发展。随着贯通美国东西部的铁路大动脉的建成和移民向西部的不断拓展，美国依靠幅员辽阔、资源丰富的优势，逐步成为世界头号经济强国。

产业革命的浪潮不仅席卷了西欧和北美，而且也扩散到了东欧和亚洲，俄国和日本此后也出现了产业革命的高潮。其他地区的一些落后的农业国家也纷纷把实现工业化当做自己追求的目标，世界进入了工业化的时代。

第三节　产业革命的意义和影响

产业革命把技术引入生产过程，用机器代替人的体力劳动，完成了资本主义机器大工业代替工场手工业的转变。第一次技术革命引发的产业革命，为自然科学的发展开辟了广阔的道路。产业革命使科学和技术成为生产过程必不可少的因素，生产过程变为科学的应用，又使科学成为同劳动相分离的独立力量，技术发明不断涌现。

英国产业革命的发展受益于科学技术的巨大进步。包括理论科学与实验科学的发展，都为这场革命奠定了基础。天文学的发展、经典力学大厦的建立，为产业革命打下了理论基础；而真空和热力学等实验科学的发展，则为产业革命的动力——蒸汽机的发明指明了方向。英国、法国、德国、美国、俄国等国家在产业革命时期培养出一大批具有开拓性的创新人才，创造发明了如飞梭、珍妮纺纱机、蒸汽机、螺纹车床、水力鼓风机等装置，推动了产业革命的产生和发展。产业革命期间，技术的发明和应用与社会化的工业生产达成了一种新型的结合，技术的发明和创新直接推动生产以前所未有的速度增长，而以机器大工业为基础的工业生产必须不断地革新技术，提高竞争力，才能保持生存。这必然使科学技术与社会生产之间产生更加紧密的结合，相互依赖，相互促进，从而又促进了科学技术的迅猛发展。例如，蒸汽机的发明和改进，为能量守恒和转化定律的发现及热力学的完成奠定了基础；纺织业的发展带动了印染业，而印染业则促进了化学的发展。机械制造业在产业革命中的迅速发展使精密仪器的制造取得了长足的进步，从而大大推动了实验科学的发展。因此，产业革命和科学技术相互作用和相互影响，相得益彰，为人类社会的进步作出了不可磨灭的贡献。

产业革命形成了以大机器生产为特点的工业体系，它推动了社会生产力的迅猛发展，又为资本主义生产方式奠定了坚实的技术基础。从1800年到1900年，英、美、法、德4个主要资本主义国家的煤炭产量从1 270万t增加到65 670万t，生铁产量从20万t增加到3 587万t，钢材、铁路里程、船舶吨位都有很大的增长。从1820年到1913年，世界工业生产增加了48倍。轮船、火车的诞生以及汽车、飞机的发明和使用，使城市之间、地区之间乃至国家之间的交往日趋密切，这种变化更加有利于先进科学技术和先进生产方式的传播，有助于人口的流动、产品的交易和资本的流通，从而进一步扩大了分工的规模。同时，产业革命还在不断向美洲和亚洲扩展。在产业革命深入扩展的过程中，先进技术、设备和先进生产方式的传播，促进了不同地区、不同国家的生产和经济联系，进一步强化了国际分工，逐渐形成了一个世界市场。例如，美国南方地区生产大量的优质棉花，销往英国成为棉纺织业的生产原料；而英国出产的工业品，又把该地区作为广阔的销售市场。这样，美国的棉花生产与英国的工业品生产相互流通，成为两地经济发展的重要因素，使两地经济紧密相连。产业革命之后形成的世界市场，带动了世界经济的变化与发展。因此，恩格斯在总结产业革命的意义时指出："蒸汽机和新的工具机把工场手工业变成了现代的大工业，从而把资产阶级社会的整个基础革命化了。工场手工业时代的迟缓的发展进程变成了生产中的真正的狂飙时期。"

思考题

1. 产业革命发生的原因是什么？为什么产业革命首先在英国发生？
2. 为什么把蒸汽机称为产业革命的动力？
3. 分析产业革命与科学技术发展之间的关系。
4. 产业革命的历史意义及价值是什么？
5. 试述产业革命的科学成就。

第十四章　物理学革命

1900年，当20世纪的曙光刚刚升起时，由于现代物理学革命与现代生物学革命的同时兴起，世界科学史也就因此跨入现代科学史的新纪元。现代物理学革命和现代生物学革命同为现代科学革命的前导和主流。但在20世纪初期，现代物理学革命的成就更为卓著，因此其影响也就更为深远。从20世纪初到第二次世界大战结束，现代物理学革命经过近半个世纪的深入发展，终于形成了以量子论、相对论和核物理这三大分支为主流的现代物理学体系。正是这三大新兴分支的兴起和发展，不仅从根本上改变了经典物理学的历史面貌，而且从根本上奠定了现代物理学的科学基础。

第一节　寻找以太

19世纪80年代初期，麦克斯韦建立了电磁场理论，但是人们却很自然地用声波来类比电磁波，把它也看成是一种机械波，并认为它的传播必须以以太为介质。同时人们又用伽利略变换去套用麦克斯韦方程，发现它不再协变了，于是便得出一个结论：麦克斯韦方程只适合于静止的以太坐标系。这就是说，对于这个方程，存在一个优越的惯性系，它不再同相对性原理相容。相对性原理在这里似乎陷入了困境。人们相信存在一个绝对静止的以太坐标系，他们认为过去在力学范围内找不到绝对静止的坐标系，现在似乎可以在电磁学中找到，这就意味着绝对空间和绝对运动的存在。

人们认为以太是一种物质质点，它应当具有力学性质，进一步研究发现，它具有一系列神秘的、不可捉摸的、甚至是互相矛盾的性质。整个宇宙充满以太，整个宇宙就是一个以太的海洋。因为光是横波，所以作为传播光的介质的以太是绝对刚性的。但是宇宙天体在运动过程中并不受到以太的阻力。因此，又必须假定它的密度几乎为零，或者假定它是胶状物质，而这样就会同以太是充满宇宙和绝对刚性的假定发生矛盾。总之，人们很难给以太定义出确切的力学性质，以太的力学性质本身就充满着混乱和矛盾。19世纪初，为了说明光在宇宙空间的传播现象，菲涅尔又提出了"静止以太"的概念，认为地球在穿越以太时可以通行无阻，以太相对于在其中运行的物质是静止的。由于静止以太说较好地解释了"光行差"现象，因此得到当时大多数物理学家的赞同。后来，麦克斯韦电磁理论的建立和赫兹在实验中证明了电磁波的存在，进一步坚定了人们对以太存在的信心，只不过对以太的属性有不同的看法。例如，英国物理学家斯托克斯（1819—1903）就认为以太不可能毫无阻力，因此地球在以太中运动时就可能拖动地球表面的以太一起运动，而不像菲涅尔所说的那样对静止的以太毫无影响。虽然有这种争论，但由于以太充斥于整个宇宙，所以荷兰物理学家洛伦兹（1853—1928）认为可以把静止以太等价于绝对时空，把物体相对于以太的运动看成是相对于绝对参考系的运动，并且明确提出可以用实验测出地球相对于以太的速度，并出现了通过实验来检验和判定各种有关以太属性的学说。

为了寻找物体相对于以太的绝对运动，许多物理学家做了各式各样的实验。其中最有名的是迈克耳逊-莫雷实验。这个实验是根据麦克斯韦生前提出的设想设计出来的。麦克斯韦指出，如果地球相对于静止的以太运动，沿地球运动方向发出一个光信号到一定距离又反射回来，在整个路程往返所需的时间应稍小于同样的光信号沿垂直于地球运动的方向发射到相等距离往返所需要的时间。1887 年迈克耳逊（1852—1931）同莫雷（1836—1923）合作，利用他发明的干涉仪，用光的干涉方法来检验这种在互相垂直的两个方向光传播的时间。虽然实验本身达到了很高的精度，但是实验中并未观察到预期的干涉条纹的移动。这个实验被许多人所重复，结果都是相同的。这个实验的结果被称为"零"结果，它否定了以太风，否定了绝对运动。实验的"零"结果轰动了物理界，物理学家们提出了各种各样的假说来企图解释这一奇怪的结果，但是各种解释都不能令人满意，暴露了经典理论的局限性。总之，静态以太理论和伽利略变换所导致的存在最优的以太坐标系的结论，被以太漂移实验，特别是迈克耳逊和莫雷的实验所否定。静态以太理论和伽利略变换所导致的光速可变和存在以太最优坐标系的结论同新实验事实的矛盾，是经典理论所面临的不可克服的困难，这个困难暴露了经典理论同新实验事实间的深刻矛盾。

第二节　爱因斯坦与相对论

一、狭义相对论的创立

19 世纪 80 年代初期，在经典物理学领域已经出现了理论危机的征兆。这种理论危机的征兆，集中地表现在作为经典力学理论基础的牛顿的绝对运动观和绝对时空观越来越受到新的理论成果和新的实验成就的挑战，而经典力学又是当时整个经典物理学的基础。面对经典物理学大厦已经出现的裂痕，奥地利著名物理学家和哲学家马赫（E. Mach，1838—1916）在他于 1883 年出版的《力学及其发展的历史批判概论》一书中，对牛顿的绝对运动观和绝对时空观进行了最初的理论批判。马赫的思想对爱因斯坦产生了深刻的影响。英国物理学家布拉德雷（1692—1762）在 1728 年所进行的恒星光行差观测实验首次算出了光速，而法国物理学家斐索（1819—1896）在 1849 年所进行的光速测定实验，则首次测定了光速。这两大实验成果是爱因斯坦确立作为他的狭义相对论基本理论的光速不变原理的主要实验基础。

爱因斯坦（Albert Einstein，1879—1955），犹太人，诞生于德国的乌尔姆。父亲是一小业主，经营一家电器作坊。爱因斯坦小时并不显得才华出众，说话很晚，直到 5 岁话还说不清楚，曾被医生认为发育不正常。不过，他很爱思考，有强烈的求知欲和好奇心。爱因斯坦不喜欢当年德国的教育制度，中学没有毕业就退学在家自修，16 岁自学掌握了微积分。在自学中，爱因斯坦从伯恩斯坦（A. Bernstein）著《自然科学通俗读本》中了解了整个自然科学领域的主要成果和方法。16 岁，爱因斯坦来到瑞士的苏黎世，准备报考苏黎世联邦工业大学，却因不善记忆而未被录取，转到阿劳（Aarau）州立中学补习功课。

1896 年，爱因斯坦考入苏黎世工业大学师范系。第二年，他开始系统地研究马赫的代表作《力学史》。1900 年，爱因斯坦大学毕业，1902 年，爱因斯坦在其好友格罗斯曼的帮助下得以在瑞士专利局任职。在从 1896 年开始的 10 年期间，爱因斯坦一直坚持进行有关辐射理论、分子运动论和电磁力学的研究。1905 年，爱因斯坦发表了三篇具有划时代意义的论文，一篇题为《关于光的产生和转化的一个推测性观点》的光量子论的论文推动了早期量子论的发展；一篇有关布朗运动的论文推动了分子物理学的发展；第三篇论文则是 1905 年 6 月发表的《论运动物体的电动力学》，正是在这一篇论文中，爱因斯坦首次比较系统地阐述了他经过10 年探索之后才得以创立起来的狭义相对论。在《论运动物体的电动力学》中，爱因斯坦以狭义相对性原理和光速不变原理作为他立论的基本公理，独立地从伽利略变换中得出了狭义相对论的一条基本结论——洛伦兹变换这一新的时空变换关系。更重要的是，爱因斯坦在发现这一关系时，即对这一关系所蕴含的物理含义作出了正确的解释。

1906 年，爱因斯坦根据狭义相对论所作的进一步推导，发现运动物体的能量、质量及其运动速度之间有如下关系：$E = mc^2$。其中 E 为能量，m 为质量，c 为光速，这即是作为狭义相对论重要推论之一的运动的质能效应，即著名的爱因斯坦质能关系式。爱因斯坦质能关系式的发现，为此后核物理学和基本粒子物理学的发展奠定了重要的理论基础。除了上述三个重要推论之外，爱因斯坦在 1905 年的论文中还作了狭义相对论的另外三个基本推论。① 光速极限论；② 同时性的相对性；③ 相对论力学与牛顿力学的对应关系。由于这一推论的得出，爱因斯坦就在两种力学之间建立起了对应关系。爱因斯坦的狭义相对论发表的当年，人们对他的这一理论尚未予以重视，直到 1906 年，德国物理学家考夫曼（1871—1947）才最初提到爱因斯坦的这一理论。同年，当德国著名物理学家普朗克得知这一理论之后，即予以高度评价，普朗克认为，相对论的创立可以与哥白尼革命相媲美。与此同时，普朗克还倡导在相对论的基础上建立完善的相对论力学。1907 年，爱因斯坦在大学时代的老师，德国著名数学家闵可夫斯基（1864—1909）在通常的空间三维坐标（X，Y，Z）的基础上，引入第四维坐标，闵可夫斯基时空坐标的建立，为爱因斯坦的狭义相对论提供了时空的数学模型，1908

年 11 月，他曾以《空间和时间》为题，就爱因斯坦的狭义相对论发表过热情的讲演，自此之后，爱因斯坦的狭义相对论才开始受到物理学界的关注。

二、广义相对论的创立

爱因斯坦的狭义相对论发表之初，只在德国受到普朗克和闵可夫斯基等人的赞同，而在其他国家，几乎普遍受到冷遇和抵制。当大多数物理学家尚无法接受狭义相对论时，爱因斯坦则已致力于研究如何把他的狭义相对论作进一步推广，以求建立起广义相对论。1907 年，爱因斯坦在一篇题为《关于相对性原理和由此得出的结论》的论文中指出，狭义相对论仍有其理论局限性，这种理论局限性主要表现在狭义相对论的理论前提建立在惯性参考系之内，因此，要克服狭义相对论的理论局限，就必须否定一切惯性参考系的特殊地位，以建立一种更为普遍的引力理论。1907 年是爱因斯坦创立广义相对论的起点，自此之后，爱因斯坦在创立广义相对论的探索中，以惯性质量与引力质量相等这一实验事实为基础，在 1911 年发现了惯性系与非惯性系的等效原理，从而为广义相对论的创立找到了一个基本的理论前提。

1916 年初，爱因斯坦发表的《广义相对论基础》全面地阐述了他的广义相对论。与狭义相对论一样，广义相对论也是一个由基本公理、基本结论和基本推论构成的公理化学说体系。等效原理和广义相对性原理是广义相对论的两条基本公理，亦即广义相对论的两条基本公理。等效原理的内容是：一个加速度为 a 的非惯性系，等效于含均匀引力场的惯性系。通俗地说，一个非惯性系统所看到的运动与一个惯性系统所看到的运动完全相同。在等效原理的基础上，爱因斯坦进一步引入了广义相对性原理。广义相对性原理亦称广义协变原理，其基本内容是：在任何参考系中，物理学规律的数学形式都是相同的，也就是说，自然规律与人们引进的参考系无关。正是以上述两条基本公理为理论前提，爱因斯坦把他的相对论从惯性系推广到非惯性系，并从而把他的狭义相对论推广为广义相对论。以上述两条基本公理为前提，爱因斯坦推导出了广义相对论的两条基本结论。其一，时空特性决定于引力场的状态，现实的物质空间不是平直的欧几里得几何空间，而是弯曲的黎曼几何空间，引力场强度越大，时空弯曲也就越大。其二，引力场的状态决定于物质分布状态，物质密度越大，其引力场强度也就越大。换言之，这两条基本结论的核心即是：物质分布状态决定引力场状态，引力场状态决定时空特性。这两条基本结论从更深刻、更广泛的物理意义和几何意义上否定了牛顿力学的绝对时空观和绝对运动观。正因为如此，所以广义相对论实质上是一种更普遍的引力理论；广义相对论的引力理论与牛顿力学的引力理论具有本质上的差异。为了便于从实验上验证广义相对论的引力理论的正确性，爱因斯坦从广义相对论的基本公理和基本结论中推出了三个基本推论：① 水星轨道近日点的进动。② 光线在引力场中的偏转。③ 光谱在引力场中的红移。

20 世纪以来，随着天体物理学的发展，爱因斯坦的三大科学预言相继为天体物理学的实验事实所证实。在爱因斯坦所作的三大科学预言中，最先被证实的是水星轨道近日点的进动。美国天文学家纽康发现水星轨道近日点的进动：水星轨道近日点所得观测值比根据牛顿引力理论的计算值每世纪快 43 s，牛顿力学则因纽康的新观测值的发现而进一步陷入理论危机。因此，水星轨道近日点的进动就成为 19 世纪后期的一大科学疑案。爱因斯坦创立广义相对论之后，即根据其理论对水星轨道的近日点分析计算，理论计算值刚好与纽康的实验观测值一致。因此，爱因斯坦不仅解开了在天文学领域遗留长达半个多世纪的水星轨道近日点的进动之谜，而且使已有的实验事实成为验证他的这一科学预言的有力证据。

广义相对论第二大科学预言是光线在引力场中的偏转："光线在引力场中一般沿曲线传播。"为能使这一预言得到证实，爱因斯坦还具体地提出了可以验证这一预言的实验方法：即在日全食时观测某些恒星的光线穿过太阳引力场到达地球时的弯曲值，他希望天文学家能够早日证实他的这一预言。爱因斯坦的上述预言传到英国之后，引起了英国著名天文学家爱丁顿（1882—1944）的兴趣。1919 年 5 月 29 日，爱丁顿率领的观测队拍摄到了当天的日全食照片及观测到有关数据。经过对实验观测资料的分析，所得光线在引力场中偏转的实地观测值与爱因斯坦的预言基本一致。1919 年 11 月 6 日，爱丁顿等人发表了观测结果，爱因斯坦的第二大科学预言因此得到证实。爱因斯坦的第二大科学预言得到证实的新闻立即在英国和欧美引起轰动，自此之后，爱因斯坦即成为西方家喻户晓的人物，而其相对论才开始产生广泛的革命影响。

广义相对论的第三个科学预言是光谱在引力场中的红移，即包括太阳在内的巨大质量的恒星光谱在射向地球时，其光谱本身表现为向红端方向移动，这种现象被称为光谱的引力红移或光谱的引力频移。1924 年，美国天文学家亚当斯（1876—1956）对天狼星的一颗密度很大的伴星的光谱作了细致的观测。由于这颗伴星所产生的引力红移效应要比太阳所能产生的同一效应大 30 倍左右，所以亚当斯发现其光谱确实存在着向红端移动的现象。由于亚当斯的发现，使爱因斯坦的光谱在引力场中的红移这一预言得到最初的验证。爱因斯坦逝世之后，人们在天文观测中不但进一步观测到了太阳和恒星光谱的引力红移，而且可以在地面进行有些谱线的引力红移实验，这样就使爱因斯坦的有关广义相对论的第三大科学预言进一步得到确证。爱因斯坦是 20 世纪以来最具有科学革命精神的伟大科学家之一。从 1896 年开始，到 1916 年为止，经过长达 20 年的不懈努力，爱因斯坦终于建立起了狭义相对论和广义相对论的学说体系。由于相对论的建立，使牛顿力学成为只描述宏观低速物理现象的一种特例。相对论就使物理学基本完成了从研究低速物理现象到研究高速物理现象的革命，开辟了物理学的新纪元。

第三节　电子和 X 射线的发现

19 世纪是电磁学大发展的时期，到七八十年代电气工业开始有了发展，发电机、变压器和高压输电线路逐步在生产中得到应用，然而，漏电和放电损耗非常严重，成了亟待解决的问题。同时，电气照明也引起了许多科学家的注意，这些问题都涉及低压气体放电现象，于是，人们竞相研究与低压气体放电现象有关的问题。

一、"阴极射线"

　　阴极射线是低压气体放电过程中出现的一种奇特现象。1836 年，法拉第注意到了低压气体中的神秘的放电现象。他试图来试验真空放电，然而，由于无法获得高真空，他的这一想法也无法实现。接下来，德国波恩大学的普吕克尔（J. Plucker）思考当电在不同的大气压下，通过空气或者其他气体的时候，究竟会发生什么样的现象呢？普吕克尔找到了优秀的玻璃工匠盖斯勒，因为要想找到问题的答案，得需要一个玻璃管，而且在管的两端装上输入电流用的金属体，并需要能把玻璃管内的压力减少到最低值的抽气泵。盖斯勒没有辜负普吕克尔的殷切厚望，于 1850 年成功地研制出稀薄气体放电用的玻璃管。利用这个玻璃管，普吕克尔实现了低压放电发光，捕捉到了神秘的电光。盖斯勒发现抽空的玻璃管放电发光的亮度不同，同玻璃管抽成真空的程度有关系。托里拆利曾经用水银代替水，形成了"托里拆利真空"，这对盖斯勒震动很大，他因此设想流水式抽气泵要是改用流汞效果一定会更好一些。盖斯勒找来了有关抽气机用水银的大量资料，又经过无数次试验，最后决定利用水银比水重 13 倍的密度差，来提高流水式抽气泵的性能。功夫不负有心人，无数次的失败以后，盖斯勒终于研制成功一种实用、简单而且可靠的水银泵，用这种泵几乎可以全部抽空玻璃管中的空气，人类制造真空的梦想终于成真。用水银泵抽成真空的低压放电管，使普吕克尔完成了对低压放电现象的研究。后人为了纪念这位不同寻常的玻璃工人，就把低压放电管命名为"盖斯勒管"。普吕克尔利用盖斯勒管进行了一系列的低压放电实验，并在 1858 年利用低压气体放电管研究气体放电时发现了阴极射线。1876 年，同为德国物理学家的戈尔茨坦，把这种从阴极发射出的某种射线，正式命名为"阴极射线"。1868 年，为科学事业贡献了毕生精力的普吕克尔，因劳累过度，心脏停止了跳动。死的时候，他的眼睛没有闭上，他没有完成他的事业。为他送葬的他的学生约翰·希托夫看到此情此景，不禁泪如泉涌，他决心沿着老师没有走完的道路，继续走下去。

　　而与此同时，一位英国物理学家，威廉·克鲁克斯，也成了普吕克尔的这一未尽事业的继承者。当他们把一只装有铂电极的玻璃管，用抽气机逐渐地抽空的时候，他们发现管内的放电在性质上经历了许多次的变化，最后在玻璃管壁上或者管内的其他固体上产生了磷光效应。1896 年，希托夫经过反复的实验证明，置放在阴极与玻璃壁之间的障碍物，可以在玻璃壁上投射阴影。同时，从阴极发射出来的光线能够产生荧光，当它碰到玻璃管壁或者硫化锌等物质的时候，这种光就更强。

　　1895 年，法国年轻的物理学家佩兰（Perrin）在他的博士论文中谈到了测定阴极射线电量的实验。他使阴极射线经过一个小孔进入阴极内的空间，并打到收集电荷的法拉第筒上，静电计显示出带负电；当将阴极射线管放到磁极之间时，阴极射线则发生偏转而不能进入小孔，集电器上的电性立即消失，从而证明电荷正是由阴极射线携带的。佩兰通过他的实验结果明确表示支持阴极射线是带负电的粒子流这一观点，但当时他认为这种粒子是气体离子。对此，坚持阴极射线是以太波的德国物理学家立即反驳，认为即使从阴极射线发出了带负电的粒子，但它同阴极射线路径一致的证据并不充分，所以静电计所显示的电荷不一定是阴极射线传入的。

二、电子的发现

英国科学家约翰·汤姆生（John Thomson）（1856—1940）对阴极射线进行了一系列的实验研究。1897年，他将两个有隙缝的同轴圆筒置于一个与放电管连接的玻璃泡中，从阴极出来的阴极射线通过管颈金属塞的隙缝进入该玻璃泡，金属塞与另一阴极连接，这样，阴极射线除非被磁体偏转，不会落到圆筒上。外圆筒接地，内圆筒连接验电器。当阴极射线不落在隙缝时，送至验电器的电荷就是很小的；当阴极射线被磁场偏转落在隙缝时，则有大量的电荷送至验电器。电荷的数量令人惊奇：有时在 1 s 内通过隙缝的负电荷，足能将 1.5 μF 电容的电势改变 20 V。如果阴极射线被磁场偏转很多，以至超出圆筒的隙缝，则进入圆筒的电荷又将它的数值降到仅有射中目标时的很小一部分。所以，这个实验表明，不管怎样用磁场去扭曲和偏转阴极射线，带负电的粒子是与阴极射线有着密不可分的联系的。这个实验证明了阴极射线和带负电的粒子在磁场作用下遵循同样路径，由此证实了阴极射线是由带负电荷的粒子组成的。汤姆生还研究了阴极射线在电场和磁场中的偏转，根据测得的数据计算出了这种带电粒子的荷质比。汤姆生发现，不同物质做成的阴极发出的射线都有相同的 e/m 值。这表明不同物质都能发射这种带电粒子，它是构成各种物质的共有成分。

汤姆生测得的阴极射线粒子的荷质比，大约是当时已知的氢离子的荷质比的两千倍。汤姆生认为，这可能是由于阴极射线粒子的电荷 e 很大，或者是它的质量 m 很小。后来汤姆生测量了氢离子和阴极射线粒子的电荷，虽然测量不很准确，但是足以证明阴极射线粒子的电荷与氢离子的电荷大小基本上是相同的。由此得出结论，阴极射线粒子的质量比氢离子的质量小得多。后来人们逐渐把这种粒子叫做电子。汤姆生对证实电子的存在有很大的功劳，因而公认他是电子的发现者。以后，美国科学家密立根用油滴实验又精确地测定了电子的电量，这样由电子的荷质比和电量就可以算出电子的质量。

氢原子是当时已知的质量最小的原子，由于电子的质量比氢离子的质量小得多，汤姆生认为，电子可能是组成原子的基本部分。汤姆生发现电子，是物理学史上的重要事件。由于电子的发现，人们认识到原子不是组成物质的最小微粒，原子本身也具有结构。此后，围绕着原子结构的问题，原子物理以飞跃的速度发展，人们对物质结构的认识进入了一个新时代。

我们知道，物质在通常情况下是不带电的，因此，原子应该是电中性的。而电子是带负电的，如果电子是原子的组成部分，那么原子里一定还有带正电的部分。电子的质量很小，所以原子的质量应该主要集中在带正电的部分。原子中带正电的部分和带负电的电子是怎样组成原子的呢？这是物理学家们关心的一个问题。

在 20 世纪的前 10 年里，科学家们提出了几种原子模型，其中最有影响的是汤姆生提出的原子模型。在这个模型里，原子被认为是一个球体，正电荷均匀分布在整个球内，电子则像奶酪里的布丁那样镶嵌在球内。原子受到激发以后，电子开始振动发光，产生原子光谱。汤姆生的原子模型能够解释一些实验事实，但是没过几年就被卢瑟福发现的新的实验事实否定了。1909 年卢瑟福进行 α 粒子散射实验，确定了原子核的结构模型：原子的中心有一个很小的核，叫原子核。原子的全部正电荷和几乎全部质量都集中在原子核里，带负电的电子在核外空间里绕着核旋转。

三、X 射线的发现

在对阴极射线情有独钟的人群中，德国的物理学家威尔海姆·伦琴（Wilhelm Conrad Röntgen）很快取得了非同凡响的收获，并把自己的名字永远刻在了天地之间。伦琴于 1845 年 3 月 27 日出生在德国莱尼斯。1888 年，他从国外学成回国后，担任了巴伐利亚州维尔茨堡大学物理研究所所长。正是在这个研究所期间，他独具慧眼，发现了具有极强穿透力的 X 射线。自从担任物理所所长之后，他就一直孜孜不倦地研究着阴极射线，在研究过程中，伦琴发现，由于克鲁克斯管的高真空度，低压放电时没有荧光产生。

1894 年，一位德国物理学家改进了克鲁克斯管，他把阴极射线碰到管壁放出荧光的地方，用一块薄薄的铝片替换了原来的玻璃，结果，奇迹发生了，从阴极射线管中发射出来的射线，穿透薄铝片，射到外边来了。这位物理学家就是勒那德。勒那德还在阴极射线管的玻璃壁上打开一个薄铝窗口，出乎意料地把阴极射线引出了管外。他接着又用一种荧光物质铂氰化钡涂在玻璃板上，从而创造出了能够探测阴极射线的荧光板。当阴极射线碰到荧光板时，荧光板就会在茫茫黑夜中发出令人头晕目眩的光亮。伦琴不止一次地重复了勒那德的实验。1895 年 11 月 8 日晚，伦琴欣喜地发现，这种阴极射线能够使一米以外的荧光屏上出现闪光。为了防止荧光板受偶尔出现的管内闪光的影响，伦琴用一张包相纸的黑纸，把整个管子里三层外三层地裹得严严实实。在子夜时分，伦琴打开阴极射线管的电源，当他把荧光板靠近阴极射线管上的铝片洞口的时候，荧光板顿时亮了，而距离稍微远一点，荧光板又不亮了。

伦琴还发现，前一段时间紧密封存的一张底片，尽管丝毫都没有暴露在光线下，但是因为他当时随手就把底片放在放电管的附近，现在打开一看，底片已经变得灰黑，快要坏了。这说明管内发出了某种能穿透底片封套的光线。伦琴发现，一个涂有磷光质的屏幕放在这种电管附近时，即发亮光；金属的厚片放在管与磷光屏中间时，即投射阴影；而比较轻的物质，如铝片或木片，平时不透光，在这种射线内投射的阴影却几乎看不见。而它们所吸收的射线的数量大致和吸收体的厚度与密度成正比。同时，真空管内的气体越少，射线的穿透性就越高。为了获得更加完美的实验结果，伦琴又把一个完整的梨形阴极射线管包裹好，然后打开开关，然后他便看到了非常奇特的现象：尽管阴极射线管一点亮光也不露，但是放在远处的荧光板竟然亮了起来。

伦琴顺手拿起闪闪发亮的荧光板，想检查一下，突然，一个完整手骨的影子鬼使神差般地出现在荧光板上。伦琴顿时吓得不知所措，赶紧开亮电灯，认真检查了一遍有关的仪器，又做起了这个实验。他看到，那道奇妙的光线又被荧光板捕捉到了，他又有意识地把手放到阴极射线管和荧光板之间，一副完整的手骨影子又出现在荧光板上。伦琴终于明白，这种射线具有极强的穿透力，可以使肌肉内的骨骼在磷光片或照片上投下阴影。

面对这一新发现的事实，伦琴想，这很显然不是阴极射线，阴极射线无法穿透玻璃，这种射线却具有巨大的能量，它能穿透玻璃，遮光的黑纸和人的手掌。为了验证它还能穿透些什么样的物质，伦琴几乎把手边能够拿到的东西，如木片、橡胶皮、金属片等，都拿来做了实验。他把这些东西一一放在射线管与荧光板之间，这种神奇的射线把它们全穿透了。伦琴又拿了一块铅板来，这种光线才停止了它前进的脚步。然而，限于当时的条件，伦琴对这种射线所产生的原因及性质却知之甚少。但他在潜意识中意识到，这种射线对于人类来说，虽然是个未知的领域，但是有可能具有非常大的利用价值。为了鼓舞和鞭策更多的人去继续关注它、研究它、了解它并利用它，伦琴就把他所发现的这种具有无穷魅力的射线，叫做"X射线"。

1895年12月28日，伦琴把发现X射线的论文，和用X射线照出的手骨照片，一同送交维尔茨堡物理医学学会出版。这件事，成了轰动一时的科学新闻。伦琴的论文和照片，在3个月内被连续翻印5次。大家共同分享着伦琴发现X射线的巨大欢乐。X射线的发现，给医学和物质结构的研究带来了新的希望，此后，产生了一系列的新发现和与之相联系的新技术。就在伦琴宣布发现X射线的第四天，一位美国医生就用X射线照相发现了伤员脚上的子弹。从此，对于医学来说，X射线就成了神奇的医疗手段。X射线可激发荧光、使气体电离、使感光乳胶感光，故X射线可用于电离计、闪烁计数器和感光乳胶片等。晶体的点阵结构对X射线可产生显著的衍射作用，X射线衍射法已成为研究晶体结构、形貌和各种缺陷的重要手段。

第四节　量子力学的建立

一、"黑体"辐射

在经典物理学的理论中能量是连续变化的，19世纪后期，科学家们发现很多物理现象无法用这一理论解释。我们知道物体加热时会产生辐射，科学家们想知道这是为什么，他们假设了一种本身不发光、能吸收所有照射在其上的光线的完美辐射体，称为"黑体"。具有一定温度的黑体发射的电磁辐射的波长从很长到相当短的都有，辐射能量随辐射的频率形成一定的分布。如果黑体的温度很低，发射的电磁辐射主要是频率较低的，即波长较长的电磁辐射。如果黑体的温度较高，发射的电磁辐射主要是频率较高的，即波长较短的电磁辐射。1893年德国物理学家维恩（Wilhelm Wien）发现辐射能量最大的频率值正比于黑体的绝对温度，并给出辐射能量对频率的分布公式，这个公式在大部分频率范围内都与实验符合得很好，只在频率很小时与实验符合得不好。1899 年，英国物理学家瑞利（Third Baron Rayleign）和天体物理学家金斯（JamesHopwood Jeans）在电动力学和统计物理学的基础上从理论上又普遍导出一个辐射能量对频率的分布公式。在这个公式中，当辐射的频率趋于无穷大时，辐射的能量是无限的，显然发生了谬误。在这里，由于频率很大的辐射处在紫外线波段，故而这个困难被称为"紫外灾难"。1900 年 12 月 14 日，德国物理学家普朗克（M.Planck，1858－1947）提出：像原子作为一切物质的构成单元一样，"能量子"（量子）是能量的最小单元，原子吸收或发射能量是一份一份地进行的。提出辐射量子假说，假定电磁场和物质交换能量是以间断的形式（能量子）实现的，能量子的大小同辐射频率成正比，比例常数称为普朗克常量，从而得出黑体辐射能量分布公式，成功地解释了黑体辐射现象。

二、光电效应

1905 年，爱因斯坦引进光量子（光子）的概念，并给出了光子的能量、动量与辐射的频率和波长的关系，成功地解释了光电效应。光电效应是物理学中一个重要而神奇的现象，在光的照射下，某些物质内部的电子会被光子激发出来而形成电流。光电现象由德国物理学家赫兹于 1887 年发现，金属表面在光辐照作用下发射电子，发射出来的电子叫做光电子。光波长小于某一临界值时方能发射电子，即极限波长，对应的光的频率叫做极限频率。临界值取决于金属材料，而发射电子的能量取决于光的波长而与光强度无关，这一点无法用光的波动性解释。还有一点与光的波动性相矛盾，即光电效应的瞬时性，按波动性理论，如果入射光较弱，照射的时间要长一些，金属中的电子才能积累足够的能量，飞出金属表面。可事实是，只要光的频率高于金属的极限频率，光的亮度无论强弱，光子的产生都几乎是瞬时的，不超过 10^{-9} s。爱因斯坦引进光量子（光子）的概念，并给出了光子的能量、动量与辐射的频率和波长的关系，成功地解释了光电效应。

三、波粒二象性

1913 年，玻尔在卢瑟福有核原子模型的基础上建立起原子的量子理论。按照这个理论，原子中的电子只能在分立的轨道上运动，原子具有确定的能量，它所处的这种状态叫"定态"，而且原子只有从一个定态到另一个定态，才能吸收或辐射能量。这个理论虽然有许多成功之处，但对于进一步解释实验现象还有许多困难。

在人们认识到光具有波动和微粒的二象性之后，为了解释一些经典理论无法解释的现象，法国物理学家德布罗意于 1923 年提出微观粒子具有波粒二象性的假说。德布罗意认为：正如光具有波粒二象性一样，实体的微粒（如电子、原子等）也具有这种性质，即既具有粒子性也具有波动性。这一假说不久就为实验所证实。

四、量子力学

由于微观粒子具有波粒二象性，微观粒子所遵循的运动规律就不同于宏观物体的运动规律，描述微观粒子运动规律的量子力学也就不同于描述宏观物体运动规律的经典力学。当粒子的大小由微观过渡到宏观时，它所遵循的规律也由量子力学过渡到经典力学。量子力学与经典力学的差别首先表现在对粒子的状态和力学量的描述及其变化规律上。在量子力学中，粒子的状态用波函数描述，它是坐标和时间的复函数。为了描写微观粒子状态随时间变化的规律，就需要找出波函数所满足的运动方程。这个方程是薛定谔在 1926 年首先找到的，被称为薛定谔方程。

当微观粒子处于某一状态时，它的力学量（如坐标、动量、角动量、能量等）一般不具有确定的数值，而具有一系列可能值，每个可能值以一定的几率出现。当粒子所处的状态确定时，力学量具有某一可能值的几率也就完全确定了。这就是 1927 年海森堡得出的测不准关系，同时玻尔提出了并协原理，对量子力学给出了进一步的阐释。

量子力学和狭义相对论的结合产生了相对论量子力学。经狄拉克、海森堡和泡利等人的工作发展了量子电动力学。20 世纪 30 年代以后形成了描述各种粒子场的量子化理论——量子场论，它构成了描述基本粒子现象的理论基础。

量子力学是在旧量子论建立之后发展建立起来的。旧量子论对经典物理理论加以某种人为的修正或附加条件以便解释微观领域中的一些现象。由于旧量子论不能令人满意，人们在寻找微观领域的规律时，从两条不同的道路建立了量子力学。

1925 年，海森堡基于物理理论只处理可观察量的认识，抛弃了不可观察的轨道概念，并从可观察的辐射频率及其强度出发，和玻恩、约尔丹一起建立起矩阵力学。

而同年 10 月，薛定谔得到了一份德布罗意关于物质波的博士论文，从中受到启发。将电子的运动看作是波动的结果，其运动的方程应该是波动方程，方程决定着电子的波动属性。1926 年薛定谔连续发表了 4 篇关于量子力学的论文，标志着波动力学的建立。薛定谔的理论一提出来就受到物理学家的普遍关注和赞赏。他在其后不久还证明了波动力学和矩阵力学的数学等价性。

虽然海森堡的矩阵力学和薛定谔的波动力学出发点不同，从不同的思想发展而来，但它们解决同一问题所得到的结果确实是一样的。两种体系的等价性也由薛定谔等人所证明，当然更高层次的证明是由英国物理学家狄拉克进行的，这将在后面有所涉及。

由于海森堡和薛定谔在量子力学建立方面开创性的工作，他们分别获得了 1932 年、1933 年的诺贝尔物理学奖。

1926 年，玻恩把薛定谔的波动方程用于量子力学的散射过程，从而提出了波函数的统计解释，量子力学才真正从一大堆的假设中找到了科学道理。玻恩认为只有薛定谔的那种形式才能对非周期性的现象给出简单的描述。经过充分的研究后，玻恩指出薛定谔的波函数是一种概率的振幅，它的模的平方对应于测到的电子的概率的分布这个解释的确给我们一个清晰的图像，在电子衍射时，后面的屏上电子的分布确实是电子的波函数叠加的结果，电子射到某点的概率完全可以计算出来。实验的结果与理论符合得很好。

至此，量子力学基本的框架已经建立，后面还有很多需要完善的地方。狄拉克和约尔丹各自独立地发展了一种普遍的变换理论，给出了量子力学简洁、完善的数学表达形式；希尔伯特在 1927 年 4 月发表的一篇文章中，将狄拉克和约尔丹观念表述得更为清楚；海森堡在1927 年又提出了微观现象的测不准原理；1929 年海森堡和泡利提出了相对论性量子场论等。

思考题

1. 19 世纪末发生的物理学革命的时代背景是什么？
2. 简述狭义相对论创立的背景及意义。
3. 简述广义相对论创立的背景及意义。
4. 爱因斯坦相对论和牛顿经典力学的区别是什么？
5. 简述绝对时空观和相对时空观。
6. 为什么说爱因斯坦是 20 世纪最伟大的物理学家？
7. X 射线在日常生活中的作用有哪些？
8. 如何理解波粒二象性？

第十五章　进化论与达尔文

　　澳大利亚哲学家约翰·帕斯莫尔指出，人类历史上只有一次知识革命能被赋予"主义"的殊荣，这就是达尔文主义。达尔文主义的重要意义在于达尔文瓦解了当时某些最基本的信念，第一次对整个生物界的发生、发展，作出了唯物的、规律性的解释，推翻了特创论等唯心主义形而上学在生物学中的统治地位，为人类正确认识自身在自然界中的地位有着重要的指导意义。

第一节　早期的进化论

　　在达尔文之前，生物物种进化的思想已经出现，如拉马克的用进废退理论、居维叶的灾变论等。

一、居维叶的灾变论

　　居维叶（Georges Cuvier，法国，1769—1832）是动物学家，比较解剖学和古生物学的奠基人。居维叶，1784 年毕业于斯图加德的加罗林学院，1784—1788 年期间在德国斯图加特的加罗林大学工作，曾进入巴黎植物园、法兰西巴黎博物馆、国立自然博物馆工作。以后历任中央大学、法兰西学院教授、教育委员会主席、巴黎大学校长、内务部副大臣等职。1788—1794 年他在法国诺曼底担任家庭教师。他利用近海条件，精心观察和解剖了大量海生动物，特别是软体动物及鱼类的标本。他精确细致的形态学研究成果，引起了当时学术界的重视。

　　居维叶，4 岁就能读书，14 岁进入斯图加特大学。由于他神奇的记忆力、极其严格的科学训练和执著的学习热情，18 岁就学有所成，开始出任诺曼底大学的助教。居维叶的一生经过了大革命、执政府、帝政和王政时期，传奇般地同时身兼科学家、社会活动家、政治家等多种职业。他多次任政府的大臣、部长等职位，但由于对时间和精力的充分利用，他同时在科学上作出了惊人的成就。他留下的不朽遗产，主要是那些堪称经典的比较解剖学、古生物学、动物分类学和科学组织等方面的著作。居维叶著述之繁多，收集材料之广泛，为世人所罕见。居维叶生前的影响遍及西方世界，被当时的人们誉为"第二个亚里士多德"。

尽管居维叶反对生物进化论，但他正确地提出了物种（及种上类群）自然绝灭的概念，并论证了现存种类与绝灭种类之间在形态上和"亲缘"上的相互联系，在客观上为生物进化论提供了科学的证据。此外，他认为地层时代越新，其中的古生物类型越进步，最古老的地层中没有化石，后来才出现了植物与海洋无脊椎动物的化石，然后又出现脊椎动物的化石。在最近地质时代的岩层中，才出现了现代类型的哺乳类与人类的化石。他的这些论点与近代地质古生物学和进化论的结论基本一致。居维叶根据各大地质时代与生物各发展阶段之间的"间断"现象，提出了灾变论："自然界的全球性的大变革，造成生物类群的'大绝灭'，而残存的部分经过发展与传播又形成了以后各个阶段的生物类群。"他的这一科学假设也基本上与现代地质、古生物学的结论相一致。

居维叶认为，历史上地球表面曾出现过几次洪水。每次洪水都将所有生物全部毁灭，其遗骸在相应地层中形成今日所见的化石。大洪水后，造物主再次创造新的生命。由于造物主的每次创造都有所不同，导致了地层中化石形态的不同。居维叶还推测，历史上共发生过 4 次大洪水。其中最近的一次就是《圣经》上所说的发生于五六千年前的诺亚洪水，在他 1825 年出版的《地球表面的革命》中，这些灾变论思想都有记载。

二、赖尔的地质渐变论

18 世纪末期，英国地质学家赫顿提出地球在地热作用下缓慢进化的火成论，然而，因为水成论和灾变论符合人们普遍认同的《圣经》故事，因此拥有庞大的信奉者。而赖尔在 20 世纪中期接触到赫顿的火成论以及拉马克的进化学说后，再加上他本人进一步的实地考察，使得他的地质渐变论思想得以形成。

赖尔（Sir Charles Lyell，英国，1797—1875）是地质学家，生于苏格兰法弗夏区的金诺第，1814 年入牛津大学学习数学和古典文学，1816 年改学法律，1821 年入林肯法律学院。毕业后他放弃律师工作，从事地质旅行和研究。1831 年担任伦敦皇家专门学校地质学教授，1849 年当选为伦敦地质学会主席，1853 年被牛津大学授予名誉博士学位，1861 年当选为英国皇家学会主席，1874 年又被剑桥大学授予名誉博士学位。他提出了"将今论古"的现实主义方法论原理和渐变论思想。赖尔还著有《地质学原理》（1830—1833），是 19 世纪有关地质进化论思想的经典著作。

赖尔作为一位著名的地质学家，认为旅游对自己的工作是非常重要的，是他人生中不可缺少的一部分。他曾这样说过："关于地球的构造要想独创一种内容丰富的看法，旅行对其具有三倍重要的意义。"还在牛津读书时，他的双亲就带着他和两个妹妹到欧洲诸国作了一次长途旅行。沿途他们参观了法国巴黎的鲁布尔博物馆和植物园，还到过瑞士和意大利。以后，赖尔又多次外出旅行。1823 年他再次去巴黎，结识了法国著名的古脊椎动物学家居维叶和当时在巴黎停留的德国著名地理学家洪堡。他还利用这次机会研究了巴黎盆地的化石，观察和对比了巴黎盆地各种地层的关系。1824 年赖尔访问了家乡安格斯，研究了那里的淡水泥灰岩和绿色藻类。1828 年他一人去了意大利，登上维苏威火山观察熔岩流，还到西西里岛进行了 5 个星期的地层考察与研究。在这期间，他还与地质学家麦奇逊结伴进行了一次长途旅行和地质考察。所有这些旅行和地质考察，大大丰富了赖尔的认识，开拓了他的视野。这时，在赖尔的脑海里不仅装满了诸如各种地层、古生物化石、火山熔岩流等众多的感性知识和材料，而且他还开始思考各种地质作用以及地球进化的历史。1829 年 1 月赖尔从西西里岛返回罗马。他曾写信给麦奇逊，告诉他自己准备写一本用新理论阐述地质历史的新书，从最早的年代一直追溯到现在。这本新书就是现在被称之为地质学奠基性著作的《地质学原理》。该书第 1 卷于 1830 年问世，第 2 卷和第 3 卷也在以后的 3 年内得以出版。赖尔以优美的文笔、缜密的思路、严密的逻辑，将各种地质现象包罗在一个渐变论的体系当中。此书一问世，就产生了深远的影响，地质渐变论思想渐渐深入人心。

在赖尔的《地质学原理》问世之前，关于地球的历史是如何变化的，还是一个扑朔迷离的问题。特别是当时比较流行的灾变论观点，更是给地球演化的历史蒙上了一层神秘的面纱。赖尔在《地质学原理》一书中所确立的渐变论（又称均变论）从指导思想到研究方法为我们描绘了一幅地球演化史的清晰画面。在赖尔看来，地球有着漫长的历史，而且经历了千变万化。地球的这一历史，又是整个人类不曾经历过的过去。但是，人们对地球的过去并非无能为力，而是可以认识的。赖尔得出此结论是基于"自然法则是始终一致的"这一原理，这是构成他的地质进化论思想的基石。

"自然法则是始终一致的"这一原理是英国著名地质学家赫顿最先提出的。但是，由于赫顿的文字比较晦涩，使这一原理难以产生广泛的影响。后来，赫顿的挚友普莱弗尔写了一本《关于赫顿地球理论的说明》，对赫顿的观点进行了阐释，即在地球的一切变化过程中，自然法则是始终一致的，它的各种规律是唯一有制约一般运动能力的东西。河流和岩石，海洋和大陆，都经历了各种变化。但是，指导那些变化的规律以及它们所服从的法则始终是相同的。赖尔看了这本书后，把普莱弗尔所阐释的这一段话当做金玉良言。因此，当他开始写作《地质学原理》时，在卷首引用了培根的"要认识真理，先要认识真理的条件"、林奈的"坚硬的岩石不是原始的，而是时间的女儿"之后，也把普莱弗尔的这段话照原样列入，作为自己阐述地质进化思想的经典。据此，赖尔根据大量事实认为："现在在地球表面上和地面以下的作用力的种类和程度，可能与远古时期造成地质变化的作用力完全相同。"这就是"古今一致"的原则。既然作用于地球的各种自然力古今一致，那么人们就可以根据现在看到的仍然在起作用的自然力推论过去，解释地质历史时期的各种地质作用和地质现象。赖尔创立的这种以现在推论过去的现实主义方法，后人将其概括为"将今论古"。英国地质学家盖基把它更加形象地概括为"现在是过去的钥匙"。

赖尔所提出的地质进化思想以及他所确立的"古今一致"和"将今论古"的方法论原理不仅为地质学的发展作出了重要贡献，而且在整个科学史上也占有重要的地位。欧洲科学发展的历史告诉我们，18世纪末到19世纪初各门自然科学（包括地质学）都有了很大的发展，人们对各种自然现象的认识和掌握的材料远远胜过以前任何时代。但是，自然科学在这一时期要有大的发展，必须跨越的障碍是宗教神学和束缚人们头脑的形而上学。因此，与神学作斗争、扫除形而上学的障碍是摆在地质学和各门自然科学面前不可回避的任务。对于赖尔来说，他深知自己所肩负的重任。因为他看到自己走上地质学的学术舞台时，种种灾变思想盛行。按照这种思想，地球变化的历史被一个个突发的事件所笼罩，它们之间毫无联系。而造成这些事件的原因又是人们所无法知晓的，或者有人将其归结于上帝。

赖尔在《地质学原理》中，列举种种事实对这种观点进行了强有力的批评。他把有些人认为地质学的任务是发现创造地球的方式，或者是研究《圣经》"创世论"中所规定的原因所造成的结果，即造物主如何使地球从原始混沌状态变为比较完整而适于居住的情况，视为当时"最普通和最严重的混乱"。他还认为地质学的研究每向正确理论前进一步，都要和强有力的先入偏见作斗争。因此，在科学的地质学初建时期，他不仅赞扬赫顿敢于站出来，企图为科学和"创世论"划一条严格的界限，而且在绪论中开宗明义地宣布，《地质学原理》以后的各章，将"说明地质学与'创世论'的区别"。正因为这点，恩格斯站在时代的高度给予赖尔以很高的评价。他说："只有赖尔才第一次把理性带到了地质学中，因为他以地球的缓慢变化这样一种渐进作用代替了由于造物主的一时兴发所引起的突然革命。"

当然，赖尔的地质进化论思想也有其历史局限性。他根据"古今一致"原理，认为引起地球变化的各种作用力古今一样，无论在质上和量上都是不变的，这就走向了极端，显然是不可取的。

三、分类大师林奈

林奈是一位瑞典博物学家，生于瑞典南部的斯莫兰，从小喜爱植物。1727年在隆德大学学习，1728年转入乌普萨拉大学学习医学和博物学。1732年应邀参加了瑞典北部拉帕兰地区的探险和考察，写成《拉帕兰植物志》一书，并于1737年出版。1734年去瑞典中部达拉纳省作过两次短期考察。1735年去荷兰哈德维克大学学习，同年就通过了论文答辩，获医学博士学位。后又到德、法、英等国进行考察旅行。定居荷兰期间，写了好几部重要著作，如《自然系统》（1735）、《植物学基础》（1736）、《植物属志》（1737）等，其中《自然系统》以独特的方式，对植物、动物、矿物进行编目。此书第一版时仅12页，只是一个动、植、矿物的名录，到1759年第10版时已扩展为1 384页的世界巨著。1738年林奈从荷兰回到瑞典，在斯德哥尔摩开业行医。1741年起在乌普萨拉大学任教授，同时将1702年毁于大火的乌普萨拉大学植物园重新建立起来，经过6年整顿，园中栽培的植物达1 600余种，其中有1 100余种来自国外。林奈是乌普萨拉大学最杰出的教师之一，他的讲课深受学生欢迎。由于成就卓著，林奈在国际上的声誉越来越高，俄国彼得堡科学院、德国哥廷根大学等都想聘他为教授，但林奈都辞而不就，他说："如果说我有些才能的话，我首先就应将它贡献给自己的祖国！"1778 年 1 月 10 日，林奈在长期偏瘫之后。因膀胱溃疡逝世，享年71 岁。

林奈一生出版著作达 180 种，主要成就有以下三方面：

（1）植物分类方面：他根据生物之间的从属关系，定出包括纲、目、属、种、变种 5 个等级的分类阶层系统。对植物分类，主要依据花的雌、雄蕊特征，将植物界分成 24 纲、116目、1 000 多个属并给大约 10 000 个种进行了科学命名。一般以雄蕊的特征作为纲的分类标准；以雌蕊的特征作为目的分类标准；以果实的特征作为属的分类标准；以叶的特征作为种的分类标准。虽然还是人为分类，但以花的雌、雄蕊为特征分类比较精确，用于鉴别植物和进行分类检索，都较方便，所以当时大家都乐意用这种方法。

（2）动物分类方面：他根据心脏、血液、呼吸器官、生殖方式、感觉器官、皮肤或其衍生物，以及栖息地和活动方式等，把动物界分为哺乳、鸟、两栖、鱼、昆虫、蠕虫等 6 个纲。林奈以牙齿的形态、数量作为哺乳纲的分类依据；以啄的形状差异作为鸟纲的分类依据；以鳍的形态、数量和部位作为鱼纲的分类依据；以翅和翅脉的差异作为昆虫纲的分类依据等。其缺点是把爬行动物并入了两栖纲，蠕虫纲内包括的动物比较杂乱。他指出，动物分类不仅要根据形态、习性，还应注意内部结构和生殖方式。他根据乳腺和胎生等性状，将生活在海洋中的鱼形动物（如鲸、海豚等）归入哺乳纲；他不顾宗教教义，根据体质特征和智力、表情等的相近，把人类、猿类、猴类等共同归入灵长目，充分表现出他的真知灼见和科学勇气。《瑞典动物志》（1746）是他写的唯一的一部有关动物分类的著作。

（3）双名法方面：由于各地的方言不同，一种生物常有各种各样的土名，此种情况叫同物异名，例如马铃薯在我国就有土豆、洋芋、山药、薯仔等名称；另外，许多不同的生物又常有相同的名称，此种情况叫异物同名，例如，在我国至少有 16 种不同植物都叫白头翁。这种混乱情况，妨碍对动、植物的精确分类，也不利于学术交流。因此，早在 1623 年，瑞士植物学家鲍欣（1560—1624）在其所著《植物纵览》一书中就以拉丁文为工具，用属名加"种加词"的双名法来命名每种植物。林奈对这种"双名法"加以完善和推广，在 1753 年出版的《植物种志》中，正式使用了双名法，为 7 300 多种植物命名。在《自然系统》第 10 版，又用双名法为 4 235 种动物命名。双名法规定，一种生物由一个属名和一个种名组成，属名在前，是一个名词，第一个字母须大写；种名在后，是一个形容词，第一个字母须小写。

按林奈观察到的客观事实，本应看到分散物种间的亲缘关系，但由于他受宗教和形而上学世界观的支配，却得出了完全相反的结论。他说："物种的数目和最初创造出来的各种不同类型的数目是相同的……这些类型按生殖规律又产生出其他的、但永远同自己相似的类型。"然而，林奈晚年在大量事实面前（主要是看到不同的植物杂交有时会出现新类型），深深感到坚持物种不变的观点越来越困难了，于是在《自然系统》的最后一版中删去了"种不会变"这一项，体现了他作为一位自然科学家的实事求是的态度。

林奈是个物种不变论者，他的观点是与进化论背道而驰的。但他用双名法命名了众多的动、植物物种，并根据它们的相似程度，将它们纳入到包括纲、目、属、种在内的、分级从属的阶层系统之中，加以分类，即将相似的种合成一属，将相似的属合成一目，将相似的目合成一纲，不同的纲分别组成植物界和动物界。这种分类虽然还是人为的分类，但由于它所依据的是比较确定的性状，所以能够构成一个严整有序的系统，这就为进一步研究生物之间的亲缘关系和共同由来提供了可靠的基础。可以设想一下，若无林奈的分类工作，生物的进化关系又如何能够阐明呢？可见林奈的工作，客观上也为生物进化论的建立作出了重要的贡献。

四、第一个全面进化论者拉马克

拉马克（1774—1829）是法国生物学家和科学进化论的先驱，生于法国北部的比卡第州（现名索姆州）一个破落贵族的家庭。拉马克的求知欲极强，他观察过天文和气象，研究过云的变化，并写过有关的论文。他学过 4 年医，在著名思想家卢梭（1712—1778）和植物学家裕苏（1699—1777）的影响下研究植物学，经过近十年的努力，终于在 1778 年完成第一部三卷的《法国植物志》，由此成名，1779 年被选为法国科学院成员，又被布丰请去辅导他的儿子，1781 年随小布丰出国旅行，游历欧洲各国，采集了德、匈、荷等国的植物。并与当时各国的著名学者会晤，开阔了眼界，丰富了知识。1789 年任皇家植物园标本室主任，同年法国资产阶级大革命爆发，拉马克热烈欢迎革命并愿为它服务。革命政权根据拉马克的建议，把皇家植物园和有关的机构合并，成为法国博物馆，并在博物馆内开设了许多科学讲座。其中有关鱼类、两栖类（包括爬行动物）、鸟类和哺乳类的讲座，由圣·提雷尔担任主讲，昆虫和蠕虫的动物学讲座由于找不到合适的人，就决定由拉马克来主持。拉马克毅然接受了任务，改变了自己的专业，那时他已经 50 岁了。当时无脊椎动物的研究工作做得很少，分类很混乱，把软体、蠕形、腔肠、棘皮等动物都归到蠕虫纲中。年过半百的拉马克本着研究植物的丰富经验，满怀信心地踏入这片荒芜的无脊椎动物的领地，用他的天才和劳动加以开拓。拉马克广泛地研究了无脊椎动物的形态和分类，于 1801 年完成了《无脊椎动物分类志》一书，奠定了无脊椎动物学的基础。1815 年以后的 7 年间，他又写了《无脊椎动物自然史》7 大卷，成了 19 世纪动物学的重要文献。他把无脊椎动物的分类重新整理，分成滴虫、水螅、放射虫、蠕虫、昆虫、蜘蛛、甲壳、环虫、蔓足、软体等 10 纲，比林奈的分类前进了一大步。而且，首先把动物分成无脊椎动物和脊椎动物的就是他。他在动物学的成就比在植物学上的成就还要大。他不仅研究了现生无脊椎动物，而且还相当深刻地研究了化石的无脊椎动物，特别是软体动物化石。他的《论巴黎附近的贝壳类化石沙》（1802—1806），在古生物的研究上占有重要地位。当时法国研究古生物的权威有两个人，一个是居维叶，主要研究脊椎动物化石；一个是拉马克，主要研究无脊椎动物化石。他们两人在研究中所得出的结论相反：居维叶支持灾变说，认为古代生物与现代生物无亲缘关系；拉马克却从地层里的化石看到了生物逐渐演替的痕迹，由此认识到生命是个连续过程，古代生物是现代生物的祖先。拉马克在研究植物和动物中逐渐意识到，动、植物都受共同规律支配，认为应对动、植物进行综合研究。于是他继德国生理学家伯达克（1776—1847）和特里维兰纳（1776—1837）之后，提出并使用了"生物学"（Biologie）这一术语，主张把植物和动物统一起来加以研究。拉马克认为，生物学家的主要工作，不仅在于搜集标本，加以命名，而且还要把生命世界看作是一个整体，研究生物之间的内部联系、生命变化发展的过程和规律性。他在对植物和动物的长期研究中，逐渐看到生物的多样性、统一性和适应性，同时通过比较现存生物与化石生物之间的异同，家养生物与野生生物的异同，又认识到生物的可变性。在当时法国唯物主义哲学的影响下，经过长期的思索，拉马克终于得出了正确的结论：物种不是神创的，也不是一成不变的，而是在环境条件的影响下发生变异，并且由于变异的积累，使生物逐渐从一种类型转变为另一种类型。这样，拉马克根据他的科学实践和多方面的事实材料，在历史上第一次提出了一个系统的生物进化学说。早在 1800 年"无脊椎动物学"的讲课中，拉马克就首次向学生讲述了生物进化的观点。1802 年他发表了《生命体结构的研究》一书；1809 年又提出了全面的生物进化学说，这时他已经 65 岁了。《动物学的哲学》出版于拿破仑加冕（1804）后的第五年，当时雅各宾党的政权（1789 年后的革命政权）已不存在，反动的大资产阶级早已成了统治者，教会又非常得势。在这种情况下，年老的拉马克仍能本着一贯追求真理的精神，继续勇敢地发表系统的进化理论，这是极其难能可贵的!拉马克一生坎坷，虽得布丰之助，但景况始终不佳。他衷心欢迎的革命政权被反动的大资产阶级窃取了，一再反对他的居维叶却飞黄腾达，继续敌视他的观点。他一生结婚 4 次，但妻子都比他早死；他有过许多孩子，但也大都比他先亡。1818 年，他双目失明，幸有两个女儿罗莎丽和柯耐丽来侍候他。《无脊椎自然史》的一部分稿子就是罗莎丽根据他的口述写成的。拉马克于 1829 年 12 月 18 日逝世，享年 85 岁。葬于公共坟场，坟地是租赁的（租期 5 年），等到人们认识到他的科学成就要来移葬他的骨骸时，他的墓地早已长满荒草，无从辨认了。

拉马克的进化思想可以概括为以下几点：

（1）地球有悠久的历史，决非只有几千年。

（2）地球是逐渐变化的，所以生活在地球之上的生物也是渐渐变化的。

（3）一切生物都天生地具有向上发展的"欲求"，低等生物总是逐步向高级类型转化，但由于环境的多样性和生物必须适应各自的环境，因而破坏了生物直线向上发展的倾向。

（4）自然发生经常出现，即非生命物质在适宜的条件下会转化为低等生物，因此，现在可以看到高、低等生物并存的现象。

（5）生物富于可塑性，环境的变化可以引起生物发生定向变异，以适应环境的改变；动物在适应生活条件的过程中，经常使用的器官发达，经常不用的器官趋于衰退，即所谓"用进废退"。

（6）生物在适应环境过程中所获得的性状能够遗传给后代，即所谓"获得性遗传"。

（7）生物不会绝灭，而是不断进化的，现生生物由古代生物进化而来。

（8）对植物和低等动物，环境的变化引起机能的变化，机能的变化引起结构的变化，经过长期积累变异，可以形成新物种。对具有神经系统的动物，环境的变化引起生活需要的变化，生活需要的变化产生新的行为和新的习性，新行为、新习性的加强又引起结构的变化，加上器官的"用进废退"和"获得性遗传"，经过长期积累变异，就能形成新物种。例如，奇特的长颈鹿大概就是这样形成的。

（9）生物进化总的趋势是从简单到复杂、从低等到高等；进化是树状的，即不仅向上发展，而且向各个方向发展。

（10）人类大概由高等猿类进化而来。

达尔文对拉马克给予了高度的评价，他指出："对于这个问题（指生物进化问题）的探讨引起极大注意的应首推拉马克"，"他坚信，一切物种，包括人在内，都是从其他的物种传衍而来的。他的卓越贡献，就是最先唤起世人注意有机界的一切改变，与无机界同样可能根据于一定的法则，而不是神灵的干预"。但是，拉马克关于生物天生具有向上发展倾向的看法纯属主观的推测，缺乏科学根据，达尔文认为一定的环境变化会诱发变异，并且这些变异都是适应的，这是环境决定论和"一步适应"的观点，即主张环境引起变异，变异而适应。这就把适应的起源简单化了。拉马克强调的"用进废退"，对后天获得性状来说是对的，例如经常锻炼的人肌肉发达，从不运动的人，肌肉容易萎缩，等等，但这些后天获得的性状一般是不会遗传给后代的，因为遗传物质未发生改变。迄今还没有表明获得性状能够遗传的确凿证据。可见拉马克解释生物进化原因的理论是不正确的。这主要由当时的社会条件和科学条件的限制所造成，我们不应苛求于他。达尔文第一次提出全面系统的进化学说，给了神创论和形而上学世界观沉重的打击，并为以后进化论的发展奠定了基础，功劳是很大的，所以科学界都很尊敬他，称他为现代进化论的先驱。

第二节　达尔文

查理·达尔文（1809—1882年），19世纪英国杰出的生物学家、物种起源和发展学说的创始者、生物进化论的奠基人。他提出的以生存竞争、适者生存为精髓的进化论对学术界甚至整个人类的思想都产生了巨大的影响。

达尔文出生在英格兰西部希鲁普郡一个世代行医的家庭。他的父亲瓦尔宁曾把他送到爱丁堡大学学医，希望他将来也能成为名医，继承家业。但达尔文从小就热爱大自然，尤其喜欢打猎、采集矿物和动植物标本。进到医学院后，他仍然经常到野外采集动植物标本。在医学院，他对两种水生生物进行了研究，获得了一些有趣的发现。于是，他在该校的学术团体普林尼学会先后宣读了他最早的两篇论文，那时他才17岁。他父亲认为他"游手好闲"、"不务正业"，一怒之下，于1828年送他到剑桥大学，改学神学，希望他将来成为一个"尊贵的牧师"。达尔文对神学院的神创论等谬说十分厌烦，他仍然把大部分时间用在听自然科学讲座、自学大量的自然科学书籍上。他热心于收集甲虫等动植物标本，对神秘的大自然充满了浓厚的兴趣。

1831年，年轻的达尔文经汉斯罗教授的推荐，以自然科学家的身份，参加了"贝格尔号"巡洋舰历时5年的环球考察。这5年考察，用达尔文自己的话来说，决定了他一生的整个事业。在这5年中，他跋山涉水，进入深山密林。大自然的奇花异草、珍禽异兽，千奇百怪的变异，把他的整个身心吸引去了。他开始对圣经上"形形色色的生物，都是上帝制造出来，而且物种是不变的"说教产生了怀疑。通过对采集到的各种动物标本和化石进行比较和分析，他认识到物种是可变的。由此，他逐步摆脱神创论的束缚，坚定地走上了相信科学和追求真理的道路。

回国后，达尔文开始对物种起源问题进行了全面的研究。他整理航行收获，收集大量科学事实，研究前人著作，参加社会生产实践，总结本国和别国劳动人民培育新品种的经验。为了避免偏见和替自己的理论找到更多的根据，当时他专心到甚至连自己的婚事都忘了。他不但细致地整理了在大自然中可收集到的各种变异事实，还广泛收集了动物在家养条件下的各种变异事实，并查阅了大量书籍和资料。经过22年如一日坚持不懈的专心思考、综合研究，达尔文终于在1859年11月24日出版了《物种起源》这部巨著，创立了著名的进化论。达尔文认为，生物界是从简单到复杂，从低级到高级，逐渐变化的。达尔文的进化论，是射向"上帝"创造万物学说的炮弹，它第一次把生物放在完全科学的基础上进行研究。马克思说，这本书实际上也为历史上的阶级斗争提供了"自然科学根据"。

达尔文是一位不畏劳苦，沿着陡峭山路攀登的人。在《物种起源》发表以后的20年里，他始终没有中断过科学工作。1876年，他写成的《植物界异花受精和自花受精的效果》一书，就是经过长期大量实验的成果。书中提出的异花受精是有力的结论，已在农业育种中广泛应用。到了晚年，达尔文心脏病严重，但他仍坚持科学工作。就在去世前两天，他还带着重病去记录实验情况。达尔文是一位杰出的科学家，他划时代的贡献为人类科学事业的发展开辟了新的广阔前景。因此，1882年4月19日他逝世以后，人们为了表达对他的敬仰，把他安葬在另一位科学界的伟大人物牛顿的墓旁，享受着一个自然科学家的最高荣誉。达尔文找到了生物发展的规律，证明所有的物种都有共同的祖先。这一重大发现。对生物学具有划时代的意义，在科学上完成了一个伟大的革命。达尔文创立的进化论，以"生存竞争，适者生存"为核心思想。它结束了生物学领域中唯心主义、形而上学的统治时期，对近代生物科学产生了巨大而深远的影响。恩格斯称达尔文的进化论是19世纪自然科学的三大发现之一。

第三节　生物进化论的创立

1838年夏天，达尔文读到了英国人口学家马尔萨斯（Thomas Malthus，1766—1834）《论人口法则》的第6版。该书是为了回应当时英国所面临的人口危机而写的，其中心思想是：

社会的食物供应最多是按照算数级数增加（如 1，2，3，4，5，…），而人口的自然增加却是按照几何级数增长（如 1，2，4，8，16，…），而且是每 25 年就会翻一番；为了保证社会的均衡发展，必然会发生死亡、疾病、战争和饥荒，以控制人口的增长。早在爱丁堡大学念书时，达尔文已经读到法国植物学家康多莱（1778—1841）在 1824 年前后提出的"自然斗争"的概念，康多莱以此来描述物种之间为争夺生存空间而出现的彼此争斗。

将这两种观念结合起来，达尔文隐约看到了控制物种繁衍和变化的无形之手，物种的繁衍总量总是会超出可以利用的资源总量，因而会出现为争夺生存资源的种间与种内竞争，在这种情况下，有利的变异会使生物体更好地适应变化的环境，并被遗传给后代，而不利的变异则会消失。于是，新的物种就通过这种有利的变异在后代中的长期累积而得到产生。达尔文把这种机制称为楔子作用，它把适应的结构楔入自然机体的空隙之中，而把不适应的结构从自然机体中排挤出去。由此，达尔文在 1838 年 9 月基本形成了生存斗争和自然选择的概念。

在接下来的几个月中，达尔文开始把人类对作物和家畜的人工选择同马尔萨斯式的自然选择进行比较，并认识到：前者是有目的地使适应于人类需要的变异得到保存和累积，并最终产生人们最想要的新种，而后者则通过自然力对随机产生的变异进行选择，使那些新近得到的有利结构的每一部分得到充分的使用与完善。他后来认为，这一类比是他物种起源理论中最精彩的部分。

1839 年 1 月，达尔文终于同表姐艾玛喜结良缘，并搬入了他们在伦敦的新家。除了博物学方面的其他工作之外，达尔文仍在继续从事他在物种起源研究上的"业余爱好"。他进行了大量的植物实验，还在畜牧者中进行动物饲养的问卷调查，以搜集他们淘汰和选择动物后代的方法的信息。他的目的是想尽量多地搜集关于物种可变的证据，以说服那些固执的反对者。从 1842 年开始，他开始小心翼翼地同自己的朋友谈论自己的想法，并笑称"这好像承认自己是谋杀者"。结果，得到的反应有支持，但更多的是怀疑与反对。赖尔在接到达尔文介绍自己观点的信后公开表示了自己的沮丧，但这并没有影响两人之间的关系。这一年 7 月，达尔文草拟出了一份 30 多页的大纲，正式开始了对新理论的书面写作。

此后 10 多年中，达尔文一方面将大量精力投入其他新课题的研究，一方面不断对自己的手稿进行补充与反复修改，同时也试图说服一些学者和朋友接受自己的观点。在此期间，生物进化的观念在英国社会似乎变得有些难以压制了。1844 年，对地质学深感兴趣的苏格兰作家和出版商钱伯斯（RobertChambers，1802—1827）匿名出版了《创世的自然史遗迹》一书。书中认为，宇宙中的一切——从太阳系到地球，从岩层到各种生物，一直到人——都是从较原始的形态中发展而来的。该书刚刚面世，就受到主流科学界的激烈批评。达尔文最初也对书中的地质学和生物学水平的低劣与论断的不经表示了轻蔑。但此书在中下层社会中却极受欢迎，尤其是在那些想通过革命手段推翻现有社会秩序的政治激进派中间。而对于一些科学家而言，该书的危害性正在于其在信仰、道德与社会哲学等方面的反正统性。

不过，随着英国社会危机的缓解，许多上层人士也开始阅读此书，这使该书变得极为畅销，到 1884 年，该书一共推出了 12 版，在很大程度上为进化论的传播铺平了道路。正是在读过这本书后，一位年轻的英国博物学爱好者接受了物种可变的思想，并立志通过田野调查来对之进行探究和论证，结果与达尔文差不多同时提出了生存竞争、适者生存的理论。这位年轻人名叫华莱士（1823—1913），出生于威尔士的一个中产阶级家庭。由于家庭经济原因，他并没有接受过正规的高等教育，只在伦敦接受过一些专业培训，并以测绘为生。受博物学家们自然探险经历的启发，他先后在马来半岛、印度群岛和美洲进行了广泛的自然史考察，并且像达尔文那样经由马尔萨斯的人口论认识到了物种起源的机制。

1856 年 9 月，华莱士在伦敦的《自然史杂志与年报》上发表了一篇题为《论支配物种出现的法则》的论文，报告了自己对物种地理与地质分布的考察结果，并得出了物种通过累积变异而起源的结论。这篇文章引起了赖尔的注意，甚至开始动摇他对物种可变论的观点。赖尔在第二年初将这个消息告诉了达尔文，但达尔文似乎并没有太在意，因为他把这篇文章中的观点误解为神学式的累进创造论。可在次年 10 月，达尔文收到了华莱士寄来的一封信和上述论文的印本，发现他的思路和结论与自己的都基本相同。达尔文在 1857 年 5 月的回信中向华莱士坦白了这一点，并告诉他，自己的相关著作将在两年内出版。在同年 12 月的另一封信中，他对华莱士的工作表示高兴，同时指出自己的研究走得比他要远。

华莱士相信达尔文的说法，并在 1858 年 2 月给达尔文寄来了他的论文《论变种不确定地远离原型的趋势》。达尔文吃惊地发现，文中虽然没有使用"自然选择"这样的说法，但是基本上概括了自己 20 余年以来一直在加以思考和改进的学说，许多地方的用词都完全一样。华莱士请达尔文对这篇文章进行审阅，并在认为值得的情况下送交赖尔。达尔文对此略显激动，但无意压制这位年轻人，并将此事交由赖尔处理。经过赖尔等人的安排，当年 7 月，这篇文章与达尔文的《一部未出版的物种论著的摘要》一文同时在伦敦的林耐学会上联名宣读，并突出了达尔文的优先权。华莱士对这一安排毫无异议，并为自己能够名列其中而感到高兴。此后，达尔文与他一直保持着良好的关系，成为科学史上的一段佳话。

这件事过后，达尔文加紧工作，最终在 1859 年 11 月 24 日出版了《论通过自然选择的物种起源，或者有利种类在生存斗争中的保存》（简称《物种起源》）的第 1 版。此后，达尔文不断对全书进行补充和修改，在有生之年里共重版了 6 次。第一版印了 1 250 本，在一天之内销售一空。用达尔文自己的话来说，该书是："一个长篇论证"，包含了大量对人工和自然条件下物种进化的精细观察和推理，以及对预期的各种反对意见的分析。除了论证自己的物种起源学说，达尔文还特别突出了生物存共同起源的思想，并在全书的结尾写道："从这里可以看到生命的伟大，借助于各种力量，它最初被输入几种或者一种形式的存在；然后，在这颗行星遵循固定的引力定律而运转的过程中，从如此简单的开端中进化出了无限多的形式；它们无比美丽，无比奇妙，并且仍在进化之中。"

《物种起源》的出版在社会上引起了轩然大波，随之而起的是各种不同的反应，有人严厉指责，有人挺身辩护，更多的人则在阅读和思考。在该书正式推出的前四天，伦敦权威杂志

《雅典娜之庙》上就发表了一篇匿名评论。作者从神学立场对达尔文进行了攻击，并单刀直入地把达尔文理论同"人来自猴子"的观点联系起来，说达尔文的信条就是"人是昨天产生的，明天就将走向消亡"。实际上，自钱伯斯《创世的自然史遗迹》发表以来，"人来自猴子"的论题已经在英国社会中引发了激烈的争论。书评作者将达尔文理论与这一论题联系起来，无疑是想把论辩的战火引向达尔文的著作。达尔文愤怒了，认为该文作者简直就是要把他送上教士们的火刑柱而后快。

坏消息接踵而至，达尔文在剑桥的老师亨斯娄和塞治威克现在都站到了他的对立面，他以前的学术伙伴欧文也成为他最强劲的论敌。大天文学家约翰·赫舍尔在读到《物种起源》时，也轻蔑地把自然选择斥责为"乱七八糟定律"。当然，达尔文也听到了好消息。著名植物学家胡科（1817—1911）终于被他的理论说服，赖尔对他的著作的出版"绝对心满意足"，而年轻的赫胥黎（1825—1895）则在1859年12月26日的《泰晤士报》发表了匿名述评，不仅极力赞扬达尔文的理论，而且警告，他已经把自己的"牙齿和爪子"磨得飞快，等着对付"那些将要吠叫和咆哮的恶狗们"。在给达尔文的信中，他重复了同样的意思，并让达尔文不要忘了自己还有一些善斗的朋友。

第四节　达尔文主义的影响

托马斯·赫胥黎是著名博物学家，以"达尔文的斗犬"而著名。出生在一个教师的家庭，早年的赫胥黎因为家境贫寒而过早地离开了学校。但他凭借自己的勤奋，17岁靠自学考进了医学院，开始在查灵十字医院接受正规的医学教育。20岁时在伦敦大学通过他初次的医学考试，解剖学及生理学两个科目都得到最优等成绩。

1845年，赫胥黎发表了第一篇科学论文，描述了毛发内迄今无人发现的一层构造，此后该层构造即被称为"赫胥黎层"。1845年，赫胥黎在伦敦大学获得了医学学位。毕业后，他曾作为随船的外科医生去澳大利亚旅行。也许是因为职业的缘故，赫胥黎酷爱博物学，并坚信只有事实才可以作为说明问题的证据。赫胥黎是达尔文学说的积极支持者。他竭力宣扬进化学说，与当时的宗教势力进行了激烈的斗争，并进一步发展了达尔文的思想，是最早提出人类起源问题的学者之一。

赫胥黎为了对抗理查·欧文的理论而提出的科学论证显示出人类和大猩猩的脑部解剖具有十分的相似性。有趣的是赫胥黎并不完全接受达尔文的许多看法（例如渐进主义），且相对于捍卫天择理论，他对于提倡唯物主义科学精神更感兴趣。

海克尔（E. Haeckel，德国，1834—1919）是博物学家、达尔文进化论的捍卫者和传播者。生于德国波茨坦。早年在柏林、维尔茨堡和维也纳学医，著名学者缪勒、克里克尔和微尔和都曾是他的老师。1857年他以《论甲壳动物的组织》的专著获得博士学位。1858年通过国家医学考试后，在耶拿动物研究所工作。1859—1860 年到意大利作考察旅行，着重研究了原生动物放射虫。1862 年任耶拿大学编外教授，1865 年转为正式教授，直到 1919 年逝世。1860年，海克尔读了达尔文的《物种起源》后就对进化论深信不疑，不但成了在德国宣传和捍卫达尔文进化论的学者，而且把进化观点推广开来，建立了"一元论哲学"。

海克尔的一元论认为，世界上一切现象都是某种"一元物"发育、进化的结果。在 1866年出版的《普通形态学》一书中，他以进化的观点阐明生物的形态结构，并以"系统树"的形式，表示出各类动物的进化历程和亲缘关系。他通过讲课、演讲、写文章等种种方式竭力宣传进化论；1868 年还出版了这方面的科普著作《自然创造史》，他把生命起源和人类演变也纳入到进化体系之中。在 1874 年出版的《人类发生或人的发展史》一书中提出"生物发生律"，认为"个体发育是系统发育简短而迅速的重演"，指出"生命是由无机物即死的材料产生的"、"人类是由猿猴进化而来的，就像猿猴是由低等哺乳动物进化而来一样"。1877 年，在慕尼黑举行的第 50 次德国自然科学家和医生代表大会上，海克尔批评了他的老师微尔和关于禁止在学校中讲授进化论的错误主张，捍卫了达尔文的进化学说。1899 年，出版了《宇宙之谜》一书，书中不但对 19 世纪自然科学的巨大成就，特别是生物进化论作了清晰的叙述，而且根据当时的科学水平，对宇宙、地球、生命、物种、人类及其意识的起源和发展，进行了认真的探索，力求用自然科学提供的事实，为人们勾画出一幅唯物主义的世界图景。1906年他创立了"一元论者协会"。

赫伯特·斯宾塞（Herbert Spencer，英国，1820—1903）是社会学家。他为人所共知的就是"社会达尔文主义之父"，他所提出的一套学说把进化理论的适者生存应用在社会学尤其是教育及阶级斗争上。他的著作对很多课题都有贡献，包括规范、形而上学、宗教、政治、修辞、生物和心理学等，他是社会进化论和社会超级有机体论的代表人物。1852 年发表论文《进化的假说》，首次提出社会进化论思想，1853 年他的父亲去世后给他留下大笔遗产，从此他就潜心著书立说。

生物进化观点是我们看待和分析生物世界必须持有的基本观点，以达尔文的自然选择为中心内容的进化论，体现了唯物主义和辩证法的一些基本观点，自从这一观点被提出，就一直影响着人们的思想观念。达尔文的进化论认为：生物之间有一定的亲缘关系，有着共同的祖先，自然选择导致生物的性状向不同的方向发展，导致生物物种的逐渐增加，出现了生物的多样性。达尔文的进化论对"神创论"、"物种不变论"的冲击和颠覆，使人们树立了生物进化的观点，对进化论有了初步的认识。

在达尔文的进化论中，唯物主义和辩证法的思想和素材是十分丰富的。它否认自然界有非物质的超自然的特殊力量的存在，系统地揭示了各种生物之间、生物与无机环境之间的普遍联系，阐明了生物产生和发展的过程以及一种生物向另一种生物转化的客观规律。关于自然界中必然性与偶然性、同一性与差异性、原因与结果的关系，都从进化的角度作出了合理的解释。因此，该学说给辩证唯物主义世界观带来了一定的影响。

进化论思想不仅从思想观念上给人以冲击，而且也深深地影响着社会和科学的进步。在过去的近 150 年期间，较其他自然科学理论而言，生物进化论的影响远远超越了自身的领域，许多社会科学学科都在借鉴、使用进化概念。随着生物进化论研究的进一步发展，进化论还将在深度和广度上继续影响社会和科学的进步。

思考题

1. 简述达尔文自然选择学说中"物竞天择，适者生存"的观点对社会的影响。
2. 按照达尔文的观念，现代长颈鹿颈长的原因是什么？
3. 论述生物进化论的发展。

第十六章 分子生物学与科学的新时代

关于生命本质的探索一直是生物学领域研究的核心问题，生物是怎样发生形状变异，又是如何将自己的性状遗传给后代的？遗传与变异的本质是什么？这些问题一直困扰着人们。直到 19 世纪后半叶奥地利神父戈里果孟德尔才把人们对生物遗传的本质与规律的认识向前推了一大步。

第一节 孟德尔豌豆杂交试验

孟德尔（G Mendel，1822—1884）生于奥地利西里西亚附近的农民家庭。从小孟德尔受到园艺学和农学知识的熏陶，对植物的生长和开花非常感兴趣。1840 年他考入奥尔米茨大学哲学院，主攻古典哲学，并学习了数学。学校需要教师，当地的教会看到孟德尔勤奋好学，就派他到首都维也纳大学去念书。

1843 年大学毕业以后，年方 21 岁的孟德尔进了布隆城奥古斯汀修道院，并在当地教会办的一所中学教书，教的是自然科学。由于他能专心备课，认真教课，所以很受学生的欢迎。后来，他又到维也纳大学深造，受到相当系统、严格的科学教育和训练，也受到杰出科学家们的影响，如多普勒，孟德尔担任他的物理学演示助手；又如依汀豪生，他是一位数学家和物理学家；还有恩格尔，他是细胞理论发展中的一位重要人物，但是由于否定植物物种的稳定性而受到教士们的攻击。孟德尔经过长期思索认识到，理解那些使遗传性状代代恒定的机制更为重要。

一、豌豆杂交试验

1856 年，从维也纳大学回到布鲁恩不久，孟德尔就开始了长达 8 年的豌豆实验。孟德尔首先从许多种子商那里，弄来了 34 个品种的豌豆，从中挑选出 22 个品种用于实验。它们都具有某种可以相互区分的稳定性状，例如高茎或矮茎、圆科或皱科、灰色种皮或白色种皮等。

孟德尔开始进行豌豆实验时，达尔文进化论刚刚问世。他仔细研读了达尔文的著作，从中吸收丰富的营养。保存至今的孟德尔遗物之中，就有好几本达尔文的著作，上面还留着孟德尔的手批，足见他对达尔文及其著作的关注。通过人工培植这些豌豆，对不同代的豌豆的性状和数目进行细致入微的观察、计数和分析。这样的实验方法需要极大的耐心和严谨的态度。他酷爱自己的研究工作，经常向前来参观的客人指着豌豆十分自豪地说："这些都是我的儿女！"

然而，实际上19世纪的生物学家中没有人理解孟德尔在遗传问题上所用的实验方法和数学方法，以至于他的研究成果最后只发表在1865年的布隆地方志上。直到20世纪初重新被发现后，孟德尔在遗传学上的地位才得以确认。

孟德尔依据他所获得的豌豆杂交试验中对应性状1：3的结果，运用溯因方法，最终发现了遗传学三定律中的两条定律。

（1）分离定律：

杂合体中决定某一性状的成对遗传因子，在减数分裂过程中，彼此分离，互不干扰，使得配子中只具有成对遗传因子中的一个，从而产生数目相等的、两种类型的配子，且独立地遗传给后代，这就是孟德尔的分离规律。

（2）自由组合规律：

孟德尔在揭示了由一对遗传因子（或一对等位基因）控制的一对相对性状杂交的遗传规律——分离规律之后，这位才思敏捷的科学工作者，又接连进行了两对、三对甚至更多对相对性状杂交的遗传试验，进而又发现了第二条重要的遗传学规律，即自由组合规律，也有人称它为独立分配规律。

二、孟德尔遗传规律的意义

孟德尔的分离规律和自由组合规律是遗传学中最基本、最重要的规律，后来发现的许多遗传学规律都是在它们的基础上产生并建立起来的，它犹如一盏明灯，照亮了近代遗传学发展的道路。

1. 理论应用

从理论上讲，自由组合规律为解释自然界生物的多样性提供了重要的理论依据。大家知道，导致生物发生变异的原因固然很多，但是，基因的自由组合却是出现生物性状多样性的重要原因。比如说，一对具有20对等位基因（这20对等位基因分别位于20对同源染色体上）的生物进行杂交，F2可能出现的表现型就有$2^{20} = 1\ 048\ 576$种。这可以说明现在世界生物种类为何如此繁多。当然，生物种类多样性的原因还包括基因突变和染色体变异。

分离规律还可帮助我们更好地理解为什么近亲不能结婚的原因。由于有些遗传疾病是由隐性遗传因子控制的，这些遗传病在通常情况下很少会出现，但是在近亲结婚（如表兄妹结婚）的情况下，他们有可能从共同的祖先那里继承相同的致病基因，从而使后代出现病症的机会大大增加。因此，近亲结婚必须禁止，这在我国婚姻法中已有明文规定。

2. 实践应用

孟德尔遗传规律在实践中的一个重要应用就是在植物的杂交育种上。在杂交育种的实践中，可以有目的地将两个或多个品种的优良性状结合在一起，再经过自交，不断进行纯化和选择，从而得到一种符合理想要求的新品种。比方说，有这样两个品种的番茄：一个是抗病、黄果肉品种，另一个是易感病、红果肉品种，现在需要培育出一个既能稳定遗传，又能抗病，而且还是红果肉的新品种。你就可以让这两个品种的番茄进行杂交，在 F2 中就会出现既抗病又是红果肉的新型品种。用它作种子繁殖下去，经过选择和培育，就可以得到你所需要的能稳定遗传的番茄新品种。

第二节　遗传生物 DNA

发现 DNA 的遗传功能，始于 1928 年格里菲斯（F. Griffith）所做的用肺炎双球菌感染小家鼠的实验。

肺炎双球菌基本上可以分为两个类型或品系。一个是有毒的光滑类型，简称为 S 型。一个是无毒的粗糙类型，简称为 R 型。S 型的细胞有相当发达的荚膜（或称为被囊）包裹着。荚膜由多糖构成，其作用是保护细菌不受被感染的动物的正常抵抗机制所杀死，从而使人或小家鼠致病（对人，它能导致肺炎；对小家鼠，则导致败血症）。但在加热到致死程度后，该类型的细菌便失去致病能力。由于荚膜多糖的血清学特性不同、化学结构各异，S 型又可分成许多不同的小类型，如 S Ⅰ、S Ⅱ、S Ⅲ 等。而 R 型细胞没有合成荚膜的能力，所以不能使人或小家鼠致病。它不能合成荚膜的原因在于一个控制 UDPG——脱氢酶的基因发生了突变，R，S 两型可以相互转化。1928 年，格里菲斯将肺炎球菌 S Ⅱ 在特殊条件下进行离体培养，从中分离出 R 型。当他把这种 R 型的少量活细菌和大量已被杀死的 S Ⅲ 混合注射到小家鼠体内以后，出乎意外，小家鼠却被致死了。剖检发现，小家鼠的血液中有 S Ⅲ 细菌。这一实验结果可以有三种解释：①S Ⅲ 细菌可能并未完全杀死。但这种解释不能成立，因为单独注射经过处理的 S Ⅲ 时并不能致死小家鼠。②R 型已转变为 S 型。这一点也不能成立，因为剖检发现的是 S Ⅲ，不是 S Ⅱ，R 型从 S Ⅱ 突变而来，理应转化为 S Ⅱ。③R 型从杀死的 S Ⅲ 获得某种物质，导致类型转化，从而恢复了原先因基因突变而丧失的合成荚膜的能力。格里菲斯肯定了这种解释。这就是最早发现的转化现象。

三年之后，研究者们发现，在有加热杀死的 S 型细菌存在的条件下，体外培养 R 型的培养物，也可以产生这种转化作用。此后不到两年，又发现 S 型细菌的无细胞抽提物加到生长着的 R 型培养物上，也能产生 R 向 S 的转化（R→S）。于是，研究者们提出，加热杀死的 S 型细菌培养物或其无细胞抽提物中，一定存在着某种导致细菌类型发生转化的物质。这种物质究竟是什么，人们尚不知道，为便于研究，暂时叫做"转化因子"（transformingprinciple）。格里菲斯发现转化作用，为之后认识到 DNA 是遗传物质奠定了基础。艾弗里和他的同事麦克劳德（C. M. Mcleod）和麦卡蒂（M. J. Mccarty）正是在这个基础上继续前进，才获得了重大的突破。1944年，在纽约洛克菲勒研究所，艾弗里等人为了弄清转化因子的化学本质，开始对含有 R→S 转化因子的 SⅢ型细菌的无细胞抽提物进行分馏、纯化工作。他们根据染色体物质的绝大部分是蛋白质的事实，曾一度推断蛋白质很可能是"转化因子"。然而，当他们使用一系列的化学法和酶催化法，把各种蛋白质、类脂、多糖和核糖核酸从抽提物中去掉之后，却发现抽提物的剩余物质仍然保持把 R 型转化为 S 型的能力。于是，他们对自己的推断动摇了。最后，在对抽提物进一步纯化之后，他们发现，只要把取自 SⅢ细胞抽提物的纯化DNA，以低达六亿分之一的剂量加在一个 R 型细胞的培养物中，仍然具有使 R→SⅢ 的转化能力。他们还发现，从一个本身由 R 型转化产生的 S 型细菌的培养物中提取的 DNA 也能使R→S。于是，他们得出结论说，"转化因子"就是 DNA。并在《实验医学杂志》第 79 卷第137 期发表了这一研究成果。

艾弗里等人的试验和结论是对脱氧核糖核酸认识史上的一次重大突破，彻底改变了它在生物体内无足轻重的传统观念。艾弗里等人在 1944 年所作的试验和结论，不仅没有使科学界立即接受 DNA 是遗传物质的正确观念，反而引起了科学界许多人的极大惊讶和怀疑。当时主要有两种代表性的否定意见。第一种是，即使活性转化因子就是 DNA，也可能只是通过对荚膜的形成有直接的化学效应而发生的作用，不是由于它是遗传信息的载体而起作用的。第二种否定意见则根本不承认 DNA 是遗传物质，认为不论纯化的 DNA 从数据上看是如何的纯净，它仍然可能藏留着一丝有沾污性的蛋白质残余，说不定这就是有活性的转化因子。

科学界的怀疑、否定，不但没有能动摇艾弗里等人继续探索的坚定信心，反而加强了他们的信念，为了回答第一种怀疑论，泰勒（H. Taylor）和哈赤基斯（R. D. Hotchkiss）先后做了大量的实验工作。特别是他们在 1949 年所进行的实验，给了怀疑论者以致命一击。泰勒从粗糙型（即 R 突变型）品系中分离出一个新的更加粗糙、更加不规则的突变型 ER，并且发现从 R 品系细胞中提取出来的 DNA 可以完成 ER 向 R 的转化。这样，就证明了在以往实验中作为受体的 R 品系本身还带有一种转化因子。这种转化因子能把 R 品系仍然还具有的一点点残余的合成荚膜的能力转授给那个荚膜缺陷更甚的 ER 品系。不仅如此，泰勒还发现，将从 S 品系（作为给体）提取的 DNA 加到 ER 品系（作为受体）中，也能实现 ER 向 R 的转化。如果把这种第一轮的 R 转化物抽取一些加以培养，然后再加进 S 给体的 DNA，便会出现 R向 S 的转化。泰勒的这些发现使得那些曾抱有"DNA 仅仅是在多糖荚膜合成中作为一种外源化学介质进行干扰而导致转化作用"这种信念的人们，无言以对，只得认输。

在同一年内，哈赤基斯还证实了那些与荚膜形成毫无关系的一些细菌性状（如对药物的敏感性和抗性）也会发生转化。他从正常的 S 型肺炎球菌中分离出了一种抗青霉素的突变型（记为Penr-S），提取出它的 DNA，加到一个由对青霉素敏感的 S 型中突变产生的 R 型（记为 Penr-R）的培养物中。结果发现，某些个 Penr-R 受体细菌已被转化为 Penr-S 给体型。据此，他得出结论说，肺炎球菌的 DNA 不但带有为荚膜形成所需要的信息，而且还带有对青霉素产生抗性的细胞结构的形成所需要的信息。他还认为，荚膜的形成和对青霉素的抗性似乎是由不同的 DNA 分子控制着。此后不久，哈赤基斯又利用从 S 野生型抗链霉素突变型细胞中提取的 DNA 进行试验，也获得了同上述实验完全相仿的结果。当哈赤基斯将其实验结果在美国科学院院报上发表之后，一切认为 DNA 的转化作用是生理性的而不是遗传性的各种奇谈怪论便消失无踪了。

针对第二种否定意见，艾弗里和麦卡蒂于 1946 年用蛋白水解酶、核糖核酸酶和 DNA 酶分别处理肺炎球菌的细胞抽提物。结果表明，前两种酶根本不影响抽提物的生物学效能，然而只需要碰一碰后者，抽提物的转化活性便立即被完全破坏掉。这一结果进一步证明了 DNA 作为遗传信息载体的功能。哈赤基斯继续对转化因子进行化学提纯。到 1949 年时，他已经能把附着在活性 DNA 上的蛋白质含量降低到 0.02%。尽管如此，在 1949 年，这些实验结果仍然没能使怀疑论者相信 DNA 是遗传变化的原因所在。甚至到 1950 年，米尔斯基（A. E. Mirsky）仍对艾弗里的转化因子试验结论持怀疑态度。他认为，"很可能就是 DNA 而不是其他的东西是对转化活性有责的，但还没有得到证实。在活性因子的纯化过程中，越来越多地附着在 DNA 上的蛋白质被去掉了……但很难消除这样的可能性，即可能还有微量的蛋白质附着在 DNA 上，虽然无法通过所采用的各种检验法把它们侦察出来……因此对 DNA 本身是否就是转化介质还存在一些疑问"。

后来，随着对 DNA 化学本性的足够了解，特别是 1952 年赫尔希（A.D.Hers-hey）和蔡斯（M. Chase）证明了噬菌体 DNA 能携带母体病毒的遗传信息到后代中去以后，科学界才终于接受了 DNA 是遗传信息载体的理论。美国分子遗传学家 G. S. 斯坦特写道："这项理论到 1950 年后好像突然出现在空中似的，到了 1952 年已被许多分子遗传学家奉为信条。"

1952 年，噬菌体小组中的两位成员赫尔希（Alfred Hershey, 1908—1997）和蔡斯（Martha Chase）用放射性标记的细菌病毒（即噬菌体）进行实验，为 DNA 是遗传物质提供了令人信服的证据。

为排除艾弗里、麦克劳德和麦卡蒂实验中的不确定成分，赫尔希和蔡斯用放射性磷标记噬菌体的 DNA，并用放射性硫标记噬菌体的蛋白质外壳，然后让这种噬菌体去感染细菌，再把受感染的细菌细胞放在搅拌器内旋转、离心，使受感染的细菌和更小的颗粒分离开来。实验结果显示，大多数噬菌体 DNA 仍然同细菌细胞在一起，而噬菌体的蛋白质则被释放到细胞外的溶液中。这说明噬菌体颗粒感染寄主细菌时，实际上仅有噬菌体 DNA 进入细菌，而噬菌体蛋白质却留在细菌外边，对于后来发生在细菌体内的噬菌体再生进程并未发生任何作用。因此，可以得出结论，指导合成子代噬菌体的亲代噬菌体基因存在于它的 DNA 之中。

虽然有些科学家觉得赫尔希-蔡斯实验的资料应该谨慎地加以解释，但是噬菌体小组的成员沃森很快接受了这一成果，认为它是 DNA 遗传作用的很好的证据。赫尔希-蔡斯再次证明 DNA 是遗传物质的实验产生了直接和深远的影响。从那时起，有关遗传机制问题的研究便全部集中于 DNA 上了。

科学界对艾弗里等人的理论的怀疑，也反映到诺贝尔奖评选委员会中。当艾弗里提出他们的理论以后，曾有人提议艾弗里应获这种最高奖励。但鉴于科学界对其理论还抱有怀疑，诺贝尔奖评选委员会认为推迟发奖更为合适。可是，当对他的成就的争议平息、诺贝尔奖评选委员会准备授奖之时，他已经去世了。诺贝尔奖评选委员会只好惋惜地承认："艾弗里于1944 年关于 DNA 携带信息的发现代表了遗传学领域中一个最重要的成就，他没能得到诺贝尔奖金是很遗憾的。"

艾弗里等人的科学发现为什么迟迟得不到科学界的承认呢？这当然不是由于他们的学术地位低下所致，因为艾弗里那时已经是细菌学界的一员老将；也不是由于出版机构的压抑，因为他的文章在《实验医学杂志》上得到了及时发表；也不是由于他们的研究超越了时代或离开了研究的主流趋势，因为当时有许多人都在研究格里菲斯发现的新现象。艾弗里的发现迟迟得不到承认主要是由于认识论方面的一些原因造成的。具体说来：第一，传统观念的束缚。不可否认，大家早就怀疑过 DNA 在遗传过程中是否有一定的功能，特别是自从福尔根（F.Feulgen）于 1924 年证明了 DNA 是染色体的一个主要组分之后。但是，由于科学研究发展的特定历史进程，人们对蛋白质的研究更为充分，对它的重要性和分子结构的认识比较深入；而对 DNA 的研究就非常不够，因而人们也就很难设想 DNA 能够作为遗传信息的载体。在一段相当长的时间里，DNA 不像蛋白质那样引人注意。这除了它不像蛋白质（特别是酶）那样到处都是外，重要的一点还在于结构上似乎没有蛋白质那样变化多端，具有个性（同一生物体中的异源蛋白质之间，或者不同生物体中的同源蛋白质之间，在结构的特异性上存在着极大的差异）。直到 20 世纪 30 年代后期，科学界还普遍坚持莱文（P. A. T. Levine）在 20世纪 20 年代提出的"DNA 结构的四核苷酸假说"，认为 DNA 只不过是一种含有腺苷酸、鸟苷酸、胸腺苷酸和胞苷酸四种残基各一个的四核苷酸而已。到了 20 世纪 40 年代早期，尽管已经认识到 DNA 分子量实际上要比四核苷酸理论所要求的大得多，但是仍然普遍相信四核苷酸仍是那较大的 DNA 聚合体的基本重复单元，其中四个嘌呤和嘧啶碱基都依次按规定的序列而被重复着。DNA 被看成如同淀粉等聚合物一样的一种单调的分子。第二，错误地总结经验造成的因噎废食。

就在艾弗里等人做出上述结论的 20 年之间，著名生物学家、1915 年诺贝尔化学奖获得者威尔斯塔特在实验中由于采用的酶溶液过于稀释之故，以至用通常的化学检验法显示不出它的蛋白质含量，但仍存在催化活性，于是便做出了酶不是蛋白质的错误结论，宣称已经制成了不含蛋白质的酶的制备物。由于这种结论出自权威之口，人们信以为真，结果使对酶的研究推迟达 10 年之久。1944 年时，科学界对这种前车之鉴仍记忆犹新。所以，当艾弗里等人公布他们的结论后，害怕再受骗的科学界便不敢再贸然相信权威了。播种苦果的是已故权威威尔斯塔特，而蒙受苦果之害的是在世权威艾弗里。艾弗里等人及其科学发现的不幸遭遇，向我们提出了许多值得深思的问题。首先，作为一个科学工作者，我们应当努力克服思想上的保守性和片面性，做到不为流行观念所束缚，努力去揭示未曾为大多数人所注目的新领域，做到正确总结经验教训，不能因噎废食。其次，作为一个科研管理工作者，我们不仅应对那些成果在短期内就得到证实的发现者给予奖励，而且也应对那些其成果需要很长时间才能得到证实的卓越发现者（特别是其中的高龄科学家），及时给予承认。

第三节　双螺旋结构 DNA 和 DNA 的复制

一、双螺旋结构 DNA 的发现

1953 年，英国一家名为《Nature》的杂志刊登了一篇著名的文章"核酸的分子结构"。在这篇文章中，当时还没有名气的两位年轻人沃森（James Watson）和克里克（Francis Crick）提出了 DNA 双螺旋模型。这一模型较完美地解释了 DNA 结构与功能的关系，满足了遗传物质必须具备的三个条件：① 必须能够忠实地复制自己；② 必须能够携带遗传信息；③ 必须能够产生稳定的变异（体现在结构上）。它标志着细菌遗传学时代的结束和分子生物学时代的到来，开启了分子生物学的大门。

沃森在大学毕业后，主要从事动物学的研究，克里克则是一位对数学和物理十分感兴趣的科学家，一段时间的偶然合作，使得沃森和克里克在剑桥大学对脱氧核糖核酸的分子结构产生了浓厚的兴趣，并经过周密、细致的研究测算，提出了"沃森-克里克双螺旋模型"。根据沃森-克里克的双螺旋模型，人们马上便可说明 DNA 是怎样既作为一个稳定的晶体分子而存在，同时又为变异和突变提供足够的物质、结构基础。

他们在 1953 年 4 月 25 日通过著名的《自然》（《Nature》）杂志向全世界宣布他们发现了 DNA 的空间结构，即 DNA 双螺旋结构。DNA 双螺旋结构的发现具有划时代的意义，它象征着分子生物学时代的到来。这个时代也许将延续几个世纪，在这个时代里，一切生命科学问题都不可能与分子特别是 DNA 分子分开了。

DNA 结构的发现是生物学的奇迹，因为这样一件伟大的事业主要是由两位年轻人完成的，也因为这两位年轻人当时并不是生物化学或生物物理领域的资深专家，他们从真正接触 DNA 到提出 DNA 结构模型只用了不到一年时间！因此，有关 DNA 双螺旋的发现过程就成为启迪生物学工作者的极好典范。

1951 年秋天，沃森以美国公派博士后身份从哥本哈根转到英国剑桥。正如沃森所说，他是为 DNA 而去的。沃森师从美国微生物学家努里亚，到欧洲以前做的是细胞遗传研究。1951 年春天在那不勒斯一个关于生物大分子的结构的会议上他偶然知道了英国伦敦皇家学院的物理学家威尔金斯正在研究 DNA 的结构，这使他产生了到英国做 DNA 研究的念头。克里克是英国物理学家，1946 年他阅读了著名的量子物理学家薛定谔的《生命是什么》一书，对基因产生了很大兴趣。当沃森和克里克在英国剑桥大学卡文迪许实验室相遇时，克里克正在研究蛋白质晶体结构。沃森和克里克的共同点是他们都由对基因着迷进而对 DNA 发生强烈的兴趣，他们相信搞清楚 DNA 结构就能揭开基因遗传增殖的秘密。当时已经知道，DNA 由核苷酸组成，并且美国细菌学家艾弗里已经完成了 DNA 转化细菌的实验，基本确定了 DNA 是遗传物质。世界上已有几个实验室正在角逐看谁先发现 DNA 结构，不过这些研究者都不是生物学家，其中一个就是威尔金斯领导的小组，他们使用 X 射线衍射作为主要研究手段，并且已经获得了 DNA 衍射照片。此时遗传学家们则仍沉迷在杂交或微生物遗传实验中，对 DNA 结构没有多大的兴趣。两个年轻人被 DNA 的结构之谜强烈地吸引着，只是他们没有像其他人那样做实验，这是因为卡文迪许实验室当时主要在做蛋白质的晶体结构研究，而且正如沃森估计，成立一个 DNA 的 X 射线衍射小组至少要 2~3 年的时间。幸运的是两位年轻人的合作体现了生物学和物理学的完美结合，沃森对生物结构独有的认识加上克里克对 X 射线衍射分析的知识，使他们很快理解了当时所能得到的关于 DNA 的结构的各种数据，包括 X 射线衍射照片。现在的问题是怎样利用这些数据揭示出 DNA 结构？

沃森和克里克认真分析、讨论了美国化学家鲍林发现蛋白质的 α-螺旋的过程，沃森注意到鲍林成功的关键是他并不仅仅靠研究 X 射线衍射图谱，相反地，其主要方法是用一组分子模型来探讨分子中的原子间的关系。在这一启示下，沃森用硬纸板和金属构建了一些模型来解释所观察到的事实。他们特别注意到 4 个证据：第一是 DNA 分子是细而长的多聚物，含有 4 种碱基和磷酸键；第二是查戈夫法则，即 $A = T$，$G = C$；第三是 DNA 分子内存在弱键，经过纯化的 DNA 能形成一种黏稠的溶液，好像鸡蛋清一样，但是一加热，DNA 溶液的浓度就会降低。由于中度加热时，糖的磷酸骨架的共价键不会被破坏，因此加热时 DNA 溶液的物理性质的改变意味着一系列弱的化学键被破坏，这些弱键对维持 DNA 的正常结构可能是非常必要的；第四是鲍林发现多肽链通过氢键扭成 α-螺旋，氢键是一种可以通过适度加热而破坏的弱键。鲍林曾由此推测 DNA 可能形成如 α-螺旋那样的结构。这时伦敦皇家学院的威尔金斯和弗兰克林各自拍摄的 DNA 的 X 射线衍射照片提供了有关 DNA 螺旋结构的进一步证据。这两张照片比以往任何照片都好，各个衍射斑点清晰可见。由于 DNA 是巨大复杂的分子，它的 X 射线衍射照片分析起来非常困难。弗兰克林尝试过，她猜测到图中的阴影部分和标记部分可能意味着 DNA 是一个螺旋体，其中磷酸骨架在外，分子的平均直径约是 2.0 nm。

守着各种各样的证据，沃森和克里克开始构建 DNA 三维模型，他们设计了经过精确度量的模型，评价模型解决复杂的三维空间问题的能力。建了拆，拆了建。模型的建立过程是对沃森和克里克的意志和能力的考验。两位科学家回忆当年的情景时写道：我们就是这样，不用笔和纸，关键的工具是一套用来装配学前儿童玩具的模型。用这样的工具他们制作了由单个核苷酸组成的模型，并计算了模型中原子的大小、键长和键角，等等。这样的工作非常冗长乏味和令人沮丧，因为至少有十几种方式可以让碱基、磷酸和核糖结合在一起。一开始，没有一个模型能与所观察到的数据和标准一致。由 X 射线衍射图测量到的数据提供了 DNA 的两个重复性特征：一个是 3.4 nm 的周期性，另一个是 0.34 nm 周期性。沃森和克里克推测 0.34 nm 可能是核苷酸碱基堆积的距离，他们试着在纸板模型上把分子排成这样的螺旋型：长 3.4 nm，宽 2.0 nm。常言说得好，功夫不负有心人。成功的一天终于到来了。可以想象，当那天早上他们突然看到纸板模型上 A 和 T 相对，G 和 C 相对时，年轻的沃森兴奋得满脸通红。这就是关键：两套碱基堆积在双螺旋的内侧，它们排列的方式非常像梯子上的横木，磷酸基团和糖环排在梯子的外面。DNA 不是单螺旋，而是两条链彼此缠绕的双螺旋。沃森和克里克搭成的第一个完整的 DNA 分子模型清楚地显示出含氮的碱基精确地配置在双轨之间，由于碱基的契合，双螺旋梯子扭转产生了一个有着 3.4 nm 重复的螺旋。如果将一对双环状嘌呤并排在直径只有 2.0 nm 双轨间，螺旋体就显太小，让两个单环的嘌呤并排，螺旋体又显太大。唯一的方式是一个嘌呤通过氢键结合一个嘧啶，而且必须是 A 与 T 结合，G 与 C 结合，这正是查戈夫法则！沃森和克里克用奇妙绝顶的洞察力使人类掌握了地球上所有生物的主要遗传分子的秘密。接下来的另一个问题是，如果碱基配对限制在 $A=T$ 和 $G=C$，那么 DNA 如何携带多种多样的遗传信息？这就是沃森和克里克的另一杰出推理，即 4 种碱基沿螺旋长轴的排列是随机的。根据这个推理，$A=T$ 和 $C=G$ 可以存在于分子的任何序列中，也就是说有大量的可能序列来编码各种蛋白质。DNA 分子非常长，一个物种又有自己的全套染色体，可供配对的核苷酸碱基对的数目是特别大的。例如，人有 23 对染色体，共有 30 亿对碱基，可以组成无数个序列，因此每个人只有一种特定的序列是完全可能的。

DNA 的双螺旋模型令所有的生物学家们叹为观止，它解释了迄今为止所观察到的 DNA 的一切物理的和化学的性质，它说明了 DNA 为什么是遗传信息的携带者，说明了基因的复制和突变，等等。克里克曾满怀深情地这样讲起他心爱的 DNA：有一种内在美存在于 DNA 分子中，DNA 是一个有模有样的分子。1962 年，沃森和克里克因构建 DNA 双螺旋模型与威尔金斯和弗兰克林共同获得诺贝尔奖金，威尔金斯的贡献是他在 X 射线衍射方面的研究，弗兰克林的贡献是她提供了关键参数。不过弗兰克林 1958 年就去世了，当时她只有 37 岁。

DNA 双螺旋结构的发现标志着科学家们终于摸到了山的"金脉"，一门新兴的学科——分子遗传学在此基础上产生。分子遗传学是目前最重要和发展最快的学科之一。

二、DNA 的复制

自我复制是 DNA 作为遗传物质不可缺少的一个特性。在亿万年以前，地球上有一种叫"生命单位"的原生生物系统，它能对自身的生命原料进行复制。这种复制的原始能力已经进化成一种十分精细有效的复制机能，不同生物种类其复制的形式和繁殖类型各不相同。但我们发现遗传物质的复制是基本上相似的，从细菌到人类几乎如此。

DNA 复制主要包括引发、延伸、终止三个阶段。

第四节　开创科学的新时代

20 世纪 50 年代自沃森和克里克建立 DNA 双螺旋结构模型以来，以 DNA 双螺旋结构的发现为标志的分子生物学的建立和发展已成为现代生物学的一个重要发展方向。分子生物学经过 20 多年的研究和探索，终于在 70 年代初期取得了决定性的突破。70 年代初 DNA 限制性内切酶和 DNA 连接酶的发现以及一整套 DNA 体外重组技术的建立，标志着基因工程正式登上历史舞台。1982 年，科学家发现 DNA 能够起到酶的作用，促使化学反应的发生，而在此之前，人们普遍认为只有蛋白质才具有酶的功能。这一发现拓宽了人们对酶的认识。1985 年穆利斯等人首创了一种称为聚合酶链式反应的 DNA 扩增技术，能够以极微量的 DNA 模板进行 DNA 的大量扩增，这项技术的发明使得对微量 DNA 的检测和研究成为可能，从而使这项技术成为分子生物学领域一项极其重要的研究工具。这些重要的技术被迅速广泛地应用于生物、医学、农业等各个领域，在基础科学及应用技术的研究中取得了巨大的成功，也由此带动和促进了现代生物技术的蓬勃发展。在半个世纪的时间内，分子生物学取得了众多激动人心的成就，使工业、农业、医疗卫生事业以及生物科学本身都面临一场空前的变革。

解开自身之谜一直是人类追求的目标，这一目标在分子生物学建立后已经成为可能。1986 年 3 月 7 日，美国《科学》杂志发表了一篇题为《癌症研究的转折点——测定人类基因组序列》的论文，指出癌症和其他疾病的发生都与基因有关。1991 年，人类基因组计划正式实施。2004 年 4 月这项生命科学史上绝无仅有的"大科学"计划——人类基因组序列测定完成，一本人类遗传信息的天书呈现在世人面前。科学家们认为，人类基因组测序的完成和公布，标志着生物产业进入成长阶段。生命科学被称为 21 世纪的科学，建立在分子生物学基础上的生物技术已经成为许多国家研究与开发的重点，成为国际科技竞争、经济竞争的新热点，生物产业已经成为继信息产业之后的又一个新的经济增长点。

思考题

1. 作为主要遗传物质的 DNA 具有哪些特性？研究 DNA 一级结构有什么重要意义？什么是 DNA 的超螺旋结构？

2. 简述分子生物学发展的主要大事记，包括年代、发明者、简要内容。

3. 简述现代分子生物学研究的主要内容。

第十七章　电磁学与通信技术的进步

很早以前，人类对静电现象和静磁现象就有了一定的认识，但直到 16 世纪才开始对电现象和磁现象进行系统研究。奥斯特发现电流的磁效应后，人们就提出电流磁效应的逆效应是什么？是否存在这种逆效应？如何寻找这种逆效应？1831 年，英国科学家法拉第发现了电磁感应定律，麦克斯韦继承了法拉第的场的观点，用变化的磁场产生涡旋电场解释电磁感应，进而提出位移电流假设：变化的电场产生变化的磁场。至此，电场和磁场成为电磁场这一事物的两个方面。麦克斯韦根据他得到的方程组推导出电磁场的波动方程，从而预言了电磁波的存在。1888 年德国科学家赫兹用实验证明了电磁波的存在，并测定了电磁波的性质，证实了麦克斯韦电磁理论的正确性。20 世纪初，爱因斯坦对麦克斯韦- 赫兹- 洛伦兹电磁学进行了革命性的变革，将力学粒子概念引进电磁学，提出了光量子假说，并将相对论力学引进电磁场理论，铲除了长期强加给物理学的人为参考框架——以太，为现代电磁学发展铺平了道路。19 世纪末的三大实验发现（X 射线、电子和放射性）中就有两项属于电磁学，即 X 射线和电子的发现。这两个重要发现的科学影响可以概括为：促进了电子论对物质的深层次研究，并使得电磁学变成一门高度交叉的科学。

第一节　早期的静电学研究

一、从摩擦电开始的电磁学

在电磁学的发展史中，吉尔伯特（William Gilbert，1540—1605）是第一批系统科学地研究电、磁现象的科学家，吉尔伯特根据他所知道的磁力现象建立了一个相当重要的理论体系。根据磁石球的实验他设想整个地球是一块巨大的磁石，只是表面被水、岩石和泥土遮盖着，他相信地球在自己的轴上运转。他还提出一个普遍原理：每个磁体的磁北极，吸引别的磁体的磁南极而排斥它们的磁北极。

吉尔伯特对静电现象也作了仔细的研究。他发现不仅磨擦过的琥珀有吸引轻小物体的性质，而且一系列其他物体如金刚石、蓝宝石、水晶、石岩、硫黄、明矾、树脂等也有这种性质，他把这种性质称为电性。就这样，吉尔伯特把"电"这个术语引进到科学中。他是第一个用"电力"、"电吸引"、"磁极"等术语的人,并且把电现象和磁现象进行比较,认为电和磁是两种截然无关的现象。他以下述理由作为自己看法的依据:

(1)电性可以用摩擦的办法产生,而磁性是在自然界中的磁才具有的。

(2)磁性有两种:吸引和排斥,而电性仅仅有吸引(吉尔伯特还不知道电排斥)。

(3)电吸引比磁吸引弱,但带电体能吸引多种轻小物体,而磁力则只对少数几种物质起作用。

(4)电力可以用水消灭,磁力却不能被消除。

这个结论给后来电磁学的发展带来了深刻的影响,它使人们长期以来一直把磁和电作为两种决然无关的现象分别加以研究,直到19世纪奥斯特发现电流磁效应为止。

二、从"莱顿瓶"到富兰克林

到了18世纪,富兰克林(Benjamin Franklin,1706—1790)时代,电学才有了较大发展。这首先是由于有了两项电学仪器的发明:其一是由格里凯发明并在18世纪得到改进的静电起电机;其二是莱顿瓶的发现,他为科学界提供了一种储电的有效方法,为进一步深入研究电的现象提供了一种新的强有力的实验手段,对电知识的传播和应用起到了重要的作用。

1945年冬天,电学向前迈出了重要的一步,德国物理学家克莱斯特和荷兰莱顿大学的物理学家穆欣布罗克几乎同时发明了莱顿瓶并发现了电震现象。克莱斯特有一次用传导方法给装有钉子的玻璃瓶充电,当他的一只手拿着玻璃瓶,另一只手接触到铁钉时,他感到肩膀和手臂受到一下猛击。物理学家穆欣布罗克试图用起电机使装在玻璃瓶内的水带电,当他的助手不小心将另一只手碰到与水相连的导线时,猛然感到一阵强烈的电击而喊了起来。为重复做这个实验,穆欣布罗克与助手互换了位置,他的手臂和身体同样产生了一种无法形容的感觉,穆欣布罗克得出结论:把带电体放在玻璃瓶内可以把电保存下来。只是当时他搞不清楚起保存电作用的究竟是瓶子还是瓶子里的水。

莱顿瓶的实验被人们重复进行着并逐步完善,莱顿瓶的发明使物理学家第一次有办法储存大量电荷,并对其性质进行研究。1746年,苏格兰的斯宾斯博士到波士顿讲学,表演电学实验,主要仪器就是莱顿瓶和几根供摩擦起电的玻璃管。在波士顿的富兰克林,怀着极大的兴趣观看了斯宾斯博士的表演,虽然这些试验做得不很完美,但这对富兰克林来说却是全新的。在这之后,他走上了电学研究的道路。富兰克林利用莱顿瓶做了一系列的实验,对莱顿瓶的功效进行了深入分析,丰富了电的知识,澄清了许多观念。

富兰克林另一重要成就是利用从雷电中收集电荷给莱顿瓶充电而得到电火花,从而证明了闪电是一种电现象,证明了天电和地电的一致性。对闪电的研究是由于对火花放电现象的观察引起的。18世纪人们发现各种物质放电时都产生火花,尽管这些火花的颜色和形状不尽相同,但是它们都有发光、发声和瞬间即逝的性质,这与空中的闪电非常相似,这种相似引导人们去探索闪电的本质以及闪电与摩擦产生的电有何异同。

1749 年初夏，富兰克林在进行了一系列实验之后发现，闪电和电火花事实上都是瞬时的，并且产生相似的光和声；它们都能使物体着火，都能熔解金属；它们都能流过导体，特别是金属，并且都集中在物体的尖端；都含有硫黄气味；都能破坏磁性或使磁体的极性倒转过来；又都能杀死生物等。为了进一步研究闪电，他建议以金属尖端引入闪电。

1752 年，富兰克林做了著名的风筝实验。他用轻杉木和丝绸手帕扎成一只风筝，捆上一根尖细的铁丝，风筝用棉线作放线。在一个布满阴云的日子里，他把风筝放上天空，富兰克林用这种方法通过钥匙使莱顿瓶充电。事后富兰克林用莱顿瓶收集的闪电进行了一系列的实验，发现这种天电同地面上用摩擦产生的电在放电时所产生的现象完全一致，证明了闪电是一种电现象。富兰克林还通过实验证明雷雨云最普遍的是处在负电状态，但有时也处在正电状态。风筝实验的消息引起了全世界科学界的轰动。富兰克林的电学理论终于取得了决定性的胜利。

1760 年富兰克林在费城一座大楼上立起了一根避雷针。避雷针的发明是人类在电学研究方面为生活和生产服务的第一个实际应用，它促进了整个电学研究的发展。由于富兰克林的科学业绩，这位未在任何大学读过书的科学家被接纳为皇家学会会员，并取得了许多学术荣誉，为静电学的研究作出了巨大贡献。

三、两种电流质假说的提出与争论

在 18 世纪以前，由于人们对电的知识知道得太少，因此，对电的本质没有提出过有价值的假说及观念。18 世纪电磁学的初步发展加深了人们对电现象的认识，于是提出了关于电的本性的种种学说，促进了对这一问题的探索和思考。

对电现象理论做出最初尝试的是法国科学家杜菲，为了解释摩擦起电及电的吸引和排斥现象，杜菲认为存在两种流质，可以通过摩擦的形式把它们分开，使两个物体带异种电荷而相互吸引，当它们结合时，又彼此中和。这个假设后来被称为杜菲的"双流质说"。

对"什么是电？"做出较系统论述的首推美国物理学家富兰克林，他在对静电现象研究的基础上，于 1747 年提出了关于"电流质"的假说。他认为电流质弥漫于整个空间并可以毫无阻碍地渗透到一切物质实体之中。如果物体内部的电流质密度同外部的一样，这个物体的电特性就是中性的。在起电过程中，一定量的电流质由一个物体转移到另一个物体中。如果电流质过多，物体就带正电；如果电流质少了，物体就带负电。当两个物体中有一个具有过剩的电流质，而另一个不足时，它们遇到一起就一定有电流质从第一个物体流向第二个物体。这就是富兰克林提出的"电流质"说。

这样，18 世纪关于电本性已有"双（电）流质"和"单（电）流质"两种不同的假说。但是直到 19 世纪 90 年代以前还没有什么令人信服的实验证据对这两种模型做出抉择。实际上这两种模型都有其合理的成分。

过去人们只知道有"玻璃电"、"橡胶电"、"松香电"等，自从富兰克林提出正电、负电以后，人们发现，无论哪一种电都可以归结为正电（阳电）或负电（阴电）。于是就规定，与用丝绸摩擦过的玻璃棒所带的电相同的叫做正电，和用毛皮摩擦过的橡胶棒所带的电相同的叫做负电。富兰克林在杜菲的"玻璃电"和"树脂电"的基础上提出了正电和负电的概念，使人们第一次有可能用数学来表示带电现象。

无论是"单流质说"还是"双流质说"，它们的核心都是把电看作是一种粒子，这个观点和18世纪科学界对光的本性的看法是一致的，都属于机械的微粒说。关于电的本性的争论长期没有得出正确的答案，即便是对电磁学作出过很大贡献的法拉第和麦克斯韦也不例外，直到1897年汤姆孙发现电子才澄清了这一问题。

在18世纪，没有一个物理学的分支能像电学那样得到长足的发展。但是，电的研究只局限在静电的范围内，直到1780年发现了电流，从此电学才成为一个更富有成果的领域。

意大利解剖学家、波洛尼亚大学医学教授伽伐尼（Luigi Galvani，1737—1798）在1791年提交了一篇题为《论在肌肉运动中的电力》一文，报告了他在1780年的发现，文中说："在1780年的一天，我解剖了一只青蛙，并把它放在桌上，在不远的地方有一架起电机，当我的助手用一把解剖刀接触青蛙腿内侧的神经时，青蛙的四肢立即剧烈地痉挛起来……帮助我做电学实验的助手回忆说，他注意到这时电机上发生了一个火花，我自己当时正在从事另一件工作，但当他使我注意到这一现象时，我很愿意自己试一试，以发现其中的道理，于是，我也在别人引出一个火花的同时，用刀尖去触动一条神经，并且跟以前完全一样，同一现象又重现了。"出于职业的本能，他猜想这是由神经传到肌肉的一种特殊电液所引起的，金属起到传导的作用，他把这种电液称之为"动物电"（见图17.1）。

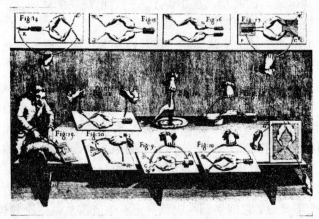

Galvani's Experiments on "Animal Electricity"

图 17.1　伽伐尼的"动物电"实验

伽伐尼的发现也引起了他的好友意大利物理学教授亚历山得罗·伏打（Alessandro Vlota，1745—1827）的重视。他首先做了大量的重复性实验，他发现用不同金属接触动物不只是引起神经的运动，而且还会引起视觉和味觉的效应。例如，用一根由两种金属构成的弯杆，其两端分别与头部和上颚接触的瞬间，会使眼睛有光亮的感觉；又例如，用舌头舔一个金币和银币，如把两者接触在一起，会产生一种酸味。于是，他提出：电来自两种金属，而湿润的动物体只是起着传导作用。同时，他建议伽伐尼所发现的电流，不应称为"动物电"，而应叫做"金属电"。他为了尊重伽伐尼的最先发现权，把这种电流称之为"伽伐尼电流"。

尽管对电流的来源有不同的看法，但电流的客观存在则是两个人取得的共同结论。发现电流的过程表明，一些重大的发现常常是偶然的，这就要求从事科学研究的人员，要有严谨的科学态度与细致的工作作风，才能从偶然现象中去追寻现象间的必然联系，以至不会失去导致重大发现的机会。

1800 年，伏打制成了能产生很大电流的装置——伏打电堆（见图 17.2）。他把两种金属片（如银和锌）与浸透食盐水或碱水的纸或皮革接触，再将两种金属连接起来，便立即产生了电流，他把这种装置叫做伽伐尼电池。他还发现，把许多这种装置连接起来，便会得到强得多的电流，这就是历史上的第一个"电堆"。伏打电堆的发明，为人们提供了获得比较稳定的持续电流的装置，使电学从对静电的研究进入到对动电的研究，不仅向人类宣布了第二类电源的存在，而且恒稳持续的电流为化学家开拓了一个崭新的极其广阔的研究领域。

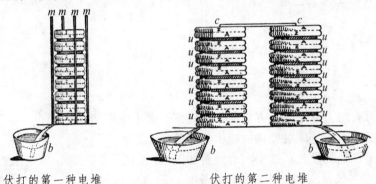

伏打的第一种电堆　　　　　　　　伏打的第二种电堆

图 17.2　伏打电堆

第二节　库仑定律与电磁学的建立

从 18 世纪中期开始，对电磁现象的研究进入了定量阶段。电荷间相互作用力的规律成为静电学的第一个定量定律。接着，泊松、格林、高斯等数学家对静电现象进行了一系列数学研究，使静电学逐步上升到理论化的高度。1820 年，奥斯特发现了电流的磁效应。在其影响下，安培等人对电和磁进行了深入、全面的研究，发现了电与磁的密切关系。

18 世纪中叶以后，人们在已知同种电荷相互排斥和异种电荷相互吸引的基础上，提出了相互作用力的测量问题。1776 年，普利斯特里（Joseph Priestley，1733—1804）发现带电金属容器内表面并没有电荷，于是猜测电力与万有引力有相似的规律。1769 年，鲁宾逊通过作用在一个小球上的电力和重力平衡的实验，第一次直接测定出两个电荷之间的相互作用力与距离的二次方成反比。1773 年，卡文迪许（Henry Cavendish，1731—1810）推算出电力与距离的二次方成反比，他的这一实验是近代精确验证电力定律的雏形。1785 年，库仑（Charlse-Augustin de Coulomb，1736—1806）设计了精巧的扭秤实验，他使用自己设计的扭秤，建立了著名的库仑定律。

库仑在做异种电荷吸引力与距离的关系实验时，运用扭秤遇到了困难。主要是两球相吸很难保持稳定，相吸的结果常常是相互接触而发生电荷中和现象，使实验无法进行下去。于是，库仑采取了另外一种方法：用测定振动周期来确定力与距离的关系。库仑在牛顿万有引力定律的启发下意识到：在地球对物体的作用力遵从反平方规律的前提下，必然存在地面上的单摆的摆动周期正比于摆锤离地心的距离，即 $T \propto r$ 的结果。这是因为单摆的周期

$$T = 2\pi\sqrt{L/G}$$

若重力近似万有引力，则存在

$$mg \approx G\frac{mM}{r^2}$$

将后式代入前式，可得

$$T = 2\pi r\sqrt{\frac{L}{GM}}$$

以上是在万有引力遵守反平方规律的前提下，得出的必然结果。

库仑把电的吸引和地球对物体的吸引加以类比，设计了一个实验来验证他的设想。这个实验装置如图 17.3 所示：G 为绝缘金属球，Lq 为小针，SC 为悬挂着的 7~8 英寸长的蚕丝，L 端为贴有金箔的圆纸板，G、L 间的距离可调。实验时，使 G 和 L 带异号电荷，则小针受引力摆动。测量出 G、L 在不同距离时，Lq 摆动同样次数的时间，从而计算出每次的振动周期。

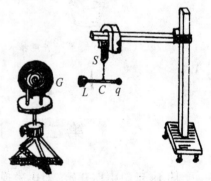

图 17.3　库仑实验装置

库仑进行了 3 次实验，当纸片与球心距离之比为 3：6：8 时，3 次的振动周期之比为 20：41：60。如果电引力符合反平方定律，当距离为 3：6：8 时，从理论上计算，电摆的振动周期应为 20：40：53，因此，实验测量和理论计算之间存在差异。

库仑对实验结果进行了分析，认为漏电是产生误差的主要原因。他发现，在最佳情况下，实验过程中，每分钟因漏电要损失总电量的 1/40，而整个实验需耗时 4 min。经过对漏电原因的修正，实验值和理论计算值基本符合。于是得出电的吸引和电的排斥一样，都遵反平方定律。1785

年，库仑在法国科学院终于发表了他的关于电力与磁力作用规律的论文，提出了电荷之间的作用力与其距离平方成反比的关系，这就是著名的库仑定律。其数学表达式是

$$F = K\frac{q_1 q_2}{r^2}$$

库仑定律的发现过程，给我们留下了深刻的启示。电磁学的很多定律都是基于电磁现象与力学现象的内在对称性或相似性而得来的。在电磁学的早期，由于没有电磁学的系统理论，往往需要借助经典力学揭示的规律来考查电磁现象。

库仑在对导体上的电荷分布进行研究时，做了一个著名的经典实验来证明所有的电荷都分布在导体表面上，这是遵从平方反比定律的必然推论。同时，库仑从牛顿万有引力定律的公式 $F \propto \frac{m_1 m_2}{R^2}$ 中立即联想到电荷之间的相互作用规律也应遵从 $F \propto \frac{q_1 q_2}{r^2}$ 这一基本的电作用规律。所以，即使在他最初的电摆实验中出现了很大的误差（与平方反比律），但他也毫不怀疑这一平方反比关系，而是从漏电的角度进行分析。由此可见，库仑对平方反比关系是坚信不疑的。所以说，库仑的工作并非是发现电作用的规律，而只在于证明：牛顿的反平方定律也适用于电作用过程中的吸引和排斥，它与牛顿力学中所设想的引力作用是相似的，都遵从普遍的距离平方反比定律。虽然这种超距作用观念被后来法拉第的场概念否定了，但库仑的伟大贡献却是不容否定的，库仑通过自己的细致试验和精确测定，确立了关于电磁作用力的严格的数学定律，他第一次把电磁学的观念数学化，并把电磁学纳入到严密的数学-力学的框架之中，从而使电磁学真正成为一门科学，并为继续发展电动力学奠定了基础。

第三节　电磁理论的两大学派

安培把自己的理论称为电动力学，这个理论的基础是电荷间的超距作用力。他的学说传到德国，形成了大陆派电动力学。安培的电动力学能够说明许多电磁现象，并且能够严格地进行定量计算，因此受到人们的肯定。但是它还不能说明电磁感应，也没有包括库仑定律，对静电领域无能为力。与之对立的另有一学派，主张近距作用，法拉第就是其突出代表。高斯也曾企图把通过介质传递电作用的过程表示成数学公式，但没有取得成功。

而麦克斯韦则继承了法拉第的力线思想，坚持近距作用，同时又正确地吸取了大陆派电动力学的成果。他就是在两种不同学说争论的背景下，创建了电磁场理论。

一、安培与电动力学

安培（André-Marie Ampère，1775—1836）从电流与电流之间的相互作用进行探讨，

他把磁性归结为电流之间的相互作用，提出了"分子电流假说"，认为每个分子形成的圆形电流就相当于一根小磁针。为了定量研究电流之间的相互作用，安培设计了 4 个极其精巧的实验，并在这些实验的基础上进行数学推导，得到普遍的电动力公式，为电动力学奠定了基础。第一个实验证明电流反向，作用力也反向。第二个实验证明磁作用的方向性。第三个实验研究作用力的方向。第四个实验检验作用力与电流及距离的关系。在这些实验的基础上，安培推出了普遍的电动力公式。这个公式为安培的电动力学提供了基础。值得注意的是，安培的电动力公式从形式上看，与牛顿的万有引力定律非常相似。安培正是遵循牛顿的路线，仿照力学的理论体系创建了电动力学。他认定电流元之间的相互作用力是电磁现象的核心，电流元相当于力学中的质点，它们之间存在超距作用（就像万有引力一样）。

二、法拉第与电磁感应

法拉第（Michael Faraday，1791—1867）在整理电磁学文献时，为了判断各种学说的真伪，亲自做了许多实验，其中包括奥斯特和安培的实验。在实验过程中他发现了一个新现象：如果在载流导线附近只有磁铁的一个极，磁铁就会围绕导线旋转；反之，如果在磁极周围有载流导线，这导线也会绕磁极旋转，这就是电磁旋转现象。

法拉第多次进行电磁学实验。他仔细分析了电流的磁效应，认为电流与磁的相互作用除了电流对磁、磁对磁、电流对电流，还应有磁对电流的作用。他想，既然电荷可以感应周围的导体使之带电，磁铁可以感应铁质物体使之磁化，为什么电流不可以在周围导体中感应出电流来呢？之后法拉第对各项试验作了总结，向英国皇家学会报告说产生感应电流的情况可以分为 5 类：

（1）变化中的电流。

（2）变化中的磁场。

（3）运动的稳恒电流。

（4）运动中的磁铁。

（5）运动中的导线。

法拉第只是定性地用文字表述了电磁感应现象。1833 年楞茨（Lenz）进一步发现楞茨定则，说明感应电流的方向。1845 年才由纽曼（Neumann，1798-1895）以定律的形式提出电磁感应的定量规律，即感应电动势。

法拉第对电磁学的贡献不仅是发现了电磁感应，他还发现了光磁效应（也叫法拉第效应）、电解定律和物质的抗磁性。他在大量实验的基础上创建了力线思想和场的概念，为麦克斯韦电磁场理论奠定了基础。

第四节　麦克斯韦与电磁场理论的建立及其意义

19 世纪中期，描述电场、磁场的性质以及电、磁场相互关系的库仑定律、高斯定律、安培定律、法拉第电磁感应定律已相继建立，法拉第关于力线和场的概念已经提出，创立电磁场理论的条件已趋成熟。麦克斯韦（James Clerk Maxwel，1831—1879）洞悉已有的电磁场理论，发现内部的不对称性和矛盾，大胆提出"位移电流"和"涡旋电场"假说。并用一组方程概括了原有的各个电磁学定律。对电磁场理论进行了一次大综合，实现了科学认识的革命性变革。普朗克说：从出生地来说他（麦克斯韦）属于爱丁堡，从功绩上来说他属于全世界。

麦克斯韦在电磁理论方面的工作可以和牛顿在力学理论方面的工作相媲美。他和牛顿一样，是"站在巨人的肩上"，看得更深更远，作出了伟大的历史综合；他也和牛顿一样，其丰硕的成果是一步一步提炼出来的。对于麦克斯韦来说，他是站在法拉第和汤姆孙这两位巨人的肩上。面对众说纷纭的电磁理论，他以深刻的洞察力开创了物理学的新领域。他在创建电磁场理论的奋斗中作了三次飞跃，前后历程达十余年。

1865 年麦克斯韦发表了关于电磁场理论的第三篇论文：《电磁场的动力学理论》，全面地论述了电磁场理论。1873 年，麦克斯韦出版了《电磁学通论》一书，他不仅用数学理论发展了法拉第的思想，还创造性地建立了电磁场理论的完整体系。在这本书中，他的思想得到更完善的发展和更系统的陈述。他把以前的电磁场理论都综合在一组方程式中，得到了电磁场的数学方程——麦克斯韦电磁方程组，以简洁的数学结构，揭示了电场和磁场内在的完美对称。《电磁学通论》是人类第一个有关经典场论的不朽之作。最初，在《电磁学通论》书中，麦克斯韦共列出了 20 个分量方程，如果采用矢量方程，则仅有 8 个，后来简化成 4 个。1890 年前后，德国物理学家赫兹和英国物理学家亥维赛，又两次简化麦克斯韦方程组，才得到我们现在通用的微分形式。

表 17.1　麦克斯韦方程组

电场中的高斯定理	$\oint_S D \cdot ds = q_0$	$\nabla \cdot D = \rho$	表示电量守恒,指出静电场是有源场
法拉第电磁感应定律	$\oint_L E \cdot dL = -\iint \frac{\partial B}{\partial t} \cdot ds$	$\nabla \times E = -\frac{\partial B}{\partial t}$	表明变化着的磁场产生涡旋电场
磁场中的高斯定理	$\oint_S B \cdot ds = 0$	$\nabla \cdot B = 0$	表明磁场是有旋场
安培环路定律	$\oint_L H \cdot dL = I_0 + \iint \frac{\partial D}{\partial t} \cdot ds$	$\nabla \times H = J + \frac{\partial D}{\partial t}$	表明电流和变化着的电场在其周围产生磁场

麦克斯韦生在电磁学已经打好基础的年代，他受到法拉第力线思想的鼓舞，又得到汤姆孙类比研究的启发，他深刻地洞察了以纽曼和韦伯为代表的大陆派电动力学的困难和不协调因素，看穿了那种力图把电磁现象归结于力学体系的超距作用理论的根本弱点，决心致力于近距作用理论。他敏锐地抓住了位移电流和电磁波这两个关键概念。最后，他终于甩掉一切

机械论点，径直把电磁场作为客体摆在电磁理论的核心地位，从而开创了物理学又一个新的起点。对麦克斯韦的功绩，爱因斯坦作了很高的评价，他在纪念麦克斯韦100周年的文集中写道：自从牛顿奠定理论物理学的基础以来，物理学的公理基础的最伟大的变革，是由法拉第和麦克斯韦在电磁现象方面的工作所引起的。""这样一次伟大的变革是同法拉第、麦克斯韦和赫兹的名字永远连在一起的。这次革命的最大部分出自麦克斯韦。"

麦克斯韦方程组的一个重要结果，就是预言了电磁波的存在。麦克斯韦通过计算，从方程组中导出了自由空间中电场强度 E 和磁感应强度 B 的波动方程

$$\nabla^2 E = \frac{1}{c^2} \cdot \frac{\partial^2 E}{\partial t^2}, \qquad \nabla^2 B = \frac{1}{c^2} \cdot \frac{\partial^2 B}{\partial t^2}$$

式中，c 是波在介质中的传播速度，它表示电或磁的扰动将在以太媒质里以速度 c 传播。并且推出了电磁波的传播速度为

$$c = 1/\sqrt{\varepsilon\mu}$$

式中，ε 是介电常数，μ 为磁导率。

1856年韦伯测定上述速度值为：$c = 31.074$ 万 km/s，麦克斯韦发现这个值与1849年斐索测得的光速 31.50 万 km/s 十分接近。他认为这不是巧合，而是由于光的本质与电磁波相同，从而提出了光的电磁理论。它表明"光本身是以波的形式在电磁场中按电磁规律传播的一种电磁振动"。从而将电、磁、光理论进行了一次伟大的综合。麦克斯韦说："把数学分析和实验研究联合使用所得到的物理知识，比一个单纯实验人员或单纯的数学家能具有的知识更坚实、有益和巩固。"1874年，麦克斯韦任卡文迪许实验室首任主任，1879年11月3日逝世，享年49岁。直至临终，他都坚信自己的预言——电磁波理论，一定会插上翅膀飞向全球。

麦克斯韦在他的《电磁学通论》等一些晚期著作中，进一步推进了光的电磁说，并抛弃了光波是以"以太"为载体的假说，明确指出了光波是一种电磁波，只不过是一种频率很低的电磁波。麦克斯韦在前人研究的基础上，最终指明了光的电磁本质，这是继光的波动说复兴以后，人们对光的本性的认识的又一次巨大飞跃。直到20世纪初，由于光子的发现，人们才认识到光不仅具有波动性的一面，同时也具有粒子性的一面，这就是光的波粒二象性。

麦克斯韦电磁场学说引发的最重要的理论成果，就是爱因斯坦相对论的建立。爱因斯坦狭义相对论的诞生就是为了解决牛顿力学与麦克斯韦电磁场理论间的矛盾。这些矛盾直到1905年爱因斯坦提出狭义相对论后才解决。爱因斯坦假设，在所有的相互作匀速运动的惯性参照系中，自然定律都具有相同的形式，并且光在真空中的速度相同。相对论否定了绝对静止的参考系的存在，使以太概念成了多余的、不符合实际的假说。由此，人们认识到电磁现象有它本身所固有的规律，从而也突破了机械观的限制，并最终放弃了以太模型，转而用一种新的观点来看待电磁现象。

麦克斯韦的科学成就不是从天而降的，首先是由于时代的需要，"科学的发生和发展一开始就是由生产决定的，在麦克斯韦所处的时代，工业生产向科学提出了新课题，因而促使当时的电磁学在许多方面获得了重要的进展，麦克斯韦的理论正是在这样的条件下建立起来的；其次是由于他善于依据前人的指引，汲取了前人的智慧，特别是迈克尔·法拉第在电磁学方面的一些基本概念和创造性实验，成为他的电磁场理论的向导；再次是由于他自己的勤奋努力和刻苦钻研的精神，并且掌握了一个正确的治学方法。

这样一位对人类作出了杰出贡献的伟大学者，在生前却未受到世人的重视。1873 年，麦克斯韦的名著《电磁学通论》发表了。虽然《电磁学通论》被一抢而光，但麦克斯韦方程太深奥了，真正能读懂的人寥若晨星。而且，电磁波的存在还来不及为实验验证，这也是检验麦克斯韦理论的关键。于是，一股怀疑麦克斯韦理论的暗潮在全世界涌动起来。麦克斯韦的声誉下降了，甚至来听他的课的学生也日渐减少，课堂上只坐着稀稀拉拉的几个人。麦克斯韦去世后，1888 年，德国物理学家赫兹发现了人们怀疑与期待已久的电磁波。这时，人们才意识到麦克斯韦方程式的划时代意义，将之誉为"自牛顿以后世界上最伟大的数学物理学家"。美国科学史家科恩在他的《科学中的革命》一书中是这样评价麦克斯韦的功绩的："麦克斯韦的革命是由 18 世纪和 19 世纪的经典物理学向 20 世纪新的相对论物理学和量子论转变过程中的一个重要因素。像牛顿革命以及采用和推广了理解外部世界现象的新方法的科学中的其他革命一样，它也是人类思想中的一场伟大革命。"

第五节　赫兹实验及现代通信技术的发展

1888 年德国物理学家赫兹（Heinrich Rudolf Hertz，1857—1894）用实验证明了电磁波的存在及其具有的反射、折射和干涉等性质，这就为麦克斯韦电磁理论的最终确立提供了可靠的实验证据。赫兹证明了：感应线圈放出的电磁波具有与光类似的特征。如反射、折射、衍射、偏振等，同时证实了在直线传播时，电磁波的传播速度与光速有相同的数量级，从而证实了麦克斯韦的光的电磁理论的正确性。

赫兹于 1888 年 1 月将这些成果总结在《论动电效应的传播速度》一文中。赫兹实验公布后，轰动了全世界的科学界。由法拉第开创，麦克斯韦总结的电磁理论，至此才取得决定性的胜利！一个历史的巧合是，赫兹这一年恰好和麦克斯韦预见电磁波时一样，也是 31 岁。很遗憾，麦克斯韦过早去世，未能亲眼目睹伟大的赫兹实验。欣慰的是，这位科学巨匠的预言终于成为事实。赫兹的发现具有划时代的意义，它不仅证实了麦克斯韦发现的真理，更重要的是导致了无线电的诞生。

恩格斯说过："在马克思看来，科学是一种在历史上起推动作用的、革命的力量。"电磁波的发现所产生的巨大影响，连赫兹本人也没有料到。1894—1896 年间，意大利物理学家马可尼和俄国的波波夫分别实现了无线电的传播和接收，这使英国人惠斯通、德国人韦伯和美国人莫尔斯根据电流的磁效应发明的电磁式电报机和有线电报,进一步发展成为无线电通信。1909年赫兹和德国物理学家、无线电技术的发明者卡尔·布朗一起荣获诺贝尔物理学奖。在今天看来，从无线电报（1901）—广播（1906）—电话（1916）—传真（1923）—电视（1929）—微波（1933）—雷达（1935）—卫星通信—光纤通信、因特网等都与电磁波理论相关。

通信技术和通信产业是20世纪80年代以来发展最快的领域之一,不论是在国际还是在国内都是如此，这是人类进入信息社会的重要标志之一。第一阶段是语言和文字通信阶段。在这一阶段，通信方式简单，内容单一。第二阶段是电通信阶段。1937年，莫尔斯发明电报机，并设计莫尔斯电报码。1876年，贝尔发明电话机。这样，利用电磁波不仅可以传输文字，还可以传输语音，由此大大加快了通信的发展进程。1895年，马可尼发明无线电设备，从而开创了无线电通信发展的道路。第三阶段是电子信息通信阶段。

而现代的主要通信技术有数字通信技术，程控交换技术，信息传输技术，通信网络技术，数据通信与数据网技术，ISDN与ATM技术，宽带IP技术，接入网与接入技术。早期的通信形式属于固定点之间的通信，随着人类社会的发展，信息传递日益频繁，移动通信正是因为具有信息交流灵活，经济效益明显等优势，得到了迅速的发展。现在的移动通信系统主要有数字移动通信系统（GSM），码多分址蜂窝移动通信系统（CDMA）。纵观通信技术的发展，虽然只有短短的一百多年的历史，却发生了翻天覆地的变化，由当初的人工转接到后来的电路转接，以及到现在的程控交换和分组交换，还有可以作为未来分组化核心网用的ATM交换机，IP路由器，由当初只是单一的固定电话到现在的卫星电话，移动电话，IP电话等，以及由通信和计算机结合的各种其他业务。随着通信技术的发展，人类社会已经步入信息化的社会。

思考题

1. 早期静电学的研究对电磁场理论的建立起到了什么样的作用？
2. 简述法拉第电磁学研究的主要成就。
3. 麦克斯韦建立电磁场理论的基本思考线索是什么？
4. 电磁学的创立与发展对人类社会有哪些重大影响？

第十八章　热力学

19 世纪，物理学取得了全面发展，其中最有突破性的成就是热力学的诞生，它揭示了物理世界各种运动形式的内在联系和统一性。热力学是研究热运动的宏观理论，通过对热现象的观测、实验和分析，人们总结出热现象的基本规律，即热力学第一定律、第二定律和第三定律。

第一节　热力学的建立和发展

蒸汽机出现后，围绕如何进一步提高其效率的问题，科学家与工程师们普遍开始重视热学的研究和对"热"的本质的探讨，从而使热力学作为一门独立学科成为可能。人类对于热的研究开始得较早。在 16 世纪末，伽利略就制成了一个温度计，那是一支利用气体热胀冷缩原理制成的玻璃空心温度计，被用作热学实验中温度的测量。后来他的学生再加改进，做出了一支两端封闭，并部分抽空的液体温度计，它是现代液体温度计的雏形。1714 年法伦海特制成水银温度计，选用的温标以水的沸点为 212 度，冰和食盐的混合物的温度为零度，其间均匀分为 212 个分度，这就是"华氏温标"。1742 年，摄尔胥斯又制定了现在较为通用的"摄氏温标"。

随着蒸汽机的出现，布拉克和他的学生厄尔文首先进行了量热的工作。布拉克在 1760 年用量热计测量了冰的熔化热和水的汽化热，厄尔文测定过一系列物质的比热，从而使布拉克区分了热与温度，提出了"潜热"、"比热"等概念，这些当时最新的知识曾给瓦特以极大帮助。但是布拉克也是第一个把热说成是一种确定的实体，并且可以像水和煤油那样去进行测量的人。他曾把热设想为一种没有重量的流体，并称为"热素"，它可以渗透到一切物体中，而使它们的温度升高。

认为热与流体相似的观念得到了法国工程师萨迪·卡诺（S. Carnot, 1796—1832）的进一步发展。卡诺是法国力学家、大革命时代的军事家拉扎尔·卡诺的儿子。他本来是陆军少尉技师，后因厌恶令人窒息的军队生活，请长假离开了军队。他兴趣广泛，关心工业的发展，经常访问工厂，研究政治经济理论和税收改革问题。1821 年以后他集中精力研究蒸汽机，他将蒸汽机与水车进行比较，蒸汽机靠锅炉中流出的热作机械功，而水车靠水从高处下落作功。这个类比使他得到一个结论：正像一定量的水所作的功与水车上下的水位差成正比一样，蒸汽机所能产生的机械功也一定与产生蒸汽的锅炉同冷凝器之间的温差成正比。但他认为蒸汽机和水车的情况完全相同，进入冷凝器的热量等于从锅炉中取出的热量，它之所以能作机械功是因为一定量的热从高温区落到了低温区。这显然是错误的，不过不久之后，他就放弃了热素说，而主张热是一种物质运动形式。如在 1878 年发现的他的一本笔记中，有这样一段话：

"热不过是运动，或者更为确切地说，不过是改变了形式的运动。"

尽管热素说在 18 世纪占有绝对统治地位，汤普逊还是第一个站起来向这一错误假设挑战。他原是美国人，独立战争时被怀疑为通敌分子受监禁，22 岁时逃亡英国，以后又转到奥地利和德国。1798 年他在慕尼黑兵工厂做过各种摩擦生热的实验，曾观察到钻炮筒时，能在 2.5 h 内使 18.75 磅的冷水达到沸点，显然只要有摩擦运动，就可源源不断地产生热。因此，热不可能是一种不生不灭的物质。他写道："什么是热？它不可能是物质的实体，对我来说，热除了是那种在这个实验中（大炮钻孔）当热出现时，就不断传给金属层的东西即运动以外，似乎难以设想它是别的什么东西。"他的结论受到热质说拥护者的猛烈攻击，但得到两个英国科学家戴维（H. Davy，1778—1829）和托马斯·扬（T. Young，1773—1829）的热情支持。戴维于 1799 用两块冰相互摩擦而使冰块融解，更是有力地打击了热质说。正是在这种与热质说的斗争中，人们逐渐接近了能量守恒和转化定律。

导致能量守恒与转化定律发现的第二条线索是人们对于永动机的探求。早在 13 世纪，就有人研究永动机，那时因它特别吸引人，故叫它为"魔轮"。从那以后，几个世纪以来，有许多人迷恋过这项工作。在中世纪有过一个时候，发明永动机比炼金术更引人入迷。到了近代，随着资本主义工业的发展，以及接踵而来的对于廉价动力的渴求，研究永动机的人有增无减，所有这些人都用了惊人的毅力和顽强的意志来埋头做这一工作，设计了无数的永动机，但最后都成了"不动机"。归纳起来，历史上的永动机可以分作两类：一类是想根本不供给任何一点能量，而靠它本身永动作功，或者是想先花一点能量，再要它产生更多的能量来继续做功，这一类可称为"无中生有"或"一本万利"的永动机，称为第一类永动机。另一类是单一热源的永动机，也就是所谓第二类永动机。但生产实践和科学实验表明，所有这些永动机都是不可能实现的，因为它们违背了能量守恒与转化定律以及热力学第二定律。

能量守恒与转化原理在热现象中的表现就是热力学第一定律，第一个发现这一原理的是萨迪·卡诺。他在 1824 年发表的《关于火的动力的考察》一文中提出了两个问题：热的动力和蒸汽机的改进有没有极限？在产生这种动力方面有没有比蒸汽更好的工作物质？作为研究的基础，他提出了三条假设：① 不可能制造永动机——力学研究中早已认识到这一事实，法国科学院于 1775 年宣布不再受理任何关于永动机的设计。② 热是一种无重的流体，在任何过程中都不生不灭（这就是当时流行的热质说）。③ 只要存在温度差，就能产生动力。他设想了一种每一过程都是可逆的热机，发现任何一种热机的效率都不可能超过这种可逆机（后人称"卡诺机"）的效率，而这个极限的效率与所使用的工作物质无关，只取决于锅炉和冷凝器之间的温度差，这就是以后的卡诺原理，实质上也就是热力学第二定律。卡诺还在他的笔记中写道："在自然界中，动力在量上是不变的，准确地说，它是不生不灭的。"这是历史上关于能量守恒原理的最早表述，可惜过了 40 多年后人们才发现这份遗稿。

能量守恒与转化定律是对奠定辩证唯物论自然观具有决定意义的三大发现之一。它的发现，揭示了热、机械、电、化学等各种运动形式之间的内在联系，使物理学达到空前的统一，这是牛顿力学理论体系建立以来物理学的最大成就。但它是在十几年时间内，先后在四五个国家，由七八种不同职业的十几位科学家，从各自不同的侧面独立地发现的。

继卡诺之后最早独立发现这条原理的是德国药物化学家莫尔（F. Monr，1806—1878）。他在 1837 年写的一篇题为《对热的本性的看法》的论文中指出："除了已知的 54 种化学元素外，自然界只存在一种动因，那就是力；它以适当的关系表现为运动、化学亲和力、内聚力、电、光、热或磁，这些种类现象的每一种都能产生另一种现象。"这篇论文曾被德国物理学家波根多夫主编的《物理学和化学杂志》退回，后转投维也纳的一个物理学刊，虽被发表，但本人直至 1860 年才知道。

第三个发现者是法国铁道工程师塞甘。他在 1839 年出版的铁路设计与建造手册《铁路的影响和建筑技术》中，否定了热质说。其理由是，如果热在一切过程中是守恒的，那么热机中的热就可重新使用，这就意味着第二类永动机可以制成。"在我看来，更为自然的，是假设：就在产生力或机械动力的动作中，一定量的热消失了，反命题也成立；这两种现象之间有一种既定的不变关系联系着。"

第四个发现者，也是被认为最早发现能量守恒原理的是德国医生迈尔（Robert Von.，Mayer，1814—1878）。1840 年 1 月至 1841 年 1 月，他在一艘海轮上工作，海员告诉他，暴风雨时海水温度较高。这就使他原来关于热与机械运动之间可以转化的思想受到进一步启发。1841 年他写了《论力的量和质的测定》一文，阐述了上述见解，而当时德国权威的《物理学和化学年鉴》拒绝发表该文。他的朋友便劝他用实验来证实自己的思想，于是他做了简单的实验：让一块凉的金属从高处落入一个盛水的器皿里，结果水的温度上升了。他又发现将水用力摇动，也能升高其温度，但没有定量的结果。1842 年，他由空气的比热比 $r = C_p / C_v$ 及质量定压容容 C_p 计算出了热功当量，他计算的结果是 1 卡等于 365 g·m（相当于 3.58 J）。这样，他在《化学和药物杂志》上发表了题为《论无机界的力》一文，阐述了他关于机械能与热转化的思想，并公布了热功当量的计算结果，但直到 10 年后，他的发现才得到人们的公认。

第五个发现者是英国律师出身的电化学家格罗夫（W. R. Grove，1811—1896）。他是电压较高的格罗夫电池的发明人。他从电这条途径，逐步发现了能量守恒和转化定律。1842 年他作了《自然界的各种力之间的相互关系》的讲演，断言：一切所谓物理力、机械力、热、光、电、磁，甚至还有所谓的化学力，在一定条件下都可以互相转化，而不发生任何力的消失。并于 1846 年出版了他的《物理力的相互关系》一书，马克思在看过此书后说："他在英国（而且在德国）自然科学家中无疑是最有哲学思想的。"

第六个发现者，也是最早精密地测定热功当量的是焦耳（J.P.Joule，1818—1889）。他在 1840 —1848 年间做过许多这方面的实验。他的第一类实验是将水放在与外界绝热的容器里，通过重物下落带动铜制桨状叶轮，叶轮搅动水，使水温升高。他的第二类实验是以机械功压缩气缸中的气体，气缸浸在水里，水温同样升高。第三类实验是以机械功转动电机，电机产生的电流通过水中的线圈，水温也升高。第四类实验是以机械功使两块在水面下的铁片互相摩擦，使水温升高。这样，在 1849 年的《热的机械当量》一文中，焦耳便宣布了他的实验结果："要产生能够使一磅水（在真空中称量，温度在 55～60 °F）提高 1 °F 的热量，需要花费相当于 772 磅重物下降一尺所做的机械功。"这相当于 4.157 J/Cal，很接近现在的 4.184 0 的数值。

此外，还有生活在俄国的瑞士化学家赫斯于 1840 年、德国物理学家霍耳茨曼于 1845 年、丹麦工程师柯耳丁于 1847，以及法国物理学家伊伦于 1854 年，都曾独立地发表过有关能量守恒的论文。这正从一个方面告诉我们，科学上的历史性突破，个人的努力和才能固然是重要因素，客观的历史条件（包括社会、生产和科学状况）则更为根本，一旦条件成熟，做出重大发现便成了历史的必然。

几乎与发现能量守恒原理同时，卡诺实质上揭示了热力学第二定律。但是，卡诺原理在 1824 年公布之后，并未受到人们注意，一方面是由于他在原理的证明中使用了人们正在逐渐抛弃的"热质说"；另一方面，也是更根本的原因，在于他所揭示的运动转化规律与当时人们的形而上学观点是根本抵触的。直到 1834 年，法国工程师克拉佩隆才研究了卡诺的文章，并应用卡诺原理研究了气液平衡问题。他利用一个无穷小的可逆卡诺循环，得出了克拉佩隆方程式。

以后，开尔文（W·汤姆生）根据克拉佩隆所转述的卡诺循环也研究了卡诺原理，他同当时许多人一样，认为能量守恒定律与卡诺原理存在着不可调和的矛盾，但他相信卡诺原理是正确的。他说："假若否定了这个原理，我们会遇到无穷无尽的其他困难……。"

1850 年，克劳胥斯（R. T. Clausius，1822—1888）也研究了卡诺的工作，澄清了能量守恒原理在卡诺原理的意义，同时发现其中包含着一个新的自然规律。他将这个规律表达为："一个自行动作的机器，不可能把热从低温物体传到高温物体去。"并称之为热力学第二定律。

1851 年，开尔文也提出了热力学第二定律的"开尔文说法"，那就是：不可能用无生命的机器把物质的任何一部冷至比周围最低温度还要低的温度而得到机械功。在此之前，开尔文曾是极力反对焦耳根据实验得出的能量转化及守恒规律的权威人物之一。到这时，他也肯定焦耳的工作说："热推动力的全部理论奠基于：① 焦耳；② 卡诺和克劳胥斯的说法。"而热力学第二定律的开尔文说法后来又为奥斯特瓦尔德（W. Ostwald，1853—1932）叙述为："第二类永动机不可能制造。"

1854 年，克劳胥斯在一篇文章中提出，如果在转换过程中有热量 Q 由 T_1（高温）转入 T_2（低温），那么 $Q(1/T_2-1/T_1)$ 总是正值。在一个循环过程中，全部转换的代数和也只能是正值；在可逆循环的过程中，这个代数和则为零。这样，他便给出了第二定律的数学表达式。克劳胥斯的功绩就在于将热力学第一、第二定律统一起来并赋予第二定律以数学形式，从而为热力学第二定律的广泛应用奠定了基础。

1865 年，克劳胥斯发表了《物理和化学分析》一文，将 Q/T 称为"熵"（包含"可转变性"的意思，起初叫"等值量"或"相关量"），以符号 S 表示，他在此文的结尾说："宇宙的能量维持不生，宇宙的熵趋于极大。"1867 年他在《论热力学第二基本定律》一文中写道："功逐渐地，更多更多地转变成热。热逐渐地从较热的物体转移至较冷的物体，这样，力图使所存在的温度上的差别趋向平衡，结果将得到更为均衡的热的分配。"于是他得出结论："在所有一切自然现象中，熵的总值永远只能增加不能减少。因此，对于任何时间、任何地点所进行的变化过程，我们得到如下所示的简单规律：宇宙熵力图达到某一个最大的值。""宇宙越接近这个极限的状态，宇宙就越消失继续变化的动力，最后当宇宙达到这个状态时，就不能再发生任何大的变动，这时，宇宙将处于某种惰性的死的状态中。"这就是克劳胥斯的"热寂论"。

"热寂论"一提出，便遭到了恩格斯有力的批驳。在《自然辩证法》一书中，恩格斯指出："克劳胥斯的第二原理等等，无论以什么形式提出来，都不外乎是说：能消失了，如果不是在量上，那也是在质上消失了。熵不可能用自然的方法消灭，但可以创造出来……"这就说明了，一方面把无所不包的、没有外界存在的宇宙等同于热力学中所说的封闭系统，既否定了两者之间在量的方面的差别，也无视两者在质的方面的根本不同，从方法论上说是极端错误的。另一方面，热寂论还否定了物质运动不灭性在质上的意义，因而它必然导致上帝创造世界，导致不可知论。

第二节　热力学定律

一、热力学第一定律

热力学第一定律也叫能量守恒和转换定律，物质的能量可以传递，其形式可以转换，在转换和传递过程中各种形式能源的总量保持不变。

表征热力学系统能量的是内能。通过作功和传热，系统与外界交换能量，使内能有所变化。根据普遍的能量守恒定律，系统由初态 I 经过任意过程到达终态 II 后，内能的增量 ΔU 应等于在此过程中外界对系统传递的热量 Q 和系统对外界作功 W 之差，即

$$U_{\text{II}} - U_{\text{I}} = \Delta U = Q - W \quad 或 \quad Q = \Delta U + W$$

这就是热力学第一定律的表达式。如果除作功、传热外，还有因物质从外界进入系统而带入的能量 Z，则应为

$$\Delta U = Q - W + Z$$

当然，上述 ΔU、W、Q、Z 均可正可负（使系统能量增加为正、减少为负）。对于无限小过程，热力学第一定律的微分表达式为

$$\delta Q = dU + \delta W$$

dU 是全微分，Q、W 是过程量，δQ 和 δW 只表示微小量，用符号 δ 以示区别。又因 ΔU 或 dU 只涉及初、终态，只要求系统初、终态是平衡态，与中间状态是否平衡态无关。

二、热力学第二定律

热力学第二定律，热力学基本定律之一，其主要内容为：

（1）不可能把热从低温物体传到高温物体而不产生其他影响。

（2）不可能从单一热源取热使之完全转换为有用的功而不产生其他影响；不可逆热力过程中熵的微增量总是大于零。

在（1）中，指出了在自然条件下热量只能从高温物体向低温物体转移，而不能由低温物体自动向高温物体转移，也就是说在自然条件下，这个转变过程是不可逆的。要使热传递方向倒转过来，只有靠消耗功来实现。

在（2）中指出，自然界中任何形式的能都会很容易地变成热，而反过来热却不能在不产生其他影响的条件下完全变成其他形式的能，从而说明了这种转变在自然条件下也是不可逆的。热机能连续不断地将热变为机械功，一定伴随有热量的损失。第二定律和第一定律不同，第一定律否定了创造能量和消灭能量的可能性，第二定律阐明了过程进行的方向性，否定了以特殊方式利用能量的可能性。

人们曾设想制造一种能从单一热源取热，使之完全变为有用功而不产生其他影响的机器，这种空想出来的热机叫第二类永动机。它并不违反热力学第一定律，但却违反热力学第二定律。有人曾计算过，地球表面有 10 亿 km^3 的海水，以海水作单一热源，若把海水的温度哪怕只降低 0.25 ℃，放出的热量将能变成 1×10^8 亿 kW·h 的电能，足够全世界使用 1 000 年。但只用海洋做为单一热源的热机是违反上述第二种讲法的，因此要想制造出热效率为百分之百的热机是绝对不可能的。

三、热力学第三定律

热力学第三定律是对熵的论述，一般当封闭系统达到稳定平衡时，熵应该为最大值，在任何过程中，熵总是增加。但理想气体如果是绝热可逆过程，熵的变化为零。可是理想气体实际上并不存在，所以即使是绝热可逆过程，系统的熵也在增加，不过增加得少。在绝对零度，任何完美晶体的熵为零，称为热力学第三定律。

在统计物理学上，热力学第三定律反映了微观运动的量子化。在实际意义上，第三定律并不像第一、第二定律那样明白地告诫人们放弃制造第一种永动机和第二种永动机的意图。而是鼓励人们想方设法尽可能接近绝对零度。目前使用绝热去磁的方法已达到 5×10^{-10} K，但永远达不到 0 K。

根据热力学第三定律，基态的状态数目只有一个，也就是说，第三定律决定了自然界中基态无简并。

思考题

1. 有人说，不可逆过程是无法恢复到起始状态的过程，这种说法对吗？为什么？
2. 简述热力学第二定律的内容。
3. 熵增大的过程为不可逆过程，这种说法正确否？为什么？

第十九章　地质学的进展与职业化

第一节　科学地质学的进展

人类早在漫长的原始社会时期就跟岩石打交道，后来又从矿石中炼出了金属。巨大的山脉和奇形怪状的岩石令人疑惑，而包含在岩层中的呈现出动物或植物形态的石质的化石，更让人惊奇、迷惘而不免产生诸多猜想。由于古代人类的认识能力有限，对这些东西是怎样形成的，不能给出合理的解释。关于地球岩石的成因，历史上曾有过两种不同的学说长期争论不休。

一、水成论

英国科学家伍德沃德（1665—1728）认为地球上的岩石是由水的作用形成的，这个观点被称为"水成论"。1695年他在《地球自然历史试探》一文中，认为地球曾经有过一个历史时期被巨大的洪水淹没了，大部分生物死亡并且洪水冲走了地表的砂石和土壤，使悬浮在洪水中的各种物质混杂起来，这些物质按照重量的大小分层沉淀，最重的物质沉积在下面，上面是较轻的海生动物的遗骸，最上面是沙、泥土和高等动植物的遗骸，经过多年的沉积，这些动植物的遗骸变成了化石。这种解释可以看做"水成论"的雏形。

19世纪初，由于水成论大师维尔纳在学术界的巨大影响，使水成论占据了优势。维尔纳（1750—1817）是德国著名地质学家，是水成论的代表和集大成者。他认为，原始的地球是由固体的核和包围着它的海水组成的。海水的深度至少有现在的山脉那么高，它的成分与现在的海洋不同，含有大量岩石物质。这些物质经过化学结晶从海水中沉析出来形成原始岩层。首先形成的是没有化石的花岗岩，然后是只有少量化石的板岩、石英岩，接着是含有大量化石的石灰岩和煤，最后是沙石和黏土。他不承认地壳有升降运动。他把海陆的变迁仅仅看做海水进退的结果，这显然是不对的。但是，他承认原始地壳的存在，把地壳上面的岩层看做在某一历史时期内逐一形成的，这一思想还是有一定科学价值的。

二、火成论

意大利科学家莫罗（1687—1764）在1740年发表的《论在山里发现的海洋生物》一文中

提出了"火成论"。他认为，原始的地球有一个光滑的、石质的表面被不深的淡水所覆盖。由于地下火的作用，破坏了地球的表面，使陆地和山脉隆起而升出水面。同时包含在地球内部的物质如黏土、泥沙、沥青和盐等都被排放出来，在石质的地表面上形成了新的地层。地下火的这种爆发作用一再重复就形成了更多的地层。由于每次爆发的喷出物不能立即盖满全球，所以在多次爆发后，埋葬在各地层中的物质就有差别。化石是埋藏在新形成的地层中的动植物遗骸，它由于陆地的隆起而出现在高山上。喷发出来的盐进入淡水就形成了苦涩的海水。这种解释可以看作是"火成论"的雏形。

水成论大师维尔纳的两个学生布赫和洪堡德考察了法国和意大利的火山地区的地质情况，结果他们认识到地下火在地壳运动中有不可忽略的意义。由此，他们抛弃了水成论而转向火成论。这给水成论的优势地位以致命的打击。与此同时，英国科学家赫顿也提出了火成论学说。赫顿（1726—1797）被学术界认为是火成论的代表与集大成者。他在1785年指出，地球的历史必须用现在在地球上仍然起作用、可以观察的那些因素来解释，而不应该借助于任何超自然的力量。他把这一论点作为考察地质现象的一个普遍原则。他的这一见解为近代地质学的研究指明了方向，他因此被誉为近代地质学之父。在地壳形成问题上，他认为，原始的地球是由一个固定的核和包围着它的海水组成的。固体外壳包容着温度很高的熔融状态的岩浆，当地下能量聚集到一定程度时，熔岩流冲破地壳通过火山口而喷流出来，形成玄武岩的结晶构造。因此，火山口是地球内部的安全阀。在火山爆发过程中，海底地壳隆起，形成陆地和山脉。山脉上的岩石被风化成碎屑，碎屑又被冲入大海，经过沉积作用和地下热的作用固化成岩石，一层层地覆盖在海底。这些成分不同但彼此平行的岩层，经过地壳的再隆起变成倾斜状态。赫顿既承认地球有漫长的历史，又承认在地壳演化中的火和水的共同作用，他是地质学中进化思想的先驱，他的思想后来为赖尔所继承和发展。

水成说和火成说各执一端，争论热烈，在争论过程中，人们倾向于用各自观察到的经验证据来支持自己的地质理论。但受到观察范围的限制，各学派又难免局限于区域性或地方性的证据。大凡居住于沉积岩地区或专门从事沉积岩研究的人倾向于水成论；而居住于火山地区和专门考究火山的人则倾向于火成论。由于赫顿的地球永恒性观点违反了传统宗教观念，开始并未得到人们的认同，甚至受到一些人的攻击。水成论在初始时，即使英国地质学会的大部分会员也赞成德国人维尔纳的观点。但由于火成论得到观察和实验的证实、补充，人们普遍转而支持火成论。地质学史上的水成论与火成论之争是一个重大的事件，它激发了许多人投身于地质考察和研究之中，并涌现出一大批才华横溢的地质学家。

三、灾变论

18世纪以来，在产业革命的推动下，采煤、采矿、运河和隧道工程等推动了地质学的建立和发展。一方面，与矿藏勘探相联系的区域地质调查和矿物地质的研究取得了重大进展。

另一方面，在大量积累资料的基础上，关于岩石的成因及其运动变化规律、地层的排列顺序及其演化历史的理论也相继建立起来，这些就为地质学中的主要分支学科——矿物学、岩石学、地层学和地史学奠定了基础。因此，有人把从 18 世纪中期到 19 世纪中期的历史称为近代地质学的英雄时代。

在地质学英雄时代，长期存在着"渐变论"和"灾变论"的争论。"灾变论"的代表是法国的动物学家、解剖学家和古生物学家居维叶（1769-1832）。为了说明不同地层中脊椎动物化石在物种上的明显差别，以及这些化石与现存生物的差别，居维叶提出了灾变论。他认为，在地球的历史上多次出现过局部地区的自然环境的灾变，如洪水、地震，等等。这种变化使当地的生物灭绝，从远处迁移过来的生物代替了原有的生物。因此，在多次灾变中被埋藏在同一地区地层中的化石在种属上就会有明显的差别。他认为，在地质形成过程中一直都在起作用的那些力量在形成、毁坏、再形成地壳的岩层方面起了关键作用。

四、渐变论

英国地质学家赖尔（1797—1875）继承和发展了赫顿的学说，他考察了欧洲许多不同地区的岩层，运用大量的地质事实支持地质渐变论。1830—1833 年赖尔的科学名著《地质学原理——参照现在起作用的各种原因来解释地球表面过去发生的变化的尝试》1～3 卷先后出版。它是一部为近代地质学奠定基础的伟大著作。在书中，他用现在还在起作用的力量——风、雨、河流、海浪、潮汐、火山、地震等因素，说明地质历史上所发生的种种变化。他认为地球的历史在时间上是连续的，现状是以前变迁的结果，是一连串前后相继的事变的结果。这些变化是在漫长的历史进程中缓慢发生的。他根据现存的地质应力——内力（地震、火山等）和外力（风、雨、雪、温度的变化等），说明了地壳变化的原因是由上述自然力长期作用的结果。这些作用不是爆发式的剧烈的变化，而是渐进式的、微小的变化，这些变化的积累，会使地球的面貌发生明显的、巨大的变化。

到了 19 世纪，岩石学、地层学和古生物学皆取得了重大突破。当时的地质学家和博物学家基本上都承认，化石是一度存在过的生物遗骸，是地质和生物过程结合的产物。地层及其所含化石呈现出有规律地叠置，因此，即使相隔很远的地层，也可以根据所含化石来确定其上下关系和生成的地质年代。地层是在不同时期逐渐形成的地质学演化思想已经形成。

同时，赖尔在"渐变论"的基础上，系统阐述了他的地质演化理论。他认为，一个地区的火山岩往往是多期形成的，每一期内往往又是多次喷发和溢流的火山物质造成了岩石。考虑到时间长、次数多的因素，每次火山爆发并不都是很强烈的。散布在沉积岩地层中的无数同类化石，意味着同一物种曾经继续了许多世代，与其同时生成的地层不会是短期内形成的。这清楚地表明，地质形成是一个长期的演化过程。赖尔用现实主义的方法，通过自然界本身的力量，阐明了地壳的演化过程。他把变化、发展的思想引进了地质学，把唯物主义和辩证法思想引进了地质学，因而有重要的理论价值。赖尔第一次把理性带进地质学中，他以地球的缓慢变化这样一种渐进作用，代替了由于造物主的一时兴发所引起的突然革命。恩格斯把赖尔的地质学理论视作打破形而上学自然观的重要科学依据之一。

无论是早期的灾变论还是渐变论，都只是一种形而上学的假设。渐变论受到了早期的机械论哲学的影响，认为物质体系在整个地球历史时期是守恒的，或者说是不变的。渐变论只是将非历史性的机械论做了一点变通，认为守恒的不是自然界的物质体系，而是自然界的那些作用力，地球上的物质通过永恒不变的力的作用而改变着。赖尔灾变论的创立则是以现在起作用的地质力来解释过去发生过的事件的现实主义的方法论，显然为地质学提供了有效的方法论工具。赫顿的研究，可以看做是理性思辨与经验常识在地质学中完美交融的标志。相比而言，灾变论含有更多"辩证法"的成分。但是，在各自的假定和推理的前提皆没有经验证据的情况下，以现在起作用的地质力解释远古时代的自然过程，更容易同当代人的经验联系起来，其解释模式更易于为当代人所接受，因而渐变论很快就取得了统治地位。赖尔的《地质学原理》的出现，继承和发展了渐变论，对人在自然界中的地位的现代认识产生了深刻影响，完成了地质学发展史的一次理论综合，形成了地质演化理论。该著作以浅显易懂、形象生动的文字，翔实可靠的观察证据，令人心悦诚服的逻辑论证，成为地质科学的旷世经典。

第二节　地质学的职业化

一、17、18 世纪流行的业余传统

19 世纪以前，业余传统在英国的科学界一直占据着统治地位。从事科学研究的人数众多，但以此作为谋生手段的人却寥寥可数。地质学也不例外。从事地球研究的人主要有三类：一类是牧师，一类是医师，一类是富裕悠闲的绅士。因为有人可能会有两种以上的行当或身份，行业关系可能会彼此交叉重叠。这三类人中没有哪一类人仅限于研究地球，没有哪一类人将他们的全部时间用于探索地球，他们实际上不依靠研究地球为生。一些自由研习的机构如大学、医学联谊会、国教教堂、皇家学会，甚至牛津和都柏林的哲学协会规范和支持着这个群体，很多博物学家最初就是通过这些场所进入科学界的。

到了 18 世纪，地学知识获得较大拓展，但从事地学研究的社会活动方式却没有任何改变：大多数探索者仍然是些牧师、医生或是拥有地产的绅士；依然没有出现卓尔不群的智力领袖；地学仍旧与地形学、古物考证学联系在一起；不同地学传统间的冲突依然绵延不绝；抱残守缺、不思进取的英国大学也没有为地学指定新的发展方向。地学上有重要贡献的人当中，地主、绅士、富商和官吏所占比例越来越高。在这个时代，地学仍只是增长学识和文化教养的一个途径。

二、"英雄时代"的地质学家

地质学进入英雄时代后，逐渐形成了自己的系统理论和研究方法。这时候的英国，地质学家的社会活动方式也有积极的变化，而这种变化的动因主要来自于1807年成立的伦敦地质学会。伦敦地质学会建立伊始，就以传教士般的热情，领导和统治着英国地质学。学会力图整饰地质学界良莠不齐的局面，以维护英国地质学共同体的整体形象。伦敦地质学会提出了"收集材料，而不构建理论"的会训，并希望通过组织绘制全英地质图，将满身业余风习的会员们规范在统一的方法规范之下。这一目标的确有一定的规范作用，它策励更多研究者走向野外，将科学活动的重心放在野外观察和实证研究上，而不是闲适地坐在扶手椅里，面对标本随意畅想。由于绅士地质学家大多未受过正式训练，野外工作成为更适合他们的科学方式，用这种方式，他们凭借旺盛的精力、敏锐的知觉和对本地情况的熟悉，可以轻而易举地获得成功。

学会还致力于维护会员之间的友善和团结。因为在新出现的专业地质学家之间，特别容易就科学研究的公正性与诚实性、科学的性质与划界、文章抄袭剽窃的判断、命名法的规范化等问题，发生严重对峙。因此，学会常常要调停个人矛盾，解决私人恩怨，采取各种防范步骤，防止爆发宗派式的论战。

地质学会的学报还为共同体成员发表成果提供了条件。新精英们不同于他们的前辈，他们定期地发表自己的成果，不定期召开学术会议，就某些问题展开讨论。为保证研究成果的质量，学会还为地质学图和文字作品设立标准和体例，并通过同行评议的方法，履行强有力的裁决者职能。无论如何，地质学会将彼此疏远和相对沉寂的地球科学家，凝聚成了一个共同体。其后不久，学会的地质学家们在建立英国科学促进会的过程中发挥了突出作用。

在19世纪上半叶，无论在认知的维度还是就社会的维度，英国地质学皆成就卓著。在这一时段里，英国地质学逐渐完成了由自然哲学向科学学科转化的专业化过程。

三、业余方式向职业化的衍变

英国历经了工业革命后，文化知识迅速扩展，商业化、城市化进程加快，消费主义与休闲生活方式逐渐泛化，教科书、百科全书、科学讲座和博物馆等科学传播形式蓬勃兴起，这一切扩展了大众化科学的需求、供应和市场。英国产生出一批专家级的科学观察者、矿产咨询和管理者、运河工程师、博物馆看守人、标本分析人员等。他们以地质学技能为谋生手段，靠提供科学服务获取报酬，英国地质学之父 W·史密斯（1769—1839）就位列其中。

还有一批地质学家有意地推进职业化。19世纪伊始，由地质调查者和工程师组成的院外活动集团（企图说服议员支持或反对某项方案的团体）就表示，职业专家、应用性机构里拿薪资的职员和国家管理人员之间的相互影响与相互作用，决定着地质学未来的发展和前途。

德国弗赖堡矿业学校和法国矿业机构的有效运行，更强化了英国人的这种职业化的理想（德拉贝奇的职业化思想就深受德法两国的影响）。调查者们认为，要保证采矿效率，就需要有足够的专家，因此极力呼吁，国家应该资助应用地质学的研究和实践。为了这一目标，他们确实采取了一些具体步骤：1799 年创立英国矿物学学会，学会设立地质学和矿物学讲座，建有供地质学或矿物分析的实验室和标本收藏室；康沃尔皇家地质学会于 1814 年成立，并提出设立一个矿业教授职位的议题；在 19 世纪早期，古老的大学也开始了正常的地质学教学。

然而，英国 19 世纪早期的职业化步伐相当迟缓，职业化在英国地质学上没有取得明显优势。那些试图借地质学养家糊口的主要是技师、见习者、下层劳动者、民营机构职员，有些甚至是侍奉官员、贵族、发明家或地质学精英的仆佣；业余传统依然活跃。在地质学英雄时代，除了史密斯等个别人外，英国著名的地质学家几乎都是财力丰厚的绅士或社会名流。

这些业余人士从事地质学，不是出于生计需要，而是完全出于兴趣。他把地质学研究看做是消遣、娱乐的一种方式，是在逃避浮世之烦扰，追求崇高的精神境界。正规的地质学教育在 19 世纪早期依然没有建立起来。地质学的巨头们没有哪个受到过大学里的地质学训练。赖尔原是学习法律的；C．达尔文原是学医的；默奇森和德拉贝奇则出自军校，他们以自由的绅士方式学习和研究地质学。有人甚至认为缺少教育未尝不是一个优势，因为他可以自由地提出创新性思想，不会因先前接受的某一准则而持有偏见，不会受高层权威影响而偏离自己的经验可以达到的判断，从而表现出多元化和多样性。

因此，地质学的科学化、专业化，以及地质学会促成学科规范化的努力和作用，还不能与职业化混为一谈。这一时期的英国，虽有人从地质学中获得了物质利益，但只是从地质学中获得了象征性的一小份收入，并不以科学为职业，科学职业化尚处于昏暗不清的晨曦之中。

四、地质学职业化的形成

19 世纪 30—40 年代，由于工业及城市的发展，中产阶级和工人阶级政治力量的增长，人道主义与理性主义等进步思想的发展以及政府机构本身的改革需要，形成了一股强劲的改革浪潮。政府批准了一系列改革英国社会机构的方案，而在全社会倡导和支持科学，与改革浪潮的思想是相吻合的。因此，职业化顺应了当时发生在英国的改革潮流。

随着科学的日益普及，科学的荣耀、声誉和成就，吸引了更多社会人群投入和献身科学。但在业余传统统治下，一些家境贫寒的中产阶级人士和出身寒微的下层阶级人士，因经济原因被迫选择律师或牧师等对自身生活更有利的职业。显然，从科学进步来说，财富不应成为换取科学殿堂门票的唯一方式。大量才华横溢的年轻人希望跻身科学行业，希望在有稳定报酬的科学机构谋得一份职业。更多的人士希望能既从事心爱的科学，又不至于引起生活上的困境。此外，从学科的严肃上讲，职业化也是有利的。

英国地质学真正的职业化，始于维多利亚时代早期政府对地质调查局的慷慨资助。19 世纪 30 年代，由于地质学家德拉贝奇的呼吁和多方游说，英国政府在 1835 年成立了世界上第一个官方出资维持的科学机构——地质调查局。其后，地质调查局的人员编制不断扩大，1880年人员数最多时曾达到 73 人。它是英国政府在 19 世纪创建并一直保留下来的最大的科学机构。

调查局的主要工作是绘制大比例尺的地质图、地质剖面图和其他地质调查工作，这些工作为国家提供了有关能源和矿产分布的非常有用的信息，还为从事理论研究的地质学家提供了丰富的第一手资料。英国地质调查局卓有成效的工作，引起了世界许多国家的竞相仿效，这种地质调查机构很快就在世界范围内风靡起来：1849 年在澳大利亚，1855 年在法国，1867年在美国，1873 年在德国，相继成立了类似的机构。如果说赖尔在 19 世纪 30 年代初出版《地质学原理》标志着英国理论地质学已领先于世界，英国地质调查局的成立则标志着英国的应用地质学也已走到了世界的前列。

然而，从科学社会史的角度观察，英国地质调查局的创建，其意义远不止其直接的功能和产品。一方面，作为英国第一个由政府财政部出资维持的官方科学机构，地质调查局的成员可以得到稳定的薪水，完全不同于自费或靠他人赞助从事科学研究的业余传统，是对英国传统的科学活动方式的一次重大突破，可以看做是英国科学职业化的开端。另一方面，调查局首任局长德拉贝奇还在调查局组建了一个别具特色的科学学派，在完成地质调查任务的基础上，开展历史地质学的理论研究。这种智力上紧密团结的集体研究方式，又是对英国流行的个人独立研究和科学活动方式的革新。当时的伦敦地质学会主席霍尔纳（L. Horner）赞扬道，调查局的科学活动方式体现了一股"合力"：野外地质学家、矿物学家、自然哲学家和动物学家，"为了完成一个伟大的工作而组合到一起了…… 这是任何国家的任何相似的机构都不能比拟的"。

思考题

1. 简述科学地质学的形成过程。
2. 简述 19 世纪地质学的主要成就。
3. 英国地质学由业余传统走向职业化的原因是什么？

第二十章 追寻宇宙边界的天文学

第一节 近代天文学的发展

19 世纪的天文学有很大进步。继牛顿发现万有引力定律之后，许多天文新发现进一步证实了这一定律的普遍意义。随着天文观测手段的进步，人类的视野已从太阳系扩展到银河系和河外星系，从天体力学扩展到天体物理学领域，人们在研究天体现状的基础上，还提出了有关天体起源和演化问题的颇有价值的科学假说。

一、天文学的发现

英国的近代著名天文学家赫歇耳（1738—1822），从 1783 年开始，用自制的天文仪器计算了天空中恒星的密度分布，发现了银河系，他根据对银河系恒星密度的观察，提出银河系是由一层恒星组成的，其直径为厚度的 5 倍，太阳系位于银河系的中央平面，在离银河系中心不远的位置上。他还比较了太阳和其他恒星相对于银河系中心的位置变化，发现恒星并非不动，太阳也有自转。赫歇耳还发现了双星和聚星，并编制了包括 260 对双星的星表。赫歇耳在 1781 年扫描天空时，在金牛星的群星中发现了一颗前所未知的新星，它位于太阳系的疆界——土星之外。后经英国天文学家麦斯克雷的观察，确认它是太阳系的一个新成员——天王星。1821 年德国天文学家布瓦尔德受命编制天王星的星表，发现天王星的实际运行情况与布瓦尔德编制的天王星星表有明显的差别，这表明天王星确有"越轨"行为。英国剑桥大学学生亚当斯（1819—1892）首先得出了计算结果，不久法国青年天文学家勒维耶（1811—1877）于 1846 年 7 ~ 8 月间公布了这颗未知行星可能出现的位置。德国柏林天文台台长加勒（1812—1910）收到勒维耶的来信后立即进行观察，结果发现了这颗未知的行星，这就是海王星。海王星的发现是近代天文学史上证实万有引力定律正确性的最著名的事例之一。1915 年，美国天文学家预言海王星之外还有一颗行星，这颗行星于 1930 年被发现，命名为冥王星。

光行差与恒星视差的发现是 18—19 世纪天文观测的又一项重要成果。哥白尼从他的地动说出发预言，由于地球的周年运动将使我们在观测恒星时看到恒星也有一种微小的视位移，叫做恒星"视差"。英国天文学家布拉德雷（1693—1762）早年就读于牛津大学，对天文学有浓厚兴趣，其卓越的数学才能深受牛顿和哈雷的赏识，1718 年被选入皇家学会。1721

年，布拉德雷担任了牛津大学的教授；1725 年，在寻找恒星周年视差时发现了恒星的周年光行差。光行差的发现证明了地球的运动，也增强了天文学家寻找恒星视差的信心。1837 年，俄国天文学家斯特鲁维（1794—1864）观测到了织女星的周年视差。与此同时，德国和英国科学家也独立发现了恒星视差。恒星视差的发现，进一步证明了哥白尼地动说的正确性。

二、宇宙天体的起源和演变

世界上第一个提出具有科学价值的天体起源学说的人是德国哲学家康德（1724—1804），他于 1755 年出版了著名的《宇宙发展史概论》一书。书中批判了宇宙不变的思想，提出了太阳系起源于原始星云的假说。他认为形成太阳系的原始星云是由大大小小的粒子组成的，由于粒子间相互吸引，较小的粒子向较大的粒子聚集，在引力最强的地方逐渐凝聚成中心天体。同时粒子也相互排斥，表现为粒子彼此碰撞，并沿不同方向向中心天体落去形成粒子团。这些粒子团后来就成为围绕中心天体旋转的行星。离中心天体越远，轨道的椭率越大。这就是康德提出的关于太阳系起源的力学模型。根据这个模型，他解释了卫星和土星环的起源。他认为行星对周围物质的吸引和排斥，使形成卫星的物质在行星的转动平面上聚集，并逐渐形成卫星。土星的光环则是由土星的赤道部分分离出来的物质形成的。

法国数学家拉普拉斯 1769 年完全独立地提出了他的星云假说，并且还从数学上作了严格的论证。他在《宇宙体系论》中认为，太阳系起源于一个巨大的炽热的而且在缓慢转动着的原始星云。由于逐渐地冷却，星云在不断地收缩，转动自然加快，星云赤道部分的物质所受的离心力随之加大，当这一作用力与星云物质间的引力处于平衡时，赤道最外缘的物质将不再随星云一起收缩，而是从星云中分离出来，形成一个围绕星云转动的气环，气环中的物质是不均匀的，较密的部分把附近的物质吸引过去，使气环断裂并逐渐形成了行星，不断收缩的星云的中心部分就凝聚成太阳。这就是拉普拉斯提出的星云假说。由此可知，拉普拉斯的这一学说基本上与康德的学说是一致的。他们二人都认为太阳系是由同一块星云形成的，并都用星云内部的吸引和排斥之间的矛盾来说明太阳系的形成。所以，后人把他们提出的两种星云假说合在一起统称为"康德-拉普拉斯星云说"。该星云假说比较圆满地解释了天体运动的一些规律。康德-拉普拉斯星云说的重要意义主要不在于它能否解释太阳系的全部力学特征，而在于它提出了宇宙中的天体不是一成不变的，而是由演化而来的，这一重要思想是天文学发展的重要进步。

第二节 现代天文学的变革

现代物理学革命的兴起和发展，也对天文学产生了直接影响，使天文学实现了从近代天文学到现代天文学的历史变革。而作为这一变革的主要科学标志，便是天体物理学的兴起。现代物理学革命在 20 世纪初年全面兴起之后，以量子论、相对论和核物理为代表的现代物理学的各种新的理论成果及其实验方法相继向天文学渗透，由此产生了天体物理学这一新兴的边缘科学。天体物理学的兴起，不仅使观测天文学和天体演化学这两大近代天文学的传统分支发生了深刻的变革，而且推动了现代宇宙学的兴起。因此，天体物理学的兴起不仅是现代天文学发展的起点，而且也是现代天文学发展的主流，以天体物理学为主干的现代天文学的兴起和发展，主要表现在观测天文学、天体演化学和现代宇宙学的变革这三个基本方面。

一、观测天文学的变革

观测天文学是天文学的基础，由于天体物理学在 20 世纪初期的兴起，使观测天文学这一基础分支发生了相应的变革，实现了从光学天文学的发展到射电天文学的兴起这一历史性的转变。

1. 光学天文学的发展

光学天文学是近代天文学的基础，自意大利著名物理学家和天文学家伽利略在 17 世纪初期开创光学天文学这一分支之后，光学天文学即以光学天文望远镜的研制及其应用观测为研究对象，在 3 个世纪左右的时间内得到了迅速发展。1912 年，美国著名的女天文学家丽维特（1868—1921）通过对造父变星的观测，最先发现了这类变星的光度与光变周期之间的周光关系。周光关系表明：变星的光度愈大，其光变周期就愈长。周光关系也被称为周光定律，利用这一定律，人们不但可以从其光变周期计算其绝对星等，而且也可以由此推算这类变星及其所在的星系与地球的距离。周光关系的发现是 20 世纪初现代天文观测学的第一项具有开拓意义的重大发现。正是因为有了这一发现，人类才首次获得度量天体星的物理尺度；也正是因为有了这一发现，美国另外两个观测天文学家才有可能进一步奠定现代观测天文学的基础。

美国天文学家沙普利（1885—1972）即把周光关系用于对银河系大小的观测研究，他在 1918 年测定了 69 个已发现有造父变星的球状星团的距离，在假定球状星团的空间分布是围绕银河系的中心呈球对称的前提下，沙普利在同年即测算出银河系的大小：银河系的直径约为 8 万光年，厚度约为 3000～6000 光年，因此银河系是一个扁球状的星系。沙普利还测算出：太阳系并不在银河系的中心，而是在距离银河系的中心约 3 万光年的边缘。沙普利的发现是 20 世纪初现代观测天文学的第二项具有开拓意义的重大发现，因为这一发现继哥白尼之后又一次将人类对宇宙的认识向外太空延伸，而且使人类首次对银河系有了较为清晰的认识。更为重要的是，它为此后河外星系的发现提供了实践依据。

美国另一个著名天文学家哈勃（1889—1953）也用周光关系对观测天文学的发展作出了

274

重要贡献。哈勃 24 岁时在英国牛津大学获法律学位，后放弃律师职业转入天文学研究。为了探索在银河系外是否真有河外星系存在，哈勃决定前往威尔逊天文台进行观测研究。1923 年至 1924 年初，哈勃用威尔逊天文台的当时世界上口径最大的天文望远镜进行观测时，发现造父变星所在的星云的距离都远远超过了沙普利所测算的银河系的直径。这说明，这些造父变星及其所在的星系是远在银河系之外的恒星系统。哈勃对河外星系的首次发现，是 20 世纪初现代观测天文学的第三项具有开拓意义的重大发现。因为河外星系的首次发现不但证实了德国哲学家康德早在 18 世纪中期就曾提出的银河系外存在河外星系的假说，更为重要的是，它首次把人类的天文观测视野引到银河系之外，这就大大开拓了现代天文学的研究领域。在发现河外星系之后，哈勃对河外星系作了进一步观测研究。哈勃在 1929 年对他已测定了距离的 24 个星系进行了数学分析，发现星系的红移与星系的距离成正比，亦即星系距离越远，其谱线红移越大。这一关系式就是人们后来通常所说的哈勃关系式或哈勃红移定律：$v = Hd$（v 是河外星系视向退行速度；d 是距离；H 是哈勃常数）。这样，哈勃定律就为现代观测天文学提供了一个观测和度量河外星系世界的数学工具，人类也才得以把天文观测视野深入到千万光年乃至万万光年的宇宙深处。就此而言，哈勃定律的发现可以说是 20 世纪初期具有开拓意义的第四项重大发现。

2. 射电天文学的兴起

20 世纪初期观测天文学的四大发现把光学天文学推向了发展的高峰。但是光学天文望远镜只能观测可见光，对不可见光天体无能为力，这促成了射电天文学的产生。20 世纪 20 年代末和 30 年代初，无线电发射技术和接收技术已取得显著发展。1931 年，美国电信工程师央斯基（1905—1950）发现有一种在周期性时间内出现最大值的无线电信号，通过分析他得出这种信号是来自银河系中心的射电波的结论。央斯基这一意外的发现，在现代观测天文学史上开创了以无线电波为观测手段进行天文观测的新纪元，对推动现代观测天文学的变革具有开拓性的革命意义。由于无线电波能够通过可见光所不能通过的尘埃和气体，同时无线电波可以在不分晴雨、不分昼夜的全天候条件下进行天文观测，这就进一步扩大了人类的天文观测范围，提高了人类的天文观测能力。更为重要的是，由于某些天体在一定状态下只产生射电波而不发光，光学天文观测观测不到这类天体，而射电天文观测弥补了光学天文观测的缺陷，能够观测到宇宙空间那些靠光学天文望远镜观测不到的天体和天象。正是因为射电天文观测有光学天文观测不可比拟的优越性，1940 年，美国天文学家雷伯研制出了第一台抛物面直径为 9.45 m，频率为 162 MHz 的射电天文望远镜。同年，雷伯即把这台射电天文望远镜用于观测，雷伯不仅证实了央斯基的发现，而且观测到了一些新的射电源。第二次世界大战期间，由于雷达技术的迅速发展，英国军用雷达接收到了来自太阳的强烈射电波，自此之后，雷达技术开始被用于天文观测，主要用于太阳系内天体观测的雷达天文学也就成为射电天文学的一个分支。

二、天体演化学的变革

天体演化学是在近代天文学发展时期兴起的一个分支，而德国著名哲学家康德可以说是这一分支的奠基人。此后，法国著名天文学家拉普拉斯（1749—1827）也曾于1796年提出过类似的假说，这就是在天文学史上以康德-拉普拉斯假说著称的天体演化学说。康德和拉普拉斯在18世纪中后期提出天体演化学说，主要是以自然哲学的思辨和天体力学的分析为基础的。到20世纪初期，由于现代物理学革命的兴起及其向天体演化学的渗透，天体演化学才以恒星演化学和太阳演化学的兴起而取得突破性进展，天体演化学也才因此得以实现从近代天体演化学转变为现代天体演化学的变革。

1. 恒星演化学

恒星演化学是现代天体演化学在20世纪初兴起的重要科学标志之一。1905—1911年间，丹麦著名天文学家赫茨普龙（1873—1967）在进行恒星观测分析时，首次发现恒星光谱与其光度之间有一定的统计关系，并由此确认恒星有光度很大的巨星和光度很小的矮星之分。这一发现，开启了现代天体演化学的研究。美国著名天文学家罗素随后证实了赫茨普龙的发现。为了进一步探索恒星光谱与其光度之间的内在联系，赫茨普龙和罗素在1913年各自绘出了表示光谱与其光度之间的统计关系的坐标分布图。他们两人都在图中发现，绝大多数恒星都分布在从图的左上方到图的右下方的一条主星序上，主星序的右上方是巨星和超巨星，而主星序的左下方则是白矮星。这张图即是人们后来通常所说的"赫罗图"。在绘制赫罗图的基础上，罗素还在同年提出了一个以此图为基础的天体演化假说。罗素的这一假说认为：恒星最初是体积很大，密度很小的星前天体，其不断收缩，密度不断增大，温度不断上升，逐渐演变为主星序上的恒星。此后，其表面温度日趋下降，于是恒星就由主星序向红巨星演化。而当红巨星的表面温度继续下降时，红巨星就最终衰老为白矮星。罗素认为，在恒星的各个演化阶段，收缩始终是恒星演化的主要作用机制，因此罗素的这一假说通常也被称为恒星演化的收缩假说。罗素的收缩假说虽然并没有能够完全正确地揭示出恒星的演化过程，但是却是把天体演化学根植于天体物理学的最初尝试。因此，赫罗图的发现以及罗素的收缩假说的提出，为现代天文学揭开了天体演化学的第一页。

2. 太阳演化学

恒星演化学的兴起是20世纪初天体演化学迈出的试探性的第一步，而太阳演化学则是20世纪初天体演化学迈出的成功的第一步，是核物理与天体演化学相互渗透的成功范例。自爱因斯坦在1906年提出质能关系式 $E = Mc^2$ 之后，特别是卢瑟福在1919年实现人工核反应之后，原子物理学和核物理学的发展为太阳演化学奠定了理论基础。美籍德国天体物理学家贝特和德国天体物理学家魏扎克在1938年同时提出了太阳演化的热核反应假说。贝特和魏扎克的太阳演化的热核反应假说认为，由于太阳的主要成分是氢及其同位素，同时由于太阳内部的高温、高压和高密度条件，因此氢的同位素氘和氚不断进行聚变为氦核的热核反应。这一反应既是太阳能源生成的基础，也是太阳演化的基础。他们认为，太阳的演化已经经历了下述三个主要阶段：第一，星云阶段。大约在 50 亿年以前，太阳的前身是银河系的一团星云。第二，星胚阶段，约从 50 亿年前开始，星云由于引力作用不断收缩而凝聚为星胚。第三，主星阶段，星胚在不断收缩的过程中，中心部分的高温、高压和高密条件开始形成，热核反应开始发生，太阳由此演化为恒星，此时太阳便进入较为稳定的平衡发展时期。贝特和魏扎克对太阳的后期演化过程也作了预测，他们认为，太阳目前正处在它的"中年时期"，在它的后半生中，它还将经过下述两个演化阶段：第一，红巨星阶段，在氢燃烧的末期，太阳将演变为一颗红巨星。第二，白矮星阶段。在氦燃烧的末期，太阳的外壳部分可能成为与中心脱离的行星状星云，而太阳的中心部分则可能演变为白矮星。贝特和魏扎克的太阳演化学说成功地解释了太阳演化的过程。由于太阳演化学第一次被根植于现代实验科学基础之上，以太阳演化学为基点的恒星演化学以及整个天体演化学也就由此成为现代天体物理学中的一个极其活跃的分支，而天体演化学也因此进入一个全新的发展时期。

三、现代宇宙学的变革

宇宙学亦称宇宙论。它是以宇宙的整体结构及其几何特征、物质及其运动规律、天体及其演化过程为基本研究对象的一个天文学分支。其中宇宙结构和宇宙演化是宇宙学研究的主要对象。早在古希腊时期，希腊天文学家就曾把宇宙结构体系的研究作为当时天文学的主体。到了近代，从哥白尼开始，经过布鲁诺直到康德，宇宙结构体系的研究也曾不断取得进展。但无论是在古代还是在近代，宇宙学的研究主要局限于宇宙的结构模式，特别是局限于其结构模式的几何特征。到了 20 世纪初期，由于现代物理学革命的渗透致使天体物理学兴起，同时也由于观测天文学本身的发展，使近代宇宙学中的宇宙结构理论和宇宙演化学说相继发生深刻的变革，作为天体物理学一个分支的现代宇宙学随之发展。而宇宙学也就在 20 世纪初实现了从近代宇宙学到现代宇宙学的变革。

1. 宇宙结构模型的变革

20 世纪初，最先在现代物理学基础上探索宇宙结构模型的是爱因斯坦。1917 年，爱因斯坦在其广义相对论的基础上，提出了现代宇宙学上的第一个宇宙结构模型。他在当年发表的《对广义相对论的宇宙考察》一文中提出，按照广义相对论中的物质分布状态决定四维时空的几何特性这一基本结论，并假设宇宙空间的物质分布大体上是均匀的，宇宙空间的斥力和引力大体上是平衡的，由此推论，这样的宇宙空间应是一个弯曲的非欧几何空间，这样的宇宙应是一个空间体积有限但没有边界的宇宙。这就是爱因斯坦提出的"有限无边的静态宇宙模型"，通常也被称为爱因斯坦宇宙模型。同年，荷兰天文学家德西特（1872—1934）在广义相对论的基础上提出的另一个宇宙模型则是一个有运动而无物质的空虚宇宙模型。1920 年，英国著名天文学家爱丁顿提出了"宇宙在膨胀中"理论。1927 年，比利时天文学家莱梅特（1894—1966）吸取了弗里德曼模型和爱丁顿假说中的有关理论，提出了宇宙起源于"原始原子"爆炸的假说，建立起了一个比较系统的宇宙膨胀模型。哈勃定律在 1929 年发现之后，使得宇宙膨胀模型成为 20 世纪中期最有影响的宇宙模型假说。20 世纪初相继提出的几种宇宙结构模型假说虽然各有异说，但体现了现代宇宙学与近代宇宙学的根本区别：其一，现代宇宙结构模型是以非欧几何的四维时空为数学基础的；而近代宇宙结构模型是以欧氏几何的三维空间为数学基础的。其二，现代宇宙结构模型是以广义相对论力学为力学基础的；而近代宇宙结构模型则是以经典力学为力学基础的。其三，现代宇宙结构模型主要研究宇宙结构。爱因斯坦的静态模型指宇宙整体而言，德西特的动态模型也指宇宙的整体而言。所以尽管 20 世纪初相继问世的几种宇宙结构模型都并不完善，但它们却都同样推动了宇宙结构理论从近代宇宙论到现代宇宙论的变革。

2. 宇宙演化学说的变革

早在 18 世纪中后期，康德和拉普拉斯相继提出的天体演化学说中即已有宇宙演化学说的萌芽，直到 20 世纪初期，随着几种宇宙结构模型假说的相继提出，作为现代宇宙学一个分支的现代宇宙演化学才随之活跃起来。20 世纪初期，最先以天体物理学为理论基础研究宇宙演化学的代表人物是比利时天文学家莱梅特，他对进一步揭示宇宙膨胀的天体物理学原因，将天文学引入宇宙演化学说的领域作出了开拓性的贡献。在爱丁顿对宇宙膨胀模型进行的初步论证的基础上，莱梅特在 1932 年提出了一个解释宇宙膨胀的天体物理学原因的假说，这一假说认为：整个宇宙起源于一个"原始原子"的大爆炸；这个原始原子的体积很小但密度很大，后来由于出现不稳定状态致使这个原始原子发生爆炸；爆炸后的原子碎片以各向同性飞离，从而使宇宙急剧膨胀，飞向同一方向的碎片逐渐凝聚起来形成宇宙间的各种天体；由于原子碎片飞离时的各向同性以及宇宙膨胀速度变慢，于是宇宙便演化成现在的物质呈均匀分布状态的宇宙。很明显，莱梅特的宇宙起源于原始原子的大爆炸这一演化假说，与他在宇宙结构模型理论方面所持的宇宙膨胀模型假说是互为因果的。也就是说，莱梅特是从探求宇宙膨胀原因这一理论背景提出其宇宙演化假说的。正因为莱梅特对宇宙结构的膨胀模型和宇宙演化的爆炸假说进行了因果论证，所以哈勃定律也因此被引为莱梅特的大爆炸宇宙论的实验证据，特别是哈勃定律的河外星系红移及其所揭示的河外星系的普遍退行现象被引为莱梅特的大爆炸宇宙的实验证据。也正因为如此，尽管莱梅特的大爆炸宇宙论具有明显的唯心主义色彩，但它仍然是现代宇宙演化学说兴起的一个伟大的开端。也正因为莱梅特的大爆炸宇宙论是试图把宇宙演化学根植于现代天体物理学基础之上的第一次大胆的尝试，宇宙演化学才因此实现从近代宇宙演化论转变为现代宇宙演化论的变革。

1948 年，美籍俄国物理学家伽莫夫和他的学生阿尔费尔、赫尔曼等开始研究宇宙膨胀论中的早期密集状态，提出了热大爆炸宇宙模型。20 世纪 60 年代，苏联天体物理学家泽尔多维奇，英国的霍伊尔和泰勒以及美国的皮伯尔斯都分别独立地研究过这个问题，逐渐形成了热大爆炸宇宙学派。

大爆炸宇宙学派认为，我们所观测的宇宙，起源于一次大的爆炸，之后，宇宙不断地膨胀，而且宇宙的温度也在不断降低，即宇宙有一个从热到冷的演化过程，在极早期的宇宙中，温度极高，在 10 亿℃ 以上，这时的宇宙只有质子、中子、电子、光子及中微子等粒子形态的物质。经过最初百分之几秒后，宇宙温度下降到 10 亿℃ 左右。这时宇宙继续膨胀，物质的密度和温度进一步下降。中子开始失去自由存在的条件，发生了衰变，一些化学元素就是从这一时期才开始形成的。当温度下降到 100 万 ℃ 之后，形成化学元素的过程也结束了。这时宇宙间的物质主要是质子、电子和一些轻的原子核，辐射仍然很强。

再过数万年，宇宙的温度下降到几千度，辐射退居次要地位。宇宙间的电子与离子复合而成气态物质。从气云再逐步发展出各种星体和星系。这时，宇宙才开始了星的时代。在亿万颗星中，太阳就是其中一个，在太阳系的演化中出现了能够认识宇宙的人类。这就是大爆炸说勾画出的宇宙演化史。1964 年，宇宙背景辐射的发现，证实了大爆炸学说的预言，也使大爆炸模型得到了广泛的认可。

思考题

1. 简述近代天文学的发展状况。
2. 简述现代天文学的发展背景及成就。
3. 简述现代天文学变革的价值及意义。
4. 现代天文学变革三个基本方面的联系和区别是什么？
5. 简述现代宇宙学的形成过程及发展现状。

第二十一章　现代数学的本性与前沿

数学有 4 个伟大的时代：巴比伦时代、希腊时代、牛顿时代，以及始于 1800 年延续至今的最近时代，最后一个应当之无愧的称为数学上的黄金时代。了解现代数学，就是学习数学思想中那些对现存的、创造性的科学有着至关重要的伟大而平凡的指导思想。你将会发现，领略现代数学思想的这些令人鼓舞的概念，就像热天喝冰水那样使人清新，像一切艺术那样令人振奋。

第一节　19 世纪的世界数学

17 世纪以前，数学界所完成的一切有用的东西几乎都遭到了这样两个命运：或者它被大大地简化，以致现在成了每个正规中学课程的一部分，或者它早已被吸收到更普遍的工作中去。正如伯特兰·罗素曾经说过："一定经过了许多年代，人们才发现一对野鸡和两天都是数字 2 的例子。"但在今天看来，数字 2 的例子是个普通得不能再普通的观点了。然而，为发现那些现在视为常识般简单的东西，人们却花费了难以置信的劳动。

17 世纪的英国资产阶级革命，把查理一世国王送上了断头台，牛顿（Sir Isaac Newton，1642—1727）的微积分思想随即诞生在英伦三岛上，资本主义的生产方式带来了 18 世纪法国大革命，数学的中心也移到了法国。拉格朗日（Joseph-Louis Lagrange，1736—1813）、拉普拉斯（Pierre Simon de Laplace，1749—1827）、勒让德（Adrien Marie Legendre，1752—1833）、蒙日（Gaspard Monge，1746—1818）、傅里叶（Fourier，Jean Baptiste Joseph，1768—1830）等都是那个时代的数学权威，他们的影响一直持续到今天。

进入 19 世纪中叶，数学王子高斯（Johann Carl Friedrich Gauss，1777—1855），多产的数学家柯西（Augustin Louis Cauchy，1789—1857），以及只活了 40 岁的黎曼（Georg Friedrich Bernhard Riemann，1826—1866）等为人类留下了无数的数学珍品，法国、德国在数学上争雄的局面贯穿了整个 19 世纪。伽罗华（Eacute；variste Galois，1811—1832）的群论，罗巴切夫斯基（Nikolas lvanovich Lobachevsky，1792—1856）的非欧几何学，柯西的复变函数论，为人们打开了全新的天地。如果说在此以前的数学还或多或少依赖于物理学和工程学，那么这时的数学已经完全独立出来，数学的意境充满了文化创造精神。继复数获得广泛承认之后，

1853 年哈密顿（William Rowan Hamilton，1805—1865）发现四元数，"数学是人类思想的自由创造"的观念开始传播，纯粹数学和应用数学的区分逐渐显露。

另外，数学在认识现实世界的征程中不断取得伟大成就。1846 年，英国的亚当斯（John Couch Adams，1819—1892）和法国的勒威耶（Urbain Le Verrier，1811—1877）分别独立地用数学方法计算出海王星的轨道，预测了这颗行星的发现。哈密顿的最小作用原理给力学以新的面貌，而麦克斯韦于 1864 年发表的电磁学方程，更是人类运用数学研究自然规律的又一里程碑。

19 世纪后期，除了学术地位不断上升的哥廷根大学之外，柏林大学是当然的数学中心。魏尔斯特拉斯（Karl Theodor Wilhelm Weierstra，1815—1897）出任柏林大学校长，成为左右德国数学界的一位领袖人物。魏尔斯特拉斯是 19 世纪末分析严格化进程的代表，希尔伯特（David Hilbert，1862-1943）认为："魏尔斯特拉斯以其酷爱批判的精神和深邃的洞察力，为数学分析建立了坚实的基础……今天，分析学能达到这样和谐、可靠和完美的程度……本质上应归功于魏尔斯特拉斯的科学活动。"

在德国学派影响之下，挪威数学家马里乌斯·索菲斯·李（Marius Sophus Lie，1842—1899）创立了李群和李代数理论。20 世纪几乎所有的数学学科都和李群发生联系。自牛顿以来，英国数学一向偏重应用，19 世纪仍然保持着这一传统。但在 19 世纪的下半叶，纯粹数学出现了两颗明星：西尔维斯特（James Joseph Sylvester，1814—1897）和凯莱（Arthur Cayley，1821—1895）。他们两人都是攻读数学出身，共同发展了代数不变量理论，特别是线性代数中的行列式和矩阵理论，这些工作在 20 世纪变得十分重要而普及。

19 世纪的俄国，罗巴切夫斯基的工作引起国际瞩目，切比雪夫（Chebyshev，1821—1894）在概率论上的研究也别开生面，但在整体实力上无法和西欧各国相比。至于东方的印度、日本和中国，数学水平落后于西方约有 200 年，现代数学研究则是 20 世纪的事了。19 世纪下半叶，能和德国数学相抗衡的也只有以庞加莱为代表的法国数学了。19 世纪，由于非欧几何的诞生，射影几何的复兴，分析学的严格化，数学的公理化，成为当时的主要研究对象并为 20 世纪的数学发展作了必要而充分的准备。

第二节　现代数学及其对人类文明的贡献

现代数学进入 20 世纪后，逐步形成了系列学科分支，所谓的"新三高"（泛函分析、点集拓扑、近世代数）即是 20 世纪上半叶陆续形成的。此外，如微分几何、高等几何、实变函数、复变函数、常微分方程、偏微分方程等学科也都是在 20 世纪上半叶才成熟起来的。应用数学的迅猛发展，以二次世界大战为转折期，以计算机的发明为转折点，计算机、信息论、控制论、对策论、线性规划、规范场、孤立子理论、数理统计等学科的诞生，都极大地影响着科技、社会和人们的日常生活，经济数学、生物数学等方面也取得了巨大成就。现代数学目前已成为其他学科理论的一个重要组成部分，这是数学应用日益广泛的体现，这种体现具体讲就是数学化。

物理学应用数学的历史较长，18 世纪是数学与经典力学相结合的黄金时期，19 世纪数学应用的重点转移到电学与电磁学，20 世纪以后，随着物理科学的发展，数学相继在相对论、量子力学以及基本粒子等方面取得了一系列举世瞩目的成绩。数学在极大地丰富了物理学内容的同时，也刺激了数学自身的进步，尤为突出的是数学在生物科学各分支中的成功应用，使数学生物学成为应用数学最振奋人心的前沿科学之一。可以说，20 世纪的数学发展是一日千里的。

数学自身发展到今天，其实很难给出一个高度概括而又十分精确的定义。从数学的学科结构看，数学是模型；从数学的表现形式看，数学是符号；从数学对人的指导看，数学是方法论；从数学的社会价值看，数学是工具、是语言；从数学所从属的工作领域看，数学是技术、是逻辑、是自然科学、是科学、是艺术、是文化……

那么，数学对人类文明的贡献是什么？这是一个带有根本性质的问题。人类认识的发展基于经验的积累和理性的思维，单靠经验的积累，不可能有认识上的重大突破。在经验积累的基础上，经过理性的思维才能产生伟大的飞跃。数学作为工具，在科学研究中的应用非常广泛，一直被看作科学的典范。从文艺复兴时期到 20 世纪中期出版的被称为"改变世界"的 16 本自然科学和社会科学专著中，有 10 本都直接运用了数学原理。量子力学的创始人海森堡采用了数学中的矩阵来描述物理量，从而建立了量子力学。1917 年数学家拉顿在积分几何研究中引入了一种数学变换（拉顿变换），几十年后柯尔马克和洪斯菲尔德巧妙地运用拉顿变换，设计出 X 射线断层扫描仪——CT，为医学诊断技术作出了巨大贡献。1900—1965 年世界范围内社会科学方面的 62 项重大成就，其中数学化的定量研究就占 2/3。数学对经济学的发展也起了很大的作用，从 1969 年至 1981 年间颁发的 13 个诺贝尔经济学奖中，就有 7 项成果借用了现代数学理论。另一个著名的例子是电磁波的发现，英国物理学家麦克斯韦概括了由实验建立起来的电磁现象规律，把这些规律表述为"方程的形式"，他用纯粹数学的方法从这些方程推导出可能存在着电磁波并且这些电磁波应该以光速传播着。据此，他提出了光的电磁理论，这个理论后来被全面地发展和论证了。现在已进入信息时代，无线电技术对于人类生活是何等重要人人都已体会到，但是我们可不要忘记，纯粹数学在这里曾起过巨大的作用。

为了简单估计现代数学较之古代已经取得了什么样的成就，我们可以先与 1800 年前相比，看看在这之后所做的大量的数学工作。最包罗万象的数学史要算康托尔的 3 大卷《数学史》，这部历史写到 1799 年，正是现代数学开始其自由发展之前。如果以同样规模撰写 19 世纪的数学史纲，按康托尔的篇幅，19 世纪对数学知识所作的贡献约为之前全部历史上所作贡献的 5 倍。于是，非常明显，19 世纪延续到 20 世纪，过去是，现在仍然是世界所知道的数学上最伟大的时代，与光荣的希腊人对数学所作的贡献相比，19 世纪的数学就像廉价蜡烛旁边正在燃烧的熊熊烈火。

因此，当论及人类对数学的追求时，引用波特兰·罗素（Bertrand Russell，1872—1970）的艺术性的描述是合适的："正确的看法是，数学不仅拥有真，而且拥有非凡的美——一种像雕塑那样冷峻而朴素的美，一种无需我们柔弱的天性感知的美，一种不具有绘画和音乐那样富丽堂皇的装饰的美，然而又是极其纯净的美，是唯有最伟大的艺术才具有的严格的完美。"

第三节　微积分的创立与发展

微积分的思想萌芽，特别是积分学，部分可以追溯到古代。面积和体积的计算自古以来一直是数学家们感兴趣的课题。在古代希腊、中国和印度数学家们的著述中，不乏用无穷小过程计算特殊图形的面积、体积以及曲线长度的例子。微分学的起源则要晚很多，刺激微分学发展的主要科学问题包括求曲线的切线，求瞬时变化率以及求函数极值，等等。在 17 世纪以前，真正意义上的微分学研究还很少。

一、17 世纪微积分的酝酿

近代微积分的酝酿，主要发生于 17 世纪上半叶。该时期几乎所有的科学大师都在致力于寻求解决这些问题的新的数学工具。特别是描述运动与变化的无穷小算法。这一时期，对运动与变化的研究已变成自然科学的中心问题，以常量为主要研究对象的古典数学已不能满足要求，科学家们开始由对以常量为主要研究对象的研究转移到以变量为主要研究对象的研究上来，自然科学开始迈入综合与突破的阶段。微积分的创立，首先是为了处理 17 世纪的一系列主要的科学问题，其中有 4 种主要类型的科学问题：

（1）第一类是，已知物体移动的距离为时间的函数的公式，求物体在任意时刻的速度和加速度，使瞬时变化率问题的研究成为当务之急。

（2）第二类是，望远镜的光程设计使得求曲线的切线问题变得不可回避。

（3）第三类是，确定炮弹的最大射程以及求行星离开太阳的最远和最近距离等涉及的函数极大值、极小值问题也急待解决。

（4）第四类问题是，求行星沿轨道运动的路程、行星矢径扫过的面积以及物体重心与引力等，又使面积、体积、曲线长、重心和引力等微积分基本问题的计算被重新研究。

17 世纪上半叶一系列先驱性的工作，沿着不同的方向向微积分的大门逼近，但所有这些努力还不足以标志微积分作为一门独立科学的诞生。前驱者对于求解各类微积分问题确实作出了宝贵的贡献，但他们的方法仍缺乏足够的一般性。虽然有人注意到这些问题之间的某些联系，但没有人将这些联系作为一般规律明确提出来，作为微积分基本特征的积分和微分的互逆关系也没有引起足够的重视。因此，在更高的高度将以往个别的贡献和分散的努力综合为统一的理论，成为 17 世纪中叶数学家面临的艰巨任务。

二、微积分的创立——牛顿和莱布尼茨的工作

1. 牛顿的"流数术"

牛顿（Sir Isaac Newton，1642—1727），生于英格兰伍尔索普村的一个农民家庭，少年时成绩并不突出，但却酷爱读书。对牛顿的数学思想影响最深的要数笛卡儿的《几何学》和沃利斯的《无穷算术》，正是这两部著作引导牛顿走上了创立微积分之路。

牛顿于 1664 年秋开始研究微积分问题，1666 年牛顿将其前两年的研究成果整理成一篇总结性论文——《流数简论》，这也是历史上第一篇系统的微积分文献。在简论中，牛顿以运动学为背景提出了微积分的基本问题，发明了"正流数术"（微分）；从确定面积的变化率入手，通过反微分计算面积，又建立了"反流数术"；并将面积计算与求切线问题的互逆关系作为一般规律明确地揭示出来，将其作为微积分普遍算法的基础论述了"微积分基本定理"。"微积分基本定理"也称为牛顿-莱布尼茨定理，牛顿和莱布尼茨各自独立地发现了这一定理。这样，牛顿就以正、反流数术亦即微分和积分，将自古以来求解无穷小问题的各种方法和特殊技巧有机地统一起来。正是在这种意义下，我们说牛顿创立了微积分。

2. 莱布尼茨的微积分工作

莱布尼茨（Gottfried Wilhelm Leibniz，1646—1716），出生于德国莱比锡一个教授家庭，青少年时期受到良好的教育。在巴黎期间，莱布尼茨结识了荷兰数学家、物理学家惠更斯（Christiaan Huygens，1629—1695），在惠更斯的影响下，他开始更深入地研究数学，研究笛卡儿（René·Descartes，1596—1650）和帕斯卡（Blaise Pascal，1623—1662）等人的著作。与牛顿的切入点不同，莱布尼茨创立微积分首先是出于几何问题的思考，尤其是特征三角形的研究。特征三角形在帕斯卡和巴罗等人的著作中都曾出现过。1684 年，莱布尼茨整理、概括自己 1673 年以来微积分研究的成果，发表了第一篇微分学论文《一种求极大值与极小值以及求切线的新方法》（简称《新方法》），它包含了微分记号以及函数和、差、积、商、乘幂与方根的微分法则，还包含了微分法在求极值、拐点以及光学等方面的广泛应用。

牛顿和莱布尼茨都是他们那个时代的巨人，两位学者也从未怀疑过对方的科学才能。就微积分的创立而言，尽管二者在背景、方法和形式上存在差异、各有特色，但二者的功绩是相当的。然而，一个局外人的一本小册子却引起了"科学史上最不幸的一章"：这就是《微积分发明优先权的争论》。瑞士数学家德丢勒在这本小册子中认为，莱布尼茨的微积分工作从牛

顿那里有所借鉴，而后莱布尼茨又被英国数学家指责为剽窃者。这样就造成了支持莱布尼茨的欧陆数学家和支持牛顿的英国数学家两派的不和，甚至互相尖锐地攻击对方。这件事的结果，使得两派数学家在数学的发展上分道扬镳，停止了思想交换。

在牛顿和莱布尼茨二人死后很久，事情终于得到澄清，调查证实两人确实是相互独立地完成了微积分的发明，就发明时间而言，牛顿早于莱布尼茨；就发表时间而言，莱布尼茨先于牛顿。虽然牛顿在微积分应用方面的辉煌成就极大地促进了科学的发展，但这场发明优先权的争论却极大地影响了英国数学的发展，由于英国数学家固守牛顿的传统近一个世纪，从而使自己逐渐远离分析的主流，落在欧陆数学家的后面。

第四节　18 世纪微积分的发展

在牛顿和莱布尼茨之后，从 17 世纪到 18 世纪的过渡时期，法国数学家罗尔（Michel Rolle，1652—1779）在其论文《任意次方程一个解法的证明》中给出了微分学的一个重要定理，也就是我们现在所说的罗尔微分中值定理。微积分的两个重要奠基者是伯努利兄弟雅各布（Jacob Bernoulli，1654—1705）和约翰（John Bernoulli，1667—1748），他们的工作构成了现今初等微积分的大部分内容。其中，约翰给出了求不定型极限的一个定理，这个定理后由约翰的学生洛必达（L'Hospital，1661—1704）编入其微积分著作《无穷小分析》中，现在通称为洛必达法则。

18 世纪，微积分得到进一步深入发展。1715 年数学家泰勒（Brook Taylor，1685—1731）在著作《正的和反的增量方法》中陈述了他获得的著名定理，即现在以他的名字命名的泰勒定理。后来麦克劳林（Colin Maclaurin，1698—1746）得到泰勒公式在 $x_0 = 0$ 时的特殊形式，现代微积分教材中一直将这一特殊情形的泰勒级数称为"麦克劳林级数"。

雅各布、法尼亚诺（G.C.Fagnano，1682—1766）、欧拉（Leonhard Euler，1707—1783）、拉格朗日（Joseph-Louis Lagrange，1736—1813）和勒让德（Adrien Marie Legendre，1752—1833）等数学家在考虑无理函数的积分时，发现一些积分既不能用初等函数，也不能用初等超越函数表示出来，这就是我们现在所说的"椭圆积分"，他们还就特殊类型的椭圆积分积累了大量的结果。

另外，函数概念在 18 世纪进一步深化，微积分被看作是建立在微分基础上的函数理论，将函数放在中心地位，是 18 世纪微积分发展的一个历史性转折。在这方面，贡献最突出的当数欧拉。他明确区分了代数函数与超越函数、显函数与隐函数、单值函数与多值函数等，并在《无限小分析引论》中明确宣布："数学分析是关于函数的科学。"而 18 世纪微积分最重大的进步也是由欧拉作出的。他的《无限小分析引论》、《微分学原理》与《积分学原理》都是微积分史上里程碑式的著作，在很长时间内被当作标准教材而广泛使用。

一、在微积分中注入严密性

微积分学创立以后，由于运算的完整性和应用的广泛性，使微积分学成了研究自然科学的有力工具，但微积分学中的许多概念都没有精确的定义。正因为如此，这一学说从一开始就受到多方面的怀疑和批评。最令人震撼的抨击是来自英国克罗因的主教伯克莱。他认为当时的数学家以归纳代替了演绎，没有为他们的方法提供合法性证明。伯克莱集中攻击了微积分中关于无限小量的混乱假设，他说："这些消失的增量究竟是什么？它们既不是有限量，也不是无限小，又不是零，难道我们不能称它们为消失量的鬼魂吗？"伯克莱的许多批评切中要害，客观上揭露了早期微积分的逻辑缺陷，引起了当时不少数学家的恐慌。这也就是我们所说的数学发展史上的第二次"危机"。

多方面的批评和攻击没有使数学家们放弃微积分，相反却激起了数学家们为建立微积分的严密性而努力的斗志。从而也掀起了微积分乃至整个分析的严格化运动。18世纪，欧陆数学家们力图以代数化的途径来克服微积分基础的困难，这方面的主要代表人物是达朗贝尔（Jean le Rond d'Alembert，1717—1783）、欧拉和拉格朗日。

对19世纪分析的严密性真正有影响的先驱则是伟大的法国数学家柯西（Augustin Louis Cauchy，1789—1857）。柯西关于分析基础的最具代表性的著作是他的《分析教程》（1821）、《无穷小计算教程》（1823）以及《微分计算教程》（1829），它们以分析的严格化为目标，对微积分的一系列基本概念给出了明确的定义。在此基础上，柯西严格地表述并证明了微积分基本定理、中值定理等一系列重要定理，定义了级数的收敛性，研究了级数收敛的条件等，他的许多定义和论述已经非常接近于微积分的现代形式。柯西的工作在一定程度上澄清了微积分基础问题上长期存在的混乱，向分析的全面严格化迈出了关键的一步。

柯西的研究结果一开始就引起了科学界的很大轰动，就连柯西自己也认为他已经把分析的严格化进行到底了。然而，柯西的理论只能说是"比较严格"，不久人们便发现柯西的理论实际上也存在漏洞。基于此，柯西时代就不可能真正为微积分奠定牢固的基础。所有这些问题都摆在当时的数学家们面前。

另一位为微积分的严密性做出卓越贡献的是德国数学家魏尔斯特拉斯（Karl Theodor Wilhelm Weierstra，1815—1897），他定量地给出了极限概念的定义，这就是今天极限论中的"ε-δ"方法。魏尔斯特拉斯用他创造的这一套语言重新定义了微积分中的一系列重要概念。基于魏尔斯特拉斯在分析严格化方面的贡献，在数学史上，他获得了"现代分析之父"的称号。

1872年，戴德金（Julius Wilhelm Richard Dedekind，1831—1916）、康托尔（Georg Ferdinand Ludwig Philipp Cantor，1829—1920）几乎同时发表了他们的实数理论，并用各自的实数定义严格地证明了实数系的完备性。这标志着由魏尔斯特拉斯倡导的分析算术化运动大致宣告完成。

二、微积分的应用与发展以及数学新分支的形成

18 世纪的数学家们一方面努力探索在微积分中注入严密性的途径，一方面又不顾基础问题的困难而大胆前进，极大地扩展了微积分的应用范围，尤其是与力学的有机结合，其紧密程度是数学史上任何时期都无法比拟的，它已成为 18 世纪数学的鲜明特征之一。微积分的这种广泛应用成为新思想的源泉，从而也使数学本身大大受益，一系列新的数学分支(见表 21.1)在 18 世纪逐渐成长起来。

表 21.1　18 世纪逐渐成长起来的数学分支

分析领域	常微分方程与动力系统	欧拉与二阶常系数线性齐次方程
		拉格朗日与 n 阶变系数非齐次常微分方程
		柯西与常微分方程解析理论
		庞加莱的常微分方程定性理论与极限环
		希尔伯特的 23 个问题
	偏微分方程	达朗贝尔与弦振动偏微分方程
		傅里叶级数
		格林公式与格林函数
		偏微分方程解的存在唯一性定理"柯西-柯瓦列夫斯卡娅定理"
	变分法	欧拉方程-变分法的基本方程
		拉格朗日在纯分析的基础上建立了变分法
		雅可比、魏尔斯特拉斯以及希尔伯特
分析的扩展	复变函数论	柯西《关于积分限为虚数的定积分的报告》——复分析的里程碑
		黎曼曲面——现代复变函数的萌芽，开启了拓扑学的系统研究
		魏尔斯特拉斯——解析函数的理论
	微分几何	欧拉《关于曲面上曲线的研究》——微分几何史上的里程碑
		蒙日《关于分析的几何应用的活页论文》——系统论述微分几何
		陈省身（1984 沃尔夫奖），丘成桐（1982 年菲尔兹奖）
	实变函数论	勒贝格积分——泛函分析
	泛函分析	弗雷歇——抽象泛函分析理论的奠基人之一
		希尔伯特、里斯及费舍尔
		巴拿赫（现代泛函分析的奠基人）与巴拿赫空间

第五节　微积分的地位和作用

由古希腊继承下来的数学是常量的数学，是静态的数学。自从有了解析几何和微积分，就开辟了变量数学的时代，是动态的数学。数学开始描述变化、描述运动，改变了整个数学世界的面貌。数学也由几何的时代而进入分析的时代。

著名的数学家、计算机的发明者冯·诺依曼曾说过："微积分是近代数学中最伟大的成就，对它的重要性无论做怎样的估计都不会过分。"由此可见，微积分在近代数学发展中的作用。微积分是整个近代数学的基础，有了微积分，才有了真正意义上的近代数学。微积分是一种重要的数学思想，它反映了自然界、社会的运动变化的内在规律，它紧密地与物理学和力学联系在一起，它的产生可以说是数学发展的必然。

现代微积分理论基础的建立是认识上的一个飞跃。极限概念揭示了变量与常量、无限与有限的辩证的对立统一关系。从极限的观点看，无穷小量不过是极限为零的变量。即在变化过程中，它的值可以是"非零"，但它的趋向是"零"，可以无限地接近于"零"。因此，现代微积分理论的建立，一方面，消除了微积分长期以来带有的"神秘性"，使得贝克莱主教等神学信仰者对微积分的攻击彻底破产，而且在思想上和方法上深刻影响了近代数学的发展。

微积分给数学注入了旺盛的生命力，使数学获得了极大的发展，取得了空前的繁荣。如微分方程、无穷级数、变分法等数学分支的建立，以及复变函数、微分几何的产生。严密的微积分的逻辑基础理论进一步显示了它在数学领域的普遍意义。由于微积分是研究变化规律的方法，因此只要与变化、运动有关的研究都与微积分有关，都需要运用微积分的基本原理和方法，从这个意义上说，微积分的创立对人类社会的进步和人类物质文明的发展都有极大的推动作用。微积分还对天文学和天体力学的发展起到了奠定基础的作用，牛顿应用微积分学及微分方程从万有引力定律导出了开普勒行星运动三大定律。其他学科诸如化学、生物学、地理学、现代信息技术等这些学科同样离不开微积分的使用，可以说这些学科的发展很大程度上是由于微积分的运用，这些学科运用微积分的方法推导演绎出各种新的公式、定理等，因此微积分的创立为其他学科的发展作出了巨大的贡献。

第六节　非欧几何及其影响

欧氏几何、罗氏几何、黎曼几何是三种各有区别的几何。这三种几何各自所有的命题都构成了一个严密的公理体系，各公理之间满足和谐性、完备性和独立性。因此，这三种几何都是正确的。在我们的日常生活中，欧式几何是适用的；在宇宙空间中或原子核世界，罗氏几何更符合客观实际；在地球表面研究航海、航空等实际问题中，黎曼几何更准确一些。

一、欧氏几何的绝对权威与第五公设的困扰

欧几里得几何自公元前 3 世纪创立以来直到 19 世纪初，数学家们几乎都相信：欧几里得几何是真理，是唯一正确的几何。但人们也不得不承认，其中第五公设即平行公理并不尽如人意，也不那么不证自明，因为人们不能确信：现实空间是否确实存在两条平行的无限长的直线；而且第五公设叙述冗长，不能令人信服。为了使欧几里得几何更加完美，用数学家达朗贝尔的话来说，历史上数学家们都一直在力图消除"平行公理"这个"几何原理中的家丑"。他们的途径大致有两条：

途径之一是，设法用更明确的公理来代替"平行公理"。例如现行中学课本采用了这样的命题作为"平行公理"：过不在已知直线上的任意一点能作一条且只能作一条直线平行于已知的直线。但人们经过仔细推敲，认为所有的替代物并不比《几何原本》的第五公设来得明确。

途径之二是，企图从其他公理推导出第五公设来，从而取消它作为"公理"的资格。但这种尝试却屡遭失败。不过，18 世纪之前的证明都采用直接证明法。

鉴于直接证明第五公设的失败，18 世纪意大利数学家萨凯里（Saccheri，1667—1733）试图用反证法作出证明：也就是从第五公设的否命题出发，试图引出矛盾。在他证明过程中得到这样一个结论：在平面上存在两条直线 l_1 和 l_2，它们在一个方向无限地互相接近，而在其相反方向上无限地分开，这样，l_1 和 l_2 将在无穷远点 p 有共同的垂线。萨凯里认为这是不可能的，是"矛盾"，以为自己因此就证明了第五公设。其实，这里的矛盾是与欧氏几何的相应命题矛盾，而不是反证法所要导出的矛盾，即萨凯里并没有证明第五公设。事实上，在萨凯里推导出来的一系列结论之间并没有逻辑矛盾，他只因为所得结论不合常理就认为那是错误的，并否认了原来的假设。因为他受到欧氏几何固定的框框的束缚，所以未能认识到这些异于人的感觉的结论其实属于一种新的几何。后来，德国数学家兰伯特（Johann Heinrich Lambert，1728—1777）也作了类似的推导，虽然推导出来的命题更多，但仍没有摆脱欧氏几何的羁绊。尽管如此，他们的努力连同前人的工作都为非欧几何的产生作了前期的预备。

二、非欧几何的产生

俄国数学家罗巴切夫斯基（Lobachevsky，1793—1856）也曾想采用途径二证明第五公设的非独立性，在遭到失败后，他认识到必须放弃第五公设，并采用另外的公设。他提出的新公设是：过直线外的一点可以作两条或两条以上（甚至无限多条）的直线与原直线不相交。经过严格论证，新的公设与其他四个公理并不发生矛盾，而且可产生出一套新的理论——他自己称之为"想象的几何"或"泛几何"，后来人们称之为"罗巴切夫斯基几何"或"罗氏几何"。

这是第一部非欧几何。他的论文《论几何原理》于 1829 年在俄国一家不太出名的杂志发表时并不引人注目，直到 1840 年他的专著《平行线理论的几何研究》用德文发表，才在国际

上产生较大的影响。为了让人们较直观地理解这种"泛几何"，罗巴切夫斯基举例说明：设 C 是直线 AB 外的一点，那么通过 C 的直线可分为两类：一类是与 AB 相交，另一类与 AB 不相交，而直线 p 和 q 属于后一类且构成两类的边界，此外，夹在直线 p 和 q 间的通过 C 的直线也属于后一类，都是 AB（在新意义下）的平行线，特别，欧氏几何下的平行线也是 AB（在新意义下）的平行线。

人们后来才发现，罗氏几何与欧氏几何并不矛盾，只是适用范围不同而已。具体说，欧氏几何是日常小范围条件下现实空间的反映，而罗氏几何是天文学上大尺度宇宙空间，即弯曲空间的反映。在这一过程中，德国数学家 F. 克莱因和法国数学家庞加莱先后给出了非欧几何的模型，对转变人们的认识起到了关键的作用。

三、非欧几何的发展及其意义

1. 非欧几何的发展

罗氏几何的出现使人们对空间观念的认识产生了飞跃，发现了几何的新原则，扩大了几何的研究对象和应用范围，导致了其他形式的非欧几何，如高维几何学、黎曼几何学和射影几何学的相继产生。罗巴切夫斯基创立的非欧几何，并没有像微积分等分支那样，一问世就受到人们的高度重视。相反，由于其违反了人们传统的认识，超越了时代，反而被数学界冷落了近 30 年。令人遗憾的是，三位创始人在世时都没有能够看到非欧几何得到公众的认可，更没有能够看到这一几何对数学科学产生的深刻影响。直到 19 世纪中期，德国数学家黎曼（Georg Friedrich Bernhard Riemann，1826—1866）才在这一工作的基础上作出了重要的突破。

德国数学家黎曼于 1854 年采用"同一平面上任意两条直线必有一个交点"的假设代替第五公设，建立了一种新的非欧几何学，称为黎曼几何学。在黎曼几何中没有平行线，三角形的三个内角之和大于 π，而直线不可以任意延长，从而不能把平面分成两半。它和欧氏几何学可以统一在克莱因和庞加莱的模型里，并被证明是相容的。上述涉及的是狭义的黎曼空间上的几何学。而后，黎曼把高斯曲率推广为现称的黎曼曲率，建立了广义的黎曼空间；广义的黎曼空间包含了具有零曲率的欧氏空间，具有负曲率的罗巴切夫斯基空间和具有负曲率的狭义的黎曼空间。

在黎曼之后，又有许多数学家为非欧几何的发展作出了重大贡献。特别是他们的研究成果为 50 年后爱因斯坦的广义相对论提供了数学框架。1915 年，爱因斯坦在创建广义相对论的过程中，因缺乏必要的数学工具，长期未能取得根本性的突破，当他的同学、好友，德国数学家格伯斯曼帮助他掌握了黎曼几何和张量分析之后，才使爱因斯坦打开了广义相对论的大门，完成了物理学的一场革命。爱因斯坦深有体会地说："理论物理学家越来越不得不服从于纯数学的形式的支配。"爱因斯坦还认为理论物理的"创造性原则寓于数学之中。"黎曼的数学思想精辟独特。对于他的贡献，人们是这样评价的："黎曼把数学向前推进了几代人的时间。"非欧几何在 20 世纪初被爱因斯坦等人用于研究广义相对论。人们也可以根据对恒星观察的视差，将非欧几何用于恒星测量，例如对天狼星的测量；这时所用的单位长度比地球的半径的 50 万倍还大，亦即非欧几何可用于度量单位很大的三角测量中，而在小范围上，它的结果与欧式几何一样。

非欧几何的产生与发展，在客观上对研究了 2000 多年的第五公设作了总结，它引起了人们对数学本质的深入探讨，影响着现代自然科学、现代数学和数学哲学的发展：

其一，随着非欧几何的产生，引起了数学家们对几何基础的研究，从而从根本上改变了人们的几何观念，扩大了几何学的研究对象，使几何学的研究对象由图形的性质进入到抽象空间，即更一般的空间形式，使几何的发展进入了一个以抽象为特征的崭新阶段。可以说，非欧几何的产生是数学以直观为基础的时代进入以理性为基础的时代的重要标志。

其二，非欧几何的产生，引起了一些重要数学分支的产生。数学家们围绕着几何的基础问题、几何的真实性问题或者说几何的应用可靠性问题等的讨论，在完善数学基础的过程中，相继出现了一些新的数学分支，如数的概念、分析基础、数学基础、数理逻辑等，公理化方法也获得了进一步的完善。

其三，非欧几何学的创立为爱因斯坦发展广义相对论提供了思想基础和有力工具，而相对论给物理学带来了一场深刻的革命，动摇了牛顿力学在物理学中的统治地位，使人们对客观世界的认识产生了质的飞跃。

其四，非欧几何学使数学哲学的研究进入了一个崭新的历史时期。18 世纪和 19 世纪前半期最具影响的康德哲学，它的自然科学基础支柱之一是欧几里得空间。康德曾经说过："欧几里得几何是人类心灵内在固有的，因而对于'现实'空间客观上是合理的。"非欧几何的创立，冲破了传统观念并破除了千百年来的思想习惯，给康德的唯心主义哲学以有力一击，使数学从传统的形而上学的束缚下解放出来。用康托尔的话说"数学的本质在于其自由"。

总的来说，非欧几何的建立所产生的一个"最重要的影响是迫使数学家们从根本上改变了对数学性质的理解"。历史学家通过数学这面镜子，不仅看到了数学的成就与应用，也看到了数学的发展如何教育人们去进行抽象的推理，发扬理性主义的探索精神，激发人们对理想和美的追求。

2. 非欧几何学的产生在数学发展史上的意义

非欧几何诞生之后，标志着数学的发展进入了一个新的阶段。从此之后数学家不再像 18 世纪那样，仅仅认为数学是研究科学的工具，数学只为科学服务。而是坚持认为，数学与现实自然界的概念和法则根本没有必要完全相同，数学既可以在解决现实世界提出的问题中得到发展；而且完全可以以一个真正提问者的身份出现，在寻求解决自身问题的过程中相对独立地发展；数学是一种思维，它所建立的结构可以有也可以没有物理应用；数学更多的是一种人的创造物，是一种"任意的"结构。正是由于数学观的这一重大变革，从而使诸如群论、四元数、集合论等一系列纯粹数学分支如雨后春笋般地不断出现。

非欧几何的产生和发展，在客观上对人们研究了 2500 年的欧氏几何第五公设作了总结：它是独立的公理；它不能被证明，也不能取消，只能用它的等价命题代替；如果用否定它的其他命题代替，则产生非欧几何，要么是罗氏几何，要么是狭义的黎曼几何。非欧几何的创立，打破了欧氏几何一统天下的局面，给数学开辟了研究各种空间的新时代。非欧几何的创立，不仅使数学家打开了眼界，引导出一些新的数学分支，而且迫使数学家改变对数学性质的认识和理解。比如，如何认识数学的真理性的问题，非欧几何的创立说明并非人们感官体会到的才是真理。非欧几何的创立还表明，人们的思维不能固定于某种模式中，要正确对待新生事物，支持新的数学思想。大数学家希尔伯特曾这样称赞道："19 世纪最有创造性的成果无疑是非欧几何的诞生。"

第七节　伽罗华的群论思想方法

数学史以至整个科学史上，恐怕找不到第二位像伽罗华那样的"流星"，他以仅 20 年零 7 个月的短暂生涯，却对近代数学作出了具有跨时代意义的重大贡献。他创立的完全新奇的数学分支——群论，改变了现代代数学发展的方向。从此，现代数学沿着更加抽象化和一般化的轨道迅猛发展。

我们知道，对于一般一元二次方程，早在古巴比伦和我国古代时期，就已经给出了具体的例题和解法。在 16 世纪的时候，韦达就知道了一般二次方程的根（解）与系数的关系，即韦达定理。对于三次方程的一般解，也可对其系数由开立方和其他四种运算中就可得出；四次方程可由开四次方中得出。那么，对于一般的五次方程的解，是否也能由对系数的加减乘除和开方运算的代数方法中得出呢?起初，人们按照惯常的思路，相信这是一定能够办到的。可是沿着这条传统的思路走下去却变得越来越困难，许多数学家为此耗去了很大精力，但都失败了。

1824 年，富有创造才能的挪威青年数学家阿贝尔（Niels Henrik Abel，1802—1829）证明了著名的阿贝尔定理：如果一个方程能用公式求解，那么根的表达式中每个根式都是已给方程根和某些单位根的有理函数。然后阿贝尔利用这个定理证明了：高于 4 次的一般方程，除特殊方程外任何一个由系数组成的根式都不可能是方程的解。

但由于阿贝尔才 27 岁时就因贫病交加去世，因而究竟哪些方程可用公式求解？哪些不能？阿贝尔没有找出判别准则。而这一数学成就最终是由法国天才数学家伽罗华完成的。伽罗华在前人工作的基础上，抓住了方程的根的排列与方程能否用根式解出这个内在联系，发现了方程的根的对称性和平等性是解决全部问题的关键，而每个代数方程必有反映其特殊性的置换群存在。这样，他通过创立"群"的概念，并利用群的性质给出了所有 n 次方程可用根式解的充要条件。最终从系统结构的整体上彻底解决了这个难题。

一、群论的产生

1829 年，伽罗华把他关于群论研究结果的第一批论文提交给法国科学院。科学院委托当时法国最杰出的数学家柯西作为这些论文的鉴定人，柯西曾计划对伽罗华的研究成果在科学院举行一全面的意见听取会，但因病未能出席会议，致使讨论伽罗华研究成果的议题未被列入。1830 年 2 月，伽罗华再次将他的研究成果比较详细地写成论文交了上去，以参加科学院的数学大奖评选。论文寄给当时科学院终身秘书、也是著名数学家的傅里叶，但傅里叶在当年 5 月就去世了，在他的遗物中未能发现伽罗华的手稿。就这样使伽罗华递交的两次论文都遗失了。1831 年 1 月，伽罗华在寻求确定方程的可解性这个问题上，又得出一个结论，他写成论文又交给法国科学院。这篇论文也是伽罗华关于群论的重要著作。当时的法国数学家泊松为理解这个论文绞尽脑汁。尽管他借助于拉格朗日已证明的一个结果可以表明伽罗华所要证明的论断是正确的，但最后还是建议科学院否定它。

伽罗华上述理论的重要意义，并不在于实际上求解方程，而是在于群概念本身。他虽然只对置换群的结构进行了研究，但所提出的子群、正规子群以及不变子群和同构等概念，实际上已具有抽象群的思想。他讨论过的域论，群和域以及环都是近世代数的最基本概念，是最基本的代数结构。因此，伽罗华不仅开创了群论研究的道路，而且开创了近世代数的新篇章。但是，这位伟大的年轻数学家和阿贝尔的命运同样悲惨，他的重要著作没有受到当时已成为权威的大数学家柯西和傅里叶的重视，甚至被他们丢失了。而法国科学院院士普阿松在审查《关于用根式解方程的可能性条件》时，花了四个月也未看懂，草率地签了"不可理解"的评语而将论文退给伽罗华。

1832 年，年轻气盛的伽罗华卷入了一场他所谓的"爱情与荣誉"的决斗。历史学家们曾争论过这场决斗究竟是一个悲惨遭遇的爱情事件的结局，还是出于政治动机造成的，但无论是哪一种，1832 年 5 月 31 日，一位世界上杰出的数学家在他不满 21 周岁时被杀死了，天才的流星陨落了，他研究数学才 5 年，却开创了数学的一片新天地。决斗前夕，他仓促将自己生平的数学研究心得扼要写出，请朋友把它们送给居于高位的雅可比和高斯审查，并附了一封使人伤感的信："请公开地请求雅可比或者高斯，不是对于这些定理的真实性，而是对于它们的重要性表示意见。在这以后，我希望有一些人将会发现把这堆东西注释出来对他们是有益的。"

这些论文在伽罗华死后 14 年，由法国数学家刘维尔发现后才得以发表。而第一次给伽罗华理论一个清楚完整的叙述，是在伽罗华死后 38 年，即 1870 年由法国数学家约当完成。伽罗华理论开辟了代数学的崭新领域——群论，给代数学以全新的刺激，使之获得了新的原动力，改变了代数发展的进程并把它引上新的轨道，因而被公认为 19 世纪数学最突出的成就之一。对伽罗华来说，他所提出并为之坚持的理论是一场对权威、对时代的挑战，他的"群"完全超越了当时数学界能理解的观念。正是这套理论为数学研究工作提供了新的数学工具：群论。今天，由伽罗华开始的群论，在数学上有十分广泛的应用，一些新的数学分支，例如自守函数学说、黎曼面概念等都是在它的基础上产生的。

二、群论思想的重大影响

群论思想的产生和发展，对数学产生了重大的影响，它使代数研究进入了新的时代，即从局部性研究转向系统结构的整体性分析研究的阶段。抽象群论标志着抽象代数学的产生，在数学发展史上占有重要的地位。抽象代数学（也称为近世代数学），像古典代数学一样，是关于运算和运算规则的理论学科，但它不像古典代数那样限于研究数的运算，而是研究一般的元素集合上的运算和运算规则，使得新的数学对象如矩阵、矢量、变换等的运算有了理论依据，从而把数学理论抽象到新的层次。

群论提供的结构分析思想是典型的现代数学思想，伽罗华所采用的多次映射，把问题化归为结构简单的问题的思想也成为现代数学的典型思想方法。人们利用群论的思想方法解决了一系列复杂的数学问题，开辟了数学的新领域，同时，也促使数学得到更加广泛的应用。利用置换群研究代数方程的求根问题，启发了人们去考虑利用群的思想方法去研究微分方程的求解问题。1874 年，挪威数学家李创建了连续群理论（李群论），并发明了用它来研究微分方程的新方法。数学中，李群是具有群结构的流形或者复流形，并且群中的加法运算和逆元运算是流形中的解析映射。李群在数学分析、物理和几何中都有非常重要的作用，它以索菲斯·李命名。又如，研究纠错码的纠错能力是计算机科学的一个重要课题，而群码正是解决这一重要问题的有效工具。群论在计算机科学中还有着其他重要的理论应用价值，因此，群论对计算机发展和计算机科学的研究也起着重要的作用。

第八节　集合论的创立与发展

作为集合论的创立者，康托尔是数学史上最富有想象力，也是最有争议的人物之一。19世纪末他所从事的关于连续性和无穷的研究从根本上背离了数学中关于无穷的使用和解释的传统，从而引起了激烈的争论乃至严厉的谴责。

然而数学的发展最终证明康托尔是正确的。康托尔创立的集合论被誉为 20 世纪最伟大的数学创造，集合概念大大扩充了数学的研究领域，给数学结构提供了一个基础，集合论不仅影响了现代数学，而且也深深影响了现代哲学和逻辑。

一、朴素集合论的提出

集合论的原始模型也称为朴素集合论，是 19 世纪末德国数学家康托尔创立的，希尔伯特评价康托尔的工作是"数学思想的最惊人产物，是纯粹理性的范畴中人类活动的最美表现之一"。然而，正如无理数、非欧几何的出现一样，它的产生也经历了磨难。

康托尔在解决黎曼提出的关于函数的三角级数表示的唯一性问题的基础上,从 1870 年到 1884 年间,发表了以《关于无穷线性点集》为总标题的 6 篇文章,阐述了实数和直线上的点之间的一一对应关系,对直线上的点作了深刻的研究,从而奠定了"超限集合论"的基础。康托尔的主要工作是研究无穷性理论,许多结论是与传统的观念集合论的产生与发展相悖的。例如,康托尔指出:"在无限情况下,一定会出现整体等于其中一部分的现象",或者说,"整体一定大于部分"的传统说法是错误的。他把无穷整数集合 1,2,3,4,…和无穷偶数集合 2,4,6,8,…搭配起来,使第一个集合的每个数对应于第二个集合中等于它二倍的偶数,即建立所谓的一一对应关系,这样就能合理地论证偶数的数目等于所有整数的数目。显然,直观使人觉得整数的数目等于偶数数目的二倍,但无穷的算术却与有穷的算术不同,也不能用常识去处理,逻辑在这里战胜了直观和常识。

此后,康托尔进一步意识到无穷集之间存在着差别,可分为不同的层次。他所要做的下一步工作是证明在所有的无穷集之间还存在着无穷多个层次。他取得了成功,并且根据无穷性有无穷种的学说,对各种不同的无穷大建立了一个完整的序列,他称为"超限数"。最终他建立了关于无限的所谓阿列夫谱系,它可以无限延长下去。就这样他创造了一种新的超限数理论,描绘出一幅无限王国的完整图景。可以想见这种至今让我们还感到有些异想天开的结论在当时会如何震动数学家们的心灵了。朴素集合论的贡献是非常巨大的,如下一例已足以见其作用和威力:此前人们尽管用了很大气力去寻找超越数(即该数不是任何代数方程的根,如 π 和 e 等),但所知甚少。而根据集合论,用很简单的步骤就证明了超越数有无穷多个。此后,集合论较多地得到人们的承认。与此同时,朴素集合论的一些缺陷也逐渐暴露出来,后来人们对它进行了公理化改造。现在,集合论已成为公认的数学基础。

然而毫不夸张地讲,康托尔的关于无穷的这些理论,引起了反对派的不绝于耳的喧嚣。他们大叫大喊地反对他的理论。有人嘲笑集合论是一种"疾病",有人嘲讽超限数是"雾中之雾",称"康托尔走进了超限数的地狱"。康托尔的老师、当时享有盛名的柏林大学负责人克罗内克教授坚决反对康托尔的观点,也坚决反对康托尔出任柏林大学教授。过度的思维劳累以及强烈的外界刺激曾使康托尔患了精神分裂症。这一难以消除的病根在他后来 30 多年间一直断断续续影响着他的生活。1918 年 1 月 6 日,康托尔在哈勒大学的精神病院中去世。作为对传统观念的一次大革新,由于他开创了一片全新的领域,提出并回答了前人不曾想到的问题,他的理论受到激烈地批驳是正常的,当回头看这段历史时,或许我们可以把对他的反对看作是对他真正具有独创性成果的一种褒扬吧。

二、公理化集合论的建立

集合论提出伊始,曾遭到许多数学家的激烈反对,康托尔本人一度成为这一激烈论争的牺牲品。到 20 世纪初集合论已得到数学家们的赞同,数学家们为一切数学成果都可建立在集合论基础上的前景而陶醉了。在 1900 年第二次国际数学大会上，著名数学家庞加莱就曾兴高采烈地宣布"……数学已被算术化了。今天，我们可以说绝对的严格已经达到了。"然而这种自得的情绪并没能持续多久。不久，集合论是有漏洞的消息迅速传遍了数学界，这就是 1902 年罗素得出的罗素悖论。

1902 年，英国哲学家、数学家罗素提出了一个揭示康托尔集合论中逻辑矛盾的悖论。罗素针对康托尔在朴素集合论中引入的集的定义，提出这样的模型：假定 x 是任何一个集合，那么如下定义的 z 是否也是一个集合

$$z = (x \notin x)$$

对这个问题，不论回答是或不是都将导致逻辑上的矛盾。1918 年，罗素又把这个悖论用通俗的语言表达成所谓"理发师悖论"：在一个孤立小村庄居住的每个人都要理发，那里唯一的理发师宣称"他只给那些不给自己理发的人理发"。那么由此产生的问题是"这个理发师的头发要由谁来理？"结果，他不论替自己理发或不替自己理发都要产生矛盾。

这一仅涉及集合与属于两个最基本概念的悖论如此简单明了以致根本留不下为集合论漏洞辩解的余地。绝对严密的数学陷入了自相矛盾之中。这就是数学史上的第三次数学危机。危机产生后，众多数学家投入到解决危机的工作中去。1908 年，德国人策梅罗提出公理化集合论，后经改进形成无矛盾的集合论公理系统，简称 ZF 公理系统。原本直观的集合概念被建立在严格的公理基础之上，从而避免了悖论的出现。这就是集合论发展的第二个阶段：公理化集合论。与此相对应，在 1908 年以前由康托尔创立的集合论被称为朴素集合论。公理化集合论是对朴素集合论的严格处理。它保留了朴素集合论的有价值的成果并消除了其可能存在的悖论，因而较圆满地解决了第三次数学危机。公理化集合论的建立，标志着著名数学家希尔伯特所表述的一种激情的胜利，他大声疾呼：没有人能把我们从康托尔为我们创造的乐园中赶出去。

当然，矛盾并未完全解决，公理化理论本身仍存在缺陷。著名的逻辑学家哥德尔于 1931 年建立了不完备性定理，一针见血地指出这一缺陷，并揭示了这样一个问题：整个数学不可能井然有序地安置在任何公理系统上，每一个数学系统，不管它多么复杂，总包含着不能消除的悖论。这一点的含意是很深刻的。哥德尔向人们表明：可证明和正确是不相同的，直观上的正确会超越逻辑和数学上的证明。但是，这不仅是集合论本身的问题，而是关于数学基础的更高层次的问题。

三、集合论的地位和作用

从康托尔提出集合论至今，时间已经过去了 100 多年，在这一段时间里，数学又发生了极其巨大的变化，包括对上述经典集合论做出进一步发展的模糊集合论的出现，等等。而这一切都是与康托尔的开拓性工作分不开的。因而当现在回头去看康托尔的贡献时，我们仍然可以引用当时著名数学家对他的集合论的评价作为我们的总结：它是对无限最深刻的洞察，它是数学

天才的最优秀作品，是人类纯智力活动的最高成就之一。超限算术是数学思想的最惊人的产物，是在纯粹理性的范畴中人类活动的最美的表现之一。这个成就可能是这个时代所能夸耀的最伟大的工作，康托尔的无穷集合论是过去两千五百年中对数学的最令人不安的独创性贡献之一。

今天，集合论已成为整个数学大厦的基础，为各个数学分支学科提供了共同性语言。它的概念和方法已经渗透到代数、拓扑和分析等许多数学分支以及物理学和质点力学等一些自然科学部门，为这些学科提供了奠基的方法，改变了这些学科的面貌。几乎可以说，如果没有集合论的观点，很难对现代数学获得一个深刻的理解。所以，集合论的创立不仅对数学基础的研究有重要意义，而且对现代数学的发展也有深远的影响，它推动着数学理论向深度和广度发展。

第九节　21 世纪的 18 个数学问题

1900 年希尔伯特在国际数学家大会上提出了 23 个数学问题，对 20 世纪数学的研究和发展起了深远的导向性的作用。

受此启发，在 21 世纪即将来临之际，国际数学联盟的领导人阿诺尔德(Vladimir Igorevich Arnol'd，1937—2010)代表国际数学家联盟给多位在国际上富有重大影响的数学家写信，希望他们对 21 世纪将面临的重要研究问题发表看法。作为这种回答，当代杰出的数学家斯梅尔(Stephen Smale，1930—，在微分拓扑、广义庞加莱猜想、动力系统、经济数学和科学计算等诸多领域作出重大成就，1966 年获菲尔兹奖，2007 年获得沃尔夫奖)于 1997 年 6 月在加拿大多伦多的菲尔兹研究所为祝贺阿诺尔德 60 岁生日的数学会议上，发表了题为《下一世纪的数学问题》的综述报告。在报告中，斯梅尔根据如下三准则列出了 18 个问题：

（1）陈述简单，同时注意数学上的确切性。

（2）他本人比较熟悉的问题，并且已经发现不是个容易的题目。

（3）他相信，所提的问题，它的解答、部分解答、甚至为求得解答所做的努力都可能对数学及其在 21 世纪的发展有着极大的重要性。

斯梅尔的这 18 个问题中包含了 3 个他相信是最大的未解决的问题：① 黎曼猜想；② 庞加莱猜想；③ "$P = NP$？"。其中黎曼猜想及下面问题 13 原已出现在希尔伯特 23 个问题之中。

下面，我们仅列出问题的标题：

问题 1：黎曼（Riemann）假设（即黎曼猜想）

问题 2：庞加莱（Poincar4）猜想

问题 3：$P = NP$ 吗？

问题 4：多项式的整数零点

问题 5：丢番图曲线高度的界

问题 6：天体力学中相对平衡数目的有限性

问题 7：二维球面上点的分布

问题 8：把动力学引进经济理论中

问题 9：线性规划问题

问题 10：封闭引理（微分流形领域的研究）

问题 11：一维动力学是否通常是双曲的？

问题 12：微分同胚的"中心化子"

问题 13：希尔伯特（Hilbert）第 16 个问题（微分方程系统的极限环数研究）

问题 14：洛仑兹（Lorenz）吸引子（常微分方程的动力学与吸引子动力学）

问题 15：纳威尔-斯托克司（Navier-Stokes）方程

问题 16：雅可比（Jacobi）猜想

问题 17：解多项式方程组

问题 18：智能的极限（人工智能与人类智能的异同点）

1999 年 6 月，美国科学院院士，著名数学家格里费斯（P. A. Griffiths）在美国华盛顿召开的重要学术会议上作了题为《千年之交话数学》的引人注目的讲演，他指出：

（1）理论计算机科学是当今科学研究中最重要、最活跃的领域之一。

（2）另一个全新的令人激动的探索领域是量子计算机的研究。这一个课题与"$P = NP$？"问题紧密相关，源于下面这样使人惊奇的论证：即，1994 年基于量子计算机的质数因数分解的快速算法（P. W. Shor）揭示了这样的一个事实，如果可以建造一台量子计算机，那么就可以破译所有现在正在使用的或现实认为安全的任何计算机密码。人们相信量子计算机能以足够快的速度来解决量子力学的问题，相对于经典算法，它几乎指数般地加快了速度。

格里费斯认为："当我们进入下一个千年时，作为数学家的我们有两个目标。第一个是要维持我们在基础研究中的传统力量，它是新思想和新应用的温床；第二，拓宽对我们领域的传统边界外的地区的探索，即对其他的科学和科学之外的世界的探索。随着岁月的流逝，数学家们把他们的工作提供给其他人，并把其他人也引入数学界，这时他们的工作将会更加有效。"

思考题

1. 19 世纪的近代数学对现代数学有哪些重要贡献？

2. 简述微积分的产生和发展对人类社会进步的作用。

3. 简述"罗氏几何"、"黎曼几何"的异同，以及非欧几何学的产生在数学发展史上具有怎样的意义。

4. 简述群论思想诞生的历史背景。

5. 简述集合论对现代数学的贡献。

第二十二章　综合性科学的出现

20 世纪 40 年代，由于自然科学、工程技术、社会科学和思维科学的相互渗透与交融汇流，现代科学技术的发展在高度分化的基础上，有着高度综合的特点，一方面向深度发展，科学研究的对象越来越专一，科学分类越来越精细，新领域、新科学、新专业不断产生；另一方面，各科学之间又相互渗透、相互交叉和相互移植而使得科学技术日趋整体化和综合化。系统论、控制论和信息论就是科学技术整体化，综合化的产物，这是 20 世纪自然科学取得的重大成就之一，它是具有综合特性的横向科学，它沟通了自然科学和社会的联系，改变了科学发展的图景和人们的思维方式，并以其特有的新颖的思路，为科学研究提供了崭新的方法，扩大了人们研究问题的广度和深度，实现了人类认识史上由定性到定量认识物质之间各种关系的新飞跃，极大地提高了人类认识世界、改造世界的能力。

因为系统论、控制论、信息论在科学体系结构中的横向科学的特殊地位，就决定了它在丰富和发展辩证唯物主义哲学方面，在促进科学技术的发展方面，在解决一切复杂的科学、技术、经济和社会问题等方面，有着其他科学不可替代的重要作用。

系统论、控制论和信息论是三门科学，是现代科学前沿的新兴"软"科学群，它们各有不同的出发点和内容，但它们是在同一历史背景下，从不同侧面研究同一个问题而产生的，其手段也有很多共同之处。与其他基础科学不同，其研究的对象既不是客观世界上中哪一种结构，也不是物质的某种运动形态，而是从横向综合的角度，研究物质运动的规律，从而揭示世界上各种互不相同的事物在某些方面的内在联系和本质特性，三者各成体系，但都应用系统、控制、信息的基本概念和基本思想，互相交叉、互相借鉴、协同发展。

系统论是把要研究和处理的对象看成由一些相互联系、相互作用的若干因素组成的系统，研究系统就是寻求利用信息实现最优系统的途径。显然任何系统都离不开信息，因此研究系统就必须研究反映系统与环境、系统与子系统之间的联系的不可缺少的要素信息。一个系统信息量的大小，反映系统的组织化、复杂化度的高低。而系统的运行又离不开控制，对系统的控制同样离不开信息。信息论研究如何认识信息，控制论和系统论研究如何利用信息，控制论揭示了事物联系的反馈原理，用以实现对系统的有效控制。

第一节 系统论

一、概　念

一般系统论是美籍奥地利生物学家贝塔朗菲创立的，一般系统论的基本出发点，是把研究对象作为一个有机整体来加以考察，以寻求解决整体与部分之间相互关系的模式、原则和方法。其基本观点是：① 系统观点。这是系统论的基本观点，认为系统整体功能大于部分功能之和。从一个系统中分解出来的部分，同在整体中发挥功能的部分是不同的。系统的性质是不能仅用孤立部分的性质来加以解释的，它还取决于复合内部各部分的特定关系。② 动态观点。系统论认为事物不是一成不变的，系统是动态变化的。对于开放系统，系统与外界环境会不断进行物质、能量与信息的交换。稳态系统是维持动态平衡的，系统有相对稳定的一面，它是系统存在的根本条件；另外，系统又是动态的。我们应该看到系统的现状，也要看到系统的变化和发展，从而就能预测系统的将来，掌握系统发展的规律。这种观点在科学决策中非常有用。③ 层次观点。一般系统论认为各种有机体都按严格的等级组织起来，具有层次结构，处于不同层次的系统，具有不同的功能。而系统论认为系统由一定的要素组成，这些要素是由更低一层要素组成的子系统；另外，系统本身又是更大系统的组成要素，这就是系统的层次性。系统的层次越高，可变化和组合的可能就越复杂，其结构和功能就越多种多样。坚持层次观点，要求我们注意整体与层次、层次与层次之间的相互制约关系。

二、系统的基本特性

系统的基本特性是整体性，这通常可表述为"系统整体不等于系统内各部分的简单相加"。这有两方面的含意：其一、系统的性质、功能和运动规律不同于它的组成部分的性质、功能和运动规律；其二、作为系统整体中的组成部分所具有的性质、功能和运动规律，与它们脱离整体时有质的区别。整体不等于部分之和，这不仅是从量的方面来说的，更着重于质的方面。系统的整体属性与功能取决于组成系统的要素的性质、系统内诸要素的数量、比例和系统的结构。

系统内各要素之间是相互联系、相互制约、相互依赖的，往往某个要素发生了变化，其他要素也随之变化，并引起系统变化。系统内部与外部环境是相互联系、制约和影响的。系统联系是以结构形式表现的，系统的整体功能是由结构决定的，不同的结构有不同的功能。所谓结构是指系统内部各要素相互联系、相互作用的方式或秩序，即各要素之间的具体联系和作用的形式。系统的内部形式就是系统的结构。系统内部各要素的稳定联系，形成有序结构，这是保持系统作为整体存在的基本条件，稳定结构是相对的，变化是绝对的，任何系统总要动态地与外界环境进行物质、能量和信息的交流。

三、现代系统论的发展

1. 耗散结构理论

比利时物理学家普利高津 1969 年提出耗散结构学说,回答了开放系统如何从无序走向有序的问题。该理论的观点是:对于一个与外界有物质和能量交换的开放系统,熵的变化可以分为两部分,一是由于不可逆过程,系统本身引起的熵增加,永远为正;另一部分是分系统与外界交换物质和能量引起的熵流,可以为负。在孤立系统中无熵流,熵不会减少,而开放系统的有序性来自非平衡态。在一定条件下,当系统处于非平衡态时,它能够产生、维持有序性的自组织,不断和外界交换物质和能量,系统本身尽管在产生熵,但系统又由于熵流同时向环境输出熵。输出大于产生,系统的总熵在减少,而向有序方面发展。这里"耗散"的含义是这种有序结构是由于能量的耗散。系统只有耗散能量才能保持有序结构。

2. 协同学理论

联邦德国物理学家哈肯在 1976 年创立了另一种系统理论,称为协同学,它研究各种不同系统从混沌无序状态向稳定有序结构转化的机理和条件。耗散结构认为,非平衡是有序之源,而哈肯通过许多实验,提出了多维相空间理论,认为不管是非平衡系统还是平衡系统,在一定条件下,由于子系统之间的协同作用,系统会形成一定功能的自组织结构,产生时间、空间的有序结构,达到新的有序状态,揭示了协同和有序的因果关系,对解释波动现象及复杂事物的发展过程,作出了数学描述。该理论用"序参量"来作为系统有序程度的度量,并可以通过求解序参量方程来得到序参量的变化规律,也就是系统从无序到有序的变化规律。因为协同学理论可应用到无热交换的领域,比耗散结构理论又进了一步。

3. 突变论

该理论是法国数学家托姆于 1972 年创立的。突变理论是用数学方法研究不连续现象,它认为突变现象的本质是在一定条件下,从一种稳定状态跃变到另一种稳定状态。因为系统的稳定态是系统的结构决定的,所以突变现象也可以看作是系统从一种稳定结构跃迁到另一种稳定结构。突变理论正是以系统结构稳定性的研究为基本出发点。具体方法则是从研究系统的势函数的变化入手,建立突变数学模型来说明事物突变的本质和规律,从而可预测突变将在什么条件下产生,又怎样改变参数来促进有利突变和防止不利突变。该理论已广泛应用于研究自然界、社会活动及人的决策行为中的突发质变过程。此外,突变理论因应用于耗散结构理论和协同学理论的定量研究,从而推动了系统理论的发展。

4. 超循环理论

该理论是联邦德国生物学者艾根 1971 年提出的,它是从生物领域入手研究非平衡系统的自组织现象。

5. 参量型系统理论

该理论是苏联学者奥也莫夫提出的，他认为贝塔得朗菲提出的一般系统是类比型系统理论。这种理论有其局限性，不可能确定一般系统特征的普遍规律。他提出原始信息应该用"系统参量"来表达，并通过电子计算机把大量的系统参量联系起来，以确定一般系统的共同规律。

6. 泛系理论

这是由中国学者吴学谋创立的系统理论，着重研究事物机理中广义的系统，转化与对称、泛对称或泛系关系等有关的相对普适的一些数学结构。这是从集合论的基础上发展起来的系统理论，其特点是把逻辑方法和系统方法有机地结合在一起。

第二节　控制论

控制论是第二次世界大战以来才发展起来的一门新兴横断科学。从美国科学家维纳 1948 年发表了《控制论》以来，这门科学发展迅速，已渗透到人类活动的所有领域，几乎涉及科学技术的所有门类。这是研究各种系统的控制和调节一般规律的科学。控制论已经经历了三代：经典控制论、现代控制论和大系统控制论。

一、控制的实质

所谓控制是指按给定的条件和预定目标，对一个过程或一序列事件施加影响的作用。

系统一般都有若干个可能的状态，控制的实质就是在各种可能状态中选择一种。从信息角度看，控制是获取信息、处理信息和利用信息调整系统的结构以实现系统所追求的目的的过程。所以信息是控制的基础，而控制论就是研究对信息的处理利用。控制的作用就是要使系统可能的状态数减少，即使不确定性减少，从信息角度看控制就是输入信息，使系统的有序性增加。

二、控制实现的三个条件

（1）被控制对象必须存在多种发展变化的可能性。这就是说我们要改变系统的状态，那系统必须是可以改变的，即存在多种发展变化的可能性，否则就无法进行控制。如光在真空中的速度是确定的，每秒 299 793 km，其可能性空间是单元素集合，那就无法控制。

（2）目标状态在各种可能性中是可选择的。如果所确定的目标状态在系统发展变化的可能性空间中是无法选择的，那就谈不上控制。另外，该目标必须包括在此可能性空间之中，否则也无法实现控制的目标。

（3）具备一定的控制能力。这里控制能力是指创造条件改变系统可能性空间的能力。如果不具备一定的控制能力，即使系统有向目标状态转化的可能，但由于缺乏必要的条件，也不可能把这种可能性变为现实性。

三、控制的手段和方法

（1）反馈控制：是控制的主要手段，其要点是用反馈的方法，使被控量的值与目标值进行比较，然后根据比较的结果，对输入值进行修正，以达到被控量与目标值一致的目的控制，无论是人有固定的体温和血压，导弹能自动跟踪目标，老鹰抓小鸡还是驾驶汽车都是根据周围环境的变化来控制调节运动的反馈控制实例。

（2）信息方法：就是从信息方面来研究系统的功能，系统借助于信息的获取、传递、加工和处理，以实现目的控制。这种方法实际上是与信息论方法交叉的。

（3）黑箱方法：在研究系统时，利用外部观测、试验，通过输入、输出信息来研究黑箱的功能和特性，探索其构造和机理的一种方法。例如，中医看病是通过"望、闻、问、切"等外部观测，结合病人用药后的反应，分析病理，进行诊断。对有生命活动的系统和微观世界的研究绝大部分也都采用黑箱战略。

（4）功能模拟方法：这种方法以系统功能和行为的相似关系为基础，用模型模仿原型的功能和行为。它仅着眼于所分析的系统的功能和模拟它的外界影响的反应方式，而不要求分析系统内部的机制和个别要素，不追求模型的结构与原型相同。例如用电子计算机对人脑的模拟，各种仿生学的研究等。

第三节　信息论

美国贝尔电话研究所的数学家香农是信息论的创造者，信息论是研究信息的本质及度量方法，研究信息的获得、传输、存储、处理和变换一般规律的科学。信息论一开始是为解决通信中的编码问题提出来的，随着现代科学技术的发展，信息论的概念和内容已大大地丰富，其基础理论和实际应用都取得了巨大的进展，已经历了狭义信息论、一般信息论和广义信息论的不同阶段，并将继续丰富发展。

一、信息的本质和度量

什么是信息？目前关于信息的定义，从不同学科，不同侧面可得到几十种不同的说法，至今学术界还未统一。控制论创始人维纳是最早从理论上探讨这个问题的学者。他认为"信息就是信息，不是物质也不是能量。"但究竟是什么呢？他没有能回答，信息与物质、能量的关系又是什么？他也没有能回答。这个问题国内外专家已争论了几十年，还未有公认的结果。有的认为信息是精神实体的特征，有的认为信息是以"信息场"的形态存在的物质，有的认为信息是事物的运动状态或运动能量序列；有的认为信息是一种客观而不实在的东西；有的认为信息是一切物质的普遍属性，是系统的功能现象。有的干脆就认为信息是事实和数据的组合或认为信息是具有新内容、新知识的消息，如情报、指令、代码、语言、文字和图像等。

二、信息科学和信息技术

在信息论研究的基础上，对信息的研究已大大深化，目前已发展成一门新的科学，称为信息科学。这是跨越信息论、控制论、系统论、系统工程、仿生学、计算机和人工智能等学科的边缘综合科学。它的理论基础是信息论和控制论，其技术途径是仿生学和人工智能，其技术工具和手段是计算机、传感器和各种通信设备；系统论则为它提供了系统理论和方法，为如何达到最优状况找到了途径。

凡是应用信息科学原理和方法与信息作用的技术都称为信息技术。这是指有关信息的产生、检测、交换、存储、传输、处理、显示、识别、提取、控制和利用的技术，其中最重要的是传感技术、通信技术和计算机技术。这些都是新技术革命的主导性技术，代表了新的技术革命的主流和方向。

三、运用信息方法的特点

（1）信息方法是一种直接从整体出发，用联系的、转化的观点综合系统过程的研究方法。在对系统进行研究时，首先根据对象与由它发出的信息之间某种确定的对应关系，撇开研究对象的物质和能量的具体形态，把研究对象抽象为信息传输和交换过程，以达到对复杂系统运动过程规律的认识。

（2）对抽象出来的信息过程可作定性和定量的分析。

（3）可运用各种手段，综合分析材料，建立相应的信息模型。

（4）可运用信息模型来认识信息过程，探索其内在规律。

系统论、控制论和信息论从不同侧面反映客观世界的变化。信息论研究的是如何认识信息和度量信息。而系统论和控制论是研究如何利用信息，系统论是利用信息来实现系统最优化，控制论是利用信息来实现系统的有目的的最佳控制，它们都用到系统、信息和控制等概念，三者关系极为密切。这三论的发展有统一的趋势，很可能最后就统一为系统信息控制科学。三论还在继续发展中，还远未成熟，但有一点是肯定的，三论已成为现代科学技术的生长点，为研究动态问题、复杂系统问题提供了新的认识工具，为一切行为目的的通信和控制系统找到了解决问题的有效途径。

思考题

1. 简述信息论、控制论、系统论的基本概念，主要理论观点。
2. 系统的基本特性有哪些？
3. 控制实现的三个条件是什么？
4. 信息的本质和度量是什么？

参考文献

[1] 吴国盛. 科学的历程[M]. 北京：北京大学出版社，2002.

[2] 苗力田. 古希腊哲学[M]. 北京：中国人民大学出版社，1989.

[3] 江晓原. 科学史十五讲[M]. 北京：北京大学出版社，2006.

[4] S·F·梅森. 自然科学史[M]. 周煦良译. 上海：上海译文出版社，1980.

[5] 罗斑. 希腊思想和科学精神的起源[M]. 陈修斋译. 桂林：广西师范大学出版社，2003.

[6] W·C·丹皮尔. 科学史[M]. 李珩译. 北京：商务印书馆，1989.

[7] 刘兵，等. 科学技术史二十一讲[M]. 北京：清华大学出版社，2006.

[10] 刘二中. 技术发明史[M]. 合肥：中国科学技术大学出版社，2006.

[11] 伽莫夫. 物理学发展史[M]. 北京：商务印书馆，1981.

[12] 张密生. 科学技术史[M]. 武汉：武汉大学出版社，2010.

[13] 王鸿生. 世界科学技术史[M]. 北京：中国人民大学出版社，2008.

[14] 李建珊. 世界科技文化史教程[M]. 北京：科学出版社，2009.

[15] 科林·A·罗南. 剑桥插图世界科学史[M]. 周家斌，等，译. 济南：山东画报出版社，2009.

[16] J·E·麦克莱伦. 世界科学技术通史[M]. 王鸣阳，译. 上海：上海世纪出版社，2007.

[17] [美]麦克莱伦，多恩. 世界科学技术通史[M]. 王鸣阳，译. 上海：上海科技教育出版社，2007.

[18] 卢晓江. 自然科学史十二讲[M]. 北京：中国轻工业出版社，2007.

[19] 王培堃. 科学技术史画[M]. 贵阳：贵州科技出版社，2001.

[20] 刘兵，杨舰，等. 科学技术史二十一讲[M]. 北京：清华大学出版社，2006.

[21] 刘金玉，黄理稳，等. 科学技术发展简史[M]. 广州：华南理工大学出版社，2006.

[22] 吴国盛. 科学的历程[M]. 北京：北京大学出版社，2002.

[23] [英]沃尔夫(Wolf. A.). 十六、十七世纪科学技术和哲学史[M]. 北京：商务印书馆，1984.

[24] 江晓原. 简明科学技术史[M]. 上海：上海交通大学出版社，2001.

[25] 王鸿生. 世界科学技术史[M]. 北京：中国人民大学出版社，2008.

[26] 刘兵，杨舰，等. 科学技术史二十一讲[M]. 北京：清华大学出版社，2006.

[27] 江晓原. 科学史十五讲[M]. 北京：北京大学出版社，2001.

[28] 胡晋源，牟明福，等. 科学技术史[M]. 贵阳：贵州民族出版社，2004.

[29] 谢名春. 科学技术及其思想史[M]. 成都：四川大学出版社，2006.

[30]　[美]玛格纳. 生命科学史[M]. 李难等译. 天津：百花文艺出版社，2002.

[31]　彭奕欣，等. 生命科学群英谱[M]. 武汉：湖北教育出版社，2000.

[32]　刘金玉，黄理稳，等. 科学技术发展简史[M]. 广州：华南理工大学出版社，2006.

[33]　吴国盛. 科学的历程[M]. 北京：北京大学出版社，2002.

[34]　叶平. 科学认识与方法论[M]. 北京：中国环境科学出版社，2006.

[35]　陈德展. 开启化学之门（化学卷）[M]. 济南：山东科学技术出版社，2007.

[36]　周嘉华，张黎，苏永能，等. 世界化学史[M]. 长春：吉林教育出版社，2009.

[37]　科恩. 科学中的革命[M]. 鲁旭东，赵培杰，宋振山，译. 北京：商务印书馆，1998.

[38]　中共中央马克思、恩格斯、列宁、斯大林著作编译局. 英国工人阶级状况[M]. 北京：人民出版社，1956.

[39]　John Stuatt Mill . The principles of political economy[M]. Ont. Batocbe，2001.

[40]　马克思. 资本论[M]. 郭大力，王亚南，译. 北京：人民出版社，1963.

[41]　[法]保尔芒图. 十八世纪产业革命—英国近代大工业初期的概况[M]. 杨人梗，陈希秦，吴绪，译. 北京：商务印书馆，1997.

[42]　爱因斯坦. 爱因斯坦文集[M]. 北京：商务印书馆，1976.

[43]　郭奕玲. 大学物理中的著名实验[M]. 北京：科学出版社，1994.

[44]　潘永祥. 自然科学发展简史[M]. 北京：北京大学出版社，1984.

[45]　[美]伽莫夫. 物理学发展史[M]. 高士圻译. 北京：商务印书馆出版，1981.

[46]　胡乔木. 中国大百科全书：生物学[M]. 北京：中国大百科全书出版社，1991.

[47]　牛秋业. 古今中外科技名人[M]. 济南：山东科学技术出版社，2007.

[48]　马来平. 通俗科技发展史[M]. 济南：山东科学技术出版社，2007.

[49]　方丽萍. 影响世界历史的重大事件[M]. 北京：海潮出版社，2009.

[50]　J·沃森. 双螺旋：发现 DNA 结构的个人经历[M]. 田洺，译. 北京：三联书店，2001.

[51]　加兰·艾伦. 20 世纪的生命科学史[M]. 田洺，译. 上海：复旦大学出版社，2000.

[52]　张丽春. 揭开电与磁的秘密[M]. 北京：兵器工业出版社，2000.

[53]　刘筱莉，仲扣庄. 物理学史[M]. 南京：南京师范大学出版社，2004.

[54]　郭奕玲，沈慧君. 物理学史[M]. 北京：清华大学出版社，2005.

[55]　薛琴访. 麦克斯韦的治学方法与电磁学方面的科学成就[J]. 物理，1979（6）.

[56]　宋佰谦. 19-20 世纪之交电磁学的发展和影响[J]. 物理，2010（2）.

[57]　唐建群，刘启华. 电磁学与电信技术发展简述[J]. 南京工业大学学报，2004（2）.

[58]　金玉. 科学发展简史[M]. 北京：科学出版社，1980.

[59]　中共中央马克思恩格斯列宁斯大林著作编译局编译. 马克思恩格斯全集[M]. 北京：人民出版社，2007.

[60]　治·伽莫夫. 物理学发展史[M]. 北京：商务印书馆，1991.

[61] 中国科学院自然科学史研究所近现代科技史研究室. 科学技术的发展[M]. 北京：科学普及出版社，1982.

[62] 刘建统. 科学技术史[M]. 北京：国防科技大学出版社，1986.

[63] 昊凤鸣. 世界地质学史[M]. 长春. 吉林教育出版社，1996.

[64] C·C·吉利思惮.《创世纪》与地质学. 杨静一，译. 南昌：江西教育出版社，1999.

[65] 王子贤，王恒礼. 简明地质学史[M]. 郑州：河南科学技术出版社，1985.

[66] 王蒲生. 英国地质学的创建与德拉贝奇学派[M]. 武汉：武汉出版社，2002.

[67] A·哈勒姆. 地质学大争论[M]. 诸大建，等，译. 西安：西北大学出版社，1991.

[68] [日]小林英夫. 地质学发展史[M]. 北京：地质出版社，1983.

[69] M·哈威特. 天体物理学概念[M]. 北京：科学出版社，1981.

[70] 戴文赛. 天体的演化[M]. 北京：科学出版社，1977.

[71] 阿西摩夫. 宇宙·地球和大气[M]. 北京：科学出版社，1979.

[72] 康德. 宇宙发展史概论[M]. 上海：上海人民出版社，1972.

[73] 拉普拉斯. 宇宙体系论[M]. 上海：上海译文出版社，1978.

[74] 李文铭. 数学史简明教程[M]. 西安：陕西师范大学出版社，2008.

[75] 王汝发，张彩红. 数学文化与数学教育[M]. 北京：中国科学技术出版社，2009.

[76] 吴炯圻等. 数学思想方法：创新与应用能力的培养[M]. 厦门：厦门大学出版社，2009.

[77] 李新社. 离散数学[M]. 北京：国防工业出版社，2006.

[78] 王鸿生. 世界科学技术史[M]. 北京：中国人民大学出版社，2008.

[79] E·T·贝尔. 当代科普名著系列//数学大师：从芝诺到庞加莱[M]. 徐源，译. 上海：上海科技教育出版社，2004.

[80] 李学文. 中国袖珍百科全书//数理科学卷[M]. 北京：长城出版社，2001.

[81] 朱家生. 教材数学史[M]. 北京：高等教育出版社，2004.

[82] 张奠宙. 20世纪数学经纬[M]. 上海：华东师范大学出版社，2002.

[83] 乔治·巴萨拉. 技术发展简史[M]. 周光法，译. 上海：复旦大学出版社. 2000.

[84] 曾广容. 系统论、控制论、信息论概要[M]. 中南工业大学出版社. 1986.